KB187213

UFO는 물체다!

金永男

조갑제닷컴

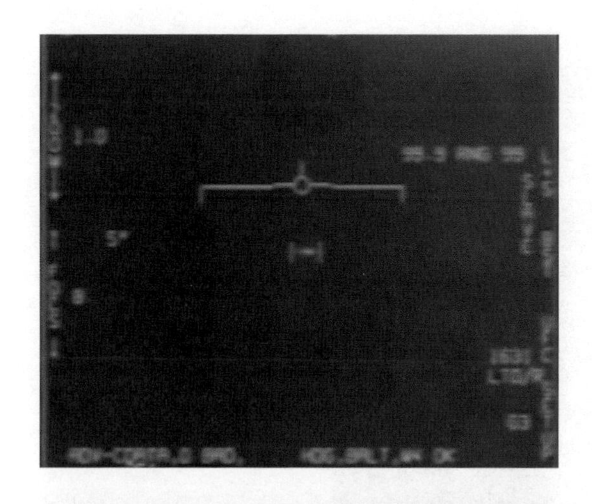

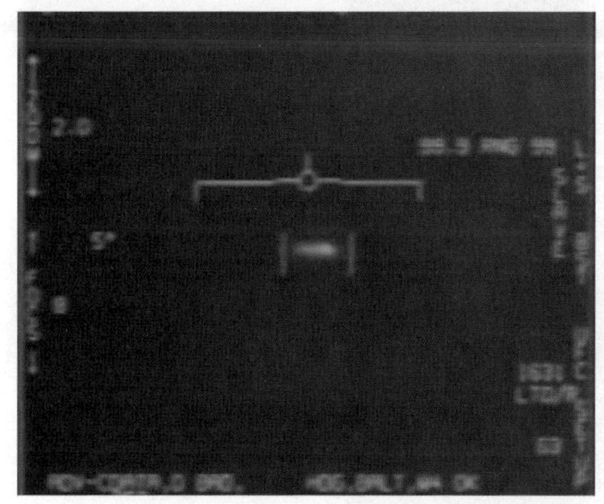

2004년 11월 미 항공모함
니미츠호에서 이륙해
정례 훈련을 하고 있던
F-18 슈퍼 호넷 전투기가
캘리포니아주 샌디에이고
인근 해상에서 포착한
의문의 비행물체 영상 캡처.
조종사는 둥근 물체를
포착했으나 이 물체는
계속해서 레이더 락(lock)을
벗어나려 하는데 그러다
순식간에 엄청난 속도를 내며
왼쪽으로 사라진다.
당시 군 목격자들은
이 비행물체가 알약 모양의
민트사탕인 '틱택(Tic-Tac)'
같았다고 증언했는데
이로 인해 2004년 니미츠호
목격 사례를 '틱택 UFO 사건'
이라고 부르기도 한다.
(출처 : 미 해군)

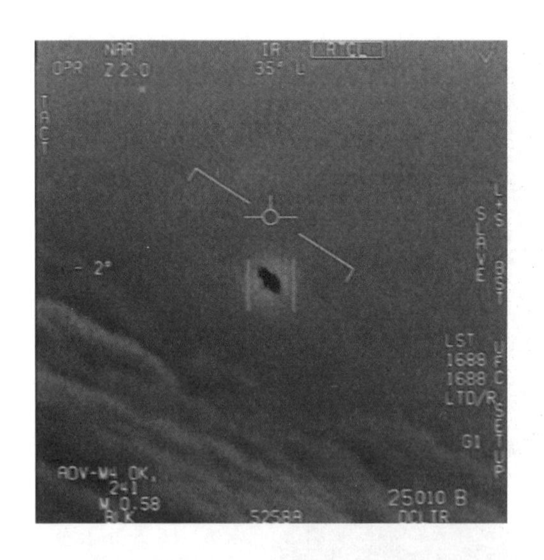

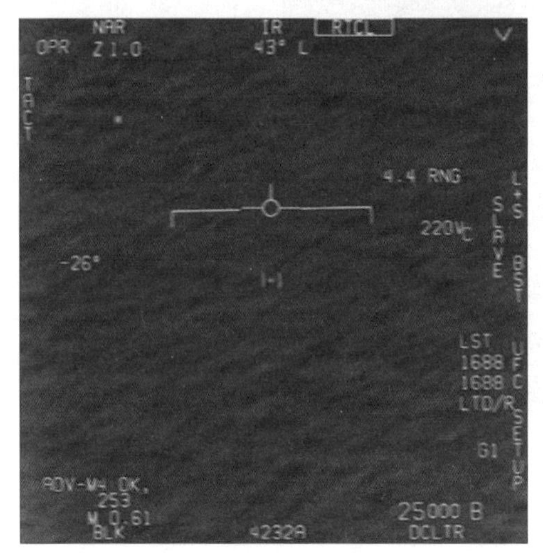

2015년 시어도어 루스벨트 항공모함 소속 F-18 슈퍼 호넷 전투기가 플로리다주 동부 해안에서 촬영한 비행물체 영상 캡처. 위 영상에 담긴 조종사는 해당 물체를 포착한 뒤 "세상에(My gosh)!"라고 소리치며 "바람의 방향을 역행해서 가고 있다. 저것 좀 봐. 회전하고 있다."라고 말한다. 아래 영상에 담긴 조종사는 작은 물체를 레이더로 포착한 뒤 "포착했다!"고 소리치며 기뻐한다. 그런 뒤에는 "저게 도대체 뭐냐?"라며 "세상에. 저것 좀 봐!"라고 계속 소리친다.
(출처 : 미 해군)

미국 국방부가 2022년 5월17일 청문회에서 공개한 영상의 캡처 이미지.
국방부는 해군 조종사가 촬영한 영상이라고 했으나 촬영 장소와 시기는
공개하지 않았다. 영상을 보면 하얀색 둥근 물체가 빠르게 전투기
비행 반대 방향으로 지나가는 장면이 나와 있다.
(출처 : 미 국방부)

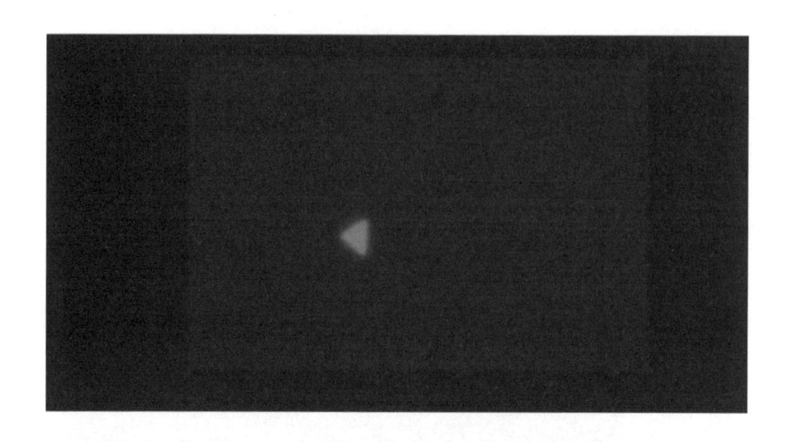

미국 국방부가 2022년 5월17일 청문회에서 공개한 두 이미지.
위의 사진은 2019년 7월 캘리포니아주에서 훈련 중이던 해군 군함에서 찍은 이미지이며
아래 사진은 2022년 초 미국 동부에서 훈련 중이던 해군이 촬영한 이미지다.
국방부는 이 물체들을 처음에는 미확인항공현상(UAP)으로 분류했으나
두 비슷한 이미지를 확보해 분석한 결과 무인 드론인 것으로 판단된다고 했다.
야간 투시경, 1안 리플렉스(SLR) 카메라로 촬영하면
이처럼 삼각형 모양으로 나타날 수 있다고 했다.
(출처 : 미 국방부)

에이브러햄 로엡

하버드대학교 천문학과 교수인 로엡은 학교 역사상 가장 오랜 기간 천문학과 학과장(2011~2020)을 지낸 인물이다. 2017년 10월 '오우무아무아(Oumuamua·하와이어로 '먼 곳에서 처음 찾아온 메신저'라는 뜻)'라는 태양계 바깥에서 온 첫 번째 성간(星間) 천체가 관측됐는데 그는 외계 고등 생명체가 보낸 인공물(人工物)일 가능성을 제기하며 UFO 연구를 시작했다. 현재는 전 세계 곳곳에 천체망원경을 설치해 UFO를 관찰하는 '갈릴레오 프로젝트'를 이끌고 있다. (출처 : 본인 제공)

레슬리 킨

20년간 UFO 및 인간의 영혼 문제를 추적하고 있는 레슬리 킨 프리랜서 기자. 그는 미 국방부가 촬영한 기밀 UFO 영상과 국방부에서 비밀리에 운영되고 있던 UFO 전담부서의 정체를 폭로한 2017년 12월 [뉴욕타임스] 특종 기사 필진 중 한 명이었다. 그는 이란과 페루 등 여러 국가의 전투기 조종사들이 목격한 UFO 사례와 각국 정부의 UFO 관련 조사 결과를 다룬 책 『UFOs』를 냈다. (출처 : 본인 제공)

랄프 블루멘탈

랄프 블루멘탈 기자는 1964년부터 2009년까지 [뉴욕타임스] 기자로 활동했고, 이후에는 프리랜서 신분으로 이 신문에 글을 쓰고 있다. 그는 레슬리 킨 기자와 함께 2017년 12월 [뉴욕타임스]의 UFO 관련 특종 기사를 쓴 바 있다. 그는 2021년에는 UFO 납치 문제를 연구한 존 맥 하버드 의대 정신과 과장의 전기(傳記)인 『빌리버(Believer)』를 냈다. (출처 : 본인 제공)

존 맥

UFO 납치 문제에 있어 선구자(先驅者)로 꼽히는
존 맥 하버드 의대 정신과 과장(1929~2004).
그는 「아라비아의 로렌스」라는
영화의 주인공인 영국인 장교 로렌스의
전기(A Prince of Our Disorder)를 써
1977년 퓰리처상을 받았고 인간의 의식에
대한 연구를 오래 해왔다. 그러다 1989년
우연한 계기로 외계인 납치 문제를 접한 뒤,
100여 명의 납치 경험자를 만나
최면 치료 등을 진행, 이들의 주장에
신빙성이 있다는 판단을 내리게 된다.
(출처 : 존 맥 연구소 제공)

윌리엄 부셰

윌리엄 부셰 '존 맥 연구소' 기록 보관 담당자.
1990년대 말부터 맥 박사와 함께 일한 그는
맥 박사의 말년을 지근거리에서 지켜봤고
지금까지도 그의 연구를 정리하고 관리하는
작업을 담당하고 있다.
(출처 : 본인 제공)

UFO 납치 경험자 앨런 스타인필드(왼쪽)와 이 문제를 연구한 존 맥 하버드 의대 정신과 과장.
앨런 스타인필드는 20대 당시 여자친구와 여행을 하던 중 외계인에 납치된 적이 있다고 했다.
그는 갑자기 그날의 기억이 사라졌고 무릎 뒤에 의문의 상처가 생겼었다고 했다.
최면 치료를 통해 당시의 기억을 떠올리게 됐는데 외계 생명체가
하이브리드(혼종·混種) 아기를 보여줬고 본인의 정자를 채취해간 것 같다고 주장했다.
(출처 : 스타인필드 제공)

수잔 매너위치
에너지 자원 관련 재단에서 성공적인 여성 CEO로
활동하는 수잔 매너위치는 5세 때부터 외계 생명체를
여러 차례 만났고 이들로부터 신체검사를 받았다고
주장한다. 그는 빛의 모습을 하고 있다가
터널 같은 것을 빠르게 지났는데
임신한 어머니의 자궁으로 들어갔다고도 했다.
외계 생명체로부터 우주의 섭리를 배웠고
이들이 인간의 진화를 돕고 있다는 이야기도 했다.
(출처 : 본인 제공)

차 례

4부 | 맥 박사의 납치 연구에 대한 비판과 검증

5부 | 맥 박사의 죽음과 납치 현상에 대한 학문적 논쟁

6부 | UFO 납치 경험자 인터뷰

머 리 말

인간이 과연 우주의 주인일까?

"다섯 살 때 집 뒷마당에 있는 미확인 비행물체(UFO)를 봤다. 이 생명체들은 나를 데려가 실험을 했는데 내 중추신경을 검사하며 다른 사람과 공감하는 나의 역량을 확인했다. 여러 감정을 어떻게 받아들이는지 등을 분석하는 모양이었다. 나는 (지구에 오기 전) 에너지의 모습을 하고 있었는데 별 혹은 빛과 비슷한 모습이었다. 당시 매우 행복하고 즐거웠던 기억이 있다. 떠나게 된다는 것, 그리고 어디론가 가게 된다는 것에 매우 흥분됐다. 나는 웜홀 같은 것을 타고 우주를 가로질러 아래로 내려오게 됐다. 그 다음의 기억은 어머니 배 속에 들어가 있는 장면인데 오빠 세 명과 언니가 떠드는 것을 다 들을 수 있었다. 이때 내가 '인간의 몸을 하고 지구로 돌아왔구나'라는 생각이 들었다. 나는 '하, 또 지구에 왔구나'라며 아쉬워했다."

UFO를 보고, 외계생명체가 신체검사를 하고, 인간의 모습을 하기 전의 상황을 기억한다는 여성이 2021년 10월 초 기자와의 인터뷰에서 한 이야기다. 수잔 매너위치라는 이 여성은 에너지 관련 일을 하는 성공적인 여성 CEO로 각종 국제 컨퍼런스에 연사로 초청되는 사람이다. 기자는 이를 어떻게 기사화해야 할지 모르는 상황에 빠졌었다.

기자가 이런 취재를 하게 된 것은 우연한 계기 때문이었다. 2021년 5월 중순, 趙甲濟 조갑제닷컴 대표로부터 연락을 받았다. "미국 정부가 다음 달 UFO에 대한 정부 차원의 첫 보고서를 발표한다고 하는데 이에 대한 조사를 해보겠느냐"는 것이었다.

영화 「E.T.」도 본 적 없어

기자는 어려서부터 공상과학에 전혀 관심이 없었다. 그 유명하다는 스티븐 스필버그 감독의 영화 「E.T.」도 본 적이 없다. 사람들이 검지를 갖다 대며 인사를 하는 제스처를 하면, 외계인들이 저렇게 인사를 하나보다 하고 생각하던 수준의 관심뿐이었다.

단순한 해프닝 차원의 UFO 보고서일 것으로 생각했던 기자는 취재를 시작하자마자 '장난이 아니네'라는 생각이 들었다. 그 무렵 가장 처음 정독한 기사는 미국의 주간지 [뉴요커(New Yorker)]가 쓴 장문의 기사였다. 제목은 「국방부는 왜 UFO를 진지하게 받아들이기 시작했는가(How the Pentagon Started Taking UFOs Seriously)」였다.

UFO의 존재 여부에 대한 논쟁은 수십 년간 이어져왔고 UFO의 실재(實在)를 주장한 사람들은 대개 음모론자로 치부됐다. [뉴요커]는 이런 음모론적 시각을 소개한 뒤 미국 국방부가 UFO를 진지하게 들여다보게 된 과정을 추적한 내용을 보도했다. 전직 정보당국 관계자 및 전투기 조종사의 증언으로 정부 차원의 관심이 집중된 것은 사실이지만 오랫동안 UFO를 믿고 이에 대한 연구를 해온 사람들의 노력이 큰 역할을 했다는 내용이었다. 이 잡지는 정부의 반응 변화에 핵심 역할을 한 것은 탐사 전문 기자들과 정치인들이었다고 했다. 황당한 주장을 정부 공식 보고서 발표로 이어지게 하는 데는 이를 뒷받침할 만한 팩트가 공개됐어야 하고 정부에 조사를 강제할 의회의 도움이 필요했는데 기자와 정치인들이 이를 해냈다는 것이 기사의 골자였다.

'UFO는 물체다'라는 충격적인 정부 보고서

오랫동안 이 문제를 취재한 탐사 보도 기자들은 미국 국방부에서 비밀리에 UFO 전담부서를 운영해 이를 연구했다는 사실을 2017년 12월 [뉴욕타임스]를 통해 폭로했다. 기사와 함께 미 해군 등이 촬영한 UFO 추정 영상을 공개했다. 이 특종 보도를 계기로 전직 정보당국자는 물론 정치권에서 UFO에 대한 의견을 공개적으로 내놓기 시작했다. 미국 상원 군사위원회는 2019년 국방수권법(國防授權法)에 국방부로 하여금 UFO 문제를 조사하라는 내용을 담았다. 의회에서 통과된 2021년 회계연도 정보수권법안에는 국방부로 하여금 180일 이내에 UFO 관련 조사 결과를 의회에 보고하도록 하는 내용이 담겼다.

미국 국가정보국장실(ODNI)은 2021년 6월25일 UFO에 대한 9쪽짜리 예비 보고서를 발표했다. 이 보고서의 핵심은 UFO가 무언가를 잘못 본 것이 아니라 물체(physical object)라는 것이었다. 미국·중국·러시아 등 인류가 만든 증거가 없으며 외계에서 왔다는 증거도 없다고 했다. 음모론으로 치부되고 조롱의 대상이 되던 UFO가 국가 안보의 영역, 나아가 과학의 영역으로 이동하게 되는 역사적 순간이었다. 음모론자로 조롱받던 UFO 신봉자들로서는 명예 회복의 순간이었다.

2021년 11월 미국 국방부는 보고서 발표의 후속 조치 차원으로, UFO의 실체를 조사하는 전담부서를 공식적으로 신설하겠다고 밝혔다. 국방부는 "새로운 조직은 '특수 공역(空域)' 내에서 관심 대상을 식별하고 항공기 안전과 국가 안보의 위험을 평가 및 완화하기 위해 다른 부처들과 조율하는 역할을 하게 될 것"이라고 했다.

보고서 발표로부터 약 1년 뒤인 2022년 5월17일, 미국 연방하원은 50여 년 만에 처음으로 UFO 관련 청문회를 열었다. 로널드 몰트리 국방부 정보 담당 차관, 스콧 브레이 해군 정보국 부국장이 증인으로 나와 의원들에게 UFO는 물체라는 점, 훈련 장소에서 자주 목격되는데 안보에 위협이 될 수 있다는 점을 설명했다.

개인적으로 이날 청문회의 하이라이트는 브레이 부국장이 '물체'란 '다가가서 만질 수 있는 것을 의미한다'고 설명한 부분이었다. 보고서의 물체라는 표현을 두고 논쟁이 있었다. 별생각 없이 물체라는 표현을 사용한 것이라는 회의론자들의 의견과 물체라고 정의했다는 것은 'UFO가 자연현상 등을 착각한 것이 아니라 실체가 있다'라는 해석이 충돌했다. 브레이 부국장이 내린 물체에 대한 정의(定義)는 이런 충돌을 잠재웠다.

NASA, 공식 UFO 조사팀 구성

청문회 약 3주 뒤인 6월9일, 미 항공우주국(NASA)도 공식 UFO 조사팀을 구성한다고 밝혔다. 외계에서 왔다는 증거는 없다면서도 국가 안보와 항공 안전에 영향을 끼칠 수 있기 때문에 과학적 조사에 나설 것이라고 했다. 세계에서 가장 권위 있는 항공 및 우주 관련 기관으로 꼽히는 NASA가 UFO 조사에 나서겠다고 하자 언론은 큰 관심을 보였다. UFO 회의론자들은 NASA가 실수했다는 반응을 내놨다. 다른 쪽에서는 NASA가 조사에 나섰다는 것은 UFO를 넘어서 외계생명체의 존재 여부를 진지하게 받아들이고 있다는 뜻으로 해석했다.

이것이 지난 1년간 일어난 일련의 사건들에 대한 대략적 개요다. 2021년 6월 정부 보고서 발표 이후 1년은 약 70년 이상 이어져온 UFO 논쟁에 있어 가장 획기적인 시기로 기억될 것이다. UFO에 대해 축소·은폐적 태도를 보였던 미국이 보고서를 통해 UFO의 실체를 공식 인정함으로써 음모론의 낙인이 벗겨졌고, 국방부에 이어 의회와 NASA 등 공신력 있는 기관이 공개적으로 조사에 나서게 됐기 때문이다.

UFO의 진실을 찾아서

기자는 1년 넘게 취재를 하며 UFO에 대한 여러 책을 읽어봤다. 평소에 관심이 없었던 때문인지 UFO에 대한 책이 이렇게 많을 줄 상상도 못 했다. UFO는 'UFO學(Ufology)'이라는 표현이 사용되기는 하지만 정식 학문으로 인정받지는 못하는 추세다. 다른 분야였다면 공신력 있는 대학교에서 이를 연구하는 교수들이 쓴 책을 읽고 이들을 찾아 이야기를 들어보면 될 문제였다. 하지만 UFO는 그런 학문이 아니기 때문에 여러 사람이 쓴 책을 다 읽어보고 그 중 신빙성이 있는 분석을 내놓는 사람을 추려낼 수밖에 없었다.

일부 책은 선입견을 갖지 않고 이 주제를 공부하려던 기자의 입장에서 봤을 때도 황당한 내용이 많았다. 조지 워싱턴 미국 초대 대통령부터 최근의 대통령들까지 모두 UFO를 목격하고 이를 연구했으나 은폐하기에 급급했다는 내용이 한 예다. 존 F. 케네디 대통령이 UFO 관련 비밀을 니키타 흐루쇼프 소련 공산당 서기장에게 털어놓으려고 한 게 빌미가 돼 암살당했다는 내용도 있다. 케네디가 이를 슬쩍 마릴린 먼로에게 이야기해줬다가 먼로 역시 목숨을 잃었다는 사람들도 있다.

이 과정에서 2017년 [뉴욕타임스] 특종 기사 필진 중 한 명인 프리랜서 기자 레슬리 킨의 책 『UFOs』를 읽고 취재 방향이 확실해졌다. 킨 기자는 이란과 페루, 브라질, 프랑스 등 여러 국가의 전투기 조종사들의 UFO 목격담, 각국 국방 관계자들의 공식 조사 내용을 책에 담았다. 킨 기자를 인터뷰한 것을 계기로 이 주제에 진지하게 접근하는 전문가 집단을 소개받아 교류하며 필요한 정보와 자료를 얻는 기회를 갖게 된 것은 취재 과정에서의 큰 행운이었다.

'현대 UFO 학계의 아버지' 앨런 하이넥

기자는 UFO 현상이 단순한 목격담에서 끝나는 것이 아님을 취재 얼마 후 깨닫게 됐다. UFO 현상에서 자주 사용되는 표현 중 하나가 '클로스 인카운터(Close Encounter)'로 '가까운 거리에서 맞닥뜨리다'라는 의미로 해석할 수 있다.

이 표현은 미국 오하이오주 출신 천문학자인 앨런 하이넥(1910~

1986년)이 처음 사용했다. 그는 미국 공군이 실시했던 UFO 조사 프로그램인 「프로젝트 사인(Project Sign·1947~1949년)」, 「프로젝트 그러지(Project Grudge·1949~1952년)」, 「프로젝트 블루북(Project Blue Book·1952~1969년)」에 모두 참여한 인물이었다. 그는 UFO의 존재를 믿지 않는 회의론자였다. 당시 「프로젝트 블루북」은 1만2000건의 UFO 목격 사례를 조사했고 14만 쪽 분량의 보고서를 발표했다. 6월에 발표된 미 국가정보국장실 및 국방부의 보고서(144건 조사)와 비교하면 엄청난 규모다. 「프로젝트 블루북」은 최종 보고서에서 목격 사례의 95%는 사람들의 착각이라고 했지만 5%에 대해서는 원인을 특정할 수 없다는 결론을 내렸다.

하이넥은 1960년대 말에 들어서는 UFO에 대한 생각을 바꿨다. 그는 1977년 『하이넥 UFO 보고서』라는 책을 썼다. UFO 목격 주장의 논리를 깨뜨리기 위한 목적으로 목격자와 관계자, 현장을 조사하는 집념의 수사관이자 학자였던 그가 미국 정부의 UFO 관련 사실에 대한 은폐를 폭로하고 나선 것이었다. 그는 '현대 UFO 학계의 아버지'라는 평가를 받기도 한다.

하이넥은 총 세 종류의 '근접 조우'를 정의했다. 1단계는 근접 거리에서 UFO를 목격한 경우다. 2단계는 근접 거리에서 UFO가 목격됐고 UFO가 떠난 자리가 그을렸다든지 등 실체가 있는 증거를 남긴 경우다. 3단계부터가 고차원, 혹은 음모론으로 치부되기 쉬운 내용인데 사람이 UFO에 있는 '생명체'를 직접 목격한 경우다. 하이넥은 3단계까지를 연구했는데 이후 UFO 마니아들은 약 7단계까지 만들어냈다. 공식적인 것은 아니지만 4단계는 UFO 또는 '점유자'에 의해 인간이 납치

되는 사례다. 5단계는 외계인과 인간이 직접 소통했다는 주장, 6단계는 UFO를 목격하거나 관련이 있는 동물 및 인간이 사망했다는 주장이다. 7단계는 인간과 외계인의 인공적인 출산 등 잡종의 탄생이라고 한다.

기자는 각국 전투기 조종사의 목격담, UFO를 목격하고 외계생명체와 조우(遭遇)했다는 사람들 이야기, 그리고 대다수의 학자가 거들떠보지도 않던 'UFO에 납치된 사람들'의 이야기를 차례로 들여다봤다. 호기심에 시작한 취재였지만 이 분야를 오랫동안 진지하게 연구한 사람들을 만나게 됐고 이들의 도움으로 UFO를 둘러싼 1차원적인 의문, 보다 고차원적인 의문을 탐구해볼 수 있었다.

'뭔가 있다!'

이 과정에서 기자는 '과연 인간이 이 세상에서 유일한 존재일까'라는 질문을 스스로에게 많이 하게 됐다. UFO 학자는 물론, 국방부 및 NASA 등 미국 정부 기관, 나아가 버락 오바마 전 대통령을 비롯한 미국 정치인들이 공통적으로 내놓는 반응은 '뭔가 있다(something there)'는 것이다. UFO는 세계 최고의 항공 기술을 가진 미국의 기술로도 설명이 안 되는 비행 특성을 보이고 있다. 일부 사례의 경우는 목격자의 착각이지만 일부는 확실한 실체가 있는 '물체'다. 그렇다면 남아있는 가능성은 외계 기원설일 수밖에 없다는 주장에 힘이 실리고 있다.

이는 미국만이 아니라 전 세계적인 추세다. 일례로 프랑스 국방고등연구소에서 활동하던 12명의 전·현직 국방 관계자와 과학자들로 구성된 프랑스 심층위원회(COMETA)는, 1996년부터 1999년까지 프랑스에서 보고된 UFO 목격 사례를 조사했다. 이들도 보고서에서 "외계에서 왔다는 가설(假說)이 가장 신빙성이 있다."는 결론을 내렸다.

UFO를 연구하는 사람들의 공통점 중 하나는 인동설(人動說)이라고 해야 하나, 인간을 중심으로 세상이 돌아간다고 보는 것이 아니라 인간을 우주에 있는 하나의 점으로 받아들인다는 것이다. 우주의 탄생인 빅뱅은 137억 년 전에 일어난 것으로 알려졌다. 은하계엔 수천억 개의 별이 있고, 우주엔 그런 은하계 같은 게 수천억 개가 있다고 한다. 지구의 바닷가 모래알 수만큼 많은 별이 있고 그 우주가 빠른 속도로 팽창하고 있다는 이야기도 나온다. 이런 우주가 무수할 것이란 멀티버스(multiverse) 개념도 힘을 얻고 있다. 이런 상황에서 인간이 유일한 생명체라는 생각은 오만하다는 것이 UFO 학자들의 공통된 의견이다. 이들을 취재하다 보니 인간의 한 명으로서 저절로 겸손해지는 느낌도 들었다.

미국의 권위 있는 천문학자인 에이브러햄 로엡 하버드대학 교수는 2021년 여름부터 세계 곳곳에 천체망원경을 설치, UFO를 관찰하는 「갈릴레오 프로젝트」를 진행 중이다. 그는 기자와의 인터뷰에서, "대다수의 별이 태양보다 먼저 만들어졌다면, 우리와 같은 문명을 가진 곳이 수십억 년 전부터 존재했을 가능성이 있다고 봐야 하지 않을까?"라고 했다. 그는 "왜 외계생명체를 연구하는 것이 무시당해야 하느냐?"라며 "이는 '현실을 증명하라'는 물리학의 목적에 위배된다."고 했다. 그는 하늘을 나는 새를 보면서도 인간이 새를 따라 할 수 있게 된 것은 1903년 라이트 형제가 비행에 성공한 뒤부터라고 했다. 인간보다 수만 년에서 수억 년 앞선 문명이 있다면 이들의 기술을 인간이 이해할 수 있겠느냐는 뜻으로 들렸다.

미국 정부 보고서 발표에 핵심 역할을 한 레슬리 킨 기자는 의회 청문회 현장에 직접 참석했었다고 전했다. 그는 UFO가 외계에서 왔을 가능성을 공개적으로 논의하는 것 역시 큰 진전이라고 했다. 그는 "UFO가 지구에서 온 것이 아니라는 사실이 확인되면 인류 역사상 가장 중요한 발견 중 하나가 될 것이다."라고 했다.

"아무도 취재하려 하지 않았기 때문에"

기자는 UFO를 취재하며 여러 전문가를 만났는데 이들이 UFO에 관심을 갖게 된 이유가 각기 다르다는 점도 흥미로웠다. 또한 UFO를 믿는다(?)고 해서 다 똑같은 생각을 갖고 있는 것이 아니라 믿는 범위가 다르기도 했다.

레슬리 킨 기자는 1999년 프랑스 COMETA 보고서의 번역문을 처음 입수한 것을 계기로 UFO 문제에 빠지게 됐다. 그는 특종이라 생각해 보도를 했지만 별다른 반응이 없었다고 했다. "UFO 문제를 다루는 것이 금기시되고 있다는 점을 깨달았고 아무도 이를 취재하려 하지 않았기 때문에 더욱 이 문제를 파헤쳐야 한다고 생각했다."고 했다.

하버드대학의 로엡 교수는 2017년 '오무아무아(Oumuamua=하와이어로 '먼 곳에서 찾아온 메신저'라는 뜻)'라는 성간(星間) 천체가 관측된 이후부터 외계생명체에 관심을 갖게 됐다고 했다. 로엡 교수는 이 천체가 외계생명체가 보낸 인공물(人工物)일 가능성이 있다고 주장했다. 학계에서는 하버드대학 교수가 제정신이 아닌 말을 하고 있다고 그를 공격했지만 그는 이에 대한 연구를 계속하며 고화질의 UFO 사진을 촬영하는 프로젝트를 진행하게 됐다.

취재 과정에서 만난 랄프 블루멘탈 기자는 2017년 12월 레슬리 킨 기자와 함께 [뉴욕타임스]의 UFO 특종 보도를 한 인물이었다. 그는 2021년에는 하버드대학 의대 정신과 과장을 지낸 존 맥 박사의 전기(傳記)인 『빌리버(Believer)』를 냈다. 맥 박사는 UFO 현상보다 한 차원 위인 '외계인에게 납치된 사람들'을 연구한 인물이다. 약 200명의 납치 경험자를 만난 뒤 '이들은 정신적으로 불안정하지 않으며 이들의 말을 무시할 수는 없다'는 결론을 내렸다.

블루멘탈 기자는 40년 넘게 [뉴욕타임스] 기자로 활동하며 여러 분야에 대한 취재를 해왔고 이에 대한 연장선에서 UFO를 취재하게 된 것 같다고 했다.

UFO에 빠져든 '퓰리처상 수상자'

블루멘탈 기자가 취재한 존 맥 박사의 삶도 흥미롭다. 그는 「아라비아의 로렌스」라는 영화의 주인공인 영국인 장교 로렌스의 전기(『A Prince of Our Disorder』)를 써 1977년 퓰리처상을 받기도 했다. 그는 1994년에 쓴 책 『납치(Abduction)』에서 총 13명의 '신뢰할 수 있는' 사람들의 납치 사례를 소개했다. 그가 여러 차례 만나며 최면 치료를 진행하고 정신적으로 문제가 없다고 판단한 사람들의 이야기였다.

하버드 의대 정신과 과장으로 활동하던 맥 박사가 외계인 납치 사례에 관심을 갖게 된 것도 우연한 계기 때문이었다. 여성 동료 한 명이 그에게 어느 날 외계인에 의해 끌려간 사람들을 조사하는 사람을 만나보지 않겠느냐고 물었다고 한다. 맥 박사는 "그 사람이나 그런 주장을 하는 사람들은 미친 사람들일 것 같다."는 반응을 보였다고 한다. 그러다 납치 경험자들을 실제로 만나본 뒤 "40년 가까이 정신과 일을 해왔는데 이런 이야기를 받아들일 준비가 안 돼 있다."는 생각이 들었고 이들을 연구하게 된 것이었다. 맥 박사는 그의 책에서 "이 현상이 단순한 문제가 아니라 철학과 영혼, 사회적으로도 중요하다는 점을 알게 됐다."며 "우리가 지능이 있는 생명체로 가득한 '우주', 혹은 '우주들'에서 우리를 분리시켜버렸고, 이들이 존재할 수도 있다는 감각을 잃어버린 채 살고 있다는 느낌을 받았다."고 했다.

기자가 납치 문제에 대한 취재를 시작하자 전문가들은 엇갈린 조언을 내놨다. 레슬리 킨 기자는 납치라는 더 특이한 현상을 다루게 되면 UFO의 기본을 파헤치는 자신의 신뢰도를 의심하는 사람이 있기 때문에 이를 언급하고 싶지 않다고 했다. 납치 현상에 대한 연구 역시 중요하지만 이는 자신의 역할이 아니라는 것이었다.

로엡 교수는 맥 박사와 마찬가지로 하버드대학 소속이라는 점을 이유로 자주 비교가 되는 인물인데 그와 비교되는 것을 매우 싫어했다. 그는 맥 박사는 정신심리학자로 사람들의 이야기를 듣고 분석하는 사람이지 자신처럼 망원경을 통해 사실을 확인하려는 과학자는 아니라고 선을 그었다.

반면 블루멘탈 기자는 "납치 경험자들은 평범한 사람들이고 정신질환을 갖고 있지 않은 사람들이다."라며 "미국뿐 아니라 세계 곳곳에서 이런 사람들이 나타나는데 여러 정황을 종합해보면 이들에게 무언가가 실제로 일어났다는 결론으로 이어진다."고 설명했다. 또한 정신과 의사들의 일이라는 것 자체가 인간의 이야기를 듣고 특정 기억을 재구성해 트라우마를 치료하는 것이라고 강조했다.

神과 접촉한 사람들?

기자는 '외계생명체로부터 우주의 섭리를 배웠고 엄마 배 속에서의 기억이 난다'는 사람, '외계인들이 외계인과 인간의 혼종(混種) 아기를 보여줬다'는 납치 경험자들의 이야기도 직접 들어봤다. 술이나 마약에 취했겠지, 유명세를 위해 거짓말을 했겠지, 정상이 아닌 사람이겠지라는 생각으로 이들을 만나봤는데 전혀 그렇지 않았다. 누구보다 진지했고 몇십 년이 지난 기억임에도 구체적으로 당시 상황을 기억해냈다. 한 납치 경험자에게 '거짓말을 하는 것은 아니겠지만 당신 말을 곧이곧대로 믿기도 어려운 게 사실이다'라고 했더니 그는 이렇게 답했다.

"미국의 소설가 마크 트웨인이 한 말이 있다. '진실은 소설보다 더 기묘하다. 왜냐하면 소설은 일어날 가능성이 있는 일을 그려야 하지만, 진실은 그럴 필요가 없기 때문이다.' 나는 이 말이 나의 상황을 대변해 준다고 믿는다."

기자는 이들을 취재하는 과정에서 존 맥 박사와 함께 근무했고 여전히 그의 이름을 딴 연구소에서 기록보관담당자로 활동하는 윌리엄 부셰 씨의 이야기도 들어봤다. 그는 기자에게 공개하지 않은 논문 하나를 보내줬다. 맥 박사가 생전에 납치 경험자 40명과 일반인 40명을 대상으로 정신감정 비교를 해본 것이었다. 세부적인 항목에서 약간의 차이점은 있었지만 납치 경험자들이 정신적으로 이상하다는 결과는 없었다. 즉 납치 경험자들이 일반인보다 망상에 더 쉽게 빠지거나 지능적으로 떨어지지 않았다는 이야기이다. 그는 "사람들은 존 맥이 외계인의 존재를 믿었다고 생각하지만 그는 이에 대해 다른 의문을 갖고 있었다."고 했다. 그는 "맥 박사는 사실 신(神)과 접촉한 사람들을 목격하고 있는 게 아닌가 하는 고민도 했었다."며 "더 나은 세상을 위해 이런 존재가 납치 경험자들과 접촉하지는 않았을까 하는 의문이었다."고 했다.

부셰 씨는 "수천 년 전부터 영적(靈的)인 존재로부터 메시지를 전달받은 일화들이 있는데, 사람들은 이를 종교적인 의미로 인식했다."며 "하늘의 천사(天使)이거나 악마(惡魔)라는 식으로 받아들였는데, 우리는 요즘 들어 이런(UFO 납치) 공상과학과 같은 현상 뒤에는 외계인이 있다고 상상한다."고 했다.

UFO의 목격 사례에서 납치 사례를 조사하다 보니 외계생명체가 사실상 신이 아니냐는 고민을 한 학자까지 만나보게 된 것이었다. 납치 사례들을 보면, 외계인 여성과 성관계를 했다는 사람의 이야기는 가장 단순한 사례 수준이다. 주기적으로 외계인에게 납치돼 이들로부터 지구와 그 안에 있는 모든 생명체를 사랑하고 아껴줘야 한다는 교육을 받았다는 이야기, 나아가 외계인의 도움을 받아 자신의 전생(前生)의 삶과 인간의 모습으로 현생(現生)에 오게 된 과정을 봤다는 이야기도 있다. 사실 자신은 외계인인데 어쩔 수 없이 인간의 모습으로 살아가고 있다며 불평하는 사람도 있다. 반인반수(半人半獸)가 아니라 반인반외(半人半外)라고 해야 하나.

샤론 스톤의 臨死체험

기자는 이 과정에서 인간의 의식(意識)과 영혼(靈魂)은 무엇인가에 대한 고민을 하게 됐다. UFO가 행성 간을 이동하고 인간이 우리가 이해하는 3차원의 시공간(時空間)을 뛰어넘어 외계인과 교류한다고 하면 현실 세계에 있는 물리적인 육체와 인간의 의식이 분리될 수 있는 것 아니냐는 의문으로 이어졌기 때문이다.

이를 분석하는 사람들이 관심을 갖는 분야 중 하나가 임사체험(臨死體驗=Near-death experience)이다. 임사체험은 사람이 죽음에 이르렀다 되살아난 체험을 말한다. 임사체험을 했다는 사례들을 조사하고 이를 연구한 학자들의 이야기를 들어보면 의식이라는 것이 뇌와 따로 기능한다는 것으로 종결된다. 인간의 몸이나 뇌가 죽은 후에도 의식이 어떤 형태로든 살아남는다는 것이다.

기자는 이에 대한 궁금증을 해소하기 위해 임사체험을 했다는 사람들의 이야기를 찾아봤다. 먼저 영화 「원초적 본능」으로 잘 알려진 미국 여배우 샤론 스톤이 임사체험을 했다는 이야기를 듣고 그의 자서전을 찾아 읽는 것으로 시작했다. 그는 2001년 뇌출혈로 병원에 입원했는데 갑자기 빛으로 된 긴 터널을 따라 하늘로 올라가게 됐다고 한다. 터널 안에서 이미 세상을 뜬 사람을 여럿 봤는데 이들은 다 '괜찮아'라고 말했다고 한다. 어느 하루는 세상을 뜬 할머니를 만나 이야기를 나눴다고도 했다.

샤론 스톤 외에도 여러 흥미로운 사례를 찾아볼 수 있었다. 심정지 상태, 즉 임상적으로 사망한 상태에서 의사들이 자신을 살리려는 모습을 병실 천장에서 내려다본 경우, 육안으로는 찾기 힘든 곳에 방치된 물건을 영혼의 상태에서 봤는데 일치한 경우 등이다.

前生을 기억하는 2500명의 아이들

이런 사례에 고민하다 미국 버지니아대학교의 「지각(知覺)연구팀(Division of Perceptual Studies)」이라는 곳을 찾았다. 1967년 이언 스티븐슨 박사가 설립한 이 연구팀은 정신의학계에서는 비주류 학문으로 꼽히는 인간의 뇌와 영혼, 의식의 관계를 집중적으로 연구해왔다. 이 연구팀은 약 60년 동안 2500명 이상의 아이들을 연구했다. 이 아이들은 전생(前生)을 기억한다는 아이들이었는데 연구팀의 조사 및 검증 결과 3분의 2 이상의 아이들이 말한 내용과 전생에 존재했다는 인물의 실제 삶이 일치하는 것으로 나타났다. 아이들별로 구체적인 내용을 떠올릴 수 있는지는 차이가 있었다.

버지니아대학교 의대 정신과 과장을 지낸 스티븐슨 박사 역시 우연한 계기로 전생을 기억한다는 아이들을 연구했다. 그는 향정신성 물질로 흔히 마약으로 분류되는 LSD가 조현병(調絃病) 등 정신질환 증상 완화에 도움이 되는지에 관심을 가졌다. 그는 LSD를 이해하기 위해 이를 직접 투약해봤고 평소에는 느끼지 못했던 새로운 자각 능력을 체험할 수 있었다고 했다. 이를 계기로 초자연적인 현상과 신지학(神智學), 즉 보통의 신앙으로는 알 수 없는 신의 심오한 행위, 신비적인 체험을 통해 알게 되는 철학 및 종교적 지식을 연구하는 것에 빠지게 됐다고 했다. 39세의 나이로 버지니아 의대 정신과를 이끌던 그가 임상 활동을 그만두고 40년간 전생을 기억하는 아이들을 찾아 전 세계를 누비게 된 것이다.

스티븐슨 박사는 그의 연구 사례들을 여러 책으로 냈다. 그의 책에 소개된 사례도 흥미롭지만 [워싱턴포스트] 주말판 편집장을 지낸 톰 슈로더 기자가 회의론자의 입장, 검증을 하는 기자의 입장에서 스티븐슨 박사를 동행하며 쓴 『올드 솔(Old Souls)』이라는 책 역시 흥미로웠다. 슈로더 기자는 1998년 무렵 80세를 앞두고 있던 스티븐슨 박사와 함께 레바논과 인도 등을 방문, 그의 연구 내용을 검증하는 과정을 책에 담았다.

재혼한 前生의 남편과 20년 넘게 전화하는 레바논 여성

이 책에는 스티븐슨 박사 일행이 레바논에서 수잔 가넴이라는 20대 여성을 만난 사례가 담겨 있다. 이 여성은 5세 때부터 자신의 이름은 하난 만수르였다며 과거에 살던 집이 훨씬 더 크고 좋았다고 했다. 16개월쯤 됐을 때부터 말을 하기 시작했는데 전화기를 귀에 갖다 대며 "안녕, 레일라니?"라는 말을 하곤 했다고 한다. 알고 보니 레일라는 세상을 뜬 전생의 대상자로 추정되는 하난 만수르라는 여성의 딸이었다. 하난은 심장수술을 받다 숨졌는데 죽기 직전 딸 레일라와 통화를 하려 했으나 연결이 되지 않았다고 한다.

수잔은 남편을 비롯한 가족 13명의 이름을 떠올려냈는데 모두 전생 대상자의 삶과 일치했다. 수잔은 하난의 삶을 살 때 죽기 직전 자녀들을 위해 보석을 남겼다고도 했다. 하난의 자녀들을 만난 자리에서 보석은 잘 전달받았냐고 묻기도 했다. 하난은 이를 그의 남동생, 즉 자녀들의 외삼촌을 통해 전달했는데 하난 본인이 아니고서는 알 수 없는 이야기였다.

수잔은 하루에 세 번 이상 전생의 남편에게 전화를 거는 등 집착하는 모습도 보였다. 전 남편(?)의 재혼 사실을 알고서는 '5세 아이'가 그에게, "나 말고 다른 사람은 사랑하지 않겠다고 했잖아요."라고 말하기도 했다.

스티븐슨 박사는 수잔이 5세였을 때 그를 인터뷰했고 20년이 지난 1998년 슈로더 기자와 함께 다시 그를 찾았다. 수잔은 여전히 전 남편에게 전화를 하고 있다고 했다. 결혼한 남편을 용서했느냐는 질문에는 웃으며 "그렇다."고 답했다.

슈로더 기자는 이런 사례들을 보며 혼란스러웠다고 한다. 인도와 레바논에서 여러 환생(還生) 사례들을 조사했는데 이 사람들이 의도적으로 거짓말을 하는 것으로 보이지도 않았고 그럴 이유도 없었기 때문이다. 그는 기자의 입장에서 계속 의심을 해야 한다는 직업의식을 느꼈지만 '왜 이들 사례가 사실이라는 가장 당연할 수 있는 해답을 놔두고 다른 고민을 하고 있는가'라는 생각이 들기 시작했다고 한다.

還生하는 데 걸리는 평균 시간은 4년 반

스티븐슨 박사는 아이들이 누군가에게 빙의(憑依)됐을 가능성, 부모가 아이에게 거짓을 사실처럼 주입했을 가능성 등을 검토했지만 가능성이 없다는 결론을 내렸다. 빙의가 됐다면 어른이 돼서도 계속 기억을 해야 하는데 대다수의 아이가 6~7세가 되면 기억을 잃어 빙의 가능성은 성립이 안 된다고 봤다. 또한 부모가 거짓을 아이에게 주입하기 위해서는 특정 동기가 필요한데 이런 동기가 없다고 했다. 전생을 기억하는 아이들은 부모가 하지 못하게 해도 계속 전생 이야기를 하고 현생에 대한 불평불만을 털어놓아 부모자식 간의 갈등을 빚는 경우도 잦았다. 왜 갈등을 유발하는 거짓 사기극을 벌이냐는 것이 스티븐슨 박사의 의견이었다.

전생을 기억하는 아이들이 갖고 있는 선천적 장애나 흉터 및 모반 등도 중요했다. 이런 상처와 반점은 전생 대상자의 상처 및 장애와 일치하는 경우가 많았다. 예를 들어 전생에서 가슴에 총상을 입고 숨졌다는 아이의 가슴팍에 의문의 상처 혹은 반점이 태어날 때부터 있는 경우다. 스티븐슨 박사는 빙의나 사기극으로는 이런 신체적 특징을 만들어낼 수 없다고 했다.

버지니아대학 연구팀에 따르면 자신이 전생에 유명인이었다고 하는 경우는 매우 드물었다. 대부분이 평범한 사람들이었고 꽤 가까운 곳에서 산 경우가 많았다. 또한 이들이 떠올려내는 기억은 전생 대상자의 말년(末年)에 집중돼 있었고, 전생 대상자가 죽고 새로운 삶으로 태어나는(?) 데 걸리는 평균 시간은 4년 반이었다.

恨 많은 삶

스티븐슨 박사의 뒤를 이어 현재 버지니아대학 연구팀을 이끌고 있는 짐 터커 박사는 또 하나의 흥미로운 통계를 소개했는데, 70%는 전생 대상자가 평범하지 않은 이유로 목숨을 잃었다는 것이었다. 즉 살인, 자살, 사고 등으로 죽은 사람이 많았다는 통계다. 전생 대상자가 평범하지 않게 죽은 아이들의 35%는 전생 대상자의 사망 원인과 똑같은 일에 대한 공포심을 갖고 있었다고 한다. 일례로 스리랑카에 사는 샴리니 프레마라는 갓난아기는 물을 극도로 싫어했다. 목욕을 시키려면 성인 세 명이 달라붙어야 했다고 한다. 그는 나중에 전생 이야기를 했는데 자신이 물에 빠져 죽었다고 했다고 한다.

터커 박사는 한 논문에서 이렇게 설명했다.

《지금까지 조사한 강력한 사례들을 보면 기억과 감정, 어떨 때에는 신체적 트라우마까지도 하나의 삶에서 다른 삶으로 이어지는 경우가 있다고 볼 수 있다. 이런 상황이 보편적이고 일반적으로 일어난다는 뜻이 아니다. 이는 전생을 기억하는 아이들이 특이한 사례일 수 있기 때문이다. 또한 이런 사례가 카르마[注 : 불교에서 말하는 업(業), 이는 윤회(輪廻) 등의 믿음으로 이어진다] 등 특정 종교의 사상이 사실이라고 확인하는 것은 아니다. 나는 '환생(reincarnation)'이라는 표현보다 '캐리오버(carryover=이어지다)'라는 표현이 더 적절하다고 생각한다. 어찌 됐든, 이런 사례들은 죽음 뒤에도 의식이 살아남을 수 있다는 증거로 볼 수 있다.》

"우리는 아직 모를 뿐이다"

기자는 정신의학 측면에서 전생을 기억하는 아이들을 연구하는 버지니아 의대 연구팀의 조사 결과를 분석하는 것에 이어 최면 치료를 통해 전생의 기억을 떠올려내는 상담사들의 조사 결과를 계속 공부하고 있다. 보통 5세 이하의 아이들이 전생을 떠올려내는데, 이런 사례를 하도 많이 접하다 보니 네 살 된 조카를 볼 때마다 '너도 전생을 기억하니'라는 질문을 하고 싶어 입이 근질거리다가도 매형의 눈치를 보느라 묻지 못하는 나 자신을 보며 혼자 헛웃음을 짓기도 한다. 아무런 고민도 없어 보이는 조카 또래의 아이들이 '나는 전생에 살해를 당했다'라든지 '집이 불에 탔는데 아무도 나를 구해주지 않았다'는 이야기를 하는 것을 보면 '그 나이의 아이가 왜 이런 이야기를 하지'라는 생각이 든다.

존 맥 하버드 의대 정신과 과장은 그의 책의 결론 부분에서, "우리는 아직 모를 뿐이고, 이를 받아들일지에 대한 선택은 우리에게 달렸다."고 했다. 처음 그의 책을 다 읽고 '뭐 이런 허무한 결론이 있나'라고 생각했던 나는 취재를 계속할수록 나의 생각 역시 그의 결론과 같은 방향으로 나아가고 있다는 점을 문득 깨닫게 됐다.

2022년 5월 미 연방하원의 UFO 청문회를 앞두고 애덤 시프(캘리포니아·민주) 하원 정보위원회 위원장은 이 문제를 '우리 시대의 가장 위대한 미스터리 중 하나'라고 했다. 이 책에 소개된 여러 사례와 전문가 및 경험자들과의 인터뷰에 담긴 메시지가 독자들에게도 전달돼, 이 미스터리에 대한 독자들의 호기심 깊은 곳을 자극할 수 있게 되기를 바란다.

2022년 10월

김영남

美 정부 UFO 보고서 발표의 충격
-공론화 주역들 인터뷰

제1장

"UFO는 물체(物體·physical object)다"

최초의 UFO 보고서가 충격적인 이유

우주와 인간 존재의 의미를 재(再)정의

미확인 비행물체(Unidentified Flying Object·UFO)는 역시나 UFO였다. 미국 국가정보국장실(ODNI)과 국방부가 2021년 6월25일에 미확인 항공현상(Unidentified Aerial Phenomena·UAP), 즉 UFO에 대한 9쪽짜리 예비 보고서를 발표했다. 미국에서는 UFO와 별개로 UAP라는 표현이 자주 사용된다. 물체뿐만 아니라 이에 따른 현상을 포괄적으로 담으려는 의도로 보인다.

이 보고서의 핵심은 UFO라는 현상의 물체(physical object)가 존재하고, 미국·중국·러시아 등 인류가 만든 증거가 없으며, 외계에서 왔다는 증거도 없다는 것이다. 이는 UFO라는 것이 현재 인간이 갖고 있는 기술로는 만들 수 없는 엄청난 가속력과 회피 동작을 보여준다는 사실을 의미한다. 2004년 이후 발생한 모두 144건의 UFO 보고 사례

(=전투기 조종사들이 미국 정부에 공식적으로 보고한 사례 등)를 조사했는데, 풍선을 오인한 한 건 이외의 143건에 대한 설명이 불가능하다고 했다.

빌 넬슨 미 항공우주국(NASA) 신임 국장은 보고서 발표 이후 CNN과의 인터뷰에서, UAP에 대한 공개 보고서 및 기밀 보고서를 봤다면서 "이 세상에 우리만 있다고 생각하지 않는다."고 했다. 그는 1986년 미 연방 하원의원 대표로 우주 왕복선 컬럼비아호를 타고 우주여행을 한 인물이다. 2001년부터 2019년까지는 플로리다주 연방 상원의원을 지냈다. 그는 보고서에 대해 다음과 같이 설명했다.

"보고서는 우리가 생각한 내용 그대로다. 우리는 해군 조종사들이 본 것에 대한 정답을 모른다. 이들은 무언가를 봤고 이를 추적했으며 레이더로 락을 걸고 쫓아갔는데, 갑자기 한 곳에서 다른 곳으로 움직여버렸다. 대중에 공개된 보고서는 140건 이상의 목격 사례를 검토했다고 말하고 있다. 나는 과학자들에게 이런 목격 사례를 과학적으로 설명할 수 있는지 문의했고, 그들의 보고를 기다리고 있다."

그는 "(UFO는) 적국(敵國)이 만든 것으로 여기지 않는다."면서 "우주라는 것은 생각해보면 엄청나게 광활하다."고 했다. 그는 "사람들은 매우 궁금해 한다. 우리가 혼자일까? 개인적으로 나는 우리가 혼자라고 생각하지 않는다."고 했다. 그러면서 다음과 같이 덧붙였다.

"우주는 엄청나게 크다. 그리고 우주가 탄생한 지 130억5000만 년이 됐다. 엄청나게 큰 거다. 사람들은 이런 정보에 대해 계속 궁금해 하며, 우리는 계속해서 이에 대한 답을 찾고 있다."

UFO 마니아들은 이번에 발표된 미국 정부 보고서가 UFO의 실체를 인정했다는 점에서는 반겼다. 하지만 구체적인 사례를 소개하거나 외계에서 온 물체일 가능성, 외계인의 의한 '납치' 사건 등 이들이 믿고 있는 일에 대한 언급이 없는 것에 실망했다. UFO 관련 보고서나 글에는 '엑스트라테레스트리얼(extraterrestrial)'이라는 표현이 자주 쓰인다. 지구 영역(terrestrial) 밖(extra), 즉 외계(外界)라는 뜻이다. 그러나 미국 정부 보고서는 이 표현을 한 번도 사용하지 않았다.

이번 미국 정부 보고서는 미국이라는 세계 최강대국이 UFO의 실체를 인정했다는 점에서 획기적이다. 미국에서는 UFO가 외계에서 왔을 수밖에 없다는 논의가 공개적으로 이뤄지면서, 음모론자 취급을 당하던 UFO 연구자들이 관심을 받는 상황이 됐다. 음모론이란 극소수의 사람이 특정 사실을 다르게 인식한다는 뜻이다. 그러나 UFO가 외계에서 왔다는 생각은, 극소수가 아닌 미국인 절반 이상이 이를 믿는다는 조사가 최근 발표됐다.

미국의 퓨리서치센터가 2021년 6월30일 발표한 여론조사에 따르면, 미국인의 65%가 다른 행성에 지능을 가진 생명체가 있는 것으로 믿는다. 미국인의 51%가 "미국 군대에서 보고한 UFO 사례가 지구 이외의 지역에 지능을 가진 생명체가 있다는 증거로 생각하느냐?"는 질문에 "그렇다."는 반응을 보였다.

이런 가운데 UFO에 대하여 가장 축소하고 은폐적인 태도를 보였던 미국이, 6월25일 최초의 공식 보고서를 통하여 그 실체(實體)를 공식 인정한 것이다. 이로써 UFO 논란은 음모론의 낙인을 벗었다.

UFO 실체론은 우주와 인간 존재의 의미를 재(再)정의하도록 만든다. 기존 물리학 이론으론 설명할 수 없으니 없는 것으로 치부하자는 부정론은 근거를 잃었다. 물체적 실존이 있으니 거기에 따라 이론을 바꿔야 한다는 방향으로 논란이 이어질 것이다. UFO 이야기를 많이 할수록 겸손해지고 상상력이 커진다.

우주의 탄생인 빅뱅은 137억 년 전이란 것이 정설(定說)이다. 은하계엔 수천억 개의 별이 있고, 우주엔 그런 은하계 같은 게 수천억 개가 있다고 한다. 이런 수치는 계속 늘어나는 추세다. 우주 속의 별이 10해(1,000,000,000,000,000,000,000)개라는 설(說)부터, 0이 3개는 더 붙어야 한다는 주장까지 있다. 지구의 바닷가 모래알 수만큼 많은 별이 있다고도 한다. 그 우주가 맹렬한 속도로 팽창하고 있다. 이런 우주가 또한 무수할 것이란 멀티버스(multiverse) 개념도 힘을 얻는다. 지구와 인간은 그 속의 한 점에 지나지 않는다.

UFO를 인정할 때 인류가 보일 행태는?

그토록 현명한 아인슈타인(Albert Einstein)도 우주는 팽창하지 않는다고 고집을 부렸고, 블랙홀의 존재를 믿지 않았다. 우주 팽창과 블랙홀은 아인슈타인이 1915년에 발표한 일반상대성 이론의 연구를 통해서 자연스럽게 도출되었다. 그럼에도 그는 'E=mc² 공식'이 원자폭탄의 원리가 될 수 있다는 것도 몰랐다. 지금 인간이 알고 있는 우주에 대한 지식만으로 UFO를 부정하는 것은, 16세기 이전 유럽에서 지동설(地動說)을 부정하던 이들이 이를 주장하는 선지자(先知者)들을 이단으로 몰아 화형(火刑)시켰던 일을 떠올리게 한다.

인간이 불을 사용하기 시작한 것은 140만 년 전이다. 문명을 발전시키기 시작한 것은 길게 잡아 수만 년 전이고, 문명 추진체인 국가의 형태를 갖추게 된 것은 수천 년 전이다. 또 인간이 하늘을 날기 시작한 것은 100여 년 전, 달에 사람을 보낸 것은 50여년 전이다.

이런 속도로 과학이 발달하고 인류가 멸종하지 않고 100만 년 더 흐른다면, 그때 사람들은 UFO를 다른 항성으로 보낼 수 있는 기술을 가질 수 있지 않을까? 우주 속에 숨어 있는 시공간(時空間)을 단축하는 원리를 찾지 못할까? 지구에 UFO를 보내는 별에선 그런 문명이 100만 년 전이 아니라 1000만 년 전, 아니 1억 년 전부터 발달하였다면? UFO가 보여주는 이해할 수 없는 기동(機動)은 수만 년짜리 문명과 1억 년짜리 문명의 차이 때문이 아닐까?

UFO 관련 보고를 받아보고 "뭔가 있다."는 생각을 하게 되었다는 버락 오바마(Barack Obama) 전 미국 대통령은, UFO를 인정할 때 인간이 보일 행태를 두 가지로 예상했다. 하나는 UFO를 적대시하여 군사력을 강화하는 것이고, 다른 하나는 인류가 여러 갈등을 넘어 단결하는 것이다. 이 넓은 우주에서 인간이 "우리는 혼자가 아니다."라고 의식할 때 무슨 일이 일어날 것인지를 상상하는 것만으로도 유쾌하지 않은가?

외계(外界)에서 온 것일 수밖에 없다는 느낌

그렇다면 이 보고서에는 어떤 내용이 담겼을까? 6월25일에 미국 국가정보국장실(ODNI)이 미 의회에 제출한 「예비 보고서 : 미확인 항공현상(Unidentified Aerial Phenomena)」은 미확인 비행물체, 즉 UFO

의 실체를 정부가 공식 인정한 획기적 문서다. 실체가 있다면 누가 만들어 보냈는가? 미국 정부는 여기에 확답을 내놓지는 않았다. 그렇지만 이 보고서를 읽고 나면 관료적 전제(前提)가 많이 깔려 있긴 하지만, "외계에서 왔다고밖에 볼 수 없겠다."는 생각이 들지 않을 수 없다. 이날은 나중에 우주관과 인간관을 바꾼, 그리하여 인류 역사에 획기적인 날로 기억될지 모른다.

이 보고서는 "미국 정부 직원이 UAP와 접촉하게 됐을 때 필요한 절차와 방침, 기술, 훈련을 개발하는 방법을 제공하며, 정보 당국이 이런 위협을 이해하는 역량을 강화하는 것을 목적으로 한다."고 했다. UFO를 '헛것'이 아닌 '잠재적 위협'으로 본다는 뜻이다(注 : 이 글에선 UFO와 UAP를 같은 뜻으로 혼용한다). 그래서 "국가정보국장과 UAP 태스크포스(TF)는 UAP에 대한 자료를 시의적절하게 수집하고 통합할 책임이 있다."고 하여 향후 적극적 대응을 다짐한 것이다.

이 보고서에 담긴 자료들은 2004년 11월부터 2021년 3월 사이 발생한 사건들 중 미국 정부에 보고된 내용들에 국한돼 있다. 거의가 미 해군 전투기 조종사들이 보거나 포착한 정확도 높은 사례다. 보고서 작성에 관련한 기관은 모두 안보·정보·과학 부문이다.

국가정보국과 국방부 소속 UAP TF를 비롯하여 국방부 정보담당 차관, 국방정보국(DIA), 연방수사국(FBI), 국가정찰국(NRO), 국가지리정보국(NGA), 국가안보국(NSA), 공군, 육군, 해군, 해군정보국(Navy/ONI), 고등연구계획국(DARPA), 연방항공청(FAA), 국립해양대기청(NOAA), 국가정보국장실(ODNI) 산하 신규 기술분석국, ODNI의 국가방첩안보센터, ODNI의 국가정보위원회 의견을 수렴해 작성됐다.

"UFO는 물체다!"

보고서는 "UAP 사례 대다수는 레이더와 적외선, 전자광학, 무기 통제 기기(器機), 시각적 관찰 등 여러 센서를 통해 포착된 것으로, 이는 (포착된 것들이) 물체(physical objects)라는 점을 뜻할 수 있다."고 했다. 이것은 관측 기기의 오작동 가능성이 낮다는 뜻이다.

앞부분에 나온 이 문장이 중간 결론인 셈이다. 'physical objects'가 키워드이다. 정체를 다 설명할 수는 없지만, 관측 방법이 믿을 수 있으므로 UFO가 물체로서 실재(實在)한다는 점을 인정한다는 것이다. 기후나 광선 현상이 아니고, 헛것도 아니란 이야기이다. 그동안 이상한 사람 취급을 받았던 UFO 신봉자들로서는 명예 회복의 순간이었다.

보고서는 조심스럽게 "제한적인 사례의 경우 UAP가 특이한(unusual) 비행 특성을 보이는 것으로 보고됐다."면서, "목격자의 착각일 수 있어 정밀한 분석이 추가적으로 필요하다."고 덧붙였다. 보고서는 UFO가 안보 위협이라고 규정했다. 이 또한 획기적인 태도 변화이다. UAP는 비행 안전에 관한 문제점을 확실히 갖고 있고, 미국 안보에 도전적 과제란 것이다.

보고서는 144건의 사례가 2004년에서 2021년 사이에 발생한 일들이며, 새로운 보고 체계가 군 조종사 집단에 더 잘 알려지게 된 지난 2년 사이의 것이 대다수였다고 한다. 144건 중 정체가 확인된 것은 하나였다. 큰 풍선! 나머지 UAP는 여전히 설명하기 어렵다고 했다. '설명하기 어렵다'는 뜻은 출처, 정체, 기동에 대하여 인간이 알거나 갖고 있는 기술과 이론으로는 이해할 수 없다는 것이다.

보고서는 UFO 태스크포스가 다음과 같은 다섯 가지 분류법을 쓰고 있다고 했다.

① **항공 잡음** : 새떼, 풍선, 레저용 무인(無人) 비행기, 혹은 비닐봉지 같은 하늘에 떠 있는 잔해물을 뜻한다.

② **자연 기후 현상** : 대기 중의 얼음 결정(=빙정·氷晶), 습기, 열의 변동 등. 적외선 및 레이더 시스템에 포착될 수 있다.

③ **미국 정부나 민간이 개발하는 프로그램** : 해군 등이 수집한 UAP 보고 사례 가운데 어떤 것도 이런 시스템과 연관돼 있다는 결론을 내리지 못했다.

④ **적대국의 시스템** : 일부 UAP는 중국이나 러시아, 다른 국가, 혹은 비정부 기구에서 개발한 기술일 수도 있다.

⑤ **기타** : 대다수의 UAP 목격 사례는, 제한적인 정보와 정보수집 절차 및 분석의 부족함으로 인해 아직 식별되지 않은 것들이다.

군사시설 주변에 많이 출몰

미국 정부 차원의 최초 보고서임에도 예상과는 달리 솔직한 정보 공개가 많다. 핵심적인 것만 추리면 이렇다.

▲ 미국 정부기관에 의한 144건의 보고 중 80건은 여러 센서를 통해 목격한 경우다.

"대다수의 보고는 UAP를 사전 계획된 훈련이나, 다른 군사 활동을 방해한 물체로 묘사하고 있다."

UFO가 미군의 활동에 방해나 위협이 된다는 의미이다.

▲ 이 보고서는 중요한 고백을 한다. 그동안 미국 군대나 정보기관 등에서 UFO를 금기시(禁忌視)해 왔다는 것이다.

“사회 및 문화적 낙인과 센서의 한계가 UAP에 대한 데이터를 수집하는 데 있어 장애물로 남아 있다. 작전을 수행하는 조종사들이나 군대 및 정보 당국의 분석가들은 UAP를 목격하고 이를 보고하며, 이에 대해 동료들과 논의하게 될 경우 비난을 받게 된다고 말한다. 이런 오명(汚名)으로부터 오는 영향은 과학, 정책, 군대, 정보 부문의 고위급 관계자들이 이 문제를 공개석상에서 진지하게 논의함에 따라 줄어들기는 했다. 하지만 명예에 해(害)가 될 수 있다는 위험으로 인해 많은 목격자가 침묵하게 되고, 이 주제에 대한 과학적 논의를 복잡하게 만들 수 있다.”

미국 공군이 「프로젝트 블루북(Project Blue Book)」이란 명칭의 프로젝트팀을 만들어 오랫동안 UFO를 추적하다가, 1960년대 말에 ‘사실무근’이라 결론짓고 문을 닫은 것이 이런 분위기를 조장했다고 한다. 공군은 UFO를 덮고, 해군은 UFO를 드러내고 있는 형국이다.

▲ 보고서는 143건의 설명하기 어려운 보고 사례에서 ‘특정 패턴’이 나타난다고 했다. 이 부분이 매우 중요한 이유는 그 패턴이 지구적이지 않고 외계적이기 때문이다.

“보고 사례에 광범위한 변수가 있고 축적된 데이터가 너무 제한적이기 때문에, 구체적인 추세나 패턴을 분석하는 것은 어렵다. 하지만 형태와 크기, 그리고 특히 추진력 등 UAP 목격 사례에 공통되는 점이 있다. UAP는 미국의 훈련 및 실험 장소 인근에서 자주 발견되는 경향이 있다. 이 지역에 관심이 집중되고 이 지역들에서 더 많은 수의 최신 센서가 작동하고 있으며, 부대의 긴장감과 이상 현상을 보고하라는 지침이 내려가 있다는 점으로 해서 편향된 판단일 수 있다."

이것은 UFO가 군사시설이나 군사 활동을 중점 감시하고 있다는 뜻이다. 프랑스 정부의 UFO 조사도 비슷한 분석을 했다. 핵과 미사일에 관심이 많아 보인다는 것이었다.

충돌 직전까지 갔다

▲ 보고서는 상당수의 UAP가 고등(高等) 기술을 갖고 있는 것으로 보인다고 했다. 21건의 보고 사례에 소개된 18건의 경우, 목격자들이 이상한 비행 특성을 보고했다는 것이다.

"일부 UAP는 바람 속에서 정지하고 있었고, 바람 방향의 반대로 움직이거나 갑작스럽게 움직였으며, 동력장치 없이 엄청난 속도를 내고 있는 것으로 보였다. 일부 사례에선 전투기가 UAP를 추적하는 과정에서 무선 주파수(RF) 에너지가 측정됐다."

무선 주파수 에너지란 전자기(電磁氣)로서 UFO가 추적하는 전투기를 향하여 전파 교란을 했거나, 교신을 시도했다는 뜻으로 읽힌다. 프랑스 정부 보고서에 의하면, UFO는 민간 비행기엔 그렇지 않지만 전투기에는 적대적이거나 회피적이라고 한다. 특히 UFO에 접근하면 전투기의 전자·통신 및 무기통제 장치가 마비된다는 증언이 많다.

▲ 보고서는 "UAP가 보여주는 가속력이나 은폐 및 회피 동작(注: a degree of signature management, UFO의 존재를 은폐하기 위해 스텔스 기능을 쓰는 등의 행위) 같은 것들에 대해서는 데이터가 부족하

다.”면서, 전문가들로 구성된 여러 팀의 추가적인 정밀 분석이 필요하다고 했다.

“조종사들이 UAP와 충돌 직전(near miss) 상황까지 갔었다고 보고한 11건의 기록을 갖고 있다.”는 실토도 충격적이다. 전투기가 UFO에 근접했다는 뜻인데, 민간 비행기라면 사고로 이어질 수 있다. 특히 이착륙 때 UFO가 끼어들면….

▲ 보고서는 이번의 UFO 관련 자료 대부분이 미 해군으로부터 나왔다고 했다. 이제는 미군의 모든 부서와 다른 정부 기관에서, 사건 발생 시 보고하는 체계를 구축하는 작업이 진행되고 있다. 그동안 공군이 이 문제에 대하여 소극적이거나 비협조적이었다는 뉘앙스를 풍긴다. “공군의 데이터는 과거 사례를 보면 제한적이었으나 2020년 11월부터 6개월 동안 시범 프로그램을 운영, UAP 접촉에 대한 자료를 수집하고 있다.”면서. UFO 정보가 많을 수밖에 없는 연방항공청(FAA)도 공군처럼 소극적이었는데, 앞으로 달라질 것이라고 했다.

한 미국 정부 당국자는 보고서 발표 직후 [월스트리트저널(WSJ)]에 “일부 사례의 경우, 우리가 목격하고 있는 것이 무엇인지 제대로 이해하기 위해서는 추가적인 과학적 진보가 필요하다.”고 지적했다. 그는 “이런 목격 사례들에 대한 추가 분석을 위해서는 우리 역량이 강화돼야 한다는 것이 명백하다.”고 했으며, 한 당국자는 “외계에서 왔다는 설명을 뒷받침할 명확한 정황을 파악하지 못했다.”고 말했다.

보고서 발표를 이끌어내는 데 핵심 역할을 했던 마르코 루비오 공화당 상원의원은 성명을 통해 “이 보고서는 이런 사건들에 대한 목록을 만드는 데 있어 중요한 첫걸음이다.”면서, “그러나 이는 첫걸음에 불과하다."고 덧붙였다. 그는 "이런 항공 위협이 미국 국가 안보에 중대한 우려로 작용하는지에 대해 우리가 정확히 이해하기 위해서는 국방부와 정보당국이 해야 할 일이 많다."고 지적했다.

제2장

미국 정치인과 탐사 전문 기자가 바꾼 UFO 실체론

'정부 보고서'로 바뀐 '황당한 주장'

국방부 보고서 공개의 의미

UFO 존재 여부에 대한 논쟁은 수십 년간 이어져왔다. UFO의 실재(實在)를 주장한 사람들은 대개 음모론자로 치부됐다. UFO를 믿는 사람들은 정부가 앞장서서 이를 은폐하고 있다고 주장한다.

이런 상황에서 미국 국방부가 UFO 보고서를 공개한 것은 의미가 크다. 과거처럼 민간인들이 UFO 목격담을 주장하는 것이 아니라 미국의 전직 정보 당국자들, 전투기 조종사 등 신뢰할 수 있는 사람들의 증언이 나오자 국방부가 사안의 중대성을 인정한 것이다. 미국 언론들은 워싱턴에서 이 문제를 단순한 가십거리가 아니라, 실제 안보 문제와 직결되는 사안으로 보고 있다고 보도했다.

미국 국방부의 이런 결정은 의회의 요구에 따라 이뤄졌다. 2016년 대통령 선거 당시 공화당 후보로도 출마했던 마르코 루비오 상원의원은,

2021년 회계연도 「정보수권법안(Intelligence Authorization Act)」에 180일 이내에 UFO 관련 구체적 분석 결과를 제출할 것을 요구했다. 강제 조항은 없지만, 이 문제에 대한 관심도가 커짐에 따라 국방부와 국가정보국장이 이를 제출하기로 결정한 것으로 분석되고 있다.

미국 언론들은 전직 정보 당국 고위 인사와 전투기 조종사의 증언으로 이 문제에 대한 관심이 최근 집중된 것은 맞지만, 오랫동안 UFO를 믿고 이에 대한 연구를 해온 사람들의 노력이 큰 역할을 했다는 분석을 내놨다. 미국 주간지 [뉴요커(The New Yorker)]는 정부 보고서 발표를 앞두고 이러한 진전 상황을 자세하게 소개한 기사를 게재, 많은 언론의 눈길을 끌었다.

바보 취급받던 UFO 신봉자들

UFO를 믿는 사람들의 주장은 지난 수십 년간 외계에서 만들어진 비행물체가 지구를 찾았다는 것이다. 이 비행물체는 동력 장치가 없는 것으로 보임에도 음속을 넘나드는 속도로 비행하는데, 이는 인간의 기술로는 만들 수 없다고 말한다. UFO를 목격했다고 주장하는 사람들에 따라 모양이 조금씩 다른 것으로 보인다. 부메랑이나 접시처럼 생겼다는 사람도 있고, 세로 형태의 기다란 시가 담배 같이 생겼다는 사람도 있다. 약 10미터 정도의 크기라는 목격자가 있는가 하면, 마을 하나 크기 정도였다는 목격자도 있었다.

어찌 됐든 UFO 신봉자들의 주장은 대중의 신뢰를 얻기 어려운 방향으로 진화하는 경우도 많았다. NASA의 엔지니어 출신인 조셉 블룸

리치는 1974년, 『에스겔의 우주선』이라는 책을 썼다. 그는 이 책에서 UFO의 존재가 성경 구약(舊約)에도 존재한다고 했다. 에스겔서 1장 중 하나님이 등장하는 장면에서 '바퀴 안에 바퀴' 같은 표현이 사용됐는데, 이것이 사실은 외계 우주선을 뜻하는 것이라는 주장이다(注 : 에스겔서 1장 16절 : 그 바퀴의 형상과 구조를 보니, 그 형상은 빛나는 녹주석과 같고 네 바퀴의 형상이 모두 똑같으며, 그 구조는 마치 바퀴 안에 바퀴가 들어 있는 것처럼 보였다).

조지 워싱턴(George Washington) 미국 초대 대통령도 UFO를 목격했고, 이후 모든 미국 대통령이 이에 대한 진실을 은폐했다고 주장하는 사람도 있다. 폴란드 출신의 조지 아담스키는 금성(Venus)에서 온 외계인을 만났는데, 북유럽 사람처럼 생겼었다고 했다. 이 외계인이 지구를 찾아온 이유는, 반복되는 핵실험에 불만을 가졌기 때문이라고 했다.

1947년 여름에는 UFO 신봉자들 사이에서 유명한 '로즈웰 사건'이 발생했다. 외계에서 온 비행물체가 뉴멕시코주의 시골 마을인 로즈웰 지역에 추락했다는 사건이다. 음모론자들은 이 사건 현장에서 인간의 모습을 한 (외계인의) 시체들과 잔해가 발견됐다고 주장한다. 미국 정부가 민간 군수회사에 잔해 분석을 의뢰했고, 소련보다 먼저 비밀을 풀기 위해 모든 노력을 총동원했다는 것이다.

해리 트루먼(Harry Truman) 대통령이 발족한 비밀 조직인 「마제스틱 12(Majestic 12)」가 이와 관련된 사실들을 모두 은폐했다고 한다. 존 F. 케네디(John F. Kennedy) 대통령이 이런 내용을 니키타 흐루쇼프(Nikita Khrushchev) 소련 공산당 서기장에게 털어놓으려고 하다가 암살당했다고 믿는 사람도 있다. 케네디가 마릴린 먼로(Marilyn

Monroe)에게 이런 내용을 알려줬다가 먼로 역시 목숨을 잃게 됐다고 도 한다.

UFO 신봉자들이 조롱을 받아온 이유 가운데 하나는, 그들 중 일부가 극단적인 주장을 내놓기 때문이다. 어떤 이는 외계 비행물체가 추락한 현장을 방문해 외계인을 직접 봤다는 주장을 폈다. 일부는 살아있었고, 일부는 이미 숨진 상태였다고 했다. 이들을 분석해 57개 종(種)으로 분류했는데, 대부분이 인간의 모습을 하고 있었다는 것이다.

집념의 기자, 킨의 등장

미국에서 활동하는 UFO 전문가 중 가장 신뢰도가 높은 사람 가운데 한 명은 레슬리 킨이라는 여성이다. 킨은 탐사보도 전문 기자 출신으로, UFO 관련 여러 특종을 한 사람이다. 그가 [보스턴글로브]와 [뉴욕타임스]에 쓴 기사들은 미국 전역에 큰 파장을 일으켰다. 특히 [뉴욕타임스] 2017년 12월16일자 1면을 장식한 그녀의 글은 엄청난 관심을 이끌어냈다.

미국 국방부가 10년 넘게 UFO 전담 부서를 운영하고 있었음에도 이를 숨겨왔다는 내용이었다. 기사와 함께 미 해군이 촬영한 UFO 추정 영상도 공개했다. UFO 신봉자들은 2017년 12월을 UFO 학문(?)에 있어 큰 전환점이라고 본다. 마침내 정부의 반응을 이끌어냈고, 결과론적으로는 2021년 6월의 국방부 보고서 공개로 이어졌다는 것이다.

실제로 2017년 12월 이후 미국 정부 고위 관계자들이 UFO에 대한 의견을 공개적으로 내놓기 시작했다. 상원 정보위원회 위원장 출신인 마르코 루비오 상원의원은 2020년 7월 CBS 방송에 출연, 미확인 비행물체에 대한 의견을 내놨다. 그는 "이게 무엇인지 우리는 모르지만 우리가 만든 것은 아니다."라고 했다. 2013년부터 2017년까지 미 중앙정보국(CIA) 국장을 지낸 존 브레넌은, 2020년 12월 한 인터뷰에서 UFO를 인정하는 듯한 발언을 했다. 그는 "우리가 보고 있는 현상들은 아직 설명할 수 없고, 우리가 아직 이해하지 못하고 있는 것들의 결과물이다."면서 "또 다른 생명체가 있다고 주장하는 사람들이 말하는 일과 관계가 있을 수도 있다."고 덧붙였다.

존 랫클리프 전 국가정보국장(DNI)은 2021년 초 미국의 24시간 케이블 TV 뉴스 채널인 [폭스뉴스(Fox News)]와의 인터뷰에서 "해군 및 공군 조종사들이 목격하고 위성사진 등을 통해 파악한 현상들은 설명을 하기가 어렵다."고 했다. 그는 "이런 움직임을 모방하는 것도 어렵고, 이러한 음속 장벽을 통과할 수 있는 속도로 비행할 수 있는 기술을 갖고 있지도 않다."고 밝혔다.

버락 오바마 전 대통령은 보고서 발표 얼마 전 언론 인터뷰를 통해 UFO에 대하여 적극적으로 발언했다. 그는 "내가 현직에 있을 때 보고를 받아보니 설명할 수 없는 비행체가 있다는 느낌을 받았다. 기동(機動)과 궤도가 기존 이론으론 설명이 안 된다. 동영상이나 사진 기록도 있다. 뭔가 있다."고 말했다. 그는 미국 군인들이 포착한 물체의 원천을 알 수는 없지만, 외계에서 왔다고 해도 그런 새로운 지식이 인류를 분열시키기보다는 단합하게 만들 것이라고 전망했다.

도널드 트럼프(Donald Trump) 전 대통령도 2020년 기자들에게 1947년 뉴멕시코주 로즈웰 UFO 추정 물체 추락사건을 언급, "매우 흥미로운 이야기를 들었다. 내가 아는 것을 말해줄 수는 없지만 매우 재미있다."고 밝힌 바 있다.

의심해볼 수밖에 없는 정황들

킨 기자와 같은 사람이 주장하는 UFO 존재에 대한 증거는 무엇일까? 대부분의 학자들은 현대 UFO 논쟁의 시작을 1947년 6월24일로 본다. 이날 미국인 민간 조종사인 케네스 아놀드는 워싱턴주 레이니어 산(山)을 비행하던 중, 식별할 수 없는 비행물체 아홉 개를 봤다고 주장했다. 부메랑 같은 모습의 비행물체들이 음속보다 두세 배 이상 빠르게 비행하고 있었다고 한다.

한 지역신문은 이를 두고 '비행접시'라는 이름을 붙였다. 이후 약 6개월 사이에 비슷한 물체를 봤다는 주장이 미국에서만 850건 이상 나왔다. 당시 과학자들은 '비행접시'라는 것은 있지도 않고, 존재할 수도 없다며 기상학적 현상이라고 풀이했다. 이를 봤다고 주장하는 사람들이 일종의 자기최면에 걸렸다고도 했다.

1947년 9월, 미국 공군은 이런 주장을 단순히 일축할 수 없는 보고를 받았다. 네이선 트위닝 중장은 비공개 회의에서 "현재 보고되고 있는 현상들은 실제 있는 일이고 가상의 현실이 아니다."라고 했다. 이를 두고 미국 정부에서도 논란이 많았다. 소련을 비롯한 적국이 새로운 기술을 만들어낸 것이 아니냐는 우려도 나왔다.

미국 정부는 「프로젝트 사인(Sign)」이라는 비밀 프로젝트를 진행해 이에 대한 수사를 실시했다. 당시 조사단은 특이 현상이 존재한다고 믿는 사람과, 착각에 불과하다고 믿는 사람들로 나뉘었다. 조사단은 보고서를 통해, 현재까지 나온 관측 주장의 20%는 제대로 설명이 되지 않는다고 밝혔다. 그러면서도 추락해 부서진 '비행접시'의 잔해 등 실체적 증거가 존재하지 않는다는 내용이 담겼다. 랜드연구소의 과학자를 인용, 행성 간을 관통하는 비행 기술은 불가능하다는 내용도 포함됐다.

1년 뒤인 1948년에는 또 다른 주장이 나왔다. 이스턴 항공 조종사 두 명이, 시가 담배 같이 생긴 커다란 물체가 엄청난 속도로 비행기에 접근했다가 기술적으로 불가능하게 방향을 틀어 사라져버렸다고 말했다. 또 다른 비행기에 타고 있던 조종사 한 명과, 지상에서 이를 목격했다는 사람들 일부가 이런 주장을 뒷받침하는 증언을 했다. 이것이 근접 거리에서 UFO가 목격된 첫 번째 사례였다.

「프로젝트 사인」은 이에 대한 수사도 실시했다. 일부는 외계 물체라는 가설에 신빙성이 있다는 생각이었다. 회의론자들은 "만약 외계 물체가 왔다면 왜 우리에게 알리지 않았겠느냐?"는 식의 입장이었다.

1952년 7월, 또 다른 사건이 발생했다. UFO 함대가 백악관의 비행통제구역을 침범했다는 것이었다. [뉴욕타임스]의 당시 기사 제목은 「워싱턴 인근을 비행하던 물체가 조종사와 레이더에 포착되다」였다. 공군은 즉각 성명을 발표하고 별일이 아니었다는 입장을 내놨다. 비행물체가 포착돼 전투기가 출동했지만 교전은 없었다고 했다. 이때도 미국 정부는 제대로 된 설명을 내놓지는 않았다.

1953년 1월, CIA는 '로버트슨 패널'이라는 자문단을 비밀리에 구성했다. 이 패널은 캘리포니아공대 출신 수학물리학자인 하워드 로버트슨이 이끌었다. 이 자문단은 UFO가 목격됐다는 데 초점을 두기보다는, 너무 많은 목격담이 쏟아지고 있는 게 문제라는 결론을 내놨다. 이런 주장이 계속 나오게 된다면 국가 안보에 위협이 될 수 있다고 주장했다.

편향된 조사

예를 들어 소련 첩보기가 미국 상공에서 목격돼도 UFO로 치부되는 상황이 발생할 수 있다는 것이었다. 이 패널은 정보당국이 나서서 UFO 미스터리가 확산되는 것을 막아야 한다고 했다. UFO를 주장하는 민간인들을 감시해야 하고, 언론을 통해 이들의 주장을 깨뜨려야 한다고도 했다.

미국 정부는 「프로젝트 사인」의 후속 조치로 「프로젝트 블루북」을 진행했다. 당시 프로젝트에 참여한 사람 중 유일한 과학자는 오하이오주 출신 천문학자인 앨런 하이넥이었다. 그는 UFO 회의론자였고, 로버트슨 패널에서도 활동한 적이 있었다. 이들은 조사를 통해 UFO 목격담 가운데 95%는 사람들의 착각이었다는 결론을 내놨다. 비정상적인 구름의 이동, 대기의 급격한 기후 변화에 따른 현상이었다는 것이다. 그러나 5%에 대해서는 정확한 설명을 내놓지 못했다. 하이넥은 회의론자였기는 했지만, 이런 현상을 그냥 무시할 수밖에 없다는 생각을 갖고 있었다.

1966년 3월14일, 미시건주 남부 덱스터 인근에서 100명 이상의 사람들이 저고도에서 비행하는 커다란 미식축구공 모양의 물체를 봤다고 증언했다. 빛을 뿜어내고 있었다고 한다. 하이넥은 이들이 목격한 것은 달과 별의 움직임이었고, 식물들이 썩으며 배출하는 메탄가스의 일종이라고 단정했다.

훗날 대통령이 되는 제럴드 포드(Gerald Ford)는 당시 하원 공화당 원내대표였다. 미시건주 출신인 그는 의회 청문회를 열어야 한다고 주장했다. "미국 대중들은 더 제대로 된 설명을 들어야 한다."는 것이었다. 하이넥은 청문회에 출석해 UFO의 진실을 파헤치기 위한 독립기구가 만들어져야 한다는 의견을 내놨다. 「프로젝트 블루북」은 이후 17년간 약 1만2000건의 사건을 조사했고, 701건에 대해서는 정확한 설명을 내놓지 못했다.

1966년에 콜로라도대학의 물리학자인 에드워드 콘든이, 정부로부터 30만 달러를 지원받아 UFO에 대한 연구를 실시했다. 연구의 주목적은 UFO의 진실보다는 UFO를 믿는 사람들의 심리 상태 분석이었다. 즉, 냉전이나 기술 경쟁에 대한 미국인들의 불안감이 UFO를 목격했다는 주장으로 이어지는 게 아니냐는 것이었다.

약 2년 뒤인 1968년 가을, 1000쪽 분량의 「콘든 보고서」가 발표됐다. 「프로젝트 블루북」에서 다룬 91개의 사건을 조사한 결과, 30건이 여전히 미스터리로 남아있다고 했다. 그 가운데 한 사건은, 1956년 영국에 주둔하고 있던 미국 공군의 레이더 여러 개에서 비정상적으로 빠른 비행물체가 포착된 일이었다. 「콘든 보고서」는 UFO가 고도의 기술을 사용하고 있을 수 있다고 지적했다.

콘든은 조사가 끝나기도 전에 보고서의 요약과 결론 부분을 써 놨다. 그는 "우리에게 주어진 기록들을 면밀히 검토한 결과, UFO에 대한 추가 연구가 필요하다는 주장은 정당화될 수 없다."고 했다. 그는 학생들이 UFO 연구에 나서도록 하는 것을 독려해서는 안 된다고 말했다.

과학자들은 이런 데 들어갈 예산을 더 나은 일에 사용해야 한다고 주장했다. 이렇게 「프로젝트 블루북」은 1970년 1월 공식 종료됐다.

연구에 참여했던 회의론자 하이넥은 1972년, 「블루북」과 「콘든 보고서」를 비판하는 내용의 책을 썼다. 이들은 UFO에 대한 진실을 연구한 게 아니라, 이런 주장이 나오지 않도록 하는 데 초점을 뒀다는 것이었다.

조종사들의 증언

킨 기자는 UFO에 대한 신빙성 있는 주장, 즉 조종사를 비롯한 신뢰할 수 있는 사람들의 증언이 뒷받침된 사건을 중점적으로 파헤쳐야 진실에 가까워질 수 있다고 봤다. 그는 1980년 영국에 주둔하던 미국 공군 장교 여러 명이 UFO를 목격했다는 주장을 검증했다. 이 사건은 '영국의 로즈웰'이라고 불리는 사안이었다.

킨이 관심을 가졌던 또 다른 사건은, 이란 공군 소령인 파비즈 자파리의 목격담이었다. 자파리는 1976년 테헤란 인근에서 빛을 뿜고 있는 물체를 격추하기 위해 F-4 전투기에 올랐다. 그는 이 물체가 강력한 적색, 녹색, 오렌지색, 청색 빛을 뿜어내고 있어 본체를 제대로 볼 수 없었다고 증언했다. 전투기의 무기 체계와 라디오 교신 기능이 전파 공격 때문에서인지 작동하지 않았다고 한다.

미국 정보 소식통은 당시 사건과 관련해 4쪽짜리 기밀문서를 작성해 워싱턴에 보고했다. 이 보고서는 롤란드 에반스 대령이 작성했다. 이 문서를 입수한 킨 기자는, 미국 정부가 이런 내용을 공식 보고서에 담는 것이 매우 이례적이라고 했다. 이 문제가 중요하지 않다는 정부에 이런 내용을 보고할 필요가 있었겠느냐는 것이다.

2002년 킨 기자는 사이파이(SciFi)방송국의 의뢰를 받아 UFO에 대한 추적에 나서게 됐다. 사이파이방송국은 킨의 방송을 후원하기 위해 변호인과 연구원 등을 고용했고, 워싱턴에 있는 광고 회사인 '포데스타 마툰'과 계약을 맺었다. 에드윈 로스차일드가 이 광고회사의 대표였는데, 그는 워싱턴에 상당한 인맥을 가진 사람이었다. 로스차일드는 킨을 존 포데스타에게 소개시켜줬다. 포데스타는 빌 클린턴(Bill Clinton) 대통령 비서실장을 지낸 인물로, 버락 오바마 대통령의 고문 역할을 맡기도 한 사람이다.

2006년 11월7일, 시카고 오헤어공항에서 또 한 번 UFO가 목격됐다는 주장이 나왔다. 공항 게이트 C17 부근에서 금속 형태의 접시 모양 물체가 발견됐다는 것이다. 이 물체는 1900피트 상공에서 위아래로 움직이다 순식간에 사라져버렸다. 지역 언론인 [시카고 트리뷴]이 이를 보도했는데, 당시 목격자들 모두 실명을 밝히기를 꺼려했다. 그럼에도 이 기사는 이 언론사의 역사상 가장 많은 조회 수를 기록한 기사가 됐다.

미 연방항공청(FAA)은 이 사건에 대한 정보가 없다고 밝혔다. 그러다 유나이티드항공 관계자와 관제사 사이에 나눈 대화 내용이 언론을 통해 공개됐다. 비행접시 같은 물체가 발견됐다고 하는데 서로 봤느냐고 묻는 내용이었다.

FAA는 당시 사람들이 봤다고 하는 현상은 '펀치홀 구름'이라고 했다. 온도 변화에 따라 하늘에 주먹으로 구멍을 낸 것 같은 현상이 나타났다는 것이다. 킨 기자가 취재한 전문가들은, 당시 시카고의 날씨가 너무 따뜻했기 때문에 이런 구름 현상은 나타날 수 없다고 말했다. 킨 기자는 다시 한 번 정부가 UFO에 대한 모든 증거들을 무시하고 은폐하고 있다는 생각을 갖게 됐다고 한다.

킨 기자는 2010년 초 발표한 책 『UFOs』와 여러 방송 프로그램을 통해 이런 목격담을 공개했다. 그는 포데스타 전 대통령 비서실장 등과의 인맥을 통해 오바마 대통령을 직접 만나, UFO에 대한 의견을 내기도 할 수 있는 정도의 인물이 됐다.

정치권으로 퍼지게 된 UFO

미국 정부가 UFO를 진지하게 받아들이게 되는 데 큰 역할을 한 또 다른 인물 중 하나는 로버트 비글로다. 그는 미국 전역에서 모텔 체인을 운영하는 부동산 사업가였다. 그는 어려서부터 UFO에 관심이 많았다. 항공 관련 문제들을 연구하는 개인 연구소도 차렸다. 그는 1990년대 말, 유타주 솔트레이크시티 인근에 있는 480에이커 규모의 '스킨워커' 농장을 샀다(注 : 이 농장은 UFO 현상이 자주 발생하는 장소로 알려져 있었다). 이 농장을 산 것이 그의 인생에 큰 변화를 줬다.

2007년 미 국방정보국(DIA) 고위 관계자가 비글로에게 연락해 스킨워커에 관심이 있다는 뜻을 밝혔다. 비글로는 자신과 친하던 당시 상원 원내대표 해리 리드 상원의원에게 이 DIA 관계자를 소개시켜줬다. 두 명 모두 UFO에 관심이 많았다.

리드는 동료 의원인 테드 스티븐스과 UFO 문제를 논의하기 시작했다. 스티븐스는 제2차 세계대전 당시 조종사로 참전했고, 직접 UFO를 목격한 것으로 알려졌다. 2008년, 미 의회는 추경안에 2200만 달러를 비공식적으로 추가하도록 했다. 리드 의원의 압박으로 추가된 예산이었다. UFO를 명시하지는 않았지만 '첨단 항공 무기체계 적용 프로그램'이라는 명목으로 예산이 잡혔다. 민간 기관 발주를 통해 이에 대한 연구를 실시하도록 했다.

이때 유일하게 입찰에 참여한 회사가 비글로의 항공 연구소였다. 비글로 연구팀은 조사단을 꾸리는 과정에서 국방부 방첩 담당 장교 출신인 루이스 엘리존도를 영입했다.

비글로 연구팀은 정부의 자료를 구하는 데 어려움을 겪었다. 기밀문서라는 이유로 접근이 쉽지 않았다. 이들은 리드 상원의원의 도움을 받았다. 2009년 6월, 리드 의원은 이 연구팀에 일정 기간 동안 정보를 제공하도록 요청하여 미국 정부로부터 이에 대한 승인을 받아줬다.

이 연구팀은 엘리존도가 총괄해 이끌게 됐다. 이 부서는 「고등 항공우주 위협 식별 프로그램(AATIP)」이라는 이름으로 2010년부터 운영되기 시작했다. 이들이 맡았던 사건 중 하나가 잘 알려진 니미츠호 사건이다.

2004년 11월, 미 항공모함 니미츠는 캘리포니아주 샌디에이고와 바하캘리포니아 지역에서 훈련을 실시하고 있었다. 훈련에 참여했던 구축함 프린스턴호의 레이더에 이상한 움직임이 포착됐다. 이 물체는 8만 피트 상공에서 해면까지 수초 만에 낙하하는 움직임을 보였다. 1주일 간 비슷한 현상이 레이더에 포착되자, 조종사 데이브 플레버가 출동 명령을 받았다.

플레버는 이 물체의 길이가 40피트(=12미터) 정도였고, 날개나 동력장치는 보이지 않았다고 말했다. 탁구공처럼 위아래로 튀고 있었다고 했다. 그와 함께 비행기에 탑승했던 두 명의 다른 조종사들도 비슷한 증언을 했다. 프레버는 이 물체를 추격하려 했지만 따라가지 못했다고 한다.

두 번째로 출격한 F-18 편대의 조종사 채드 언더우드는 전투기 탑재 적외선 카메라로 이 비행물체를 찍었다. 이 영상은 'FLIR1(=전방 감시 적외선 암시 장치)'이라고 불린다. 레이더 화면에서 '락(lock)'에 걸려 있던 물체가 순식간에 사라지는 모습이 담겼다.

UFO 실체론에 불을 지핀 [뉴욕타임스] 특종

2017년 10월4일, 크리스토퍼 멜론 전 국방부 정보 담당 부차관보가 국방부 인근의 고급 호텔에 킨 기자를 초청했다. 이 자리에는 전직 CIA 요원 등이 참석했다. 킨 기자는 이 자리에서 국방부 UFO 담당 프로그램을 운영하던 엘리존도를 만났다. 엘리존도는 이날 모임 하루 전에 일을 그만둔 상황이었다.

3시간가량 진행된 이날 모임에서, 킨 기자는 미국 정부가 1970년 종료된 「프로젝트 블루북」 이후에도 계속해서 UFO에 대한 조사를 해왔다는 사실을 알게 됐다. 킨 기자가 몇 해에 걸쳐 정보공개 요청과 소송을 통해 구하려고 했으나 실패했던 정부 비밀 프로젝트의 실체를 알게 되는 순간이었다.

이 만남이 있은 얼마 뒤 엘리존도는 정부가 갖고 있는 영상을 공개하겠다는 뜻을 킨 기자에게 밝혔다. 민간인들이 찍은 희미한 사진이나 조작된 사진이 아닌, 제대로 된 자료와 영상을 공개하겠다는 것이었다. 다만 조건이 붙었다. 이 기사가 [뉴욕타임스]에 실려야 한다는 것이었다.

프리랜스 기자였던 킨은 오랫동안 알고 지내던 [뉴욕타임스] 기자 랄프 블루멘탈에게 연락을 했다. 블루멘탈은 신문사 편집인인 딘 배큇에게 e메일을 보냈다. "매우 충격적이고 분초를 다투는 기사를 공동으로 쓰고 싶다. 지난 달 퇴사한 고위 정보 당국자가 오랫동안 비밀에 감춰지고 신화화됐던 내용을 확인해주기로 결정했다."

[뉴욕타임스]는 베테랑 국방부 출입기자인 헬렌 쿠퍼를 투입, 킨과 블루멘탈과 함께 공동 기사를 쓰도록 했다. 이렇게 탄생한 특종이 앞서 언급한 2017년 12월16일자 1면 기사다. 킨 기자는 "내 기사가 [뉴욕타임스]에 실리게 될 것이라고는 평생 상상도 못했다. 내가 지금까지 원했던 모든 것의 절정에 달하는 순간이었다."고 회고했다.

이 기사를 통해 국방부가 UFO 담당 부서를 운영하고 있다는 사실이 폭로됐고, 국방부는 이를 시인했다. 사실상 이 프로그램에 대한 예산을 비밀리에 배정했던 리드 상원의원은 "창피하거나 수치스럽지 않다."며 "이런 일을 추진한 게 잘못된 일이라고 생각하지 않는다."고 말한 것으로 인용됐다. 국방부는 이 프로그램이 예산 삭감으로 인해 2012년에 중단됐다는 해명을 했다. 그러나 이 프로그램에 참여한 뒤 이를 세상에 알린 엘리존도와 같은 사람들은 이 역시 사실이 아니라고 했다. 중단되지 않고 계속 운영됐다는 것이다.

이 보도로 인해 국방부에 대한 의회와 대중의 압박이 거세졌다. UFO에 대한 진실이 있다면 이를 공개해야 하고, 진실을 파악하지 못했다면 이에 대한 진상조사를 해야 한다는 것이었다. 2018년 여름, 상원 군사위원회는 2019년 「국방수권법」에 기밀로 된 내용을 포함시켰다. 국방부가 UFO 문제에 대한 조사를 할 의무가 있다는 내용이었다.

2019년 4월, 미 해군은 조종사들에 하달되는 지침을 수정했다. 미확인 물체가 발견되면 무조건 보고하도록 지시했다. 2019년 6월, 버지니아 출신 마크 워너 상원의원은 미확인 비행 현상에 대한 보고를 받은 적이 있다고 시인했다. 2020년 6월, 마르코 루비오 상원의원은 2021년 「정보수권법안」에 항공 물체의 이상(異常) 현상에 대한 내용을 180일 이내에 의회에 보고하도록 했다. 이렇게 UFO에 대해 금기시하던 미국 정부와 정치권의 분위기가 바뀌게 됐다.

제3장

보고서 핵심은 '물체'와 '충돌 직전(near miss)'

UFO의 존재 증거는 이미 밝혀졌다.

UFO 문제를 선도(善導)하는 3인(人)과의 인터뷰

미국 정부가 "UFO는 물체다."고 인정한 2021년은 UFO 현상에 있어 가장 중요한 해로 기록될 것이다. 미국 정부는 보고서를 통해 미국이나 러시아, 중국이 만든 기술로 보이지 않는다고 설명했다. 이는 민간인들이 아닌 해군 조종사 등 군(軍) 관계자들이 보고한 사례를 분석한 결과라고 했다.

그렇다면 미국 정부의 보고서 발표를 이끌어내는 데 있어 가장 큰 역할을 한 사람은 누굴까?

지금까지의 상황을 다시 정리해보자면, 우선 국가정보국장실이 국방부와 함께 보고서를 발표하게 된 가장 큰 이유는 의회의 예산 때문이다. 2018년 여름, 상원 군사위원회는 2019년 「국방수권법」에 기밀로 된 내용을 포함시켰다. 국방부가 UFO 문제를 조사할 의무가 있다는 내용이었다.

2020년 의회는 2021년도 「정보수권법안」에 UFO를 연구하고, 연구 결과를 180일 이내에 의회에 제출하도록 하는 내용을 명시했다. 이를 통해 2021년도 중순, 180일 마감 시한에 맞춰 보고서가 대중에 공개된 것이다.

금기시되던 UFO라는 문제를 정치권에서 진지하게 다루게 된 배경 역시 중요하다. 미국 전문가들은 2017년 12월의 [뉴욕타임스] 특종 기사가 가장 큰 역할을 했다는 데 대부분 동의한다. 이 기사는 미국 국방부가 비밀리에 UFO를 분석하는 부서를 운영했다는 사실을 폭로했다. 이에 추가로 미 해군 조종사들이 촬영한 UFO 영상 세 개를 공개했다. 국방부는 결국 동영상이 사실임을 인정하기도 했다.

기존까지는 민간인들이 촬영했다고 하는 희미하고 뿌연 사진들이 대다수였으나, 해군 레이더에 포착된 UFO의 움직임이 공개된 것이다. UFO는 대개 주류 언론에서 가십성으로 다뤄지고 조롱의 대상이 됐지만, 이제는 상황이 완전히 바뀌었다.

2021년 미국 정부의 공식 보고서가 발표된 얼마 후, 또 하나의 큰 뉴스가 세계 UFO 마니아들을 흥분시켰다. 미국에서 가장 권위 있는 천문학자 가운데 한 명으로 꼽히는 에이브러햄(=에비) 로엡 하버드대학 교수가, 민간인의 기부금을 받아 UFO의 증거를 찾아 나서기로 했다고 발표한 것이었다. 그는 세계 곳곳에 천체망원경을 설치, UFO를 관찰하는 「갈릴레오 프로젝트」를 시작한다고 밝혔다.

나는 2017년 [뉴욕타임스] 특종 기사 필진인 레슬리 킨과 랄프 블루멘탈 기자, 그리고 「갈릴레오 프로젝트」를 총괄하는 하버드대학의 에이브러햄 로엡 교수를 인터뷰했다. 이들은 미국에서 가장 진지하게 UFO 문제를 선도(先導)하고 있는 인물들이다. 세 명 모두 꾸준히 특정 주제를 연구하고 글을 써왔다.

이들과의 인터뷰는 2021년 8월 말부터 9월 초에 걸쳐 진행됐다. 왜 UFO에 관심을 갖게 됐는지, 정부 보고서를 어떻게 평가하는지, 앞으로의 과제는 무엇인지 등에 대한 이야기를 들어봤다.

인터뷰 | 랄프 블루멘탈(Ralph Blumenthal)

랄프 블루멘탈 기자(본인 제공).

첫 번째로 소개할 랄프 블루멘탈 기자는 1964년부터 2009년까지 [뉴욕타임스] 기자로 활동했고, 2021년 현재에도 이 신문에 글을 쓰고 있다. 그는 뉴욕시립대학 바룩컬리지에서 강사로 활동한다. 그는 1993년 뉴욕 세계무역센터 트럭 폭탄 테러 공격이 발생했을 때 [뉴욕타임스] 메트로 취재팀을 지휘했고, 이 팀은 당시 기사로 퓰리처상을 받았다.

약 45년을 [뉴욕타임스]에서 기자 생활을 하면서 다양한 부서를 거쳤다. 뉴욕 메트로팀(1964-1968), 해외 특파원(서독, 월남, 캄보디아, 1968-1971), 탐사 및 범죄 전문 기자(1971-1994), 예술 및 문화 담당 기자(1994-2003), 텍사스주에 있는 남서지국 지국장(2003-2008)을 지냈다.

그는 앞으로 소개하겠지만, UFO 현상에 있어 더욱 고차원으로 분류되는 '외계인의 의한 납치' 문제도 다루었다. 그는 하버드 의대 정신과 과장을 지내며 납치 경험자들을 연구했던 존 맥 박사의 전기(傳記)『빌리버(Believer)』를 2021년에 출간했다.

나는 그와 인터뷰를 진행하기 위해 연락처를 찾은 뒤 장문(長文)의 이메일을 보냈다. 입에 발린 소리가 아니라 그의 책을 정말 재미있게 읽었기 때문에 자기소개를 하며 그런 사실도 밝혔다. UFO를 공부할수록 미지(未知)에 빠지고 있는데 조언을 듣고 싶다고 했다. "당신은 이 문제에 왜 빠졌나요?"라고 묻고 싶었다. 그는 얼마 후 내게 답장을 보내왔다.

"메일 감사합니다. 제 책이 도움이 됐다니 기쁩니다. 당신의 글에 도움이 된다면 흔쾌히 (인터뷰에) 응하겠습니다. 그러나 메일로 답변을 작성하는 것은 복잡하고 시간이 오래 걸리니, 전화 통화 약속을 잡았으면 좋겠습니다."

그렇게 나는 2021년 8월 말, 블루멘탈 기자와 인터뷰를 진행했다. 인터뷰라는 것은 인터뷰어와 인터뷰이가 동등한 위치에서 이야기를 나누는 것을 의미할 것이다. 그러나 그와 진행한 인터뷰 시간은 70대 후반의 언론계 대선배가 까마득한 후배에게 조언을 해주는 시간 같았다. 산전수전(山戰水戰)을 겪은 철학자의 철학 강의 시간처럼 느껴지기도 했다.

– 2004년 텍사스주 휴스턴에서 지국장으로 근무할 당시 존 맥 박사의 저서를 처음 접하게 됐다는 내용을 책에서 봤다. 이후 계속해서 UFO 문제에 관심을 가져왔다고 했는데, 왜 이 문제에 관심을 가지게 됐는지 궁금하다.

"[뉴욕타임스] 기자로 활동하며 여러 특이한 이야기들을 많이 다뤘다. 마피아에 대해서도 쓰고, 나치 전범(戰犯)들에 대해서도 썼다. 부패

한 정치인들, 그리고 연방수사국(FBI)과 경찰에 대한 내용도 많이 썼다. 여러 분야의 내용을 취재해왔으나 UFO나 외계인에 납치됐다는 현상에 대해서는 제대로 써본 적이 없었다.

왜 관심을 가졌는지에 대한 질문에 대해서는 두 가지 답이 있을 것 같다. 우선은 [뉴욕타임스]에 있으면서 여러 주제를 다룰 기회가 있었고, UFO도 이에 대한 연장선이 아니었나 싶다. 다른 측면에서 보면 나는 어렸을 때 자라며 항상 공상 과학에 관심이 많았다. (제2차 세계대전이라는) 전쟁이 끝나고 공상 과학은 큰 관심을 받는 주제로 떠올랐다. 어렸을 때부터 관심을 갖고 있던 문제가 성인이 돼서 다시 머릿속에 불씨를 일으켰다고 할 수 있다."

– 미국 국가정보국장실(ODNI)이 2021년 6월25일, UFO 현상을 다루는 보고서를 발표했다. 이전보다 UFO 문제에 대해 진지한 모습을 보이고 있다는 평가가 나온다. 미국 정부가 이렇게 되는 데 중점적인 영향을 끼친 것은, 미 해군 전투기 조종사 등 군인들의 목격담이라는 분석이 있다. 그렇게 생각하는지, 아니면 이들의 목격담은 여러 이유 중 그냥 하나일 뿐이라고 여기는지 궁금하다.

"우선 미국 정부가 오랫동안 UFO 문제에 관심을 가졌다는 점을 알 필요가 있다. 제2차 세계대전 중에도 이상한 불빛과 불덩이가 보였다는 사례가 보고됐다. 전쟁이 끝나고 여러 일들이 발생했고, 미국 정부는 이에 관심을 갖기 시작했다. (1947년 뉴멕시코주) 로즈웰 사건, (1947년 워싱턴주) 태평양 인근에서 UFO를 봤다는 (조종사) 케네스 아놀드 사건 등이 일어났다.

미국 정부는 1970년대에 들어서는 연구 도중에 멈추게 된 「프로젝트 블루북」이라는 프로젝트를 운영했다. 증거가 부족하기 때문에 추가 조사가 필요하지 않다는 결론을 내렸다. 그럼에도 700건 이상의 사례에 대한 설명이 부족하다고 했었다. 그러다 상원 원내대표이던 해리 리드 의원이 2007년 (국방부에) 비밀 예산을 배정해 UFO 관련 연구를 진행하도록 했다.

이 프로젝트는 공식적으로는 2012년에 끝났지만, 계속 이어졌을 것이란 정황상의 증거가 많다. 그렇게 된 것이 UFO를 연구하는 태스크포스의 출범으로 이어진 것이고, 이에 따른 결과물이 2021년 6월에 나온 정부 보고서다. 질문으로 다시 돌아가자면 정부는 이 문제에 오랫동안 관심을 가져왔고, 미 해군 조종사들이 이런 물체들을 목격했다는 증언들이 이 현상을 뒷받침할 새로운 증거로 제시된 것으로 볼 수 있다."

– 다른 복합적인 이유가 있지만 미군 조종사들의 증언이 중요한 역할을 했다는 건가?

"해군 조종사들의 증언이 나온 뒤 바뀐 점은, 정부가 처음으로 최소한 이런 현상이 실제로 존재하는 물체라고 말한 것이다. 이것이 6월25일 보고서의 핵심이다. 이번 보고서는 처음으로 이런 현상이 망상(妄想)이나 착시(錯視), 다른 실체를 잘못 인식한 것이 아니라고 했다. 이들이 무엇인지는 알 수 없지만 존재한다는 것을 인정한 것이다. 나는 개인적으로 해군 조종사들이 촬영한 영상이 진짜라고 믿는다. 국방부가 이를 사실이라고 인정하기도 했다."

– 이번 정부 보고서에는 이들이 분석한 구체적인 사례에 대한 소개가 담기지 않아 많은 사람들이 실망했다고 본다. 그럼에도 이 보고서가 UFO 학문에 있어 보고서 발간 전(前)과 후(後)를 나누게 될 획기적인 사건이었다고 생각하나?

"아니다. 이 보고서는 매우 조심스러웠다고 여긴다. 9쪽에 불과했다.

이들은 여러 설명을 내놓으며 사실상 이를 통해 설명하기는 불가능하다는 결론을 내렸다. 그럼에도 모든 가능성에 대한 해설을 달았다. 미국이 개발한 비밀 기술일 가능성, 러시아나 중국, 혹은 다른 국가가 만든 기술일 가능성, 빙정(氷晶)과 같은 자연현상, 혹은 항공 잡음일 가능성을 언급했다. 이런 이야기를 하나씩 소개한 이유는 UFO 현상이 이런 현상일 가능성이 없다는 것을 보여주기 위해서다. 지구에 있는 미국이나 중국, 러시아가 만든 어떤 기술도 이런 현상을 설명할 수 없기 때문이다.

이들은 그러고 나서 하나의 항목을 남겨놨는데, 이것이 가장 흥미로운 항목이다. 이들은 '기타'라는 큰 항목을 하나 만들어놓은 것이다. 하지만 이 보고서는 매우 조심스러웠다. 다른 지능을 가진 생명체가 존재하는지, 있다면 어디에서 왔는지, 어떤 방식으로 행동하는지에 대한 어떤 추측도 내놓지 않았다. 이들이 이런 내용을 구체적으로 다루지 않으리라는 것을 모두 어느 정도 알고는 있었다.

하지만 이 보고서에 또 하나 중요한 표현이 있다. '충돌 직전(near miss)' 상황이 있었다는 것이다. 이는 군사 조종사들이 실제로 겁을 먹었고, 이런 현상의 실체가 존재한다는 것을 뜻한다. 나는 이것이 획기적인 내용이라고 생각한다."

– UFO를 공부하다 보면 존 F. 케네디 대통령이 UFO의 비밀을 마릴린 먼로에게 발설해 둘 다 암살을 당했다는 식의 음모론적 내용이 많다. 당신은 [뉴욕타임스]라는 소위 미국 주류 언론에서 오랫동안 근무해왔다. 미국에서 UFO 현상을 취재할 때의 분위기는 어떤가? 에디터들이나 동료들이 이런 기사를 발제하면 이상하게 여기지 않는지 궁금하다.

"나는 UFO와 관련한 첫 번째 기사를 쓰기로 했을 때, 에디터를 설득하는 과정에서 어려운 점은 없었다. 후속 보도를 할 때도 마찬가지였다. 첫 번째 기사는 2017년 12월 기사였다. 이 기사를 쓰게 된 이유는 실명(實名)으로 이를 증언한 사람들이 있었기 때문이다. '익명의 소식통' 같은 것은 없었고, 관계자들을 모두 실명으로 기사에 담았다. 익명의 소식통과, 이들로부터 들은 전언(傳言)을 가지고 기사를 쓸 때 문제가 생기는 거다.

우리는 해군 조종사들의 영상 중 기밀해제된 것을 구해 보도했다. 강력한 증거였다. 이런 중요한 문제에 증거가 뒷받침된다면 [뉴욕타임스]나 다른 주류 언론에 실리는 것은 문제가 안 된다. 국방부가 알려지지 않은 비밀 부서를 운영하고 있다, 그런데 이를 뒷받침할 증거가 있다? 그렇다면 당연히 뉴스성이 있는 것 아닌가?

이 기사에 대해 의문을 제기하는 사람도 없었다. 좋은 취재 기사의 모범 사례다. 사람들의 인식을 바꾸는 기사인 것이다. 질문에 답하자면, 이런 정보가 취합만 된다면 미국 주류 언론에서 기사화하는 것은 어렵지 않다."

– 미국 정부가 이번 보고서 발표를 계기로 UFO 문제에 대해 더욱 개방적으로 나설 것으로 보는지 궁금하다. 또한 이런 보고서가 나온 상황에서 기자들이나 학자들이 초점을 둬야 하는 문제는 뭐라고 보나?

"정보가 나오고는 있지만 이 분야는 여전히 기밀로 유지되고 있다. 기자들로서는 매우 어려운 문제다. 기밀을 폭로한다는 것은 미국에서는 범죄에 해당된다. 누군가의 목숨이 위태롭지 않은 이상 이런 기밀을 폭로하는 것은 [뉴욕타임스]에서는 금지다. 우리 기자들이 할 수 있는 것은, 이런 내용을 알고 있는 소식통을 계속해서 접촉해 무엇을 실명으로 알려줄 수 있는지 취재하는 것이다. 정부로 하여금 우리가 계속해서 이 문제에 관심을 갖고 있다는 점을 보여주며 질문을 던지는 것이다.

정보공개 요청도 할 수 있겠지만 이는 시간이 매우 오래 걸리는 (취재) 과정이기 때문에 어려울 수 있다. 하지만 이 분야에는 여러 좋은 사람들이 많다. 이 문제를 열심히 조사하고 계속해서 글을 쓰고 있다. 나는 이런 노력들이 영향을 끼치게 될 것이라고 본다. 이를 통해 많은 사람들로 하여금 기밀이 아닌 내용 중 우리에게 이야기해줄 수 있는 것들을 들려주도록 만들었다. 이렇게 계속 압박을 가하는 것이다."

– UFO를 다룰 때마다 논란이 되는 것 중 하나는 영어 단어 '빌리브(Believe)'인 것 같다. 나의 입장에서 단어 'Believe'라는 것은, 특정 신(神)을 믿느냐 할 때를 제외하고는 부정적으로 쓰이는 경우가 많은 것으로 여겨진다. 영어권 사람들은 이 단어를 어떻게 받아들이나?

"미국에서도 똑같다. 이 단어는 누군가를 경멸하는 뉘앙스로 많이 쓰인다. 증거와 과학을 무시하고 어떤 것에 대한 믿음을 갖는 사람을 표현할 때 자주 사용된다. 마가렛 미드라는 저명한 인류학자는 수년 전 [레드북]이라는 잡지에 흥미로운 글을 썼다. 누군가에게 'UFO를 믿느냐?'고 물어보는 게 황당한 질문이라는 것이다.

그는 UFO라는 것이 실제로 존재한다는 증거가 있는 것으로 밝혀졌는데, 존재하는 것을 두고 '존재한다고 믿느냐?'고 묻는 것과 같다고 했다. '바다가 존재한다고 믿는가?', '달이 존재한다고 믿는가?'와 똑같은 질문이라는 것이다. 누군가가 믿건 말건 존재한다는 사실이 바뀌지는 않는다는 것이다."

– 베테랑 탐사보도 기자로서 UFO 현상을 취재하는 후배 기자들에게 어떤 조언을 하고 싶은지 궁금하다. UFO를 취재하며 어렵게 느낀 것은, 너무 나간 것 같은 맹신자와 합리적인 주장 사이를 어떻게 분리하느냐였다. 이들 사이에서 균형을 맞추는 것이 어려운 것 같다.

"좋은 질문이다. 인터넷을 보면 각종 음모론을 비롯하여 정신 나간 이야기들이 많다. 이를 취재하기 위한 최선의 방법은 이 분야에 있는 진지한 전문가들을 찾아내는 것이다. 레슬리 킨 기자 같은 사람들을 예로 들 수 있다. 연구에 대해 어느 정도 인정받고 이를 계속 취재하는 사람들이다. 어떤 증거가 있다는 점을 실명을 걸고 이야기하는 사람과 만나야 한다.

하지만 어떤 사람은 믿을 수 있고, 어떤 사람은 믿을 수 없다는 것을 판단하기란 쉽지 않다. 인터넷이나 최근 방송을 보면 많은 사람들이 저마다의 주장을 내놓고 있다. 나는 최근 '쇼타임(Showtime, 注 : 미국의 케이블방송)'에서 만든 프로그램에 출연했다. 이 프로그램에서도 미친 주장을 하는 사람들이 많이 있었다. 음모론자들이 여러 주장을 내놓지만 명백하게 사실이 아닌 이야기들이 많다. 이들과는 거리를 둬야 하고, 지금까지 알려진 사실이 무엇인지에 초점을 맞춰야 한다."

– 최근 들어 UFO 관련 방송 프로그램이 부쩍 많아진 것 같다. 내가 최근 본 프로그램에서는, 외계인은 사실 외계에서 온 것이 아니라 수천 년 전부터 지구에서 인류와 함께 지내온 생명체라는 주장도 나왔다. 믿는다는 표현을 쓰기가 신경 쓰이기는 하는데, 어찌 됐든 무엇을 믿어야할지 잘 모르겠다.

"이런 방송들은 여러 내용을 복합적으로 다루고 있다. 어떤 방송에서는 외계인과 군대 지휘관들이 달의 반대쪽에서 만나고 있다는 이야기도 나온다. 이런 흥미로운 주장을 하기 위해서는 이에 걸맞은 증거를 제시해야 한다. 하지만 이런 주장은 근거가 없고 황당무계하다. 이런 내용이 방송에 소개되기도 하는 것이다.

방송이라는 것은 흥미로운 이야기 가운데 가장 흥미로운 것을 선정하는 방식으로 만들어진다. 이런 방송을 보며 어떤 주장이 신빙성이 있고, 어떤 주장은 신빙성이 없는지를 추려내는 게 꽤 어려울 수 있다. 외계인의 시체가 발견됐다는 등 얼마나 많은 주장이 나오고 있나? 이에 대한 증거가 없다는 것을 명심해야 한다."

제4장

"美 해군 조종사들의 목격담이 큰 충격"

음모론적 시각 버리고 사실에만 집중해야

인터뷰 | 레슬리 킨(Leslie Kean)

레슬리 킨 기자(본인 제공).

레슬리 킨 기자는 2017년 12월, 국방부가 비밀리에 UFO 담당 부서를 운영하고 있다는 내용을 폭로한 [뉴욕타임스] 기사의 필진 가운데 한 명이었다. 그는 2010년에 이란을 비롯하여 페루, 브라질, 프랑스 군대에서 조종사로 근무하던 사람들이 본 UFO의 목격 사례를 다룬 책 『UFOs』를 썼다. UFO와 관련하여 미국에서 가장 전문적인 기자라는 평가를 받는 그는 2017년, 『죽음으로부터 살아남다(Surviving Death)』라는 책도 썼다. 임사 체험(臨死體驗)과 사후 세계(死後世界)를 겪은 사람들의 이야기를 엮은 책이다.

킨 기자와의 인터뷰는 2021년 8월 말에 진행됐다. 그는 자신의 책이 여러 언어로 번역됐는데, 한국어로는 번역되지 않았다며 아쉬워했다. 그는 인터뷰에 앞서 한국 사람들은 UFO 문제를 어떻게 생각하는지 내게 물었다. 나는 미국처럼 UFO 관련 서적이나 연구 결과가 많지는 않다고 알려줬다. 미국과 마찬가지로 음모론적인 시각이 팽배한데, 개인적으로는 미국 정부 보고서 발표 이후 조금 진지하게 바뀌고 있는 것 같다고 말해줬다.

– 우선 UFO 문제를 취재하게 된 계기가 궁금하다.

"1999년이었던 것 같다. 캘리포니아주에 있는 라디오 방송국에서 근무할 때였다. 프랑스에 있는 지인(知人)이 (전·현직) 고위 당국자들이 작성한 보고서를 내게 보내왔다. 여러 장군들과 과학자들이 작성한 보고서였다. 이들은 몇 년에 걸쳐 UFO를 연구했고, 90쪽짜리 보고서를 냈다. 이 보고서의 번역문을 전달받았는데 내용이 매우 흥미로웠다. 이들은 UFO가 외계에서 왔다는 가설(假說)이 가장 신빙성이 있다는 결론을 내렸다.

이들은 정부와 함께 일을 하는 싱크탱크 소속으로 보고서를 썼다. 정부의 공식 보고서는 아니었다. 이들은 현직에서 물러났기 때문에 보다 자유롭게 보고서를 쓸 수 있었다. 기자로서 이 보고서를 보게 됐을 때, 큰 기사가 될 수 있겠다는 느낌이 들었다.

이 기사를 [보스턴글로브(Boston Globe)] 주말판에 썼다. 당시만 해도 UFO 관련 기사를 쓰는 것이 매우 어려웠다. 사람들은 이런 주제를 다루면 조롱하기 바빴다. [보스턴글로브]의 여성 에디터가 한 명 있었는데, 나와 오랫동안 알고 지내던 사람이었다. 이런 기사를 쓰겠다고 제안한 뒤 그를 설득하느라 시간을 보냈다.

결국 2000년 5월에 기사가 실렸고, 그때부터 나는 UFO 문제를 계속 취재하게 됐다. UFO에 관심이 있는 사람들은 내 기사를 좋게 봐줬다. 어떤 기자도 이 문제를 진지하게 쓴 사람이 없었기 때문이다."

– 프랑스 국방고등연구소에서 활동하던 국방 관계자 및 과학자들로 구성된 프랑스 심층위원회(COMETA)의 보고서를 미국에서 처음 보도한 셈인데, 당시 보고서의 파급력은 어땠나?

"보고서는 프랑스어로 처음 작성됐다. 로렌스 록펠러라는 미국인 재벌이 이 보고서를 영어로 번역할 수 있도록 돈을 댔다. 프랑스에서 보고서가 나오기는 했지만 큰 관심을 받지는 못했다. 나는 이 보고서 내용을 보도하면 미국 정부가 공식적인 조사에 나서거나, 다른 기자들이 이 문제를 취재할 것이라는 순진한 생각을 갖고 있었다.

하지만 정책 입안자들이 이 문제에 관심을 갖게 하도록 하지는 못했다. 내가 [뉴욕타임스]나 [워싱턴포스트] 같은 언론사에 있었다면 문제가 달랐을 수도 있었겠지만, 나는 프리랜스 기자였다. 만약 이런 언론사 기자들이 이 문제에 관심을 갖고 취재를 했다면, 더 큰 영향력을 발휘할 수 있었을 것으로 생각한다.

어쨌든 기사를 썼지만 별다른 반응이 없었다. 나는 UFO라는 문제를 진지하게 다루는 것이 이렇게까지 금기시되고 있다는 점을 깨달았다. 아무도 이를 취재하지 않았기 때문에 더 이 문제를 파헤쳐야 한다는 동기(動機)가 생겼다."

– 당신이 쓴 UFO 책에는 이란, 페루, 브라질 전투기 조종사들의 이야기가 많이 소개됐다. 이들을 취재하는 과정은 어땠나?

"그들을 꽤 오랫동안 알고 지내왔으므로 글을 써달라고 부탁하는 것이 어렵지는 않았다. 내가 그들을 인터뷰하는 방식이 아니라 그들에게 직접 글을 쓰도록 했다. 약 10년간 이 문제를 진지하게 다뤘던지라 그들도 흔쾌히 글을 보내왔다. 내 책에는 조롱의 대상이 될 이야기가 담기지 않았으므로 아무도 이를 조롱하지 않는다. 그들이 써온 글을 영어로 번역해 책에 소개했다. 그들과 오랫동안 신뢰를 쌓아왔기 때문에 가능했던 일이라고 본다."

– 실제로 책을 읽어보면 1인칭 시점에서 쓴 글이라 더욱 생동감이 있는 것 같았다. 특히 UFO에 사격을 가했다는 페루 조종사의 이야기가 흥미로웠다. UFO에 사격을 한 유일한 사례가 아니었나 싶다.

"책에 담긴 사례 중 UFO에 사격을 가한 것은 페루 조종사가 유일할 것이다. 물론 다른 사례들이 있을 수도 있다고 본다. 미국 조종사들이 UFO에 사격을 했다는 사실이 알려져도 크게 놀랄 것 같지는 않다."

– 1980년에 한국의 팬텀 전투기 조종사 4명이 UFO를 본 사례가 있다. 약 40분간 근접 비행을 하며 UFO를 추격한 이야기다. 이들도 경고 사격을 고려했지만, 위험해질 수도 있다는 판단에 사격하지 않았다고 한다.

"현명한 판단이었다고 본다. 페루 조종사의 경우는 UFO가 처음에는 다른 국가의 첩보 비행기인 것으로 여겼다. 사격을 할 때까지도 UFO인지 몰랐었다. 여러 발을 쐈는데 아무런 일도 생기지 않았다. 우리의 기술보다 뛰어난 물체를 향해 사격을 가하는 것은 현명하지 않다고 생각한다. 그런데 한국 조종사들의 이야기가 외국에 소개된 적이 있나?"

– 한국 조종사들이 미국 공군에 이런 내용을 보고했는데, 유사한 보고를 약 500건이나 받았다는 답변을 들었다고 한다. 정부의 공식 보고서는 없었던 것으로

알고 있다.

"흥미롭다. 이란과 페루 조종사들이 목격했을 때와 비슷한 시기인 것 같다. 그 이후에도 보고된 사례가 있나? 한국 정부에도 미국 국방부처럼 UFO 담당 부서가 있나?"

– 없는 것으로 알고 있다.

《어느 순간 내가 그녀를 취재하는 것이 아니라, 그녀가 나를 취재하는 상황으로 바뀌게 됐다. 그렇게 한국 조종사들의 목격담을 한참을 소개한 뒤, 다시 나의 질문을 이어갔다.》

– 당신이 2017년 [뉴욕타임스]에 쓴 기사가 UFO 현상에 큰 영향을 끼쳤다는 평가가 나온다. 국방부가 비밀리에 UFO 전담 부서를 운영하고 있다는 내용과 함께, 해군 조종사들이 촬영한 UFO 영상을 공개한 기사였다. 결과론적으로 보면, 당시의 기사가 2021년 국방부의 공식 UFO 보고서 발표로 이어졌다는 이야기도 있다.

"해군 조종사들의 목격담이 큰 영향을 끼쳤다고 본다. 당시 세 개의 동영상을 공개했는데, 세계를 흥분시켰다. 미 해군은 이런 영상을 본 뒤 무언가 설명할 수 없는 비행물체라는 결론을 내렸다. 이 기사를 통해 의회가 UFO 문제에 관심을 갖게 됐다고 생각한다.

비공개 청문회를 열고 해군 조종사들의 이야기를 듣기 시작했다. 의원들이 UFO 문제를 안보 문제와 연결시키게 된 것이다. 상원 정보위원회가 결국 미국 정부로 하여금 UFO 보고서를 제출하도록 하게 됐다. 당시 [뉴욕타임스]의 기사는 큰 반향을 일으켰다. 모든 언론들이 이에 관심을 갖기 시작했다.

루이스 엘리존도라는 인물이 국방부에서 UFO 담당 부서를 이끌다 은퇴를 했는데, 그가 증언을 하게 됐다. 그가 일을 그만두지 않았다면 어느 누구도 이런 부서가 존재한다는 사실을 알지 못했을 것이다. 국방부에서 정보 담당 부차관보를 지낸 크리스토퍼 멜론이라는 인물도 이런 사실을 세상에 알리는 데 큰 역할을 했다.”

– 2021년 6월25일에 공개된 미국 국가정보국장실(ODNI)의 UFO 보고서를 본 소감은 어땠나? 일부 사람들은 구체적인 사례가 소개되지 않아 실망하기도 한 것 같다. 그럼에도 미국 정부가 UFO의 실체를 인정한 것이 획기적이라는 평가도 나온다.

“UFO에 관심을 가진 사람들 중 상당수가 보고서를 만족스럽지 못하다고 보는 것으로 알고 있다. 하지만 나는 이 보고서가 매우 중요하다고 믿는다. 미국이라는 국가가 UFO에 대한 보고서를 공개적으로 발표한 것은 이때가 처음이다.

보고서는 UFO가 실제로 존재한다는 것을 인정했다. UFO를 물체라고 불렀고, 안보에 위협이 될 수도 있다고 평가했다. 정부가 이런 발표를 한 적은 한 번도 없었다. 보고서에는 주목해야 할 중요한 내용들이 많이 담겼다. 우선 미국이나 러시아, 중국이 만든 기술이 아니라고 단정했다. 나는 이것이 보고서에서 가장 중요한 내용이라고 본다. UFO 현상에 대한 현실을 인정했고, 이 문제를 진지하게 조사하겠다고 했다.

보고서에 담긴 또 다른 중요한 내용은, 여러 정부 기관들이 정보를 공유할 수 있도록 하겠다고 한 점이다. 미국의 정보 당국은 관련 내용을 공유하지 않고 자체적으로만 검토해왔다. 연방항공청(FAA)도 이런 정부의 태스크포스에 참여하도록 했다고 밝혔는데, 이는 중요한 진전이다. FAA는 UFO 문제에 있어 소극적인 모습을 보여 왔다. 사람들은 구체적이고 자극적인 내용이 포함되지 않아 실망했을 수도 있지만, 나는 이 보고서가 매우 중요한 내용을 담고 있다고 믿는다."

– UFO 회의론자들은 정부 보고서를 전혀 다르게 해석하는 것 같다. 보고서의 핵심은 이를 설명할 방법이 현재로선 없다는 것일 뿐이지, 외계에서 왔다는 점을 시사한 것은 아니라고 주장한다. 또한 해군 조종사들이 목격했다는 UFO의 영상이 매우 희미하고 화질이 좋지 않다고 지적한다. 이런 화질의 영상으로 결론을 내릴 수는 없다는 주장이다.

"미국 정부가 (UFO가 외계에서 왔다는) 결론을 내리지 않은 것은 사실이다. 회의론자들은 증거가 부족하고 영상의 화질이 좋지 않다고 비판한다. 내가 하고 싶은 말은 더욱 확실한 증거 자료들이 현재 기밀로 유지되고 있다는 점이다. 회의론자들을 비롯한 어느 누구도 이런 영상을 보지 못했다. 이 영상들은 지금까지 공개된 영상들보다 훨씬 더 뛰어난 장면을 담고 있다.

나는 정부의 UFO 태스크포스에서 근무하며 영상을 봤다는 사람들로부터 이런 내용을 들었다. 인간이 만들 수 있는 기술을 뛰어넘는다는 점을 보여주는 영상들이다. 정부는 이런 동영상을 공개하지 않고 있는데, 이는 문제라고 생각한다. UFO 영상들은 모두 화질이 좋지 않다고 비판하는 회의론자들보다, 이런 영상을 봤다는 사람들을 더욱 신뢰할 수 있다고 본다.

루이스 엘리존도 등이 더욱 구체적인 기밀을 본 사람들이다. 미국 의원들 역시 비공개 청문회를 통해 관련 내용을 보고받았다. UFO가 위협이 될 수 있으며, 러시아나 중국, 미국이 만든 물체가 아니라는 내용을 보고받은 것이다."

– 미 해군 조종사들이 촬영한 UFO 영상은 공개가 됐는데, 왜 다른 영상들은

공개가 되지 않고 있나? 과거 한 언론과의 인터뷰에서 2017년 [뉴욕타임스]에 해군 영상을 공개하게 되는 과정을 설명한 적이 있다. 기밀을 유출한 게 아니라 기밀이 아닌 공개 자료를 대중에 공개한 것이라고 말했는데, UFO 관련 미국의 기밀 분류 규정이 궁금하다.

"나도 구체적인 내용은 잘 모르겠다. 우선 2017년에 공개한 세 개의 영상은 기밀로 분류됐던 적이 없는 영상들이었다. 기밀은 아니었지만 이를 대중에 공개하기 위한 내부 검토 절차를 밟아야 했다. 기밀로 우선 분류됐던 자료들이 대중에 공개되는 것은 더욱 어려우리라고 본다."

– 클린턴 행정부에서 비서실장을 지낸 존 포데스타와 가까운 사이로 알고 있다. 오바마 행정부 당시에는 그를 통해 UFO 관련 내용을 백악관에 보고하기도 한 것으로 보도된 바 있다. 지난 20년간 UFO를 취재하며 여러 대통령을 지켜봤을 텐데, 정치인들의 역할은 무엇이라고 생각하나?

"정치인들의 역할이 매우 중요하다. 정부가 UFO 보고서를 발표하도록 한 것 역시 정치인들이 이를 지시했기 때문이다. UFO 관련 부서에 대한 예산을 집행하는 것도 정치인들이다. 현재 미 의회에서는 UFO 관련 청문회를 열어야 한다는 의견도 나오고 있다."

– 미 의회는 초당적으로 이 문제에 관심을 가져야 한다고 보는 것 같다. 상원 원내대표를 지낸 민주당의 해리 리드 전 의원, 그리고 공화당의 마르코 루비오 상원의원이 이 문제에 관심을 갖고 있는 것으로 알고 있다.

"그렇다. 미국 정치권에서 유일하게 통일된 의견을 보이는 게 이 문제가 아닌가 싶다. 코로나 바이러스 역시 정치적으로 악용되는 곳이 미국 아닌가? 극우 성향의 정치인, 극좌 성향의 정치인, 극우 언론, 극좌 언론을 막론하고 이 문제에 똑같은 관심을 보인다."

– 오랫동안 UFO 관련 기사를 써왔는데, 에디터들이나 동료들이 이런 주제의 기사를 발제하면 어떤 반응을 보였는지 궁금하다.

"20년 전에는 상황이 매우 어려웠다. [보스턴글로브]에 UFO 관련 기사를 처음 실었다. 나는 프리랜서로 활동하며 여러 에디터들에게 관련 기사를 보냈는데, 이들은 기사를 실어주지 않았다. [보스턴글로브]에서 활동하던 여성 에디터 한 명이 내 기사를 좋게 봐줬다. 그녀 역시 UFO 기사를 싣는 것에 대한 걱정이 많았다. 검토해보더니 기사를 실을 수 없을 것 같다고 내게 말해줬다. 나는 기사를 수정할 테니 다시 검토해달라고 끈질기게 요구했다.

언론사 입장에서는 UFO 문제를 다루게 되면 평판이 나빠질 수 있다는 걱정이 있었다. 사람들은 이런 기사를 보면 조롱할 것이 분명했다. 그렇게 첫 번째 기사가 나오게 될 때까지 힘든 시간을 보냈다. 한 번 쓰고 난 후로는 후속 보도를 하는 게 쉬워졌다. 첫 번째 기사는 2000년 5월에 나왔다. 기사가 실제로 실리기 전까지 에디터가 이를 막판에 빼버리면 어떻게 하나 걱정했던 기억이 난다."

– 당시 [보스턴글로브] 기사의 반응은 어땠나?

"엄청난 반응이 있었다. 많은 사람들이 내게 e메일을 보내왔다. UFO 문제를 진지하게 다룬 유일한 기자라는 반응이었다. UFO를 목격했다며 나에게만 이를 알려주겠다는 사람들이 많았다. 물론 기자라는 커리어를 잃게 될 수 있다는 걱정도 있었다.

하지만 사람들이 내 기사를 두고 공격할 수 있는 게 없었다. 사실을 다룬 것이었으므로 조롱할 이야기도 없었다. 기사에는 나의 추측을 담지도 않았고, 특정 결론을 제시하지도 않았다. 나는 UFO를 써왔던 사람들이 신중하지 못했던 것 같다고 생각한다. 황당한 내용을 소개하는 식이었는데, 사람들이 조롱하기 딱 좋은 내용들이었다. 나는 이런 이야기를 한 번도 기사에 소개하지 않았다. 정부 당국자의 반응을 담는 등 사실만을 다뤘다. 나의 기사를 두고 제대로 비판한 사람을 보지는 못했다."

– 20년간 UFO 문제를 연구해왔는데, 나를 비롯한 후배 기자들에게 해줄 조언이 있나? UFO를 공부하다보니 음모론과 신빙성 있는 주장 사이에서 균형을 맞추는 게 어려운 것 같다.

"그게 어려운 문제다. 엄청나게 많은 동영상과 책, 온라인 게시물들이 있다. 작가의 신뢰도를 잘 판단할 필요가 있다. 정부의 공식 자료 및 당국자의 증언에 집중해야 한다. 일반 UFO 학자가 아닌, 과학자나 박사 학위를 받은 사람의 글들이 더 신뢰도가 높을 것이다."

《나는 블루멘탈 기자가 쓴 『빌리버(Believer)』라는 책을 읽다가 킨 기자의 사진을 발견했다. 이 책은 1990년대 당시 외계인에 의한 납치 현상을 연구한 존 맥 하버드 의대 정신과 과장에 대한 전기(傳記) 형식의 책이다. 맥 박사가 왜 이런 연구를 하게 됐는지, 그의 연구 결과는 무엇인지를 포괄적으로 다룬 책이다.

이 책의 중간에는 화보 섹션이 있었는데, 맥 박사와 킨 기자가 UFO 관련 행사에서 나란히 앉아 웃고 있는 모습의 사진이 있었다. 킨 기자는 맥 박사와 납치 현상에 대해 어떻게 생각하는지 궁금해졌다.》

– 외계인에 의한 납치 사례를 연구한 존 맥 하버드 의대 정신과 과장과도 친분이 있는 것으로 안다.

"UFO 관련 세미나에서 그를 만났다. 그의 집에도 초대를 받은 적이 있다. 그가 죽기 전에 여러 차례 만나 이야기를 나눴다. 나는 그를 아주 좋아했다. 똑똑하고 훌륭한 사람이었다. 나는 그가 이 문제에 대해 큰 기여를 했다고 믿는다. 이런 납치 현상을 경험했다는 사람들을 연구하며 이를 공개적으로 사람들에게 알렸다. 큰 용기가 필요한 일이었다고 본다. 나는 그를 존경한다."

– 2000년대 초반에 그를 만난 것으로 안다. 당시 그는 학계로부터 외면당하는 처지가 된 것으로 들었는데, 그가 외로워 보였나?

"이런 이야기를 한 유일한 사람이었기 때문에 외로워 보인 것은 맞다. 물론 그를 지지하는 동료들이 있었지만 외롭게 싸우는 사람이었다. 하버드대학은 그를 끌어내리려고도 했다. 그는 큰 위험 부담을 안고 이를 연구한 사람이다. 그는 아무도 가지 않은 길을 가려 한 사람이다. 많은 사람들이 그를 사랑했다고 믿는다."

– 납치 문제에 대해서는 어떻게 생각하나?

"나는 납치 문제에 대해서는 언급하지 않으려고 한다. 나의 다른 기사들에 대한 신뢰도를 의심하는 사람이 생길 수 있기 때문이다. 나는 정책 입안자들이 아직 이 문제에 대해서는 준비가 되지 않았다고 본다. 나는 정책 입안자들과 정보 당국자들을 만나 UFO 관련 문제들을 취재하고 있다. 그런데 납치라는 더 특이한 현상을 다루게 되면 신뢰도에 문제가 생길 수 있다.

나는 대학 1학년 때 듣는 영문학개론 수업처럼 기본에 충실한 역할을 맡고 있다고 본다. UFO 현상에 대한 기본을 파헤치는 일이다. 나는 랄프 블루멘탈 기자와 같은 사람이 UFO 납치 현상을 연구하는 것 역시 매우 중요하다고 생각한다. 그와 나는 서로 다른 길을 걷고 있을 뿐이다."

– UFO 문제를 다룰 때 항상 등장하는 질문은 "당신은 이를 믿는가?"이다. 영어 단어 'Believe'는 UFO 문제에 있어서는 부정적으로 쓰이는 경우가 많은 것 같다.

"나는 믿느냐는 질문이 틀렸다고 본다. 이미 UFO가 실제로 존재한다는 증거들이 많이 나왔다. 사람들은 UFO를 믿느냐는 질문을 자꾸 던지는데, 이들이 실제로 궁금해 하는 것은 '외계인을 믿느냐?'는 질문으로 여겨진다. 미국에서는 이 '믿느냐'는 단어에 대해 큰 오해가 있는 것 같다. 외계 생명체가 지구를 찾고 있다고 믿느냐는 것인데, 나는 이에 대해서는 정답이 없으므로 믿고 안 믿고는 사람들의 선택인 것 같다.

하지만 UFO가 존재한다는 것은 이미 증명된 사실이므로 UFO를 믿느냐는 질문은 잘못됐다. 하늘에 구름이 있다는 것을 믿느냐는 질문과 똑같다. '나는 UFO를 믿지 않는다'고 말하는 사람들은 이에 대한 정보를 접하지 못한 탓이라고 본다. 미국 정부가 UFO는 존재한다는 내용의 보고서를 작성한 것을 모르는 사람들이다. 정치인들과 군인들이 공개적으로 이런 내용을 알리기도 한다.

나는 UFO라는 표현에 대해서도 사람들이 오해를 갖고 있다고 본다. 미국 정부는 UFO가 아니라 미확인 항공 현상(UAP)이라는 표현을 자주 사용한다. 나는 UFO가 갖고 있는 음모론적인 인식 탓에 UAP를 사용하는 것이라고 여긴다."

– UFO라는 단어를 외계인과 연결시키는 경우가 많아 조금 더 광범위하게 UAP를 사용한다는 뜻인가?

"그렇다. 이런 문화가 형성돼 있는 것 같다. 영화와 방송에서 공상 과학 같은 음모론적 이야기들을 많이 다뤘다. 마릴린 먼로가 UFO의 비밀을 알게 돼 암살당했다는 이야기들이 있지 않은가? UFO가 추락했고, 추락 장소에서 시체를 발견했다는 이야기도 있다. UFO는 이렇게 외계인과 연결되는 경향이 있다. 그러나 UAP는 그렇지 않다. 음모론적인 시각이 없는 보다 깨끗한 표현이라고 생각한다."

– 2017년에는 『죽음으로부터 살아남다(Surviving Death)』라는 책을 썼다. 임사체험(臨死體驗)과 사후세계(死後世界)를 다루었는데, 이 주제 역시 UFO와 관련이 있다고 보나?

"전혀 다른 주제다. 물론 인류가 갖고 있는 풀리지 않은 미스터리라는 점에서는 비슷할 수 있다. 나는 인간이 죽음을 경험한 뒤 다시 살아났다는 이야기가 인류가 가진 중요한 의문 가운데 하나라고 여긴다. 인류가 가진 또 하나의 의문은, 이 우주에 우리밖에 없을까라는 것이다.

나는 UFO를 취재하며 이런 주제에도 관심을 가져왔다. UFO 책을 2010년에 낸 뒤 출판사에서 두 번째 책을 쓸 것을 권유했다. 나는 인간의 의식이라는 것이 무엇인가를 다루는 책을 써보고 싶었다. 처음에는 임사체험을 했다는 사례들에 대해 거의 지식이 없었으나, 이를 연구하면서 많은 것을 알게 됐다."

– 임사체험을 했다는 사람들을 믿게 됐나?

"그렇다고 볼 수 있다. 의식이라는 것이 인간의 뇌와는 따로 기능한다는 이야기들을 접하게 됐다. 뇌가 정지된다고 하더라도, 의식이라는 것은 계속 유지될 수 있느냐는 질문에 대한 이야기다. 나는 UFO 책을 썼을 때와 마찬가지로, 이를 경험했다는 사람들에게 직접 글을 쓰도록 했다."

《나는 그와 임사체험 이야기를 하며 2021년 4월에 세상을 뜬 일본 '탐사보도의 거장' 다치바나 다카시(立花隆)를 소개해줬다. 우주 비행사들을 취재해 이들이 우주에서 본 지구의 감상을 정리한 『우주로부터의 귀환』이라는 책과 『임사체험』이라는 책 이야기를 해줬다. 그는 자신과 비슷한 주제를 취재한 일본인 저널리스트가 있다는 이야기에 기분이 좋아보였다.》

제5장

과학의 영역으로 들어와야 할 문제

고화질 UFO 현상에 대한 촬영을 기대한다

인터뷰 | 에이브러햄 로엡(Abraham "Avi" Loeb)

미국에서 가장 권위 있는 천문학 전문가 가운데 한 명으로 꼽히는 에이브러햄(=에비) 로엡 하버드대학 교수는 2021년 7월, UFO의 증거를 찾아 나서겠다고 발표했다. 그는 2011년부터 2020년까지 하버드대 천문학과 학과장을 지냈는데, 하버드 역사상 가장 오랜 기간 학과장을 역임한 인물이다. 그는 이스라엘 예루살렘대학에서 24세 때 박사 학위를 받았다. 플라스마 물리학을 전공했고, 1993년부터 하버드대학에서 근무했다. 그는 1996년에 종신직 교수로 임명됐다.

에이브러햄 로엡 하버드대학 천문학과 교수(본인 제공).

로엡 교수가 외계 기술 문명과 관련해 처음 공개적으로 입장을 나타낸 시기는 2018년 무렵이다. 2017년 10월 '오무아무아'(Oumuamua=注: 하와이어로 먼 곳에서 처음 찾아온 메신저라는 뜻)라는 성간(星間) 천체가 관측됐다. 이는 태양계 바깥에서 온 성간 천체로는 처음 관측된 사례였다. 또한 일반 혜성이나 소행성처럼 비행하지 않아 천문학자들의 의구심을 자아냈다.

당시 로엡 교수는 외계 고등 생명체가 보낸 인공물(人工物)일 가능성이 있다고 주장했다. 학계에서는 하버드대학 교수가 제정신이 아닌 소리를 한다고 그를 공격했다. 그는 이에 굴하지 않고 연구를 계속 이어갔고, 2021년 초 『외계 생명체 : 지구 너머 지적(知的) 생명체의 첫 신호(Extraterrestrial : First Sign of Intelligent Life Beyond Earth)』라는 저서를 펴냈다.

그는 2021년에는 세계 곳곳에 천체 망원경을 설치, UFO를 관찰하는 「갈릴레오 프로젝트」를 시작한다고 밝혔다. 이 프로젝트에는 미국의 프린스턴대, 캘리포니아공대와 영국 케임브리지대, 스웨덴 스톡홀름대 등에서 활동하는 천체 물리학자들이 참여한다. 연구비는 개인 기부로 충당하며, 지금까지 약 200만 달러가 모였다고 한다. 그와의 인터뷰는 2021년 9월2일에 이뤄졌다.

– 현재 진행되고 있는 「갈릴레오 프로젝트」가 정확히 무엇인가?

"2021년 초 『외계 생명체 : 지구 너머 지적 생명체의 첫 신호』라는 책을 쓰며 모든 일이 시작됐다. 약 25개의 언어로 번역되어 큰 파장을 일으킨 책이다. 나는 책을 통해 2017년 발견된 '오무아무아'에 대한 분석을 내놨다. 나는 이것이 일반적인 돌덩이나 혜성, 소행성 같아 보이지 않는다고 말했다. 또 다른 기술을 가진 문명이 만든 인공물일 가능성이 있다고 지적했다.

책 출간 후인 2021년 6월, 미국 국방부가 UFO 관련 보고서를 공개했다. 분석한 144건의 사례 중 143건에 대한 설명이 불확실하다는 것이다. 여러 센서들을 통해 포착된 물체들인데, 실제로 존재하는 물체라고 했다. 그런데도 이 물체들에 대한 정확한 내용을 모른다는 것이다.

나는 정보당국이 제대로 일을 하지 않고 있다는 생각이 들었고, 이 문제를 과학의 영역으로 옮겨야 한다고 판단했다. 지난 70년간 사람들은 UFO 이야기를 해왔다. 이들이 목격했다고 하는 물체들은 단순한 방법으로 설명할 수도 있을 것이다. 하지만 내가 생각한 건 고화질의 증거 자료를 모아 과학적인 분석을 해보자는 것이었다. 정부의 기밀 자료에 의존하지 않으면서 말이다. 정부의 자료에 의존하다 보면, 학자로서 표현의 자유가 어려워질 수도 있다."

– 천체 망원경을 통해 고화질의 UFO 사진을 찍어보겠다는 건가?

"이런 미확인 항공 현상(UAP)을 망원경으로 촬영할 계획이다. 고화질의 사진을 토대로 과학적 연구를 할까 한다. 사람들은 사진 하나가 1000개의 단어보다 파급력이 크다고들 말한다. 내 책 분량은 6만6000단어였는데, 나의 경우에는 그보다 사진 한 장이 의미가 있을지도 모르겠다.

미국에서 상원의원을 지낸 빌 넬슨 항공우주국(NASA) 국장이 있다. 그는 기밀 자료들을 봤다며 과학자들이 이 문제를 다루도록 해야 한다는 말을 한 적이 있다. 나는 NASA 측에 연락해 넬슨 국장이 좋아할 만한 일을 내가 할 수 있다고 했다. 물론 이들로부터 답변은 듣지 못했다. 운이 좋게도 이 무렵 몇 명의 자산가들이 내게 연락을 해 책에 대한 이야기를 물었다. 이들은 200만 달러를 내게 지원해주기로 했다. 내가 앞장서서 기금을 모금하려 한 적도 없다.

기부금은 내가 소속된 하버드대학을 통해 들어왔다. 그 바람에 하버드 관계자들에게 내 연구의 필요성을 설명하는 과정을 거쳤다. 이들에게 나는 천문학자로서 망원경을 통해 포착된 자료들을 분석하는 것이 나의 일이라고 설명했다. 이번 연구가 과거 연구와 다른 점은, 가까운 곳에 있는 물체를 분석하는 것이 아니라 먼 곳에 있는 물체를 연구하는 것이라고도 알려줬다.

천문학자들은 소행성과 혜성을 연구하는 것이 주된 일이다. 이런 물체들은 가까운 데 있는 것인데, 더 먼 곳을 연구해보겠다고 했다. 그렇게 허가를 받은 뒤 24명의 과학자들을 섭외해 「갈릴레오 프로젝트」를 시작했다. 망원경에 대한 지식이 많고 기계를 제대로 다룰 줄 아는 전문적인 천문학자 및 기술자들이다.

매주 회의를 진행하고 필요한 장비를 구입하기 시작했다. 자료를 분석하기 위한 소프트웨어를 개발할 계획이다. 앞으로 쏘아 올릴 우주선에 카메라 장비를 달아, 이상(異常) 현상 목격 시 근접거리에서 사진을 찍도록 하는 계획도 검토 중이다. 이런 사진을 실제로 구하게 되면 이런 물체가 단순한 돌덩이인지, 누군가가 만들어낸 물체인지 알 수 있을 것이다."

– 쉽게 말하면 세계 곳곳에 큰 망원경을 설치해 UFO를 감시하겠다는 뜻인가?

"우선 낮 시간에 작동하는 망원경이 필요하다. 낮 시간에 작동하는 망원경은 빛에 반사된 물체를 포착할 수 있다. 누군가는 망원경이 하루 종일 하늘을 바라보고 있는데 왜 UAP를 포착하지 못했느냐고 물어볼 수 있다. 이에 대한 정답은 간단하다. 천문학자들은 망원경 속에 새 같은 것이 날아서 지나가면 이를 무시해버린다. 그렇기 때문에 이를 기계적으로 관리하는 소프트웨어를 개발하려 한다. 이런 물체가 새가 맞는지, 새가 맞다면 어떤 방식으로 지나가는지를 파악해 일반적인 자연현상은 무시해버리도록 하는 시스템이다.

나는 동물학자가 아니므로 새에는 관심이 없다. 이런 소프트웨어는 특정 물체가 인간이 만들어낸 드론이나 비행기인지를 분석하게 될 것이다. 고화질의 사진을 구해 '중국이나 러시아가 만들어낸 것이다.'고 말할 수 있게 될지도 모른다. 나는 인간이 만들어낸 물체에는 새만큼이나 관심이 없다. 워싱턴에 있는 사람들은 흥분할지도 모르겠지만…."

– 이렇게 자연현상 및 인간이 만든 물체들을 추려낸 다음에 실제 UAP만을 찾겠다는 건가?

"우리가 찾는 장면은 특이한 현상이다. 외계의 기술로 만들어낸 물체들이 있는지 보는 것이다. 우리가 포착한 99.9%의 장면이 모두 평범한 방법으로 설명이 될 수 있을 수도 있다. 하지만 하나의 물체만 찾아낸다고 하더라도 엄청난 발견이다. 수족관에 가는 것과 비슷하다. 이들 중 특이한 물고기 하나를 찾아내는 것이다. 대다수의 물고기가 평범할 수도 있겠지만 나는 신경 쓰지 않는다. 다른 곳에서 온 물고기 하나만 찾아내면 된다.

얼마 전 기자 한 명이 나와 인터뷰를 하면서, 이미 나온 수많은 자료가 있는데 왜 이를 검토하지 않고 새로운 것을 찾느냐고 물었다. 이런 현상을 목격했다는 사람들이 많다는 것이다. 근데 이런 자료가 신빙성이 있었다면 이 현상에 대한 논쟁이 벌써 끝나지 않았겠는가?"

– 다른 목격 사례들은 모두 신빙성이 없다고 보는 건가?

"과학자들은 신빙성이 있는 고화질의 자료가 있다면 이를 제시해 증명해보라는 식으로 UFO 현상을 조롱한다. 나는 수십 년 전 자료들을 검토하며 내 시간을 낭비하고 싶지 않다. 우리가 현재 갖고 있는 기기(器機)가 훨씬 더 뛰어나다. 새로운 자료를 찾아내자는 것이다. 과학이라는 것은 새로운 결과를 계속 생산해내는 것이다. 선입견을 갖지 않고 자료를 모으는 것이다.

지난 70년간 UFO 관련 논쟁이 있었는데, 이를 연구하기 위한 예산 지원을 받은 것은 내가 처음인 것 같다. 예산 지원이 없었던 이유는 과학계가 이런 현상을 조롱했기 때문이다. 과학자들은 UFO 목격자들이 비상식적인 이야기를 한다며 이런 문제를 연구하고 싶지 않다고 했다. 나는 이런 태도가 잘못됐다고 생각한다. 약 1000년 전 사람들은 인간의 몸에는 영혼이라는 것이 있으니까 시체를 해부하면 안 된다고 주장했다. 만약 과학자들이 이들의 말을 듣고 인간의 몸을 수술하거나 연구하지 않았으면 어떻게 됐겠나?"

– UFO 현상을 언급하는 것이 금기시되던 문화가 조금씩 사라지고 있다고 보나?

"가장 보수적인 기관인 정부가 이 문제를 이야기하고 있다. 과학자들은 대중이 갖고 있는 의문을 해결해주도록 노력해야 한다. 전직 중앙정보국(CIA) 국장, 버락 오바마 전 대통령 등이 이 이야기를 공개적으로 하고 있다. 기밀 자료를 봤는데 실체가 있는 물체이고, 중요한 문제라는 것이다. 과학자들이 이를 그냥 무시해버려서는 안 된다."

– 언제부터 이런 문제에 관심을 가졌나? 2017년 '오무아무아'가 발견된 뒤부터

인가?

"이전에는 별로 관심이 없었다. 나는 새로운 은하계와 새로운 별을 찾아내는 일에 빠져있었다. 그러다 (우주에 있는 빛을 내지 않는 물질로 정체가 아직 파악되지 않은) 암흑 물질과 블랙홀에 대해 연구했다. 내가 이런 문제를 처음 제기했을 때 사람들은 무시했지만, 결국에는 뜨거운 주제가 됐다.

나는 다른 사람들이 나에 대해 뭐라고 하는지 별로 신경 쓰지 않는다. 나는 2017년에도 비슷한 방식으로 내 의견을 밝혔는데, 과학계는 더욱 저돌적이고 감정적으로 나를 비판했다. 암흑 물질을 연구하기 위해 수억 달러의 예산이 쓰인다. 이는 학계에서 주류로 다뤄지는 문제이고, 어느 누구도 이를 조롱하지 않는다. 그러나 그 어떤 구체적인 증거도 아직 찾아내지 못했다. 나는 우리가 사는 지구와 태양계가 특별하지 않다고 본다. 이와 비슷한 체계가 수억 개가 넘는다. 태양보다 수십억 년 전에 만들어진 별들이 많이 있다."

– 우리가 혼자가 아니라고 본다는 뜻인가?

"대다수의 별들이 태양보다 먼저 만들어졌다면, 우리와 같은 문명을 가진 곳이 수십억 년 전부터 존재했을 가능성이 있다고 봐야 하지 않을까? 내 말은 가능성이 있으니 이를 탐구해보자는 것이다. 수십억 년 전부터 존재한 문명이 보내온 기기가 있는지 확인해보자는 것이다. 사람들은 내가 이런 이야기를 하고 있다는 이유만으로 나를 공격한다. 나는 UFO 문제가 주류 학문으로 다뤄져야 한다고 본다.

사람들은 현재 (우주가 여러 개 있다는) 멀티버스, (만물의 최소 단위가 점 입자가 아니라 '진동하는 끈'이라는) 끈 이론, 그리고 새로운 차원이 존재한다는 이야기를 하곤 한다. 이를 입증할 실험이 이뤄지지 않았음에도 이런 이론들은 학계에서 인정을 받는다. 이런 학문을 연구하는 사람들은 똑똑하다는 평가를 받으며, 각종 상(賞)을 받고 있다.

그런데 왜 외계 생명체를 연구하는 것은 무시당해야 하나? 이는 '현실을 증명하라'는 물리학의 목적에 위배된다. 천문학자들 역시 다른 문명을 가진 집단이 존재한다는 이야기를 하는 것을 꺼려한다. 우리가 보지 못한 것을 연구하는 데 따른 위험을 피하려는 것이다."

– '오무아무아'가 왜 외계에서 만들어졌다고 보나?

"하와이에 있는 망원경에 이 물체가 포착됐다. 나는 약 10년 전 논문을 썼는데, 우리 태양계 밖에 있는 곳에서 우리 쪽으로 돌덩이가 날아올 가능성을 분석한 내용이었다. 나는 그럴 가능성이 희박하다고 썼다. 그렇기 때문에 이 물체가 포착된 것이 매우 놀라웠다.

우리는 돌이 날아오더라도 망원경에 포착되지 않을 정도로 작은 크기일 것으로 여겼다. 여러 천문학자들은 이를 소행성이나 혜성일 것으로 봤다. 하지만 나는 이 물체로부터 혜성 꼬리를 보지 못했다(注 : 혜성 꼬리는 혜성이 태양에 접근하며 지나갈 때 남기는 흔적을 뜻한다). 가스나 먼지도 보이지 않았다. 어떤 탄소 입자도 발견되지 않았다. 무언가 증발하는 것이 없었다는 뜻이다. 다른 혜성처럼 가스를 배출하지 않았다.

혜성이라는 것은 얼음으로 뒤덮인 돌덩이다. 태양과 가까워지면 얼음이 녹아 증발하게 된다. 이를 고려하면 우리가 알고 있는 혜성과 다른 물체라는 것을 알 수 있다. 이 물체는 8시간 간격으로 다른 빛을 보내왔다. 태양에서 반사된 빛이다.

이렇다는 것은 이 물체가 매우 얇다는 뜻이다. 팬케이크처럼 납작한 물체라는 사실을 의미한다. 혜성 꼬리가 존재하지 않음에도 태양으로부터 멀어졌다. 나는 이 물체에 어떤 로켓 장치도 없었으므로 태양으로부터 반사되는 빛을 통해 뒤로 밀려나는 것이라고 판단했다. 그렇게 되려면 물체가 매우 얇아야 한다."

– 결국 외계에서 만든 물체라는 결론을 내렸는데?

"나는 인공물일 가능성이 있다고 했다. 왜냐하면 이와 같은 자연적인 물체를 본 적이 없기 때문이다. 2020년 9월, 오무아무아를 포착한 망원경이 또 하나의 물체를 포착했다. 이 물체의 이름은 '2020 소(SO)'이다.

천문학자들은 이 물체가 지구에서 만들어졌던 것이라는 사실을 알아냈다. 1966년 달 탐사선에 달려있던 로켓 추진체였다. 이 물체도 오무아무아처럼 태양에서 반사된 빛으로 인해 밀려나고 있었다. 우리가 만들었으므로 인공이라는 것도 알고 있었다. 그렇다면 '누가 이와 비슷한 물체를 또 만들었을까?'라는 의문이 생긴다."

– 2021년 미국 정부의 UFO 보고서는 어떻게 평가하나?

"개인적으로 중요한 일이었다. 「갈릴레오 프로젝트」를 진행하기 위한 200만 달러의 예산을 지원받았다. 기부금을 지금의 10배 이상으로 늘리자는 목표를 갖고 있다. 여러 방향에서 관찰할 수 있는 망원경 시스템을 구축해야 하고, 해당 물체가 어떤 방식으로 이동하는지 파악할 수 있어야 한다. 야간에도 관찰하기 위해서는 특별한 센서가 필요하다.

200만 달러로는 약 10개의 망원경을 설치할 수 있을 것이다. 하지만 100개는 설치해야 할 것으로 본다. 그렇게 하기 위해서는 1000만 달러에서 2000만 달러는 필요할 것 같다. 나는 최근 정부의 보고서도 그렇고, 우리가 이런 현상에 대해 배워나가기 시작하는 단계라고 본다.

석기시대에 사는 사람에게 핸드폰을 던져주는 것을 상상해보라. 이들은 처음에는 이를 그냥 빛이 나는 돌이라고 여길 것이다. 그러다 버튼을 하나씩 만져보게 될 것이다. 목소리가 녹음되고 사진이 찍히는 것을 알게 될 것이다. 돌이 아니라 무언가 다른 물체라는 것을 알게 되는 것이다. 내가 하려고 하는 일은 고화질의 사진을 구해 버튼을 하나씩 눌러보는 것이다."

– 과학이라는 학문에 있어 이런 질문을 하는 것이 멍청할 수 있겠지만, 몇 년 후면 이런 사진을 찍을 수 있을 것 같나?

"나는 우선 과학계가 이런 문제를 조롱하는 식의 자기부정을 해왔다고 생각한다. 집 안에서 창문 밖을 내다보지 않으며 세상에서 자신이 제일 똑똑하다고 여기는 식이다. 창문을 내다보지 않으면 옆집에 누가 살고 있는지 알 수가 없다. 「갈릴레오 프로젝트」의 목적은 바로 여기에 있다. 이런 물체가 실제로 존재하는지 찾아보는 것이다. 존재할지 안할지는 모르겠지만 이를 찾아보기 위해 최선을 다하자는 것이다. 선입견을 갖지 않고 과학적으로 접근하는 것이다.

나는 앞으로 몇 년 내지 10년 안에는 흥미로운 증거를 찾아낼 수 있을 것으로 기대한다. 새나 드론, 비행기 같은 물체도 보겠지만 오무아무아 같은 물체도 보게 될 것이다. 그러다 전혀 예상하지 못한 물체를 보게 될 수도 있다. 나는 낙관적으로 생각한다. 나는 우리가 이 구역에서 가장 똑똑한 아이들이 아니라고 본다. 더 똑똑한 애들이 어딘가에 있을 수도 있다. 우리가 특별하다고 여기지 않는다.

우리는 과거 우리가 우주의 중심에 있다고 믿었다. 하지만 이런 생각은 매번 틀렸던 것으로 증명됐다. 내 딸들이 어렸을 때 이야기다. 항상 집에만 있었던 애들은 자기들이 제일 똑똑한 줄 알았다. 그러다 유치원에 가서 친구들을 만나보자 더 똑똑한 친구들이 있다는 것을 알게 됐다. 나는 인류가 우리 딸들이 지나온 과정을 똑같이 밟고 있다고 본다. 우주에 있는 우리가 어떤 존재인지에 대한 인식을 바꾸고 우주 앞에서 겸손해지는 것이다."

– 트럼프 행정부 당시 대통령의 과학 및 기술 관련 자문위원으로 활동한 것으로 알고 있다. 이때도 UFO 문제를 다뤘나?

"이 문제를 다룬 적은 없다. 나는 정부가 이 문제를 제대로 다루지 않고 있다고 생각한다. UFO 보고서를 냈는데 과학적 훈련을 받지 않은 사람들이 썼다. 군인들의 이야기인 것이다. 이들이 UFO를 포착했다는 기기들은 UFO 포착에 적합하지 않다. 이들이 UFO를 봤다는 카메라나 센서는 그리 뛰어나지 않다. 나는 그렇기 때문에 정부의 UFO 관련 기밀 자료에 별로 기대를 하지 않는다. 보고 싶은 마음도 없다. 내 학문적 자유에 제약이 생기게 될 것 같다.

나는 내가 통제할 수 있는 기기를 통해 정보를 수집하고 싶다. 최고의 기술을 사용한 기기를 통해 최고의 분석을 하는 것이다. 나는 과학이라는 것은 이런 학문이라고 믿는다. 누구누구가 이런 말을 했다는 내용을 가지고 과학 논문을 쓸 수는 없다. 법정에서는 증인의 증언으로 누군가를 감옥에 보낼 수도 있겠지만 과학은 다르다. 과학은 누군가의 말에 의존하는 것이 아니라 수치화할 수 있는 자료를 내놓는 것이다. 나는 우리가 특이한 현상을 찾아낸다면 과학계의 분위기에도 변화가 생길 것으로 믿는다."

– 외계인에 납치된 사람들을 연구한 존 맥 하버드 의대 정신과 과장이 있다. 어떤 기사를 보니 당신과 그를 연결시키는 내용이 있었다. 둘 모두 커리어를 망칠 수 있다는 위험을 떠안으며 사람들이 특이하다고 생각하는 주제를 연구했다는 것이다. 이런 비교를 어떻게 생각하나?

"싫어한다. 여러 이유가 있는데, 우선 둘 다 하버드 소속이었다는 것은 아무런 상관이 없다. 그리고 그는 심리학을 한 사람이다. 앞서 말했듯 과학은 다른 사람의 말을 듣는 것이 아니다. 맥 박사와 비슷한 점은 하나도 없다. 나는 납치를 당했다고 주장하는 사람들에 대한 이야기를 별로 하고 싶지도 않다. 내 관심 사항이 아니다. 맥 박사의 연구와 겹치는 것은 전혀 없다."

– 이런 비교를 아주 싫어하는 것 같다.

"어린이들은 어른들이 진실을 이야기해줘도 이를 들으려 하지 않는다. 그러다 자신들이 성인이 돼서 직접 진실을 탐구하기 시작한다. 과학이라는 것도 같은 이치다. 누군가 과거에 했던 이야기에 의존하지 않는다. 새로운 증거를 계속 생산해내는 것이다.

나는 과학이라는 것은 우리가 어렸을 때 가졌던 호기심의 연장선이라고 본다. (맥 박사와 비교하는 것은) 나를 화나게 만든다. 그가 한 것은 과학이 아니다. 나는 사람들과 이야기하고 싶지 않다. 나는 망원경을 보고 컴퓨터를 통해 자료를 분석하고 싶다. 내 일은 사람과는 아무 상관이 없다. 사람들은 환각을 떠올리기도 한다. 이들의 희망사항을 실제 기억처럼 여기기도 한다. 사람들은 자기가 싫어하는 일을 없던 일로 해버리기도 한다. 하지만 과학은 다르다."

– 과학이란 조작할 수 없는 증거를 찾아 나서는 학문이라는 뜻으로 들린다.

“약 100년 전 양자역학(量子力學)이라는 개념이 등장했을 때 여러 과학자들이 이에 동의하지 않았다. 20세기의 가장 유명한 과학자인 알버트 아인슈타인(Albert Einstein)도 이에 반대했다. 그는 양자역학은 말이 안 된다고 했다. 수개월, 수년에 걸쳐 양자역학이 잘못된 이론이라는 것을 증명하기 위해 시간을 보냈다.

하지만 그는 완전히 틀렸었다. 이를 증명하는 실험이 이뤄졌다. 양자역학이라는 것은 특이하고 우리가 완전히 이해할 수는 없지만, 실험과 증거를 통해 증명된 이론이다. 갈릴레오(Galileo Galilei)가 살던 시절 철학자들은 태양이 지구를 중심으로 돌고 있다고 주장했다. 인간이 우주의 중심이라는 자만심에 빠져 있던 사람들이었다. 그러다 갈릴레오가 망원경으로 이를 연구한 뒤 이는 사실이 아니라고 했다.

사람들은 화가 나서 그를 가택 연금시켰다. 이들은 태양이 지구를 중심으로 돌지 않는다는 사실에 화가 났고, 갈릴레오가 다른 사람들에게 이를 알려주지 못하도록 만들었다. 우리가 「갈릴레오 프로젝트」를 통해 하려고 하는 일은 사람들에게 증거를 제시하는 것이다.”

– UFO 문제 전문가들과 이야기를 하다보면 철학적인 관점으로 접근하는 사람이 많은데, 당신은 전혀 다른 것 같다.

“나는 과거 철학자들이 했던 실수를 되풀이하고 싶지 않다. 얼마 전 한 잡지에 오무아무아는 자연적으로 생긴 물체라는 글이 실렸다. 철학자가 쓴 글이었다. 나는 이 글을 읽고 난 뒤 혼자 생각에 빠졌다. 갈릴레오가 살던 시기로부터 400년을 거쳤는데, 아직도 교훈을 얻지 못하지 않았느냐는 심정이었다. 철학적 논리로 접근하는 것이 옳지 않다는 사실을 말이다. 우리는 망원경으로 증거를 찾는 사람들이다. 앞서 맥 박사를 언급했는데, 그는 사람들의 반응을 분석한 사람이지 물리학과는 아무런 관계가 없다."

– UFO 문제를 언급하다 보면 영어 단어 빌리브(Believe)가 자주 나온다. 'UFO를 믿는 사람'이라는 표현을 들으면 부정적인 이미지가 함축돼 있다는 기분이 든다.

"믿음의 문제가 아니다. 우리가 오늘 나눈 대화의 내용만 떠올려보라. 내가 망원경으로 찍힌 사진 하나를 보여준다고 상상해보라. 어느 누구도 이를 조작하지 않은 실체가 있는 증거를 보여주는 것이다. 이 물체에 있는 나사와 볼트를 볼 수 있고, 글이 쓰여 있을 수도 있다. 이걸 보고도 이를 돌덩이라고 하는 사람들은 정신병동에 가야 할 것이다.

증거가 있으면 되는 문제다. 흐릿한 이미지를 두고, 이를 믿느냐 안 믿느냐 논쟁하는 것은 평생 해도 끝이 나지 않을 것이다. 나는 논쟁을 하고 싶은 게 아니라 더 나은 자료를 찾고 싶은 것이다. 진전은 이런 방식으로 이뤄진다. 어느 한 쪽의 의견이 더 낫다고 다른 사람을 설득한다고 해서 진전이 이뤄지는 것은 아니다.

누구 트위터에 '좋아요'가 더 많이 눌렸다고 해서 이것이 사실이 되는 것은 아니다. 사람들은 오랫동안 학자들이 동의해온 사안이 있으면 이를 당연히 사실일 것으로 여기는 경향이 있다. 이에 동의하는 사람이 많으면 사실이라고 보는 것이다. 이는 종교에서도 마찬가지다. 많은 사람들이 서로를 설득해가며 큰 커뮤니티를 형성한다. 그렇다고 해서 이들이 말하는 것이 진실이 되지는 않는다. 과학적 증거, 실험을 통한 증거가 중요하다."

– 존 F. 케네디 대통령이 UFO에 대한 비밀을 누설해 암살됐다고 말하는 사람 등 수많은 주장이 나오고 있다. 사실과 음모론 사이에서 균형을 맞추는 게 어려운데, 이에 대한 조언을 부탁한다.

"미친 사람들이 많다. 비정상적인 이야기들을 많이들 하고 있다. 그 바람에 과학자들이 조롱을 한다고 본다. 핵심은 이 문제를 과학의 영역으로 들여와야 한다는 점이다. 사람들이 하는 이야기를 듣는 것이 아니라, 증거를 쳐다보자는 것이다."

그와의 인터뷰는 대학교수의 일대 일 강의처럼 느껴졌다. 학자로서 추구하는 방향이 명확한 것 같았다. 나는 그의 연구를 통해 진짜 UFO 현상이 포착되기를 바란다고 응원해주었다. 그는 "그날이 오면 또 한 번 인터뷰를 하자."고 화답했다.

그는 인터뷰가 끝난 뒤 할 말이 있다며 통화를 이어갔다. 최근 코로나 바이러스로 집에서 시간을 많이 보냈는데, 한국에서 만든 영화를 몇 편 봤다는 것이다. 그는 너무 인상적으로 봤고, 훌륭한 예술을 만들어내는 국가 같다고 했다. 한국에서 활동하는 한국인 동료들도 있다고 했다.

UFO 문제를 이야기할 때는 무서울 정도로 진지하던 사람이 이런 감상적인 이야기도 할 수 있는 사람이라는 사실을 알게 됐다. 어떤 영화를 봤는지 물어본다는 것을, 기사에 쓸 사진을 좀 보내달라는 이야기를 하다 잊어버렸다.

그는 최근 한 미국 언론 기고문에서 다음과 같은 말을 남겼다.

“과학은 왜 지루해야만 한다고 생각하나? 우리는 인류의 역사를 바꿀 수 있는 발견에 대한 이야기를 나누고 있다. 이를 어떻게 감히 무시하려 하는가?”

로엡 교수는 “과학이라는 것은 우리가 어렸을 때 가졌던 호기심의 연장선이라고 본다.”고 내게 말해줬다. 기자와 과학자는 역할이 다를 것이다. 하지만 블루멘탈 기자와 킨 기자, 로엡 교수 모두가 호기심이라는 관점, 증거를 찾아 진실에 가까워지기 위해 취재를 하고 실험을 하는 측면에서 비슷한 점이 많다는 느낌이 들었다.

UFO와 전투 조종사들

제1장

프랑스·우루과이·브라질·칠레도 UFO 실체를 인정했다

외계에서 왔다는 가설(假說)의 신빙성

미국보다 먼저 조사 결과 공개한 프랑스

지금부터는 UFO와 관련된 각국 정부의 입장과 국내외 조종사들의 목격담, 그리고 이보다 한 차원 위의 이야기인 외계 생명체를 봤다는 주장들을 소개하려 한다.

UFO를 정부 차원에서 조사한 것은 미국이 처음이 아니다. 영국 국방부는 1950년대부터 UFO에 대한 조사를 실시했다. 영국은 민간의 정보 공개 요청에 따라 관련 자료를 공개하는 절차에 돌입했다. 지금까지 영국 정부의 공식 입장은 "UFO는 국가 안보에 위협이 되지 않는다."이다. 다만 전투 조종사들과 방공 시스템이 포착한 물체들이 실체가 있는 위협인 것은 사실이고, 이 문제는 제대로 다뤄져야 한다고 했다.

최근 들어 여러 나라들은 자국(自國)이 조사한 UFO에 대한 자료들을 공개하고 있다. 2004년 이후 브라질, 칠레, 프랑스, 멕시코, 러시아,

우루과이, 페루, 아일랜드, 호주, 캐나다, 영국이 국가 기밀로 분류했던 자료들을 공개했다. 덴마크와 스웨덴은 2009년에 1만5000개의 자료를 각각 공개하기도 했다. 다만 이들 국가가 공개한 공식 자료들은 미국의 보고서와 비슷한 수준이다. 비슷한 현상이 계속해서 발생하고 있고, 그 물체가 이상한 움직임을 보였다는 것이다.

수십 년간 UFO를 연구한 우루과이 공군은 2009년에 관련 자료들을 공개했다. 공군 연구팀을 이끌었던 아리엘 산체스 대령은 "UFO 현상이 존재한다."고 밝혔다. 그는 "과학적 분석에 기초했을 때 외계에서 왔다는 가설을 무시하지 않는다."고 했다.

미국에서 활동하는 UFO 전문가 레슬리 킨 기자는 각국 정부에서 UFO 연구를 담당했던 여러 사람을 취재했다. 그런데 놀라운 점은, 이들이 사실상 "외계에서 왔을 수밖에 없다."는 결론으로 향하고 있다는 것이었다.

미국보다 먼저 UFO에 대해 국가적 조사를 하고, 이를 공개한 나라는 프랑스이다. 이번 미국 정부의 보고서 내용도 프랑스와 비슷하다.

장 자크 벨라스코는 약 20년간 프랑스 정부의 UFO 담당 기구 책임자였다. 그는 UFO에 관한 세계 최고 권위자로 꼽힌다. 프랑스 인공위성연구소에서 엔지니어로 일하던 벨라스코는, 1977년에 UFO 담당 기구가 설립되면서 관계를 맺은 뒤 6년 만에 책임자가 되었다. 1983년부터 2004년까지 그는 UFO 현상을 정부 차원에서 조사·분석하는 일을 지휘하였다. 퇴임 후 풍부한 사례 조사 경험을 근거로 자유롭게 UFO에 대해 발언하고 있는 그는, 레슬리 킨 기자가 쓴 책에 기고한 글에서 자신의 판단을 이렇게 정리했다.

《1954년 프랑스에서는 전역(全域)의 도시권에서 100건이 넘는 비행접시, 즉 UFO 공식 보고가 접수되었다. 마다가스카르에선 수천 명이 비행물체를 목격했다. 비행기 크기의 녹색공과 럭비공처럼 생긴 금속물체가 떠다녔다. 사람들은 얼어붙었고, 개들은 짖어댔으며, 소들은 우리를 들이받기도 했다. 가장 놀라운 사실은 비행물체가 공중에 있는 동안 전력망이 마비되었고, (비행물체가) 사라지니 살아났다는 점이다.

UFO 추적 기구인 GEPAN은 경찰, 헌병, 공군, 해군, 기상학자, 항공 관련 공무원들을 연결하는 시스템을 구축했다. 천문학자, 물리학자, 법률 전문가 등으로 자문위원회를 구성했다. 1977년에서 1983년 사이 우리는 다음과 같은 결론을 내렸다.

① 대부분의 UFO 관련 보고는 면밀한 분석 결과 해명이 가능했다.

② 그러나 상당수의 현상은 기존의 물리학이나 심리학, 혹은 사회 심리학으론 설명할 수 없었다.

③ 설명할 수 없는 공중 현상의 적은 사례는 물질적 근거, 즉 실체(實體)를 갖고 있다.

GEPAN(=1988년 이후 SEPRA로 바뀜)은 1951년 이후 UFO 목격 사례들을 모두 데이터베이스로 만들었다. 통계분석이 가능했다. 우리는 다음과 같이 4등급으로 분류했다.

A. 완벽하게 확인된 경우

B. 현상의 성격을 얼추 확인했지만 약간의 의문이 남는 경우

C. 자료 부족으로 식별이 안 되는 경우

D. 정확한 목격담과 질이 좋은 증거가 현장에서 확보되었는데도 설명할 수 없는 경우》

물리적 흔적을 남긴 두 사례

프랑스는 미국과 달리 UFO 신고가 들어오면 조사단을 보내 정밀 분석에 나섰다.

1981년 1월 8일 오후 5시, 프랑스 남부 프로방스의 한 마을에서 전기기술자 레나토 니콜라이가 정원에서 물 펌프 집을 짓고 있었다. 그는 하늘에서 휘파람 소리 같은 것이 들려 돌아보았다. 달걀 모양의 물체가 정원에 착륙했다. 살며시 다가가니 하늘로 날아가 버렸다. 휘파람 소리를 내면서….

날아오르는 물체의 배 부분을 보니 착륙용으로 여겨지는 두 개의 돌출부가 있었다. 착륙한 곳에 가보니 땅이 눌린 2m 반경의 두 원형 흔적이 있었다. 조사단이 가서 이 사실을 확인했다. 무거운 것에 의하여 눌린 사실, 그리고 착륙 장소의 땅이 섭씨 300~600도로 가열된 사실도 분석을 통해 알아냈다.

다른 경우는 더 구체적이었다. 낮 12시35분에 목격자 집 앞에 지름 1m가량의 비행물체가 천천히 내려오더니 지상 1m 위에서 20분가량 정지했다. 목격자는 "달걀처럼 생겼는데 두 접시를 포갠 모양이었다."고 기억했다. 위쪽은 청록색의 돔 모양이었다고 한다.

이 물체는 땅 위에서 호버링(hovering=공중 정지)하다가 엄청난 속도로 올라갔다. 그 바람에 풀이 벌떡 섰다. 조사팀이 가서 물리적·화학적 영향을 조사하였다. 풀의 수분이 말라버리는 등 강력한 전자기장(電磁氣場)의 영향으로 열이 난 것으로 분석되었다.

150건의 보고 사례 중 15건이 D급으로 분류되었다. 정확한 목격담과

질 높은 증거가 있었지만, 기존 학설로는 설명이 안 되는 것들이란 이야기였다. 그 가운데 반은 주변 환경과 비행기 장비에 전자기적 영향을 끼친 경우였다.

독립적으로 UFO를 조사한 도미니크 바인스타인은 조종사들이 목격한 1305건의 사례를 분석했다. 그 결과, UFO는 상업용이나 자가용 비행기를 대하는 것과 군사용 비행기를 대하는 태도가 다르다는 사실을 발견했다. 전자(前者)에 대해서는 (UFO가) 특별한 반응을 보이지 않는데 반해, 군용기에 대하여는 적극적이고 때로는 적대적이었다. UFO가 자연 현상이 아니라 의도적 행태를 보인다는 이야기였다. UFO가 원자력이나 핵폭탄과 관련 있는 시설의 상공에 자주 나타난다는 점도 지적되었다. 이는 전략적 의도로 읽히는데, 미국의 보고서 역시 비슷한 견해였다.

프랑스 국방고등연구소에서 활동하던 12명의 전·현직 국방 관계자 및 과학자들로 구성된 프랑스 심층위원회(COMETA)라는 곳이 있다. 이들은 1996년부터 1999년까지 프랑스에 보고된 UFO 목격 사례를 조사했다. 이들은 보고서에서 "외계에서 왔다는 가설이 가장 신빙성이 있다."는 결론을 내렸다. 킨 기자는 이 같은 내용을 입수해 미국에 소개한 최초의 기자였다.

적어도 250명이 목격한 벨기에 삼각 UFO 사건

벨기에에서는 1989년 말부터 1990년 중반까지 약 2000건의 신빙성 있는 UFO 목격 사례가 집중적으로 보고됐다. 벨기에 공군은 그 가운데 650건을 조사했고, 500건에 대해선 설명이 불가능하다는 결론을 내렸다. 300건 이상은 300m 이내에서 UFO 추정 물체를 목격한 사례이고, 200건은 목격 시간이 5분 이상이었다.

당시 벨기에 공군에서 작전 총괄 직책을 맡은 윌프리드 드 브로우에르 예비역 소장은, 레슬리 킨 기자와의 인터뷰에서 "나는 사실에 집중하며 외계에서 왔을 가능성에 중점을 두지 않으려고 한다."고 말했다. 또한 그는 "다만 벨기에에서 목격된 사례들에 대한 과학적 연구가 필요하고, 이 연구는 외계에서 왔을 가능성을 배제해서는 안 된다."고 덧붙였다.

1989년 11월29일, 벨기에 동부 오이펜 지역에서 총 143건의 UFO 목격 사례가 보고됐다. 최소 250명이 같은 날, 같은 지역에서 UFO로 추정되는 물체를 봤다는 것이다. 목격자 중에는 경찰관도 여러 명이었다. 벨기에 연방경찰인 하인리히 니콜과 후버트 본 몬티니는 이날 오후 5시 15분쯤 오이펜과 독일 접경지대에서 순찰을 돌고 있었다. 이들은 차 안에서 신문을 읽을 수 있을 정도로 밝은 불빛이 쏟아지는 들판을 발견했다. 들판 위에서 삼각형 물체가 3개의 불기둥을 아래를 향해 쏘고 있었다.

물체 중간에서는 붉은 섬광(閃光)이 나오고 있었다. 소리를 내지 않은 채 하늘에 멈춰 있었다. 그러다 독일 국경 쪽으로 천천히 움직이더니 다시 오이펜 쪽으로 돌아왔다.

니콜과 몬티니는 이 물체를 추격했다. 물체는 오이펜 상공에 30분 이상 머물렀는데, 이를 봤다는 목격자가 많았다. 이후 이 물체는 인근 베르베에 지역에 있는 길레페 호수 쪽으로 이동했다. 약 한 시간 동안 호

수 위에 멈춰 있었다. 니콜과 몬티니는 자동차에 앉아 이를 지켜봤다. 물체는 계속 땅을 향해 붉은 불빛을 쏘고 있었다.

오후 6시45분, 두 경찰은 또 다른 물체가 나타나는 것을 목격했다. 물체의 상단은 둥근 지붕 모양이고, 직사각형 창(窓)이 있었다. 안에서 불빛이 보였다. 물체는 시야에서 벗어나 북쪽으로 날아갔다. 오후 7시 23분, 첫 번째 물체가 붉은 불빛을 더 이상 내뿜지 않고 남서쪽으로 날아갔다. 13명의 경찰이 오이펜 인근 여덟 군데에서 이 물체들을 봤다. 드 브로우에르 예비역 소장은 10명 중 1명만 이런 사례들을 신고한다는 점을 감안하면, 최소 1500명 이상이 이 물체들을 봤을 것이라고 추정했다.

1989년 12월11일 오후 6시45분경, 벨기에 육군 소속 안드라 아몬드 대령은 아내와 함께 차를 타고 가고 있었다. 이들은 차 오른쪽에 있는 물체에서 3개의 붉은 불빛이 나오는 것을 봤다. 이들은 차 밖으로 나와 이 움직임을 응시했다. 물체에서 큰 불빛이 나오는데, 보름달 두 개 크기였다고 한다. 물체는 이들 부부를 향해 불빛을 쐈는데, 아몬드 대령은 겁을 먹고 차로 돌아가 도망가기로 했다. 차 문을 열자 물체는 왼쪽으로 돌아갔다. 삼각형으로 보였다고 했다.

1990년 3월30일 저녁에는 여러 경찰관이 UFO 목격 신고를 했다. 벨기에 공군 레이더 기지 두 곳에서 이 물체를 포착했다. 벨기에 공군은 F-16 전투기를 출동시켰으나 이를 찾아내지는 못했다. 레이더에 포착된 물체의 움직임은 인간의 기술로는 설명이 안 될 정도로 빨랐다.

드 브로우에르 소장은 미국 국방부 관계자들에게 연락하여, UFO를 목격한 날 미국의 스텔스 비행기가 비밀 작전을 수행한 적이 있는지 물었다. 미국 국방부는 그런 사실이 없다고 답했다. 또한 그런 움직임을 보이는 비행물체를 만들 기술을 갖고 있지 않다고 밝혔다.

외계인 가설(假說)에 동의한 칠레 정부

칠레는 1977년 민간 항공청 산하에 「이상 항공 현상 연구위원회(CEFAA)」라는 기관을 설립, UFO 연구에 나섰다. 이 기관은 1997년 봄, 칠레 북부 아리카시(市)에서 이상한 항공 현상이 발생한 후 설립됐다. 이틀 연속으로 아리카시 서쪽 지역에서 불빛이 목격됐다. 그 불빛은 바다 위에서도 보였다.

민간인뿐만 아니라 공무원과 천문학자들도 이를 봤다. 칠레 정부는 사람들이 목격했다는 불빛이 실제로 일어난 일이라고 발표했다. 칠레 정부가 공식적으로 미확인 물체가 영공에서 발견됐다고 밝힌 것은 이때가 처음이다.

2000년 7월, CEFAA는 미국대사관을 통해 UFO 관련 연구를 하고 있으니 미국의 관련 기관과 공조하자고 제안했다. 하지만 회신이 없었다. CEFAA가 많은 사례를 연구한 결과, 대다수는 다른 행성이나 기후 현상을 착각한 것으로 밝혀졌다. 제대로 된 분석을 할 정도의 자료나 증거가 부족한 경우도 많았다. 목격자가 증언을 거부하거나 범죄 기록이 있는 등 신뢰도가 떨어지는 경우도 많았다고 한다. 최종 조사 결과, 4%의 사례에 대해서는 정확한 설명이 불가능했다는 것이다.

리카르도 버뮤데즈 산후에자 장군은 1998년부터 2002년까지 CEFAA를 이끌었고, 은퇴 후인 2010년에 또 한 번 CEFAA 수장(首長)을 지냈다. 산후에자 장군은 "UFO가 존재하고 현실에서 발생했다는 점을 믿는다."고 밝혔다. 그는 "UFO가 외계에서 왔다는 프랑스 COMETA 보고서의 결론에 동의한다."고 덧붙였다. 그의 설명은 이랬다.

"아직까지 이 가설은 입증되지도, 사실이 아닌 것으로도 밝혀지지 않았다. 나는 이 가설이 철학이나 종교의 영역에 빠지지 않았으면 한다. 이 가설이 황당무계하게 들린다는 이유로 무시돼서는 안 된다고 생각한다. 제대로 된 결론을 내리기 위해서는 제대로 된 과학적 분석이 이뤄져야 한다고 본다."

UFO의 실체와 지능을 인정한 브라질 방공사령관

세계에서 다섯 번째로 큰 나라인 브라질에서도 UFO는 자주 출몰했다. 브라질 정부는 2008년 무렵부터 UFO 관련 자료를 공개하기 시작했다. 10년씩 잘라서 공개하고 있는데, 1950년대부터 1980년대까지 자료가 공개됐다. 공개된 자료만 약 4000쪽이 넘는다.

1986년 5월19일, 브라질의 전투조종사 여러 명과 레이더가 동시에 UFO를 목격한 사례가 있었다. 이 사건은 군대에서 UFO 문제를 다루다 전역한 호세 카를로스 페레이라 예비역 대장이 「브라질의 UFO」라는 글을 써 세상에 알려졌다. 지상 레이더에 UFO가 포착되고, 이를 전투기 조종사들이 하늘에서 동시에 본 사례는 매우 드물다. 이 보고서는 다음과 같은 결론을 내렸다.

"이런 현상에는 실체가 있고, 사람이 조종하고 있다고만은 볼 수 없다."

페레이라는 1999년부터 2001년까지 방공사령부 사령관을 지냈고, 2005년까지 공군 작전 총괄사령관을 역임했다. 그는 방공사령관일 때 전투기 조종사들이 목격하고 레이더가 포착한 UFO 사례들을 조사했다. 그가 내린 결론 역시 지구적 기술로는 설명할 수 없는 현상이란 것이었다.

"나는 우리가 알고 있는 지식으로 설명되지 않는 것이 있다는 겸손한 마음을 갖고 있다. 나는 군대에서 UFO 문제를 접하며 우리가 우주를 얼마나 무시하며 대하는지 알게 됐다."

그는 지난 100년간 일어난 일을 되돌아보면, 인간이 언젠가는 UFO처럼 설명이 안 되는 과학 문제를 풀 수도 있다는 긍정적인 전망을 내놨다. 지난 100년 사이 비행기도 만들고 달에도 가게 되는 등 항공 관련 기술이 크게 진보했다. 그는 천문학적 관점에서 보면 100년이라는 시간은 먼지 하나도 되지 않는다고 했다. "우리가 지난 100년간 이런 일들을 이뤄냈다는 것을 감안하면 앞으로 100년, 1000년 후에 어떤 일을 이뤄낼 수 있겠는가?"라고 반문했다.

세계 거의 모든 나라의 국방부는 UFO에 대해 회피적 태도를 취했고, 은폐하거나 무시하였다. 그 나라의 군사력을 무력화(無力化)시키는 존재를 인정하기 싫었을 것이다. 인정한다면 대책이 있어야 하는데, 없으니 덮을 수밖에 없었을 것이다. UFO의 행태가 과시적이라기보다는 은둔적이라 숨기기도 좋았다. 특히 미국 공군과 연방항공청(FAA)이 은폐나 무시(無視) 작전에 적극적이었음은, 앞서 소개한 미국 국가정보국의 보고서가 간접적으로 인정하고 있다. 좋은 예가 있다.

1987년에 존 켈러한은 미국 워싱턴 DC에 본부가 있는 FAA 사고 조사 반장이었다. 그는 그해 1월 항공청 알래스카 지역사무소의 전화를 받았다. "1986년 11월7일에 있었던 UFO 건에 대해 기자들이 문의하니 어떻게 대응하면 좋겠느냐?"는 것이었다. 그는 원칙적인 대답만 하라고 말해주었다.

"조사 중이라고만 하세요. 그리고 대화 테이프, 민군(民軍)의 항공관제 컴퓨터 레이더 자료를 모아서 뉴저지 애틀랜틱시티에 있는 FAA 기술센터로 보내주세요."

이렇게 되어 그는 이 사건에 관계하게 되었다. JAL 1628편 보잉 747 화물기는 1986년 11월7일 오후에 앵커리지공항을 이륙, 북쪽 상공을 비행 중이었다. 기장(機長) 데라우치 켄주 등 3명이 타고 있었다. 오후 5시부터 그들이 조종실에서 목격한 두 대의 UFO는 각각 항공모함 크기였다. 원반 모양인데 둘레에 색광(色光)이 번쩍거리며 돌고 있었다. 두 물체는 JAL 점보기를 따라왔다.

한순간에 두 UFO가 점보기 정면에 나타나 빛을 발사하는데, 눈이 부시고 조종실에서도 온도를 느낄 수 있었다. UFO는 점보기를 같은 고도에서 따라오면서 항로를 방해하곤 했다. 기장은 피해가려고 기체(機體)를 돌렸지만 소용이 없었다. 점보기의 레이더에도 잡혔고, 크기를 계산하니 항공모함 정도였다.

두 UFO는 31분간 점보기와 나란히 비행하면서 앞뒤를 오갔으며, 그 속도가 어마어마했다. 순식간에 몇 마일을 이동했다. 점보기 앞 8마일에 있던 UFO는 몇 초 만에 7마일 뒤로 가 있었다. 관성(慣性)과 중력(重力)을 자유자재로 통제하는 듯했다. 일본인 기장은 그 시각 상공에서 군사훈련이 있다는 통보를 받은 적이 없었다. 그는 알래스카 관제소에 UFO라고 보고했다.

CIA 요원, "이 사건은 일어나지 않았습니다!"

나중에 FAA 관리들은 기장과 부기장, 그리고 항법사를 집중적으로 조사하였다. 세 사람의 목격담이 일치했다. FAA 사고 조사 반장 켈러한은 애틀랜틱 기술센터에서 당시 상황을 재연(再演)하는 것을 참관했다. 기술자들은 민간 및 군사 레이더가 괴물체를 포착한 자료를 살려내고, 점보기장이 지상 관제소에 보고하는 목소리를 입혀 UFO 목격 상황을 실감 있게 되살렸다. 기장뿐 아니라 지상 레이더도 UFO를 본 것이 확인되었다.

군사 레이더엔 'double primary'로 분류되었는데, 이는 큰 비행체 또는 여러 대가 엉켜 있는 경우다. FAA는 문제의 심각성을 인식하고 당시 미국 대통령 레이건의 과학 보좌관실에 보고하기로 했다. 관련 부서 관계자들이 몇 시간 토의를 했으나 동석한 CIA 요원들이 이런 결론을 내렸다고 한다.

"이 사건은 일어나지 않았습니다. 우리는 이 자리에 없었습니다. 우리는 관련 자료를 모두 압수합니다. 여러분은 모두 비밀 준수 서약을 해야 합니다."

켈러한이 물었다.

"이게 뭐라고 생각해요?"

CIA 요원이 대답했다.

"UFO이지요. 30분이 넘는 레이더 추적 자료를 확보한 것은 처음입니다.”

“그렇다면 국민들에게 UFO가 출현했다고 발표해야지요.”

“어림도 없는 말씀을 하시네. 그렇게 하면 국민은 패닉 상태에 빠질 겁니다.”

켈러한은 1988년에 퇴임하면서 FAA가 확보한 자료를 갖고 나왔다고 한다. 퇴임 후 레슬리 킨 기자가 편저(編著)한 책에 이 비화(秘話)를 공개하면서, FAA 레이더가 UFO를 포착하는 데 원천적인 어려움이 있다고 실토했다. 너무 큰 UFO는 레이더에서 비행기로 인식되지 않고 구름과 같은 기후 현상으로 잡히며, 너무 빠른 경우엔 레이더가 잡을 수 없다는 설명이었다.

제2장

이란 공군 조종사들의 UFO 추격기

"레이더로 포착했으나 기계 먹통으로 사격하지 못했다."

한국의 목격 사례와 흡사했던 테헤란의 UFO

지금부터는 조종사들의 목격담을 보다 자세하게 소개하려 한다. 2021년 6월25일에 행해진 미국 정부의 UFO 보고서 발표를 이끄는 데 가장 중요한 역할을 한 것은 미 해군 조종사들의 목격담이었을 것이다. 미국에서 관측된 UFO 가운데 최근 가장 많이 언급되고 신뢰도가 높은 것은 니미츠 함재기가 추적한 것이다. 육안(肉眼) 목격담과 레이더 동영상이 일치하고, 동영상은 미 국방부에 의하여 공개됐다.

2004년 11월, 미 항공모함 니미츠와 구축함 프린스턴호의 레이더 관측 부서는 캘리포니아 근해 상공에서 이상한 비행물체가 레이더에 잡힌다고 보고했다. 8만 피트 상공에서 해면까지 몇 초 만에 낙하하는 등 행동이 이상한데, 며칠간 계속되는 현상이란 것이었다. 니미츠호는 11월14일 F-18 편대를 출동시켰다. 맨 처음 출격했던 두 조종사(데이브

플레버, 알렉스 디트리히)가 최근 공개적으로 증언을 하고 있다. 이들의 목격담을 종합하면 이렇다.

"그 물체는 물거품이 나는 해면(海面) 위에서 호버링(=정지)하고 있었다. 알약처럼 길쭉한 모습이었다. 전투기 정도의 크기였다. 그날은 맑았다. 이 비행체는 급상승과 급강하를 거듭하는데 동력원이 보이지 않았다.

급강하하면서 접근하니 비행체도 그 사실을 알아차린 듯 대응했다. 비행체는 우리 비행기와 정반대 곡선을 그리며 상승하다가 눈앞에서 사라졌다. 그런데 몇 초 뒤 100km 떨어진 상공에서 그게 프린스턴호 레이더에 잡혔다는 것이다. 물리학 법칙으론 설명할 수 없는 기동을 했다."

한 시간 뒤, 두 번째로 출동한 F-18 편대의 조종사 채드 언더우드는 전투기 탑재 적외선 카메라로 문제의 비행물체를 찍었다. 30km 떨어진 곳에서 잡았고, 육안으론 목격하지 못했다. 이 동영상이 공개되었다. 비행체는 탁구공처럼 오르락내리락하고 있었다고 한다.

언더우드 조종사는 비행체가 멋대로 기동하는 데 가장 놀랐다고 한다. 몇 초 사이에 5만 피트에서 해면 위 수백 피트까지 떨어지는가 하면, 금방 궤도를 이탈하여 사라지기도 했다. 운동법칙에 맞지 않는 궤도와 속도로 움직였으며, 더 놀라운 것은 엔진 같은 동력원이 보이지 않는다는 사실이었다. 게다가 열(熱)도 발산하지 않았다. 그는 일부 회의론자들이 이야기하는 새나 풍선설(說)을 강하게 부정했다.

레슬리 킨 기자가 쓴 『UFOs』라는 책에는 UFO를 목격했다는 사람들의 여러 증언이 있다. 이들 중 1976년 9월 이란 수도 테헤란 인근에서 목격했다는 파비즈 자파리 공군 예비역 장군의 증언이 흥미롭다. 이를 먼저 소개하는 이유는 한국의 UFO 목격 사례와 비슷한 점이 있기 때문이다. 한국 공군 팬텀 조종사 4명은 1980년 3월31일 동해 상공에서 UFO를 발견, 위협사격까지 검토했다고 한다.

1976년 이란 공군의 자파리 조종사도 팬텀 F-4 전투기에서 UFO 추정 물체를 봤다고 주장한다. 한국 사례와 마찬가지로 팬텀 전투기 두 대에 두 명씩, 모두 네 명이 UFO를 목격했다. 자파리 조종사도 미사일을 발사하려고 했으나 기계가 먹통이 돼 쏘지 못했다고 한다.

한국 팬텀 조종사들은 UFO의 크기가 중형 여객기 정도로, 오색찬란한 불빛으로 가득했다고 말했다. 자파리 장군은 레이더에 포착된 UFO의 크기가 보잉707 기종의 공중급유기 정도였다고 증언했다. 이 UFO는 1초도 안 되는 시간에 10도 이상 동쪽으로 방향을 틀 수 있었다며, 이는 초속 6.7마일(=시속 3만9000km) 수준이라고 했다. 자파리 장군의 증언 전문(全文)을 아래에 번역 소개한다.

팬텀 전투기 두 대에 내려진 출동 명령

1976년 9월18일 오후 11시. 테헤란 인근에서 저고도(底高度)로 비행하고 있는 미확인 물체로 인해 주민들은 공포에 떨고 있었다. 별 같이도 보였는데 더 크고 밝았다. 일부 사람들이 메흐레파드 공항 관제탑에 전화를 걸었다. 후세인 피로우지가 당시 당직을 서고 있었다. 피로우지는 네 통의 전화를 받은 뒤 밖으로 나가 망원경을 들고 사람들이 말한 곳을 쳐다봤다. 6000피트 상공에서 움직이고 있는 밝게 빛나는 물체를 볼 수 있었다. 이 물체는 모양이 바뀌고 있는 것처럼도 보였다.

피로우지는 이런 밤 시간에 비행하는 비행기나 헬리콥터가 없다는 사실을 알고 있었다. 그는 새벽 12시30분경 공군사령부에 이와 같은 내용을 보고했다. 당시 사령부의 책임자이던 유세피 장군도 밖으로 나가 이 물체를 직접 봤다. 그는 테헤란 외곽에 위치한 샤로키 공군기지에 있는 팬텀 F-4 II 전투기에 출동 명령을 내렸다. 아지즈 카니 대위와 호세인 쇼크리 중위가 F-4 전투기에 올랐다.

당시 나의 계급은 소령이었다. 내 부대원 중 보고를 받은 조종사 한 명이 즉시 출동을 했다. 나도 집을 나와 공군 기지로 향했다. 내가 기지에 도착했을 때 F-4는 공중에서 비행하고 있었다. 카니와 쇼크리는 이 물체를 발견해 이를 쫓아가려고 하고 있었다.

그러나 이 물체는 거의 음속에 가까운 속도로 비행하여 따라잡을 수가 없었다. 이들 조종사들이 이 물체에 가까이 접근하자 각종 계기판이 작동하지 않게 됐다. 라디오 통신도 두절됐다. 이 물체로부터 전투기가 멀어지자 다시 계기판과 통신 장치가 작동했다.

약 10분 뒤 나는 F-4에 탑승, 출동하라는 명령을 받았다. 9월19일 새벽 1시30분경이었다. 자랄 다미리안 중위가 부조종사로 뒷좌석에 함께 탔다. 그는 뒷자리에 앉아 레이더와 다른 기기들을 작동하는 역할을 맡았다. 우리는 이륙한 뒤 보고가 들어왔던 것과 같은 모습을 보이는 물체를 목격할 수 있었다. 매우 밝았고, 도시 상공을 저고도에서 비행하고 있었으며, 갑자기 고도를 올리는 모습이었다.

(앞선 전투기로 출격했던) 카니 대위는 러시아 국경에 접근하고 있었고, 기지로 돌아오라는 명령을 받았다. 그는 기지로 돌아가며 물체

가 자신의 12시 방향에서 보인다고 했다. 나는 "정확하게 어디서 보이느냐?"고 물었다. 그는 "테헤란 인근 댐 건너편에서 보인다."고 대답했다. 나는 "귀환하라, 내가 알아서 하겠다."고 말해주었다. 그가 복귀하려고 할 때 나는 이 물체를 발견했다.

빛을 뿜는 오색찬란한 다이아몬드 모양의 물체

이 물체는 빨간색, 녹색, 오렌지색, 청색 불빛을 강력하게 뿜어내고 있었다. 너무 빛이 밝아 몸통을 볼 수는 없었다. 이 빛들은 다이아몬드처럼 빛났다. 물체의 모양은 보이지 않았고, 밝은 빛만 보였다. 빛의 움직임이 매우 빨라 마치 섬광(閃光) 전구 같았다. 아마 이 빛들이 우리가 볼 수 없던 커다란 물체의 한 부분에 불과했을 수도 있다. 정확히 어떻게 생겼는지 알 수 있는 방법은 없었다.

나는 이 물체에 조금씩 접근해갔다. 고도를 올려가며 다가갔는데, 약 70마일 정도 거리로 접근했던 것 같다. 그런데 이 물체가 갑자기 10도 이상 오른쪽으로 방향을 틀어 뛰어 올라갔다. 순식간에 10도를 튼 것이다. 이 물체는 계속해서 10도씩 방향을 틀어갔다. 70도 방향으로 달리던 나는 오른쪽으로 98도를 틀었다. 이렇게 우리 전투기의 기수(機首)는 수도 테헤란 남쪽 방향인 168도 쪽을 향하게 됐다.

나는 관제탑에 연락해 레이더에 포착된 것이 있는지 물었다. 관제소에 있던 근무자는 "레이더가 고장 나서 작동하지 않고 있다."고 했다. 그때 내 뒤에 앉아 있던 다미리안 중위가 "레이더에 포착됐습니다."고 말했다. 나는 레이더 화면에 뜬 물체를 볼 수 있었다. 나는 "알았다, 락을 걸어놓으라."고 지시했다.

이렇게 해놓으면 레이더에 뜬 특정 물체가 산(山)이나 지면 효과에 따른 것이 아니라는 점을 파악할 수 있다. 레이더는 제대로 작동했다. 이 물체는 우리 전투기로부터 30도 왼쪽 방향 27마일 떨어진 곳에 위치하고 있었다. 우리 전투기는 150노트 속도로 고도를 높였다.

이 물체는 우리 레이더에 계속해 락이 걸려 표시되고 있었다. 레이더 화면에 표시된 물체의 크기는 보잉 707 기종의 공중급유기 크기와 비슷했다.

나는 이 물체에 미사일을 쏠 수 있는 기회라고 봤다. 그런데 이 물체에 가까이 접촉했을 때 무기 시스템과 라디오 교신이 모두 전파 교란을 받는 것처럼 작동하지 않게 됐다. 이 물체는 전투기의 12시 방향에서 25마일 떨어진 곳까지 가까워졌다. 그런데 거리가 순식간에 27마일로 늘어났다. 도대체 어떻게 된 일인지 알 수 없는 상황이었다. 나는 계속해서 엄청나게 크고 밝은 다이아몬드 형태의 물체가 빛을 뿜으며 요동치는 것을 바라보았다.

작동하지 않는 미사일

그때 나는 이 물체에서 빠져 나온 동그란 물체가 엄청난 속도로 우리 전투기를 향해 오는 것을 볼 수 있었다. 거의 미사일처럼 보였다. 수평선이나 지평선을 넘어 밝은 달이 뜨는 광경을 상상하면 비슷할 것이다. 나는 이 물체가 우리를 향해 어떤 발사체를 쏘지나 않을지 하는 걱정이 들어 공포에 휩싸였다.

당시 전투기에는 8발의 미사일이 탑재돼 있었다. 4개는 레이더와 연동된 미사일이었고, 4개는 열(熱)탐지 미사일이었다. 레이더는 큰 다이아몬드 형태의 물체에 락을 걸어놓고 있었다. 나는 빠르게 결정을 내려야 하는 상황이었다. 나는 이 달빛처럼 달려오는 두 번째 물체가 미사일이라면 열이 포착될 것이라고 봤다. 그래서 AIM-9 열 탐지 미사일을 이 두 번째 물체를 향해 쏘려고 했다.

발사를 하기 위해 미사일을 작동하는 패널을 봤다. 그런데 갑자기 아무것도 작동을 하지 않았다. 무기 통제 패널이 아예 먹통이었다. 다른 계기판이나 라디오도 작동하지 않았다. 각종 경고등이 마구잡이로 들어왔다. 더 공포에 빠지게 되는 순간이었다.

나는 관제탑과 소통을 할 수가 없었고, 뒷자리에 앉은 부조종사와 대화를 나누려면 소리를 질러야 하는 상황이었다. 나는 이 물체가 4마일 이내로 접근하면 부딪혀 폭발할 수 있으므로 전투기에서 탈출하려고 마음먹었다. 그래서 방향을 틀기로 했다.

나는 전투기의 방향을 왼쪽으로 틀었다. 두 번째 물체는 전투기의 4시 방향에서 우리를 향해 달려오더니 4~5마일 근처까지 접근했다가 4시 방향에서 멈춰버렸다. 나는 왼쪽 방향을 보며 전투기가 떠있는 곳의 지상 상황이 어떤지를 파악했다. 1초 뒤 다시 뒤를 돌아보자 4시 방향에 있던 물체가 사라져버렸다.

나는 "신(神)이시여!"라고 소리쳤다. 다미리안 중위가 "7시 방향에 있습니다."고 했다. 7시 방향을 돌아보자 이 물체가 그쪽에 있었다. 그쪽 방향에서 첫 번째 봤던 물체도 함께 보였다. 이 작은 물체는 첫 번째 물체의 밑에서 부드럽게 비행하는 중이었다.

이 모든 일은 순식간에 일어났고, 나는 제대로 생각을 할 수 없는 상황이었다. 그러다 몇 초 뒤 또 다른 물체가 포착됐다. 이 물체는 우리 전투기를 놓고 동그랗게 돌고 있었다. 계기판과 라디오가 또 다시 작동을 멈추더니 물체가 사라지자 다시 원상태로 돌아왔다. 이 물체도 동그랗고 밝은 빛을 내는 달과 같았다.

나는 관제탑에 보고했다. 유세피 장군이 교신을 듣고 있었다. 관제탑 요원이 "기지로 돌아오라는 명령이 떨어졌다."고 했다. 기지로 돌아가고 있을 때 이 물체들 중 하나가 전투기 왼쪽에서 우리를 따라오고 있었다. 기지에 이런 내용을 보고했다. 착륙을 위해 마지막으로 방향을 트는 과정에서 또 다른 물체가 눈앞에 나타난 것을 확인했다.

관제탑에 "내 앞에 물체가 있는데 이게 뭐냐?"고 물어보았다. 관제탑 요원이 "다른 물체는 보이지 않는다."고 답했다. 나는 "내가 지금 이 물체를 보고 있다. 내 12시 방향 낮은 고도에 있다."고 알려주었다. 관제탑 요원은 여전히 아무것도 없다고 했다. 그런데 양쪽 끝에서 빛을 내는 얇은 직사각형 물체가 보이는 상황이었다.

이 물체는 우리 전투기를 향해 다가오고 있었다. 내가 착륙을 위해 왼쪽으로 기수를 돌리자 물체가 시야에서 사라졌다. 뒷자리에 앉아 있던 부조종사는 이 물체를 계속 쳐다보고 있었다. 그는 "기수를 돌릴 때 빛을 뿜는 이 물체에서 동그란 지붕 같은 것이 그려지는 것을 볼 수 있었다."고 말했다.

나는 그의 말에 집중하지 않고 기지에 착륙하는 데 집중했다. 왜 이런 일이 나에게 발생하고 있는지에 대한 걱정이 생기고, 계속 신경이 쓰였다. 그런데 그게 끝이 아니었다. 내 왼쪽 편을 쳐다보자 첫 번째 나타났던 다이아몬드 모양의 물체가 다시 나타났다. 이곳에서 또 다른 밝은 물체가 나오더니 땅으로 그대로 돌진했다.

이 물체가 땅에 떨어지는 대로 폭발이 일어날 것으로 짐작했다. 그런데 그런 일은 일어나지 않았다. 속도를 낮춰 안전하게 착륙한 것으로 보였다. 이 물체가 너무 밝아서 15마일 떨어진 곳에 있는 모래도 볼 수 있었다.

관제탑에 이런 내용을 보고하자 그쪽에서도 이를 목격했다고 했다. 교신을 듣고 있던 유세피 장군은 이 물체가 떨어진 곳으로 가 상황을 파악하라고 지시했다. 나는 조종간을 다시 돌려 방향을 틀었다. 관제탑에서는 이 물체의 위를 비행해 무엇이 보이는지 보고하라고 했다. 이 물체로부터 4~5마일 떨어진 곳에 도착하자 라디오 교신과 계기판이 다시 먹통이 됐다. 똑같은 일이 또 발생한 것이다.

나는 관제탑과의 교신을 위해 이곳으로부터 벗어나기로 했다. 나는 "이런 일이 이 물체들에 가까이 갈 때마다 발생한다."고 보고했다. 나는 이 물체 근처에 접근하면 안 된다고 생각했지만, 명령이 떨어진 상황이라 그렇게 할 수밖에 없었다. 결국 유세피 장군은 "알았다, 돌아오라."고 지시했다.

우리는 이 물체가 추락한 곳에서 들려오는 비상 알람 소리를 들을 수 있었다. 이는 구급차나 경찰차에서 나는 소리 같았다. 비행기에서 사람이 탈출했을 때 구조를 요청하거나, 착륙 과정에서 사고가 발생했다는 등의 상황을 알리는 목적 같았다. 이 사건의 경우 인근에 있던 민간 항공사들도 이 비상 알람 소리를 들었다.

착륙한 뒤 나는 사령부에 들렀다 관제탑으로 갔다. 이들은 하늘에 있던 (첫 번째) 물체가 순식간에 사라져버렸다고 했다.

미국 공군 장교의 의미심장한 발언

이날 아침 나는 본부로 들어가 보고를 했다. 여러 장군들을 포함한 모든 사람들이 회의실 안에 있었다. 이날 회의에는 미국 공군 소속 자문단으로 파견된 올린 무이 대령도 있었다. 그는 내 왼쪽에 앉아 있었고, 종이에 메모를 했다.

내가 계기판이 작동하지 않아 미사일을 발사하려고 해도 발사할 수 없었다고 설명하자, 무이 대령이 "안 쏜 게 당신에게 다행입니다."고 말했다. 나는 그에게 이런 상황이 과거에도 포착된 적이 있느냐고 물으려 했다. 그러나 어디에 가도 그를 다시 찾을 수 없었다.

다음날 나와 다미리안 중위는 병원으로 보내졌다. 혈액 검사를 비롯한 각종 검사를 받았다. 병원을 떠나려고 하자 한 의사가 다가와 내 혈액이 잘 응고되지 않는다고 말했다. 이들은 또 한 번 혈액을 채취한 뒤 비로소 돌아가도 좋다고 했다. 의사는 4개월간 매달 한 번씩 병원을 찾아 혈액 검사를 받으라고 했다.

그런 뒤 나는 또 다른 조종사와 함께 헬리콥터를 타고 땅에 떨어진 물체가 있는 곳으로 가봤다. 비상 알람이 이 지역에서 계속 울리고 있었다. 그런데 이 지역 인근을 비행해 봐도 떨어진 물체를 발견할 수 없었다. 우리는 헬리콥터를 착륙시켜 그 부근을 걸어보기로 했다. 열이 감지되거나 화재가 발생한 증거가 있는지 파악하기 위해서였다. 그러나 아무것도 발견되지 않았다. 그럼에도 알람은 계속 울리고 있었다. 그 바람에 우리는 매우 혼란스러웠다.

추락 지점 인근에 있는 몇 곳의 가정집과 정원에 사는 주민들에게 무엇인가 본 게 없느냐고 물었다. 주민들은 전날 자정 이후 이런 소리를 들었지만, 그게 전부라고 했다. 이 비상 알람 소리는 며칠간 계속 울렸다. 민간 항공사들도 이런 소리를 들었다고 했다. 이는 우리를 매우 짜증나게 했다.

과학자들이 우리들에게 질문을 계속 보내왔다. 직접 대면한 상황에서 질문을 하는 것이 아니라, 본부에 보낸 서면 질의서를 통해 진행됐다. 이들은 내게 계속 전화를 걸었고, 나는 본부로 들어가 이들의 질의서를 읽고 답변하는 절차를 반복해야 했다. 이란 당국은 F-4 전투기 두 대의 방사능 수치를 조사했는데, 이상 수치는 발견되지 않았다.

미국 정보당국이 UFO 가능성을 검토한 이유

훗날 나는 미 국방정보국(DIA)의 무이 대령이 작성한 기밀문서가 정보공개법(FOIA) 절차를 통해 공개된 것을 보게 됐다. 그는 사건 직후 내가 만나 찾으려고 했던 인물이었다. 3쪽 분량의 그 문서는 당시의 상황을 자세하게 기록해 놨다. 이는 국가안보국(NSA), 백악관, 중앙정보국(CIA)에 보고됐다. 1976년 10월12일에 롤란드 에반스 대령이 DIA에 관련 사건을 분석한 내용을 전달한 문서도 있었다. 이 문서는 "이 사건은 UFO 현상을 연구하는 데 필요한 모든 요소를 충족하고 있는 사건이다."고 했다.

에반스 대령은 이런 주장을 뒷받침하기 위해 DIA의 과거 문서에 담긴 중요한 사실들을 소개했다. 이 물체들을 여러 지역에서 봤다고 주장하는 신빙성 있는 목격자들이 여러 명 있다는 점, 이 물체들이 레이더에 포착됐다는 점, 세 대의 비행기(F-4 전투기 두 대, 민간항공기 한 대) 모두 계기판 작동이 멈췄던 점, 그리고 UFO가 엄청난 수준의 기동성을 보여줬다는 점 등을 이유로 들었다.

또한 이 정보의 신뢰성은 "다른 소식통을 통해 확인됐다."며, 이 정보의 가치가 "매우 크다."고 했다. 이런 내용이 요긴하게 사용될 수 있다고도 했다. 이는 미국 정부가 이 정보를 매우 진지하게 받아들였다는 점을 드러낸다. 이런 내용이 비밀로 유지됐을 때도 나는 미국이 그렇다는 것을 알 수 있었다. 그러나 미국 정부가 이에 대한 더 많은 내용을 알고 있지만, 실제로 그런 것인지는 파악하지 못하고 있다.

내 조국의 경우, 이란의 왕이 이 문제에 관심을 갖기도 했다. 나는 왕이 하마단 지역의 샤로키 공군기지를 찾아왔을 때, 그를 만난 적이 있다. 그는 UFO에 대해 물어봤다. 당시 회의에는 여러 장군들과 UFO를 직접 목격한 조종사들이 참석했다.

부대 사령관이 왕에게 UFO를 추격했던 조종사라며 나를 소개했다. 왕은 "이에 대해 어떻게 생각하느냐?"고 물었다. 나는 "제 생각에 이 물체는 우리 행성에서 오지 않은 것 같습니다. 만약 이 행성에 이런 힘을 갖고 있는 물체가 있었다면 이 행성 전체를 이미 통제 하에 뒀을 겁니다."라고 대답했다. 왕은 "그렇다."고 맞장구를 치면서 이런 사건이 보고된 것이 이번이 처음이 아니었다고 했다.

나는 오늘날까지도 내가 무엇을 본 것인지 모르겠다. 하지만 비행기, 나아가 지구에 사는 인간이 만들 수 있는 비행물체는 아니었다는 점을 확신한다. 이 물체는 너무 빠르게 이동했다. 상상해보라. 약 70마일 떨어져 있을 때 이 물체는 순식간에 10도 오른쪽으로 움직였다. 이 10도라는 것은 한 순간에 6.7마일(=10.8km)가량 이동한다는 뜻이다.

나는 초(秒)가 아닌 순간이라는 표현을 썼는데, 이는 초보다도 훨씬 빨랐기 때문이다. 정지 상태에서 다른 곳으로 이동하는 시간이 얼마나 빠르다는 것은 모두 계산해볼 수 있을 것이다. 그렇게 하기 위해서는 매우 어려운 기술이 필요하다. 또한 내 미사일과 계기판을 무력화시키기도 했다. 이 물체가 어디에서 왔는지 나는 모르겠다.

또한 어떤 일이 발생했는지에 대해 내가 의문을 가질 수도 없다. 나만 본 것이 아니다. 부조종사가 내 뒤에 있었고, 첫 번째 전투기에 두 명의 조종사가 있었다. 관제탑에 있던 사람, 본부에 있던 사람, 사령부 책임을 맡고 있던 유세피 장군이 있었다. 이들 모두가 봤다.

지상에서 하늘에 있던 우리를 걱정하던 사람들이 많았다. 우리는 이 물체들을 전투기 레이더로 포착해 락을 걸어놓기도 했다. 어느 누구도 내가 이를 상상해서 지어냈다고 할 수 없다. 이 물체에는 레이더 락이 걸려 있었고, 여기에 표시된 UFO의 크기가 707 공중급유기 크기와 비슷하다는 것을 알 수 있었다. 이는 우리가 707 기종을 사용하는 급유 훈련을 해봤기 때문에 안다.

나는 두 가지 후회가 있다. 하나는 UFO를 찍을 수 있는 카메라가 왜 전투기 안에 없었냐는 것이다. 또 하나는 내가 흥분하고 두려웠기 때문일 수도 있겠지만, 왜 이들과 교신하려 하지 않았냐는 것이다. "당신들 누구야, 우리한테 말을 해보세요."라고 물어봤으면 어땠을까 한다. 그랬으면 어땠을까 하는 생각이 나중에 들게 됐다. 어쨌든 나는 언젠가 우리가 여기에서 이들과 같은 기술을 개발해 다른 행성들을 쉽게 찾아가, 이들은 어떻게 사는지 하고 똑같이 둘러보면 어떨까 싶은 마음이 든다.

제3장

UFO와 공중전을 벌인 페루 전투기

"UFO에 사격한 조종사는 나밖에 없는 것 같다."

1980년 한국 동해안 UFO 추격 사건 : 4명의 조종사가 30분간 관찰하다

이란의 사례와 가장 비슷한 일이 한국에서 발생한 적이 있다. 공군 팬텀 편대에 탑승했던 조종사 4명이 모두 UFO를 목격한 것이다. 한국도 이란 조종사들과 마찬가지로 사격을 검토했다. 두 나라 조종사 모두 카메라가 없었던 것이 아쉬운 점이라고 했다. 차이점이 있다면 이란 조종사는 기계 고장으로, 한국 조종사는 반격 위험 때문에 사격을 하지 못했다.

한국 조종사들의 증언이 다른 국가 조종사들의 증언보다 흥미로운 점은, 네 조종사가 약 30분간이나 괴(怪) 비행물체를 추적, 관찰했다는 점이다. 이렇게 많은 조종사가, 이렇게 오랫동안 한 번에 같은 물체를 육안으로 추적했다는 사례는 아직 찾지 못했다. 당시 대대장으로 편대를 지휘하였던 임병선 예비역 공군 소장(당시 대령)의 증언은 이렇다.

《"1980년 3월31일 밤, 팀스피릿 훈련 중이었다. 강릉에서 대구로 1만 5000 피트 고도로 비행하는데 정면으로 별 같은 게 보였다. 매우 환했고 별은 아니라고 판단, 확인할 필요가 있어 훈련을 중단하고 추적을 시작했다. 비행체는 대구 부근을 지나 포항으로 가더니, 동해 쪽으로 20km쯤 나아가 고도를 2만3000피트에서 3만3000피트로 높였다. 빠르게 수직 상승을 하기에 쫓아갔다.

그 물체는 3만 피트 고도에서 정지하는 것이었다. 지금도 그렇지만 그런 높이에서 정지할 수 있는 항공기는 없다. 비행체의 속도는 크게 빠르지 않았지만, 직각으로 방향을 바꾸는 것이 특이했다.

크기는 중형 여객기 정도로, 거의 원반형이었다. 아래위로 파란 섬광을 내뿜고 있었다. 둘레를 따라 몇 군데에 충돌 방지를 위한 듯한 청색 및 빨간색 등(燈)을 세워두었다. 나는 위협사격을 할까 생각하여 뒷자리에 있는 무기 통제 장교에게 물었더니 그가 반대했다. UFO 자료를 읽었는데, 공격하면 반격을 당해 죽을지도 모른다는 것이었다.

이내 기름이 떨어져 대구로 귀환하기로 결정하였다. 순간 백미러로 보니 비행체도 이동하는 것이었다. 나는 부대로 돌아와 공군본부에 상세한 보고서를 올렸다. 대구에 주둔하던 미 공군에도 보고서를 주었다. 미군 측에서 답신이 왔다. UFO일 가능성이 있다는 것, 그런 보고가 500건 정도 접수되었다는 요지였다.

이 물체는 육안으론 보이는데, 기상(機上) 및 일월산 사이트의 레이더에는 잡히지 않았다. 그날 그 부근에서 비행하였던 전투기 조종사들이 20여명인데, 그들도 그 환한 물체를 보았다고 했다. 약 90km 떨어진 곳에서도 보였다고 한다. 새 떼도, 비행기도, 풍선도, 기상현상도 아니었다. 그것은 인간이 절대로 만들 수 없는 미식별 비행체였다. 3만3000피트에서 정지한 것, 방향 선회 시의 반(反) 물리학적 기동, 레이더에 포착이 안 된다는 점에서 지구에서 만들어진 것은 아니라고 생각한다."》

임병선 씨는 이런 말도 남겼다.

"사진 촬영 장비가 없었던 게 아쉽습니다."

1980년 페루 아레키파 사건 :
"풍선 모양 물체에 60발을 쐈는데 멀쩡했다."

이란과 한국의 조종사들은 UFO에 대한 사격을 검토했지만 각기 다른 이유로 사격을 하지는 못했다. 그러나 페루에서는 실제로 사격을 했다는 사례가 나왔다.

1980년 4월11일 오전 7시15분. 페루 남부에 위치한 제2의 도시 아레키파 인근 라호야 공군기지에서 근무하던 23세의 젊은 소위 오스카 산타 마리아 후에르타스(=예비역 대령)는 평소와 똑같은 하루를 보내고 있었다. 그는 젊은 나이였지만 전투기 조종 경력 8년차였고, 여러 조종사 경연대회에서 수상(受賞)한 인물이었다.

조용했던 군부대의 지휘관들이 갑자기 분주해졌다. 하늘에서 풍선같이 생긴 물체가 떠다니고 있었다. 이 물체는 군부대로부터 약 3마일(=약 5km) 떨어져 있었고, 고도는 약 2000피트(=약 600m)였다. 공군기지 인근은 비행 금지구역으로 지정돼 있다.

페루 군인들은 모든 비행물체와 통신이 가능한 채널을 통해 연락을 했지만 답이 없었다. 이 물체는 오히려 군부대로 더욱 가까워졌다. 당시 페루에는 풍선 모양의 기상 관측 기구(氣毬)나 사람을 태우는 열기구가 없었을 때였다. 지휘관들은 이를 격추해야 한다는 판단을 내렸다.

후에르타스는 수호이22 전투기로 출격해 풍선을 격추하라는 명령을 받았다. 그는 30mm 대공포 무기를 탑재하고 격추 작전에 나섰다. 그는 8000피트 상공에 오른 뒤 풍선을 향한 공격을 준비했다. 그는 "30mm 포탄 64발을 쐈고, 풍선이 찢어져 공기가 빠지게 될 줄 알았다. 그런데 아무런 일도 생기지 않았다."고 말했다. 그는 "발사한 방향에 원형 모양으로 불기둥이 솟아올랐고, 모든 물체가 사라져야 하는데 그런 상황이 발생하지 않았다."고 덧붙였다. "풍선이 포탄을 흡수한 것처럼 보였고, 아무런 타격도 받지 않았다."

당시 그의 전투기는 시속 600마일(=시속 960km)로 날고 있었고, 이 풍선은 1600피트(=약 500m) 떨어져 있었다. 그는 다시 풍선을 향해 공격을 할 수 있는 각도를 맞추기 시작했다. 그는 약 3000피트 거리를 두고 목표물을 고정한 뒤 발사하려고 했다. 그러나 발사하려는 찰나에 이 풍선이 고도를 빠르게 높여 사라졌다.

그는 두 번 더 같은 방식으로 풍선을 격추하려 했다. 그렇지만 풍선은 정지한 상태였다가 발사를 하려고만 하면 수직 상승을 하여 달아났다. 그렇게 해서 풍선의 고도는 4만6000피트까지 올라갔다.

그는 작전을 바꾸기로 했다. "내가 풍선보다 더 높은 고도로 가서 공격하면 뛰어올라도 공격을 할 수 있으니 고도를 높이기로 했다."고 말했다. 그는 속도를 음속 수준인 마하1.6(=시속 1960km)으로 올려 풍선을 내려다보는 위치까지 올라갔다. 그런데 풍선이 이 속도를 따라와

후에르타스의 전투기 바로 옆에서 날고 있었다. 이때 그의 고도는 6만 3000피트였다. 풍선은 갑자기 정지 상태로 움직이지 않았다. 그는 "나는 날개의 각도를 30도로 맞춰 이 높이에서 안정적으로 비행을 하려고 했다. 하지만 이 풍선처럼 가만히 멈춰 있을 수가 없었다."고 한다.

전투기에는 기름이 부족하다는 경고등이 들어오고 있었다. 그는 같은 자리에서 위아래로 움직이는 풍선과 300피트 거리를 두고 있었다. 가까이에서 본 이 물체는 풍선과는 전혀 달랐다고 한다. 후에르타스의 설명이다.

"지름이 약 35피트(=약 10m)되는 물체로, 윗부분은 반짝거리는 반구형(半球形) 지붕 모양이었다. 크림색 물체였는데, 전구(電球)를 반으로 잘라 놓은 것 같았다. 아랫부분은 넓은 원형이었다. 은색이었고 일종의 금속 물체 같았다. 이 물체는 비행기라면 갖춰야 할 모든 것들을 갖고 있지 않았다. 날개, 동력 장치, 배기구, 창문, 안테나 등 어떤 것도 없었다. 추진체로 보이는 것조차 없었다."

이때 그는 이 물체가 UFO일 수도 있다는 생각을 하게 됐다. 기름이 떨어진 그는 부대로 복귀하는 과정에서 이 물체의 추격을 받을까 걱정했지만 쫓아오지 않았다고 한다. 그는 통신망을 통해 지원 전투기를 보내줄 것을 요구했다. 그러나 고도가 너무 높아 보낼 수 없으니 빨리 돌아오라는 명령을 들었다고 한다.

착륙해보니 모든 사람들이 그를 반기러 나왔다. 레이더 관측병에 따르면 해당 물체는 레이더에 포착되지 않았다. 이 물체가 공중에 멈춰 있을 때, 모든 사람이 이를 볼 수 있었음에도 레이더에는 잡히지 않았다는 것이다. 지상에서 이 물체를 본 사람들도 둥근 모양의 금속 물체 같았다고 했다. 그의 이날 비행시간은 총 22분이었다.

그는 훗날 "결론적으로 말하자면 나는 1980년 당시 비행물체라면 갖춰야 할 어떤 모습도 갖추지 못한 UFO와 교전을 했다고 할 수 있다."고 증언하면서, "그 물체는 공기역학 법칙에 어긋나는 행동만 했다."고 덧붙였다.

그는 2007년경 미국 워싱턴 DC에서 열린 UFO 관련 세미나에 참석, 이란 조종사가 1976년 UFO에 발포하려 했다는 사실을 알게 됐다고 한다. 이란 조종사는 발포를 하려고 했으나 전파 공격을 받은 것처럼 고장이 나 UFO 추정 물체를 공격할 수 없었다고 증언했다. 후에르타스는 이란 조종사가 타고 있던 팬텀 F-4 전투기는 전자방식인 반면, 자신이 탔던 수호이 전투기는 기계방식이었기 때문에 이런 전파 공격을 당하지 않은 것이 아닌가 싶다고 했다.

그는 이렇게 회고했다.

"나는 내가 매우 특이한 케이스라고 생각한다. 내가 아는 한 UFO를 쏴서 맞춘 전투기 조종사는 지금까지 나밖에 없다. 아직도 그때를 돌이키면 식은땀이 난다."

2007년 영불(英佛) 해협 사건 : "빛을 뿜는 시가 담배 모양의 꽤 큰 마을 크기였다."

2007년 4월23일, 영국 올더니항공의 레이 보이어 기장은 18명의 승객을 태우고 남부 사우스햄튼에서 남쪽 섬인 올더니로 출발했다. 보이어는 비행 경력 18년의 베테랑으로, 지난 10년간 이 노선을 1000회 이상 왕복했다.

보이어는 여느 때와 마찬가지로 40분 정도 걸리는 비행에 나섰다. 이 날 날씨는 매우 맑았다. 4000피트 상공에서의 가시거리는 100마일 정도였다. 2000피트 상공에는 옅은 안개가 끼어있었다.

보이어는 비행 시작 얼마 후 5~6마일 떨어진 곳에 위치한 한 물체를 포착했다. 그런데 20마일 가량을 달려가도 이 물체와의 거리가 좁혀지지 않고 계속 일정 거리가 유지되었다. 보이어는 처음에는 노란색 불빛을 뿜고 있는 그 물체가 과거 다른 노선 비행에서 목격되던 태양의 반사체라고 생각했다.

그런데 당시 비행기의 비행 각도와 태양의 위치를 봤을 때, 태양의 반사체가 생길 수가 없는 상황이었다. 1만 피트 상공에는 구름이 끼어있었기 때문에 태양이 이를 뚫고 들어올 수도 없었다. 보이어 기장의 설명이다.

"나는 자동 비행 모드로 바꾼 뒤 옆에 있는 망원경을 꺼냈다. 망원경으로 물체를 10배 당겨서 보니, 이 빛을 뿜고 있는 물체는 얇은 시가 담배나 약간 비스듬하게 세워 놓은 CD 같았다. 양쪽 끝 부분은 날카로웠다. 내가 이 물체에 가까워지자 똑같이 생긴 물체가 뒤쪽으로 하나 더 보였다. 두 물체 모두에서 노란 불빛이 보였다."

함께 비행기에 타고 있던 승객들도 이 불빛을 눈치 채고 서로 소곤거리기 시작했다. 보이어 기장은 승객의 동요를 줄이기 위해 공식 안내방송을 하지 않았다고 한다.

보이어는 점점 더 이 물체들에 가까워졌고, 빛은 더욱 강렬해졌다. 그런데 이 불빛을 쳐다보는 데 불편함을 느끼지는 않았다고 한다. 보이어의 눈에 이 두 물체는 공중에 그대로 멈춰있는 것 같았다. 하지만 나중에 파악된 레이더 관측 자료를 보니, 이 두 물체는 6노트 정도의 속도를 내며 서로로부터 멀어지고 있었다.

보이어 기장은 물체들의 실체를 파악하기 위해 더욱 더 가까이 가고 싶었다. 하지만 승객들의 안전을 위험에 빠뜨릴 수 있다는 생각에 목적지로 착륙하는 방안을 택했다고 한다. 보이어가 이들 물체 근처에서 비행한 시간은 약 15분이었다. 그 동안 비행기의 기계장치나 라디오 통신장치가 이상하게 작동하는 상황은 발생하지 않았다고 했다.

보이어는 착륙한 뒤 승객들에게 무언가 특별한 것을 보지 못했냐고 물어보았다. 선입견을 줄 수 있었으므로 자신이 본 것은 설명하지 않았다. 이를 강요할 수도 없었기 때문에 희망하는 사람에 한해 공항 체크인 카운터에 하고 싶은 말을 메모로 남겨달라고 부탁했다.

조종석에서 세 칸 뒤에 있었던 케이트와 존 러셀 부부가 실명(實名)으로 이를 봤다고 말했다. 또 다른 승객 중 최소 4명이 이를 봤다고 했고, 조종석 바로 뒤에 앉아 있던 남성은 보이어로부터 망원경을 빌려 직접 보기도 했다.

보이어는 올더니에서 사우스햄튼으로 다시 돌아가는 비행기에 올랐다. 이때 그는 이상한 불빛을 목격했을 당시 보고했던 저지 지역의 관제소 직원으로부터 연락을 받았다. 보이어가 이런 물체를 목격했을 무렵 인근 지역에서 비행하고 있던 조종사 역시 이상한 물체를 봤다는 것이었다.

그는 블루아일랜드 항공의 패트릭 패터슨 기장이었다. 그는 아일오브맨 지역에서 저지로 향하는 여객기를 몰다 보이어처럼 빛나는 물체를 목격했다. 보이어와 패터슨은 나중에 만나 얘기를 나눠봤다. 패터슨은 이 물체를 목격한 시간이 1분 정도밖에 되지 않았다고 했다. 두 조종사가 서로 같은 것을 봤는지에 대한 확실한 증거는 찾지 못했다.

보이어는 올더니로 돌아와 관제소의 레이더 분석 결과를 접하게 됐다. 그가 생각했던 것보다 먼 곳에서 미확인물체를 봤을 수 있다는 내용의 분석이었다. 보이어 기장의 증언이다.

"나는 내가 이 물체와 10마일도 안 떨어져 있었다고 여겼지만, 알고 보니 55마일은 떨어져 있었다. 유럽 하늘을 밤에 비행하다 보면, 한 동네가 어느 정도 크기인지 가늠할 수 있게 된다. 특정 시야에서 보이는 각도와 떨어진 거리를 통해 크기를 가늠하는 방식이다.

나는 미확인 물체를 봤을 때 똑같은 방식을 대입했다. (가까운 곳에 있다고 여겼던) 처음에는 짓눌린 원반 같은 모습이라고 생각했다. 그런데 약 50마일 거리에 떨어진 지역에 위치한 꽤 커다란 마을 전체 크기와 비슷했다는 점을 알게 됐다."

한편 영국 항공청은 이에 대한 설명을 내놓지 않았다. 언론의 압박이 거세지자 영국 국방부는 한 주 뒤 성명을 발표했다. 이 물체를 목격했을 당시 비행기는 프랑스 영공에 있었기 때문에 영국 정부가 공식 발표할 사안이 아니라고 했다. 3주 뒤 영국 국방부는 또 다른 자료를 발표했다. 자료에는 이런 물체가 포착된 레이더와, 이를 봤다는 또 다른 비행기 조종사의 증언이 담겨 있었다.

영국 정부는 UFO 회의론자인 데이비드 클라크의 주도 하에 관련 사안을 조사했다. 해당 조사단에는 영국 내 전문가를 포함, 프랑스 정부 기관들이 참여했다. 이들 역시 정확한 결론을 내릴 수 없다는 보고서를 내놨다.

제4장

외계인이 손을 흔들었다는 파푸아뉴기니 사건

"실체가 있는 사건이 실제로 일어났다."

스티븐 스필버그가 만든 영화

그렇다면 외계인을 봤다는 사례는 없을까? 지금부터는 UFO 현상에 있어 조금 더 고차원으로 분류되는 사례들을 소개하려 한다. UFO 현상에서 자주 사용되는 표현 중 하나는 '클로스 인카운터(Close Encounter)'이다. "가까운 거리에서 맞닥뜨리다."라는 의미이다.

이 표현은 미국 오하이오주 출신 천문학자인 앨런 하이넥(1910-1986)이 처음 사용했다. 그는 미국 공군이 실시했던 UFO 조사 프로그램인 「프로젝트 사인」(Project Sign, 1947-1949), 「프로젝트 그러지」(Project Grudge, 1949-1952), 「프로젝트 블루북」(Project Blue Book, 1952-1969)에 모두 참여했다.

그는 UFO 존재를 믿지 않는 회의론자였다. 당시 「프로젝트 블루북」은 1만2000건의 UFO 목격 사례를 조사했고, 14만 쪽 분량의 보고서를 발표했다. 2021년 6월에 발표된 미 국가정보국장실 및 국방부의 보고서가 144건을 조사한 것과 비교하면 엄청난 규모다. 「프로젝트 블루북」은 최종 보고서에서 목격 사례의 95%는 사람들의 착각이라고 했다. 하지만 5%에 대해서는 원인을 특정할 수 없다는 결론을 내렸다.

하이넥은 1960년대 말에 들어가서는 UFO에 대한 생각을 바꿨다. 그가 참여했던 「블루북」 보고서의 사례를 다시 연구해 상당수는 그냥 음모론으로 무시할 수 없다는 믿음을 갖게 됐다. 그는 1977년 『하이넥 UFO 보고서』라는 책을 썼다. 2020년에 새로운 에디션으로 출간된 책을 읽어보니 흥미로운 대목이 많았다.

그는 UFO 목격 주장의 논리를 깨뜨리기 위한 목적으로 목격자와 관계자, 현장을 조사하는 집념의 수사관이자 학자였다. 그런 그가 미국 정부의 UFO 관련 사실에 대한 은폐를 폭로하고 나선 것이다. 그는 현대 UFO 학계의 아버지라는 평가도 받는다.

다시 'Close Encounter'로 돌아가 보겠다. 세계적 감독인 스티븐 스필버그(Steven Spielberg)는 1977년 「Close Encounters of the Third Kind」라는 제목의 영화를 만들었다. UFO 증거를 추적해 이들과 접촉하려고 하는 내용의 영화다. 하이넥의 영향을 받아 이런 제목을 단 것으로 알려졌는데, 실제로 하이넥은 이 영화에 카메오로 출연하기도 했다. 이 영화는 한국어로는 「미지(未知)와의 조우(遭遇)」로 번역됐다. 이에 따른 영향에서인지 일부 한국인들은 'close encounter'를 소개할 때 '근접 조우'라는 표현을 쓰는 것으로 보인다.

하이넥은 세 종류의 '근접 조우'를 정의했다. 1단계는 근접 거리에서 UFO를 목격한 경우다. 2단계는 근접 거리에서 UFO가 목격됐고, UFO

가 떠난 자리가 그을렸다든지 하는 실체가 있는 증거를 남긴 경우다. 3단계부터가 이제 골치 아파지는 경우다. 사람이 UFO에 있는 '생명체'를 직접 목격한 경우다. 하이넥은 이렇게 3단계까지를 연구했다.

이후 소위 음모론자로 치부되던 사람들은 약 7단계까지를 만들어냈다. 공식적인 것은 아니지만 4단계는 UFO 또는 '점유자'에 의해 인간이 납치되는 사례다. 5단계는 외계인과 인간이 직접 소통했다는 주장, 6단계는 UFO를 목격하거나 관련이 있는 동물 및 인간이 사망했다는 주장이다. 7단계는 인간과 외계인이 인공적인 출산을 하는 등 잡종의 탄생이라고 한다.

하이넥은 UFO라는 물체가 있는 것까지는 인정하는 사람들이 꽤 있겠지만, 생명체가 있다는 사실을 받아들이기는 어려워한다고 했다. 외계인의 존재를 인정하게 되는 순간, 미지라는 공포의 가장 깊은 단계에 빠지게 되기 때문이라는 것이다.

하이넥은 이러한 3단계를 소개하는 챕터의 부제(副題)를 「현실의 끝자락으로 치닫는(Approaching the Edge of Reality)」이라고 달았다. 현실과 공상의 경계선이라는 주장으로 들렸다. 아무튼 하이넥은 정치인, 경찰, 공무원 등 신뢰도가 보장된 사람의 보고 사례에 집중했다. 그는 3단계에 대한 최종 결론은 유보했지만, 이런 주장을 무시해서는 안 된다고 강조했다.

그는 "대다수의 (외계 생명체) 목격 사례는 몇 분 이상 지속됐고, 목격자들은 일반적으로 구체적인 목격담을 내놨다."고 했다. "목격자들이 환각을 본 것일 가능성은 매우 낮다. 환각이라는 것은 통상적으로 일시적인 현상이며, 이를 겪은 '피해자'는 구체적인 내용을 묘사하지 못 한다."

1959년 파푸아뉴기니 선교사의 목격담 : 이틀 연속 나타난 괴물체를 38명이 목격하다

하이넥은 자신의 책에서 3단계 목격 사례 여럿을 소개했는데, 그중 하나가 파푸아뉴기니 사건이다. 이 사건은 1959년 6월26일부터 27일까지 이틀간 파푸아뉴기니 밀른베이주(州) 보이아나이 지역에서 일어났다. 목격자는 호주 출신인 31세의 윌리엄 길 성공회 신부를 비롯한 38명이었다.

그는 선교 활동으로 그곳에 와 있었다. 파푸아뉴기니 출신 교사 3명과 의료 지원단 소속 3명도 있었다. 38명 중 아이들을 제외한 성인 25명은 길 신부가 작성한 목격 진술서에 동의, 서명했다.

길 신부는 UFO가 성공회 교리에 맞지 않아 평소엔 회의적인 생각을 갖고 있었다. UFO를 목격한 직후 지인에게 쓴 편지에선 그런 생각이 바뀌게 됐다고 했다. 길 신부는 UFO를 목격하면서 메모를 했다. 이 메모는 호주 주재 미국 대사관에 파견된 공군 무관(武官)에게 보고됐다. 「프로젝트 블루북」은 이 메모를 입수, 조사했다. 다음이 길 신부의 메모다.

《6:45 pm 낮게 뜬 구름이 군데군데에서 보임. 앞문에서 밝은 하얀색 불빛을 봄.

6:50 다구라와 메나페 지역에 확실하게 보임. 스티븐과 에릭 랭포드에게 전화를 함.

6:52 스티븐 도착. 별이 아닌 것으로 확인. 500피트? 오렌지?

6:55 에릭에게 사람들을 부르도록 함. 위에서 한 물체가 움직임. 사람? 이제 3

명이다. 움직임. 빛이 남. 갑판에서 무언가를 하고 있음. 사라짐.

7:00 다시 사람 1호와 2호.

7:04 다시 사라짐.

7:10 구름 천장이 하늘을 덮음. 약 2000피트. 사람 3호, 4호, 2호. 얇은 파란색 불빛. 사람들 사라짐. 불빛 계속 있음.

7:12 사람 1호와 2호 다시 나타남. 파란색 빛.

7:20 UFO가 구름을 통과함.

8:28 이쪽 하늘은 맑고 다구라 지역은 구름이 짙음. 내 머리 위에서 UFO를 목격함. 사람들을 부름.

8:50 구름이 다시 낌. 큰 물체 하나가 제자리에 있음. 더 큰 무언가, 같은 건가. 또 다른 것들이 구름 속에서 왔다 갔다 하고 있음. 구름 속에서 하강할 때 빛이 반사됨. 구름 속에서 보이는 후광(後光) 같음. 2000피트 이상은 아니고 아마 더 낮은 듯(높이는 인근 산 높이를 기준으로 판단).

9:46 위에 있는 UFO가 다시 나타남. 호버링(注 : 공중에서 정지).

10:50 UFO 안 보임.

11:04 폭우.》

하이넥 박사는 1973년에 이곳을 찾아 여섯 명의 당시 목격자를 찾아내 인터뷰했다. 하이넥 박사가 방문한 시기는 사건이 발생한 지 벌써 14년이 지날 무렵이었다. 원주민들은 처음에는 하이넥이 미국 정부에서 나온 사람이라고 여겨 말하기를 꺼려했으나, 차츰 속을 털어놓는 분위기로 바뀌었다고 한다. 하이넥은 "원주민들이 얼마나 정확하게 증언을 한 것인지 알 수 있는 방법이 없었다. 하지만 이들의 표정과 제스처를 보면서 이 사건이 실제 있었던 일이라는 인상을 받았다."고 했다.

길 신부는 하이넥 박사에게, 첫날 사건은 저녁 식사를 마치고 선교 시설 문 밖으로 나가면서부터 시작됐다고 말했다. 처음에 하늘을 봤을 때는 금성이 보였다고 한다. 금성 위로 하얀색 빛이 보였다는 것이다. 이 불빛은 구름 속에서 위아래로 움직였다.

「프로젝트 블루북」은 이 사건을 '별과 행성'을 UFO로 착각한 사례로 분류했는데, 하이넥은 이런 결론이 어떻게 가능한지 모르겠다고 불평했다. 2000피트 이내에서 위아래로 움직이는 별이나 행성을 목격하는 것이 가능하지 않다는 이야기다. 목격자 중 한 명이었던 교사 스티븐은, 손으로 이 물체를 가리키자 절반만 가려졌다고 증언했다. 하이넥은 주먹보다 큰 금성은 본 적이 없다고 했다.

다시 길 신부의 증언이다.

"우리들이 이걸 같이 보고 있는데, 이 물체에서 사람들이 나와 갑판 같은 것 위에 올라가 있는 것으로 보였다. 4명이었다가 어떤 때는 2명이기도 했다. 그러다 1명이 되고, 3명이 되고, 4명이 됐다. 우리는 이들이 들락거리는 것을 여러 번 봤다. 같이 목격한 사람들의 서명을 받아냈다."

다음날 일어난 일은 더 흥미진진하다. 원주민 중 한 명인 애니 로리 보로와가 길 신부의 서재를 찾아가 밖으로 나와 보라고 했다. 길은 오후 6시2분에 첫 메모를 남겼다. 태양이 아직 지지 않은 시간이었다. 하이넥은 원주민들이 흥분할 정도로 낮 시간에 금성이 밝게 빛나는 일은 없다고 했다. 다시 길 신부의 말이다.

"이 물체 위에 4명의 사람이 있었다. 인간이라고 판단했다. 나는 이것이 어젯밤 내가 본 물체와 같은 것이라고 생각했다. 두 개의 보다 작은 UFO가 추가적으로 보였다. 서쪽 언덕 위에 한 대가 있었고, 우리 머리 위에 한 대가 있었다. 큰 물체에 있던 2명은 갑판 중간에서 무언가를 하는 것 같았다. 허리를 굽히기도 하고, 무언가를 고치거나 설치하기 위해 팔을 뻗는 것 같았다. 한 명은 서있었고, 우리를 내려다보는 것 같았다."

이제부터가 클라이맥스다. 길 신부가 손을 들어 이들을 향해 흔들었다. 그러자 이들이 위에서 손을 똑같이 흔들어줬다는 것이다. 길 신부와 같이 있던 사람 가운데 한 명은 두 팔을 들어 흔들었는데, 그러자 위에 있던 2명이 똑같이 따라했다고 한다. 밑에 있는 사람들이 계속 손을 흔들자 위의 4명 모두 손을 흔들어줬다는 것이다.

"우리 움직임에 회신이 있었다는 것은 확실하다. 선교시설에 있는 아이들 모두 깜짝 놀랐다. 어둠이 찾아오게 되자 나는 에릭에게 토치(注 : 전등 혹은 횃불)를 하나 가져오라고 했고, 이 물체 방향으로 빛을 밝혔다.

한 1~2분이 지나자 이 UFO가 양 옆으로 흔들어 댔다(注 : 시계추 같은 움직임이었다고 한다). 그러다 UFO가 천천히 커지기 시작했고, 우리 쪽으로 다가오는 것 같았다. 한 30초 동안 이런 움직임을 보이다 중단했다. 2~3분 정도 지나자 이들은 우리에 대한 관심을 잃게 됐는지 갑판 밑으로 사라져버렸다."

길 신부는 지상에 있던 사람들과 함께 UFO에 있는 물체들을 향해 내려오라고 소리도 치고, 신호를 보냈다고 했다. 이에 대한 반응은 따로 없었다.

길 신부가 이후 한 행동으로 인해 신빙성에 대한 논란이 일기도 했다. 그는 6시30분, 저녁 식사를 하느라 집 안으로 들어갔다. 이런 상황을 목격하고 나서 어떻게 아무 일도 없었다는 듯 밥을 먹을 수가 있느냐는 비판이 나왔다. 하이넥 박사는 길 신부를 만나 어떻게 그렇게 할 수 있었느냐고 물었다. 길 신부는 "당시를 되돌아보면 나도 내가 왜 그랬는지 아직도 잘 모르겠다. 나는 너희들 미국인이 만든 새로운 장치일 수 있다는 생각을 하기도 했다."고 답했다.

길 신부는 7시쯤 식사를 마치고 나왔는데, UFO가 여전히 하늘에 있었다고 했다. 이전보다는 조금 작게 보였다고 한다. 식사 후 길 신부는 모든 사람들과 함께 저녁 예배를 드렸다. 이 사건을 회의적으로 보는 사람들은 이 역시 이해하지 못한다. 보이아나이 사람들에게는 저녁을 먹은 뒤 저녁 예배를 드리는 게 매일의 의식이었다고 한다.

길 신부가 예배를 마치고 나왔을 때 하늘은 흐렸다. 길 신부의 메모장에는 10시40분에 쓴 게 있다. 그는 "선교 시설 밖에서 끔찍한 폭발음이 발생했다."고 적었다. 그러나 아무것도 보이지 않았다는 것이다. 이 폭발음은 자고 있던 모든 사람들을 깨웠다고 한다. 하이넥 박사는 UFO가 사라진 것과 이를 연결할 증거는 없다고 했다.

당시 파푸아뉴기니는 호주 식민지였다. 호주 국방부는 공군 장교 2명을 파견해 이 사건에 대한 조사를 진행하도록 했다. 이들은 길 신부를 '신뢰할 수 있는 목격자'라고 보기는 했지만, 이들이 목격한 것은 '자연현상'이었다는 결론을 내렸다. 구름이 많고 천둥이 치기 쉬운 날씨라는 점에 주목했다.

목성, 토성, 화성의 빛이 굴절됐을 가능성에 무게를 뒀다. 사건이 발생한 시기는 금성, 화성, 목성, 토성이 관측 가능했던 시기와 겹친다고도 한다. 파푸아뉴기니는 열대 특유의 기상현상으로 이상한 불빛이 많이 목격되는 곳이라고도 했다.

길 신부는 파푸아뉴기니에서 호주로 돌아온 뒤 멜버른에 있는 여러 교육 기관에서 교사로 활동했다. 2007년 79세의 나이로 사망했다.

1964년 미국 뉴멕시코 경찰관의 목격담 :
"UFO 옆에 있는 '2명'을 봤다."

미국 뉴멕시코주 소코로 지역에서도 1964년 4월24일, 비슷한 사건이 발생했다. 하이넥 박사는 이 현장 역시 여러 차례 방문해 조사했다. 당시 그는 UFO 현상 3단계, 즉 외계 생명체를 목격했다는 주장을 믿지 않았을 때였고, 자연 현상으로 이를 깨뜨리려 했으나 답을 찾아낼 수 없었다고 한다.

이날 UFO와 '생명체'를 목격했다고 주장한 사람은 로니 자모라라는 지역 경찰관이었다. 하이넥이 이 목격담에 신빙성이 있다고 믿는 이유는, 우선 자모라라는 사람의 신뢰도와 평판이었다. 현장에는 UFO가 남기고 간 흔적도 있었다. UFO가 떠난 바닥에 물체가 있었던 흔적이 남았고, 근처 숲에 있던 나무들이 그을려져 있었다.

경찰의 초동 수사가 제대로 이뤄진 것도 목격의 신빙성을 뒷받침하는 데 좋은 역할을 했다. 이때 해당 경찰서에는 연방수사국(FBI) 요원이 방문하고 있었다. 이런 상황에서 경찰관의 목격 신고가 들어와 수사를 더욱 열심히 하게 됐다. 자모라 경관의 진술서도 매우 빠르게 작성됐다. 현장 사진이 제대로 촬영된 사례였다.

목격 후 작성된 자모라 경관의 진술서 내용을 일부 발췌해 소개한다.

《1964년 4월24일 오후 5시45분경. 나는 법원 서쪽 방향에서 남쪽으로 향하는 자동차 한 대를 쫓고 있었다. 세 블록 정도 앞에 있던 이 차량은 과속 중인 것으로 보였다. 내가 쫓고 있던 차는 검정색 쉐보레 차량이었다.

이때 나는 으르렁거리는 소리를 듣고 하늘에서 불빛을 봤다. 한 0.5마일에서 1마일(=1.6km) 떨어진 것으로 보였다. 그 지역에 있는 다이너마이트 가게(注 : 폭죽을 판매하는 가게로 보임)가 폭발한 것으로 생각했다. 앞에 가던 차량을 그만 쫓기로 했다. 불빛은 파란색 같았고, 약간 오렌지색처럼도 보였다. 불빛 크기는 잘 모르겠다. 불빛은 거의 움직임을 보이지 않았는데, 천천히 아래로 내려갔다. 긴 모양의 불빛이었다.

제트 엔진처럼 폭발하는 것 같은 소리가 아니라 웅웅거리는 소리가 났다. 고주파에서 저주파로 바뀌었다 멈췄다. 으르렁거리는 소리는 약 10초간 이어졌다. 웅웅거리는 소리와 불빛이 있은 뒤 나는 가파른 언덕을 올라가고 있었다. 다이너마이트 가게 위치가 정확히 기억나지 않아 이를 찾아 다녔다.

그때 갑자기 150야드(=약 137m)에서 200야드 떨어진 곳에서 빛나는 물체를 발견했다. 차량 한 대가 뒤집어진 것 같았다. 동네 아이들이 차를 뒤집어버린 것으로 생각했다. 위아래가 한 쌍인 하얀색 옷을 입고 있는 2명을 봤다. 이 사람들 중 한 명이 뒤돌아서더니 내 차를 정확하게 바라보는 것처럼 여겨졌다. 그러다 놀란 듯이 갑자기 점프를 하는 것 같았다.

나는 내 차를 그쪽 방향으로 몰았다. 도와주러 가야 한다는 생각이었다. 멈춘 것은 몇 초뿐이었다. 물체들은 알루미늄 같았다. 둥근 모양이었는데, 처음에는 뒤집어져 있는 하얀색 자동차 같았다.

내가 이 두 사람들을 유일하게 본 것은 자동차를 멈추고 이를 제대로 쳐다본 2초가량뿐이었다. 어떤 모양이었는지, 모자 같은 것을 쓰고 있었는지는 기억나지 않는다. 이 사람들은 평범한 모습이었다. 다만 작은 체형의 성인이나, 큰 체형의 아이들 크기였다. 경찰 무전기로 자동차 사고가 발생한 것 같다고 알렸다.

차에서 내리자 엄청나게 큰 으르렁거리는 소리가 들렸다. 제트기의 소리는 알지만, 그런 소리가 아니었다. 저주파로 시작해 고주파(=고음)로 바뀌었다. 이런 소리와 함께 불빛을 봤다. 불빛은 이 물체 아래에서 나왔다. 물체는 천천히 위로 올라가고 있었다. 불빛은 옅은 파란색이었고, 아래쪽은 오렌지색 같았다. 불빛을 설명하기가 어렵다. 이 웅웅거리는 소리로 인해 이 물체가 폭발할 것 같기도 했다.

물체는 둥근 모양이었다. 매끈해 보였다. 창문이나 문은 없었다. 웅웅거리는 소리가 시작될 때 물체는 여전히 땅에 올라가 있거나 땅에 가까웠다. 2.5피트(=약 0.76m) 폭 정도 길이의 휘장처럼 보였다.》

자모라 경관은 이 물체로부터 약 75피트(=약 23m) 떨어져 있었다. '쿵'하는 소리가 두세 번 났다고 한다. 그때 그는 불빛과 으르렁거리는 소리를 듣고 물체에서 반대 방향으로 뛰기 시작했다. 으르렁거리는 소리로 인해 공포에 질려 있었다. 그렇게 이 물체는 하늘 먼 곳으로 날아가 버렸다.

하이넥은 자모라 경관과 함께 현장을 찾아갔었다고 한다. 자모라는 그가 도망간 곳을 비롯하여 이날 있었던 일이 발생한 현장 곳곳을 정확히 기억하고 알려줬다.

하이넥은 현장을 조사하고 직접 사진도 찍었다. 착륙하면서 생긴 것으로 알려진 4개의 자국이 남아 있었고, 경찰은 사건 직후 이를 확인했다. 하이넥은 이런 자국이 동물 발자국이나 다른 자연 현상에 따른 것인지 찾아봤다고 한다. 그러나 비슷한 자국을 찾지 못했다. 이 자국은 약 2인치에서 3인치 길이의 구멍이었다.

하이넥은 "소코로 사건을 자연 현상이라고 설명할 간단한 방법이 있을 수도 있지만, 이런 일련의 사건을 종합적으로 연구한 결과 그렇게 설명될 수 없는 문제라고 판단하게 됐다."고 밝혔다. 그는 "1964년 4월24일 오후, 소코로 외곽에서 실체가 있는 사건이 실제로 일어났다는 것이 내 의견이다."고 덧붙였다.

과거 「프로젝트 블루북」은 이 사건에 대한 확인이 불가능하다는 결론을 내렸다. 이 사건이 보도되자 UFO 마니아들과 이를 음모론으로 보는 사람들 사이에서 갑론을박이 펼쳐졌다. 열기구를 착각한 것이라는 주장, 카누푸스 별자리를 착각한 것이라는 등의 주장도 나왔다.

1966년 소코로 카운티 상공회의소 소장이었던 폴 라이딩스는, 자모라가 UFO를 목격한 지역을 관광 명소로 만들자는 의견을 내놨다. 돌길을 만들고 나무벤치를 깔아 놨다. 나중에 알려진 사실이지만, 이곳은 실제 목격 장소로부터 약 0.25마일(=400m) 떨어진 곳이라고 한다.

당시 소코로 지역에서는 UFO 발견 지역이 방사능으로 오염됐다는 루머가 돌아 이렇게 하게 됐다는 것이다. 자모라 경관은 자신의 목격담에 대한 진위 논쟁에 질려 UFO 학자들이나 미 공군의 연락을 피했다고 한다. 그는 경찰 은퇴 이후 주유소에서 일했다. 2009년 2월, 심장마비로 숨졌다. 향년 76세.

제5장

외계인을 공격했다는 사람들

"샷건을 쏘니 깡통에 맞추듯 튕기는 소리가 났다."

1964년 미 캘리포니아주 숲속의 사냥꾼 사건 :
– 로봇에 화살을 쐈으나 내뿜은 가스에 의식을 잃었다

앞서 UFO에서 생명체를 만난 사례 두 건을 소개했다. 하나는 뉴멕시코주 소코로 사건으로, 미국 뉴멕시코의 경찰관이 UFO 근처에 있는 작은 성인 체형의 생명체 둘을 봤다는 사건이다. 다른 하나는 파푸아뉴기니에서 활동하던 선교사 등 38명이 하늘에 있는 UFO 위에 서있는 네 명과 조우, 지상에서 손을 흔들자 이들도 손을 흔들어줬다는 사건이다.

지금부터는 두 사건을 추가적으로 소개하려 한다. 앞서 언급한 목격담은 UFO에서 목격된 생명체들과 적대적인 상황이 벌어지지 않은 사례다. 손을 흔들어줬다면 오히려 친근한 목격담일 것이다. 지금부터 소개하는 두 사건은 UFO에서 발견된 생명체를 향해 목격자가 공격을 가한 경우다. 미국 공군이 운영한 비밀 UFO 전담 프로그램인 「프로젝트 블루북」에서 활동한 앨런 하이넥 박사는, 이들은 신뢰도가 다른 사례보다 상대적으로 떨어진다고 했다. 하지만 명확한 설명이 안 돼 여전히 미스터리로 남아있는 사례라는 것이다.

두 사건 중 하나는 1964년 9월5일 캘리포니아 중동부(中東部) 산악지대 시스코 그로브 지역에서 발생한 이른바 '숲속의 사냥꾼' 사건이다. 이는 당시 20대 후반이었던 도널드 슈룸이라는 청년이, UFO에서 나온 로봇 같은 물체와 맞닥뜨려 활을 쏜 경우다. 이 로봇들은 입에서 연기를 내뿜었는데, 이를 마시고 기절하기도 했다는 이야기다.

우선 하이넥 박사가 확인한 자료들을 바탕으로 당시 상황을 짚어보자. 슈룸은 친구 2명과 시스코 그로브 지역에서 사냥을 하고 있었다. 해가 저물 무렵 그는 동료들로부터 이탈하게 됐다. 어둠이 다가오자 그는 나무 위로 올라가 몸을 피하기로 했다. 나뭇가지에 몸을 묶어 잠이 들더라도 떨어지지 않도록 만들었다.

그는 이 과정에서 하늘에 떠 있는 세 개의 비행물체를 봤다. 이 물체들에서는 튀어나와 돌고 있는 불빛이 보였다. 웅웅거리는 소리를 내고 있었다고 한다. 그는 처음에는 이 물체가 자신을 구하러 온 헬리콥터라고 생각했다. 그는 하늘을 향해 신호탄을 쐈다. 이 비행물체들은 은색이었고, 슈룸의 머리 위를 돌고 있었다.

그때 두 개의 이상한 물체가 비행물체로부터 떨어져 나왔다고 한다. 몇 분 뒤 그는 뭔가 추락하는 소리를 들었다. 무서워진 그는 큰 소나무에 있는 나뭇가지에 자리를 잡았다. 두 개의 인간 모습을 한 물체가 신호탄이 터지는 쪽으로 다가오고 있었다.

이들은 옷깃이 없는 은색 옷을 입고 있었다고 한다. 눈이 이상할 정도로 돌출돼 있었다. 서로 알아들을 수 없는 웅웅거리는 소리로 대화를 했다. 슈룸은 이때 세 번째 물체가 나타났다고 말했다. 그는 진술 과정에서 이를 '로봇'이라고 불렀다. 이 물체들은 슈룸을 나무에서 내려오도록 하려는 것 같았다고 한다.

그는 이 '로봇'을 향해 몇 발의 활을 쐈다. 그는 입고 있던 옷을 찢어 불에 붙인 뒤 이들을 향해 던졌다. 로봇이 갑자기 공격적인 성향을 보였다. 연기 같은 것을 뿜어냈는데, 슈룸은 이를 마시고 기절했다고 한다. 그가 기절했음에도 나무에서 떨어지지 않고 버틸 수 있었던 이유는, 갖고 있던 활이 나무에 걸려 있었기 때문이라는 것이다.

그는 동틀 무렵 의식을 되찾았다. UFO와 이 물체들은 보이지 않았다고 한다. 그는 같이 사냥에 나섰던 동료들과 합류해 이런 얘기를 들려줬다. 그는 이 이야기를 장인(丈人)에게도 해줬다. 장인은 정부에 이를 알려야 한다고 설득했다. 그는 지역에서 활동하는 천문학자에게 이 이야기를 해줬고, 이 천문학자가 공군에 이를 알렸다.

공군 보고서에 따르면 슈룸은 동네에 있는 미사일 생산 시설에서 근무하는 사람이었다고 하이넥은 설명했다. 그는 증언하는 과정에서 안정적이고 일관된 모습을 보여줬다. 이 사건이 자신이 설명하는 그대로 이뤄졌다고 믿고 있었다.

공군은 그의 증언을 녹음테이프로 남겼다. 「프로젝트 블루북」은 이 사건을 '정신 심리' 사건으로 분류했다. 정신적인 문제로 헛것을 봤다는 뜻으로 해석된다. 하이넥 박사는 「블루북」이 이 증언 녹음테이프를 분석하지도 않았던 것으로 기억했다.

하이넥 박사는 "활과 화살을 들고 있는 사냥꾼이 나무 위에 올라가 입고 있던 옷을 계속 찢어 불에 붙인 뒤 공격자들을 향해 던지고, 결국에는 반나체 상태가 됐으며, 외계인들이 쏜 이상한 연기 때문에 기절했다는 주장은 물론 믿기 어렵다."고 했다. 그는 "그러나 한 천문학자가 슈룸의 주장을 듣고, 이는 보고할만한 사안이라는 판단을 내렸다."며 "목격자가 불안정하다고 했다면 그렇게 했을까?"라는 질문을 남겼다.

지금까지가 하이넥 박사가 조사한 내용이다. 슈룸의 사건은 UFO 학자들 사이에서 많은 관심을 받은 사례다. 이 사건에 대해서는 하이넥 보고서 이후에도 여러 조사가 이뤄졌다. 그중 하나는 2011년 출간된 『숲 속의 외계인 : 시스코 그로브 UFO 조우』라는 책이다. 공동 UFO 네트워크(MUFON)에서 활동하는 UFO 학자 2명이 쓴 책이다.

슈룸의 이름은 이 책에서 처음 공개됐다. 하이넥 박사의 보고서에도 'Mr. S'라고만 소개돼 있다. 2011년 나온 책에 따르면, 슈룸은 당시 새크라멘토 에어로젯 미사일회사라는 곳에서 용접공으로 근무했다. 이 회사는 미군에 미사일을 납품하는 회사였다. 그는 UFO 목격담을 공개적으로 하면 커리어에 악영향을 끼치게 될 것이라는 걱정으로, 이 책이 발표될 때까지 이름을 공개하지 않았다.

이 책의 내용은 「프로젝트 블루북」 자료를 기반으로 한 하이넥 보고서의 내용과는 조금 다르다. 이 사건이 사실이라고 믿는 사람들은, 당시 미국 공군이 이는 착각이라는 확신을 가졌기에 「프로젝트 블루북」 자료에 관련 내용을 구체적으로 기술하지 않았다고 주장한다.

우선 가장 큰 차이점 중 하나는 그가 한 번 의식을 잃은 뒤, 그 다음날 일어난 것이 아니라는 점이다. 슈룸은 책에서 이 물체들과 12시간을 지속적으로 싸웠다고 주장했다. 이들은 연기를 계속해서 뿜어냈는데,

이를 마시고 기절한 것은 잠시뿐이라는 것이다.

이 책의 저자들은 슈룸이 하늘에서 본 것은 시가 담배 모양이었고, 크기는 한 14층짜리 건물 정도였다고 했다. 활을 쐈는데, 로봇에서 스파크 같은 게 튀었다고 한다. 몸체가 금속인 것을 의미한다고 했다. 그와 함께 사냥을 하다 흩어졌던 빈센트 알바레즈는, 하늘에서 밝은 물체를 본 적이 있다고 증언한 바 있다고 한다.

책의 저자 중 한 명인 UFO 학자 루벤 유리아르테는 "이 사건을 조사하고 슈룸 씨 부부와 대화를 나누며 오랜 시간을 보내온 결과, 나는 슈룸의 영웅적인 경험이 완전히 사실이고 위조된 것이 아니라는 결론을 내렸다."고 단정했다. 그는 "나는 이 사건이 사실이자 믿을 수 있는 사건이라고 본다."고 덧붙였다.

자크 발레라는 프랑스 출신 과학자가 1993년에 낸 『마고니아로 가는 여권』이라는 책이 있다. 그는 앨런 하이넥 박사를 멘토로 삼고 있던 사람이었다. 둘은 함께 「프로젝트 블루북」에서 활동한 바 있다. 발레의 책에는 이 사냥꾼의 목격담이 더욱 자세하게 소개돼 있다.

《이 물체들은 S씨를 나무에서 떨어뜨리게 하려고 했다. 그는 종이와 옷가지를 찢어 불에 붙인 뒤 이들에게 던져 물러가게 하려고 했다. 이 물체들은 겁을 먹은 것 같았다고 한다. 이들이 그를 향해 사용한 무기는 매우 흥미로운 것이다. 그의 주장이 사실이라면, 이 로봇 같이 생긴 물체가 턱관절을 내리듯이 한 뒤 양쪽 손을 직사각형 모양의 구멍에 집어넣어 연기를 S씨 쪽으로 쐈다는 것이다.》

자크 발레 박사는 이 사건에 대해 다음과 같은 결론을 내렸다.

"이 이야기는 믿기 어렵다. 그가 설명한 대로라면 이 물체들이 나무를 오를 수 있지 않았을까? 비행접시를 타고 온 물체들이라면, 왜 그냥 나무 위로 뛰어오르지 않았냐는 것이다. 하지만 그가 단순히 악몽을 꾼 것이라고 증명하는 것도 똑같이 어렵다. 이 목격자가 일어났을 때, 나무 밑에는 그가 던진 것들이 그대로 남겨져 있었다. UFO 목격 사례 중 이상하고 강력한 가스를 뿜어냈다는 사례가 1952년 8월에 발생한 적도 있다."

슈룸의 공식 발언 혹은 근황을 확인해보고 싶었지만, 사건 이후 말을 아끼며 산 것 때문인지 쉽게 찾을 수 없었다. 다만 슈룸의 아내인 주디는, 2011년에 나온 남편에 관한 책의 서문(序文)을 이렇게 썼다.

《오랜 시간이 흐른 뒤, 처음으로 우리는 이 책에서 내 남편의 굉장한 UFO 목격에 대한 모든 내용을 공개하기로 했다. 다른 사람들이 이를 통해 배우고, 우리에게 어떤 일이 발생했는지 정확히 알도록 하기 위해서다. 또한 이 사건이 발생한 지 너무 많은 시간이 흘렀지만, 이 어두웠던 숲속에서 정확히 어떤 일이 일어난 것인지에 대한 추가적인 견해를 듣는 계기가 됐으면 한다.》

1955년 미국 켄터키주 시골 농장 사건 : 작은 초록 외계인에게 총을 쐈다

UFO 관련 기사에 자주 언급되는 표현 가운데 하나는 '리틀 그린 맨(Little Green Men)'이다. 한국어로는 '작은 초록 외계인'으로 번역되는 것 같다. 이는 UFO 신봉자들을 음모론자로 치부하기 위해 사용되는 경우도 종종 있다. 최근 발표된 국가정보국장실 및 국방부의 UFO 보고서 내용을 두고, 미국 언론들이 "Little Green Men은 발견되지 않았다."는 식의 보도를 하기도 했다.

그렇다면 이 표현은 언제 처음 생기게 됐을까?

이 사건은 앞서 소개한 '숲속의 사냥꾼' 사건 때와 마찬가지로, 인간이 UFO에서 나온 생명체를 향해 공격을 가한 경우다. 차이점은 숲속의 사냥꾼 사건은 목격자가 한 명이고 활을 쐈지만, 이 사건은 목격자가 여러 명이고 활이 아닌 총을 쐈다는 점이다. 물론 두 사건 모두 외계인(?)은 죽지 않았다.

이번 사건은 1955년 8월21일, 미국 켄터키주 남서부 켈리-홉킨스빌에서 발생했다. 수톤 농장이라고 불리는 시골의 한 농장에서 일어난 일이다. 이 사건은 모두 11명(성인 8명, 어린이 3명)이 이날 오후 11시, 홉킨스빌 경찰서에 신고를 하러 방문해 알려지게 됐다. 러셀 그린웰 당시 경찰서장은 "이 사람들은 평소 경찰에 도움을 구하러 오는 사람들이 아니었다."며 "이들은 문제가 발생하면 총부터 찾는 사람들이었다."고 소개했다.

경찰에 신고된 내용에 따르면, 이날 오후 7시 수톤 가족의 친구인 빌리 레이 테일러는 하늘에서 은색 물체를 발견했다. 그는 "엄청 밝은 무지개색을 뿜고 있었다."고 말했다. 이 물체는 집 쪽으로 천천히 다가오더니 하늘에서 멈췄다고 한다. 그러다 집을 지나간 뒤, 땅으로 추락했다는 것이다.

테일러(21세)와 그의 아내(18세)는 펜실베이니아에서 수톤 가족을 방문하러 왔었다. 엘머 럭키 수톤은 50세 홀아비였다. 집에는 글레니 랭크포드라는 여성과 그의 두 아들 및 이들의 아내들, 형부, 그리고 수톤의 어린 자녀 셋(12세, 10세, 7세)이 있었다. 이들 모두 테일러가 UFO를 봤다는 주장을 진지하게 생각하지 않고 웃어넘겼다.

1시간쯤 뒤, 집에서 기르던 개가 크게 짖기 시작했다. 럭키와 빌리 레이가 뒷문으로 나가봤는데, 작은 사람 형상의 물체가 보였다. 신장은 3피트(=90cm) 정도였다. 이들은 수사관들에게 "머리가 가분수(假分數)로 컸고 거의 완벽하게 둥근 모양이었으며, 팔은 땅에 닿을 정도로 늘어져 있었다."고 증언했다. "눈도 이상하게 컸고, 눈에서 노란색 빛이 나왔다."고도 했다.

이들은 이 물체가 은색 금속 물체로 만들어진 것으로 보였다고 말했다. 이런 증언을 토대로 한다면 'Little Green Men'이 아니라 'Little Silver Men'이 됐어야 한다. 하지만 당시 언론은 외계인은 녹색이라는 일종의 인식이 1920년대부터 존재했기 때문에, 흥미 차원에서 'Silver'가 아닌 'Green'으로 묘사해 보도했다는 설(說)이 있다.

럭키와 빌리 두 사람은 집에서 20구경 샷건과 22구경 소총을 들고 나와, 이 작은 물체를 향해 쏘기 시작했다. 이 물체는 손을 들고 있었는데, 총알이 날아오는 곳을 가리키는 것 같았다고 한다. 그러고는 뛰어서 몸을 돌린 뒤 안 보이는 쪽으로 사라져버렸다.

얼마 후 집 옆면 창틀 건너편에서도 비슷한 물체가 보였다. 럭키와 빌리는 창을 향해 총을 쐈다. 이 물체 역시 총에 타격을 받지 않고 몸을 확 뒤집으면서 사라졌다. 총으로 이들을 맞추기는 했다고 한다. 깡통에 총을 맞췄을 때 같은 소리가 났다는 것이다.

랭포드 씨는 "복도로 나가 빌리 옆에서 몸을 숨겼을 때, 이 물체가 문 쪽으로 다가오고 있었다."고 했다. 그는 "이 물체는 위에 머리가 있는 5

갤런짜리 기름통 같았고, 다리는 짧았다."고 설명했다. 그는 "우리 집에 있는 냉장고처럼 밝은 금속 물체 같았다."고 덧붙였다.

빌리 테일러는 이후 집 밖으로 나가봤는데, 낮은 지붕 위에 숨어 있던 이 물체들이 집게 같은 손을 뻗더니 자신의 머리를 만졌다고 한다. 테일러를 잡아당기기도 했다는 것이다. 그러다 반대편에 있던 럭키가 이들을 향해 총을 쏘자 숲 속으로 도망쳤다고 한다. 약 12~15발을 쏜 것으로 알려졌다.

수톤 가족은 집 안에 몇 시간 숨어 이상한 소리가 들리는지 귀를 기울였다. 집에 있던 모든 사람들은 11시가 되자 차를 타고 전속력으로 홉킨스빌 경찰서로 향했다.

경찰서는 지원 병력을 요청했고, 주(州) 경찰관들과 헌병들, 켄터키 [뉴에라 신문] 사진기자가 집을 방문했다. 경찰은 현장에서 탄피와 탄흔을 발견했지만, 별다른 증거를 찾지는 못했다. 이들은 이 사람들이 술을 많이 마셨다는 증거도 찾지 못했다. 수톤 가족의 가훈(家訓)은 "농장에는 술 반입이 허용되지 않는다."였다고 한다. 이 술이 사건 이후 논란이 되기도 했다. 술을 먹지 않는다는 것은 거짓말이라며, '술을 많이 먹는 사람들'이라는 증언(?)들이 나오기도 한 것이다.

경찰이 떠나자 이 물체들이 다시 돌아왔다고 한다. 랭포드 씨는 새벽 3시쯤 이들 중 한 명이 침대 옆 창문 쪽에서 계속 반짝반짝 거리며 보였다고 했다. 랭포드 씨는 훗날 미국 공군이 운영하던 비밀 UFO 조사 프로그램인 「프로젝트 블루북」에 직접 증언을 하기도 했다.

그는 진술서에서 "집에 있던 사람들이 원숭이처럼 생긴 이 작은 인간을 봤다."고 썼다. 그는 "새벽 3시30분쯤 침실 창문에서 2.5피트

(=75cm) 정도 크기의 작은 은색 발광체가 보여 아들들을 불렀고, 이들이 물체를 향해 총을 쏘니 사라졌다."는 것이다.

이 사건은 다음날 지역 신문에 보도된 뒤 [뉴욕타임스] 등 주류 언론이 이를 소개하며 미국 전역에 알려졌다. 이 사건에 열광한 사람들이 수톤 농장을 찾아왔다. 일부는 외계인을 보고 싶은 호기심 때문에, 일부는 수톤 가족 전체가 사기를 치고 있다는 걸 입증하기 위해서 이곳을 찾았다. '침입 금지'라는 사인을 붙여 놓았으나 소용이 없었다.

결국 수톤 가족은 입장료를 받는 방식으로 이들을 쫓아내려고 했다. 현장에 발을 들이는 사람들에게는 50센트, 정보를 요구하는 사람들에게는 1달러, 사진을 찍고자 하는 사람들에게는 10달러씩을 요구했다. 이런 사실이 알려지자 사람들은 수톤 가족이 돈을 벌기 위해 이런 사기극을 벌였다고 비판하기도 했다.

「프로젝트 블루북」에 참여했던 천문학자 앨런 하이넥 박사는 자신의 책에서 이 사건을 소개하며, 이 역시 풀리지 않는 미스터리라고 했다. 그는 시골에 사는 사람들이 관심을 받기 위해 이런 사기극을 벌였을 가능성은 희박하다고 말했다. 또한 이렇게 많은 사람들이 자정 무렵 겁에 질려 경찰서로 달려갔는데, 이런 유형의 사기극은 드물다는 것이었다.

그는 조사 과정에서 유랑 서커스단이 이 지역을 찾은 적이 있는지 확인해봤다고 한다. 서커스단 원숭이가 탈출했을 가능성을 조사하기 위해서였다. 해당 지역을 방문한 서커스단은 없었다. 또한 원숭이는 목격자들의 증언처럼 나무에서 기어 내려오지 않는다고 했다. 나무에서 뛰어내리거나, 그냥 떨어지는 경우만 있다는 것이다.

하이넥 박사는 "이런 사건이 신고 된 그대로 이뤄졌고 이들에 실체가 있었다고 가정한다면, 왜 총을 맞은 어느 누구도 죽지 않았느냐는 의문이 제기된다."고 했다. 이들이 총을 맞은 뒤 왜 몸을 뒤집는지에 대한 의문도 생긴다는 것이다.

켈리-홉킨스빌에 있는 WHOP 라디오 방송국의 아나운서인 버드 레드위스는, 7명의 성인 목격자들을 세 팀으로 나눠 인터뷰를 진행했다. 인터뷰는 사건이 발생한 지 얼마 안 돼 이뤄졌는데, 이들은 사건 이후 각자의 집으로 가거나 여행을 갔었기 때문에 사건 이후 이에 대해 서로 이야기를 나눌 기회가 없었다고 한다. 즉, 말을 맞출 시간이 인터뷰 이전에 없었다는 것이다. 레드위스는 이 사건을 진지하게 취재한 거의 유일한 기자였다. 그는 이들 목격자들을 신뢰한다는 결론을 내렸다.

한편 일부 전문가들은 이들이 수리부엉이를 외계인으로 착각한 것으로 보았다. 긴 날개를 긴 팔로 착각한 것이라고 했다. 노란색 눈과 늘어진 귀, 둥근 머리 모두 부엉이의 특징이라는 것이다. 은색 불빛의 경우는 달빛이 반사된 것을 착각한 것이라고 단정했다.

켈리-홉킨스빌은 매년 8월 셋째 주말마다 'Little Green Men' 행사를 연다. 지역 주민들이 모여 맛있는 음식도 먹고, 라이브 음악을 즐기며 시간을 보낸다고 한다.

목격자들 대다수는 더 이상 언론에 공개되는 것을 원하지 않는다고 했다. 이들의 대변인 역할을 하는 인물은, 엘머 럭키 수톤의 딸이자 이 사건을 직접 목격했던 제랄딘 수톤 스티스이다. 그는 2007년 『외계인의 유산』이라는 책을 냈고, 2015년에는 『켈리 그린 맨: 다시 찾아본 외계인의 유산』이라는 책도 냈다. 그는 켈리-홉킨스빌 행사에 매년 연사로 참석하고 있다.

외계인에 납치되었다는 사람들

제1장

UFO를 믿는 하버드대학 교수

30년 만에 돌아온 기억

"외계인이 우리의 영역을 침범했다."

이제까지 여러 국가 전투기 조종사 및 민간 조종사들이 UFO를 목격한 이야기, UFO에서 나온 생명체를 보고 손을 서로 흔든 이야기 등의 목격담을 소개했다. 이 이야기들은 신뢰할 수 있는 목격자(=전투기 조종사)가 있었고, 환각이라기에는 너무 많은 사람들이 동시에 본 사건(=파푸아뉴기니에서는 선교사 등 38명이 동시에 봤다)들이었다.

이 현상이 무엇이 됐든 이들이 무언가를 본 것은 확실하다는 뜻일 것이다. 물론 UFO는 존재하지 않는다는 학자들은 이런 목격담들이 모두 다른 물체나 현상을 착각한 것이라고 단정한다.

이런 학자들은 거들떠도 안 보는 이야기가 있다. 바로 UFO에 납치된 사건, 즉 UFO 목격 사례의 4단계다. UFO 마니아들은 미국 정부 보고서에 '납치' 문제가 언급되지 않아 실망하고 있다는 기사를 봤다.

그래서 이들의 주장이 무엇인지 확인해보기로 했다.

존 맥 박사(존 맥 연구소 제공)

납치 연구를 가장 깊은 차원에서 진행한 권위자는 하버드 의대 정신과 과장을 지낸 존 맥(John E. Mack, 1929-2004)이다. 그는 1994년 『납치(Abduction)』라는 제목의 책을 써서 큰 반향을 일으켰다. 그는 영화 「아라비아의 로렌스」의 주인공인 영국인 장교 로렌스의 전기(傳記) 『A Prince of Our Disorder』를 써 1977년 퓰리처상을 받기도 했다.

1994년 하버드 의대 학장은 맥 교수가 발표한 책 『납치』를 쓰는 과정에서 법이나 학교 방침에 위배되는 행동이 없었는지 조사하는 위원회를 비밀리에 구성했다. 하버드대학 역사상 '테뉴어(Tenure=종신 재직권)'를 받은 교수에 대해 이런 조사를 한 것은 처음이었다.

"외계인에 납치된 사람들이 있다."는 하버드대학 학자의 주장이 무책임하다는 것이 위원회 출범의 목적이었다. 맥 박사는 공개석상에서 "외계인이 우리의 영역을 침범했다."는 주장을 해왔다. 언론들은 그를 'UFO를 믿는 하버드대 교수'라고 부르곤 했다.

이 위원회는 맥 교수가 책에 소개한 사람들이 단순한 연구 목적이었는지, 아니면 이들에 대한 임상 치료 목적이었는지를 조사했다. 인간을 대상으로 한 연구 목적이었다면 학교로부터 사전에 공식적인 승인을 받았어야 한다는 것이다. 맥 박사는 임상 치료라고 밝혔다. 이 위원회는 14개월간의 조사 끝에도 별다른 문제점을 찾지 못했다. 이들은 "맥 박사는 학자로서 다른 압박을 받지 않고 원하는 연구를 할 자유가 있다."는 성명을 발표했다.

맥 박사는 2004년 9월27일 사고로 숨졌다. 강의를 위해 영국 런던을 방문했던 그는 술을 마신 50대 남성이 몰던 자동차에 치였고, 사고 얼마 후 숨졌다. 이런 이야기는 앞으로 자세히 소개하도록 하겠다.

맥 박사가 외계인 납치 사례에 관심을 갖게 된 건 1989년 가을 어느 날이었다. 여성 동료 한 명이 버드 홉킨스라는 남성을 만나보지 않겠느냐고 했다. 무엇을 하는 사람이냐고 물었더니 뉴욕에서 활동하는 예술가라고 대답했다. 외계인에 의해 우주선 같은 곳에 끌려간 사람들을 조사하는 일을 하고 있다는 것이었다. 맥 박사는 "그 사람이나 그런 주장을 하는 사람들은 미친 사람들일 것 같다."고 말했다. 그러자 이 여성은 그들은 무언가 실재(實在)하는 일을 이야기하는 사람들이라고 강조했다.

맥 교수는 1990년 1월10일, 다른 일정으로 뉴욕을 방문했다. 이 여성은 이를 계기로 맥 교수를 버드 홉킨스에게 데리고 갔다. 맥 교수는 그의 책에서 홉킨스와의 첫 만남에 대해 다음과 같은 인상을 남겼다.

"40년 가까이 정신과 일을 해왔는데, 홉킨스가 말하는 이야기를 받아들일 준비가 안 돼 있었다."

미국 전역에서 외계인에 납치됐다는 사람들이 홉킨스를 찾아와 자신들의 목격담을 알려주는 상황이었다. 홉킨스는 이에 대한 책이나 글을 쓰고 TV에 출연하며 이름을 알렸다. 이 사람들은 자신들을 '납치된 사람(abductee)', 혹은 '경험자(experiencer)'라고 불렀다.

이들은 우주선으로 이동하게 된 과정, 우주선 내부의 모습, 외계인들이 이들에게 취한 행동들을 증언했다. 이들의 증언은 자세했는데, 책이나 영화에서 다루지 않은 내용들이었다. 또한 목격자들은 미국 전역에 거주하고 있었고, 다른 목격자들과 서로 소통한 적이 없었다. 즉, 말을 맞춘 적이 없었다는 뜻이다.

홉킨스는 이런 사람들을 200명 가까이 만났다. 홉킨스는 어떤 경우에는 한 여성이 납치범(?)을 묘사하는 단계에서, 혹시 이런 모습 아니냐며 그림을 보여주기도 했다. 그러자 그 여성은 어떻게 알았느냐며 놀랐다고 한다. 홉킨스가 보여준 그림은 다른 목격자가 그려준 것이었다. 어떤 경우엔 목격자들이 묘사한 외계인의 모습이 거의 비슷하다는 사실을 의미한다.

맥 박사는 이런 이야기를 들으며 여러 생각에 빠졌다고 했다. 정신의학에 종사하는 사람으로서 이를 어떻게 받아들여야 할까? 만약 진짜 일어난 일이라면, 도대체 어떻게 일어난 일일까?

홉킨스는 긴가민가한 표정의 맥 박사에게 이런 경험자를 실제로 만나보겠느냐고 물었다. 한 달쯤 지난 뒤 홉킨스의 집에서 납치됐었다고 주장하는 사람 4명을 만났다. 이들에게서는 망상 증세도 보이지 않았고, 개인적인 이유로 이런 이야기를 지어내는 것 같지도 않았다. 홉킨스는 보스턴에 살고 있던 맥 박사에게 보스턴에서 목격자가 나오면 바로 연락을 주기로 했다. 맥 박사는 1990년 봄부터 그의 집과 병원 사무실에서 경험자들을 만나기 시작했다.

그는 그로부터 3년 반 동안 약 100명을 만났다고 한다. 맥 박사는 이들에 대한 정신 감정을 진행했고, 그 가운데 76명은 자신이 정해놓은 까다로운 '신뢰도' 기준에 부합했다고 한다. 연령층(2~57세)과, 성별(여성 47명, 남성 29명)은 다양했다.

맥 박사가 정한 기준 중 하나는 의식이 있는 상황, 혹은 최면 상황에서 당시의 일을 기억해낼 수 있는지 여부였다. 감정적으로나 정신적으로 문제가 없는지 확인했다. 그는 책에서 총 13명의 사례를 소개했다. 이들은 다음과 같은 기준에 부합하는 경우다.

① 이야기가 복잡할 수는 있겠지만 조리 있는 서술로 충분히 볼 수 있는 경우.

② 납치 현상에 있어 핵심적인 요건을 한두 개 이상 구체적으로 묘사할 수 있는 경우.

③ 실명 혹은 가명으로 이들의 이야기가 공개돼도 된다고 한 경우.

"나는 이 사람들을 잘 안다. 하지만 이들보다 더 오랫동안 더 깊이 연구한 납치 피해자들이 있다. 내가 이들의 이야기를 이 책에서 소개하지 못하는 이유는, 이들의 경험을 명확하고 깔끔하게 묘사할 능력이 내게 없기 때문이다." 맥 박사의 고백이다.

그는 사례를 소개하기에 앞서 전제를 깔았다. 이 책은 대부분 자신의 임상 경험을 바탕으로 하고 있다고 했다. 이 문제는 여러 논란의 소지가 있고, 과학적 연구도 이뤄진 적이 사실상 없어서 자신의 주장이나 결론을 뒷받침할 연구 자료도 없다는 것이다.

그는 납치된 사람들의 정신 상담을 해보니, 이 현상이 단순한 문제가 아니라 철학과 영혼, 사회적으로도 중요하다는 점을 알게 됐다고 밝혔다. 또한 "우리가 지능이 있는 생명체로 가득한 '우주', 혹은 '우주들'에서 우리를 분리시켜 버렸고, 이들이 존재할 수도 있다는 감각을 잃어버린 채 살고 있다는 느낌을 받았다."고 덧붙였다.

맥 박사는 모두 13건의 사례를 소개했다. 가장 단순한 사례부터 시작해 점점 복잡해지는 사례로 이어진다.

"그녀는 내 정자(精子)가 필요하다고 했다."

UFO에 납치됐다고 주장하는 사람들의 이야기를 들어보면, 성(性)과 관련된 이야기가 많다. 남성의 경우 항문 검사와 정자 추출, 여성의 경우는 인공 수정과 난자 적출이 일어났다는 주장이 있다. 하버드 의대 정신과 과장을 지낸 존 맥 박사는 이런 사람들의 이야기를 듣고 어떤 생각이 들었을까?

첫 번째로 소개할 사례는 미국 매사추세츠에 거주하는 '에드'라는 남성의 이야기다. 맥 박사는 그의 책에서 13건의 사례를 소개했는데, 가장 간단한 사건이 이 사람의 이야기다. 가장 간단한 것으로 분류된 이유는, 목격자가 외계인을 만난 것이 한 번뿐이기 때문이라고 한다.

1945년생인 그는 1989년 당시 유망한 기술 회사에서 기술자로 근무하고 있었다. 그는 이날 아내 '린'과 산책을 하다 정신이 어지러워져 잠시 쉬고 있는데, 완전히 잊고 있던 기억이 머릿속에 그려졌다고 한다. 그것은 그가 고등학생이던 1961년 한여름의 기억이었다.

그는 되찾은 기억으로 인해 UFO에 관심을 갖게 됐고, 지인(知人)들의 추천을 받아 맥 박사에게 연락했다. 맥 박사는 에드와 린을 오랫동안 만나 이야기를 나눴다. 최면을 걸어 더 많은 기억을 되찾게 만들기도 했다.

맥 박사는 에드의 사례가 갖고 있는 중요성 두 가지를 설명했다. 우선 당시의 상황을 전혀 기억하지 못하고 있다가 갑자기 기억이 떠오르게 된 점이 중요하다고 말했다. 또한 그가 최면 상태에서 하는 이야기가, 의식이 있을 때 한 이야기보다 더 구체적이고 가능성이 높다는 점이 중요하다고 강조했다. 이는 최면이 기억을 떠올리도록 하는 데 효과적이라는 사실을 의미한다는 것이다. UFO 사례의 경우는 더욱 그런 것으로 보인다고 했다.

맥 박사는 1992년 7월23일에 에드를 처음 만나, 당시 상황에 대한 이야기를 맨정신일 때 들었다. 10월8일에는 최면을 걸은 상태에서 이야기를 들었는데, 훨씬 더 구체적인 내용이 나왔다. 우선 맨정신일 때 에드가 맥 박사에게 한 이야기만을 발췌, 1인칭 시점에서 요약하면 다음과 같다.

《1961년 7월, 친구인 밥 백스터와 그의 부모들과 함께 메인주(州)로 여행을 갔다. 포틀랜드 북쪽이었던 것으로 기억한다. 부모는 오두막집에서 자고, 나랑 백스터는 해안가에 세워둔 자동차 뒷자리에서 자려고 했다. 우리는 성욕이 들끓고 있다는 등의 이야기를 하다 잠이 들었다.

이후 눈을 떠보니 우주선 같은 곳의 끝자락에 내가 가 있었다. 나체 상태로 작은 방 같은 곳에 들어가 있었다. 방의 벽들은 투명했으며 휘어져 있었다. 내가 있던 방은 따뜻했고, 안전한 것 같았다. 밖에서는 파도가 부딪히는 소리가 났으며, 바람소리가 들렸다.

그때 작은 여자처럼 생긴 것이 보였다. 은색 빛을 내는 금발 머리의 여자였다. 입과 코는 작았다. 눈은 크고 짙었으며, 머리는 삼각형 같았다. 이마가 넓었다. 그녀가 나를 쳐다보는데, 내 마음 속을 꿰뚫어보는 것 같았다.

그녀가 내 마음을 읽은 것인지 내게 이불 같은 걸 건네줬다. 나는 갑자기 성적으로 흥분됐고, 이 여자는 나의 성욕을 눈치 챈 것 같았다. 그리고 우리는 관계를 맺었다. 가슴을 애무하며 내 성기를 그녀의 성기에 집어넣었다. 우리 둘 모두 함께 움직였다.》

당시 에드는 성 경험이 없었을 때다. 그는 이후 실제 여성과 첫 경험을 하는 상황에서도 이때의 기억을 떠올리지 못했다고 한다.

에드는 이 여자가 이제 본론으로 들어가 보자고 하는 느낌을 받았다. "우선 육체적으로 필요한 건 끝냈으니, 이제 교육받는 시간을 갖도록 하자는 느낌 같았다."고 한다. 선생님과 학생 같은 사이가 됐다. 이 여성은 여러 이야기들에 대한 설명을 했는데, 에드가 이를 종이에 기록하지는 못하도록 말렸다. 그녀는 "알아야 할 때가 되면 다 기억나게 될 것이다."고 했다.

그녀는 에드에게 인류에 대한 우려를 털어놨다고 한다. "인간이 국제 정치를 어떻게 하고 있고, 환경에는 어떤 영향을 끼치고 있으며, 서로 폭력을 가하고 있다는 얘기를 했다."고 에드는 기억했다. 우주의 법칙에 대해서도 계속 설명을 해주었다. 에드는 이런 내용이 다 처음 듣는 것들이었지만 "왜인지 모르게 다 이해가 됐다."고 말했다.

에드는 이 사건이 발생한 이후부터 친구들과 있는 자리에서 사회, 정치, 과학 얘기를 많이 꺼내놓은 것 같다고 했다. 친구들은 에드를 이상한 사람 취급했다. 에드는 제대로 된 교육을 받지 않았음에도 화학과 물리 등을 이해하고 있었다. 그는 이후 공과대학에 진학했다가 한 학기 만에 흥미를 잃어 그만뒀다. 이후 인류의 문명을 공부하고 싶어 작은 문과대학으로 편입했다.

그는 20대, 30대를 외톨이처럼 지냈다. 금발 여성에게 꽂혀 있었다.

그는 "자전거를 타고 다닐 때마다 은색 금발 여성을 보면 페달을 밟고 달려가 나의 짝이 아닐까 확인하곤 했다."는 것이다. 그러다 그는 금발 여성인 린을 만나 결혼했다. 여러 차례 시도했으나 아이가 생기지는 않았다. 린은 네 번이나 유산(流産)했다.

에드는 맥 박사와 10월8일 다시 만났다. 이번에는 최면을 걸어 기억을 떠올려보도록 했다. 그는 최면 상태에서 훨씬 더 구체적인 이야기를 털어놨다.

그는 해안가에 있던 자동차 주변에서 사람 같은 물체 한두 개를 봤다고 했다. 일반 사람 같지는 않았다고 한다. 눈은 검정색이었고 입이 작았다고 했다. 그는 최면 상태에서 이런 설명을 하며 겁에 질린 듯한 모습을 보였다. 그는 "누군가 나를 덮치려고 하는 것 같았고, 나는 목숨을 걸고 이와 싸울 준비를 하고 있었다."고 당시를 돌이켰다.

이후 두세 개의 물체가 에드를 쳐다보기 시작했다고 한다. 그러고는 갑자기 하늘에 떠있는 것 같은 느낌이 들었다는 것이다. 이런 설명을 하는 과정에서 에드는 무언가 혼란스러운 것 같아 보였다. 맥 박사는 침착하게 실제 일어난 일들에만 집중하라고 요구했다.

그는 이후 회색 구름을 옆에서 봤다고 했다. 자신의 몸을 통제하고 싶었는데, 그렇게 할 수 없었다는 것이다. 무력감이 느껴졌고, 그냥 무언가가 자신을 이끄는 방향으로 몸을 맡겼다고 한다. 그는 이런 설명을 한 뒤 맥 박사에게 "내가 거짓말하고 있는 것 같나요?"라고 물었다. 맥 박사가 "저는 모르죠. 거짓말하고 있나요?"라고 되물었다. 에드는 "아니오, 아닙니다."라며 고개를 저었다.

그는 이후 밝게 빛나는 둥근 지붕 모양의 비행물체를 발견했다. 이 물체의 하단부를 통해 안으로 들어갔다고 했다. 물체 안에서 파란색과 은색 빛을 내는 불빛을 봤다고 한다. 이 방 안에는 대여섯 명의 생명체가 있었다. 수술실 같았다고 했다. 이 생명체들 중 한 명이 대장격인 의사(醫師)로 여겨졌다. 그의 설명이 이렇게 이어졌다.

《이 여성의 눈은 크고 검정색이었다. 동공이나 홍채는 없었다. 은빛 금발 머리였다. 드레스 같은 옷을 입고 있었다. 가슴도 있고… 목에 목걸이 같은 게 걸려 있는 것 같았다. 이 여성은 내 이름을 알아내곤 에드라고 불렀다. 나는 내 이름을 어떻게 알았느냐고 물었다. 그리고 당신은 매우 섹시하다고 했다.

이 생명체는 내 생각을 읽는 것 같았다. 겁먹지 말라고 달랬다. 나는 강제적으로 흥분을 하게 되는 상황이 됐다. 그녀가 내 머릿속에 각종 야한 생각을 집어넣었다. 이 여성은 내가 성 관계를 맺고 싶어 하는 것을 아는 것 같았다. 그녀가 내 머릿속을 책처럼 꿰뚫어봤다.

그녀가 "그걸 원하지? 그런데 그런 방식으로는 안 될 거야."라고 말했다. 그녀는 내 정자가 필요하다는 것이었다. "특별한 아이를 만들기 위해서…"라고 했다. "너희 행성에 있는 사람들을 위해 우리가 하고 있는 일이다."고 덧붙였다.

튜브 같이 생긴 게 내 성기 위에 올려졌다. 갑자기 매우 편안해졌다. 무엇인가가 성기를 흔들기 시작했다. 매우 부드러웠으며 손으로 하는 것 같았다. 사정하고 나니 그녀가 "좋았어, 훌륭해."라고 칭찬했다.》

이 에피소드를 설명한 뒤 에드의 머릿속에 있는 장면이 바뀌었다. 전에는 수술실 같은 방이었는데, 이번에는 반투명 유리벽으로 된 방이었다. 선생님과 학생 사이로 바뀐 것 같다고 했다. 맥 박사는 이후 약 45

분 동안 이 두 번째 부분의 대한 기억을 들었다.

이 여성이 한 이야기들은 거의 종말론적인 시각의 이야기들이었다. 이 여성은 텔레파시로 에드에게 메시지를 전달했다고 한다. 이 여성은 "너에겐 내적 감각이 있기 때문에 너라면 할 수 있어."라면서, "너는 잘하는 아이니까 지구와 대화를 나눌 수 있을 거야."라고 말했다.

에드는 이 여성의 이름이 '오기카' 혹은 '아기카'였던 것으로 기억한다고 했다. 이 여성은 "너는 영혼의 목소리를 들을 수 있어."라고 속삭였다. "불균형을 나타내는 울음소리를 들을 수 있을 거야."라면서…. "너를 구원할 수 있게 될 거야."라고도 했다. 자연으로부터 나오는 음악소리를 꼭 들어야 한다면서, 그렇게 할 중요한 임무를 갖고 있다는 것이었다.

이 여성은 영혼이라는 것과 우주의 원리를 에드 머릿속에 계속 집어넣었다. 에드는 "우주가 탄생하는 시점 같은 것을 보여줬다."고 돌이켰다. 이때 그는 더 이상의 기억이 보이지 않는다고 했다. 맥 박사는 에드에게 우주가 탄생하는 것이 어떤 모습이었는지 물었다.

《에드: 눈을 뜰 수 없을 정도의 타는 듯한 하얀색 빛이었습니다.

맥: 그녀가 그걸 보여줬나요?

에드: 네.

맥: 어떤 느낌이 들었나요?

에드: 엄청났습니다. '세상에나!' 같은 감탄이 나왔죠. 구스타프 말러의 10번 교향곡에 나오는 한 부분이 있습니다. 열리니 그것이 있었다, 뭐 이렇게 되는 내용인데요. 은하가 탄생하는 것 같았습니다. 그런데 그녀는 제가 너무 많은 것을 보게 돼서는 안 된다고 했죠. 그녀는 "네가

알아야 할 게 있어. 이를 어떻게 말하고 다닐지에 대해 현명할 필요가 있어. 언제 어디에서 이런 이야기를 하는지도 말이지.》

이 여성은 지구에 대재앙이 찾아올 것이며, 이를 막을 방법은 없다고 했다는 것이다. "인간은 자연의 법칙에 따라 생활하는 방법을 깨달아야 한다."면서 "이 행성을 약탈하며 살아가서는 안 된다."고 강조했다. "이 행성이라는 원자재를 목적에 맞게 사용해야 한다."더니, "그렇게 하면 지구가 다시 균형을 찾게 될 것이다."고 덧붙였다.

맥 박사는 에드의 사례가 흥미로운 점 가운데 하나는 10대에 외계인과 만났고, 30년 동안 그랬다는 사실을 기억하지 못한다는 사실이라고 지적했다. 이 기억을 무의식 속에 저장해놨던 것으로 보인다는 것이다. 하지만 이런 일이 발생한 이유는 모르겠다고 했다.

맥 박사는 남성의 UFO 납치 사례에서 정자가 추출된 사례가 여럿 있다고 알려주었다. 대재앙이 찾아올 것이라는 우려를 전하는 사례도 많았다고 한다. 맥 박사는 에드의 증언, 잊혀진 기억이 그가 성인이 돼 어느 순간 다시 떠오르게 되는 상황, 이 모든 것들에 대한 설명이 되지 않는다면서 고개를 흔들었다.

제2장

최면 치료는 믿을 수 있을까?

"괴(怪) 생명체가 면도기 같은 걸로 자궁 쪽을 비볐다."

정신과 의사들이 가진 선입견

'UFO 납치' 현상은 단순 납치만을 이야기하는 것이 아니다. 일반적으로 납치된 사건만을 뜻하는 것이 아니라, 괴(怪) 생명체와의 조우(遭遇) 사례를 포괄적으로 다루는 것이다. 그러나 단순히 괴 생명체를 봤다고 해서 이런 사례가 UFO 납치 현상에 포함되는 것은 아니다. 이런 생명체가 정자나 난자를 채취하든지, 어떤 알 수 없는 의료 행위를 한 경우 등 납치 경험자들이 주장하는 내용과 비슷한 사례가 있어야 한다.

지금부터 소개하는 이야기가 앞서 설명한 사례에 해당한다. 존 맥 하버드 의대 정신과 과장이 44세의 사회복지사 셰일라를 만난 것은 1992년이었다. 그녀가 오래 전에 인턴으로 근무했던 병원의 정신과 의사가 그녀를 맥 박사에게 소개했다.

보스턴 출신의 이 여성은 8년 전 어머니를 잃은 뒤부터 이상한 악몽에 시달렸다. 그는 이를 '전기(電氣) 꿈'이라고 표현했다. 맥 박사는 이 사례를 소개하며, 정신과 의사들이 UFO 납치 피해자들의 이야기를 들어주는 과정에서 발생하는 문제점을 지적했다. 정신병의 한 종류로 그냥 치부해 버린다는 것이었다. 이 내용은 조금 뒤 더 자세히 다루도록 하겠다.

셰일라는 어머니와 매우 가까운 사이였다. 그녀의 어머니는 1984년 1월, 동맥 내막(內膜) 절제 수술을 받은 며칠 뒤 뇌경색으로 숨졌다. 그녀는 이때부터 무언가 감정적으로 불안정해졌다. 의사들이 어머니를 제대로 돌보지 않은 게 아닌가 하는 분노가 생겼다. 어머니 무덤의 관(棺)에 달린 볼트가 제대로 잠기지 않아 윗부분이 열려 며칠째 방치되는 것에도 분노했다.

얼마 뒤인 2월9일, 그녀는 악몽을 꿨는데 이를 일기장에 적었다. 온몸에 전기가 흐르는 것 같았고 움직일 수가 없었다고 했다. 누군가가 자신을 쳐다보고 있는 것 같다고 적었다. 악마가 몸 안에 들어와 이를 통제하는 것 같았다고 한다.

1984년 3월 어느 날, 그녀는 또 하나의 악몽을 꿨다. 그녀는 맥 박사를 만나기 전에 그에게 편지를 쓰며 이날의 일을 소개했다. 글의 일부를 소개한다.

《반짝 빛나는 불과 시끄러운 소리 때문에 잠에서 깼다. 고음(高音)이었고, 일정 간격을 두고 계속 이어졌다. 빨간색 불빛이 보여 깜짝 놀랐다. 다른 침실과 화장실 문이 다 열려 있었다. 이 불빛들은 우리 집 창문의 모든 방향에서 들어오고 있었다.

이때 나는 등을 대고 누워 있었다. 무서웠다. 그러다 몸을 일으켰는데, 여러 명의 작은 사람처럼 생긴 것들이 복도 오른쪽에서 다가오는 것을 봤다. 이들은 몸 전체가 은색인 것 같았다.

첫 번째로 오는 물체 오른쪽 어깨에서는 파란색 빛이 났다. 무언가 반사된 빛 같았다. 그런데 복도에는 반사될 수 있는 파란색 물체가 어떤 것도 없었다. 이들은 다 키가 작았고, 팔과 다리는 가늘었다. 이들이 내 침실로 다가올 때 중간 줄에서 걸어오던 사람이 오른쪽 팔을 드는 것을 봤다. 이들이 나에게 오는 것 같았는데, 나는 이들을 한 번도 본 적이 없었다. 뒤뚱거리며 걷는 것처럼 보였다.》

어머니가 숨진 10개월 뒤인 1984년 10월, 그녀는 남편과도 사이가 나빠졌다. 서로 각방을 쓰기로 했다. 어머니를 잃은 슬픔을 남편과 함께 풀어보고 싶었지만 남편은 이야기 상대가 되어 주지 않았다. 셰일라의 슬픔은 계속 깊어만 갔다. 그는 1985년 7월17일에는 아스피린 한 통을 사서 20알을 먹기도 했다. 몸이 조금 아프고 귀에서 소리가 나는 것 이외의 큰일은 발생하지 않았다.

그런 일이 있고 난 얼마 뒤 그는 윌리엄 워터맨이라는 정신과 의사를 만났다. 그녀의 우울증 증세는 조금씩 개선되는 것 같았다. 그러다 1989년 12월31일, 또 한 번의 이상한 일을 경험하게 된다. 그녀는 집 1층에서, 딸과 남편은 2층 침실에서 자고 있었다.

1984년 때처럼 큰 소리가 들리더니 온몸에 전기가 흐르는 것 같았다. 이번에는 작은 사람들을 보지는 못했다고 한다. 그는 이 일이 발생하기 전까지는 1984년에 자신이 본 것이 꿈이라고 생각했지만, 꿈이 아니라 실제로 발생한 일이라는 것을 알게 됐다는 것이다.

1985년, 그녀가 살던 지역 신문에 UFO가 목격됐다는 기사가 실렸다. 목격 장소는 어머니의 무덤 인근이었는데, 그녀는 자신이 겪고 있는 일이 UFO와 관계가 있는 게 아닌가 하는 의문이 들었다.

셰일라의 상황이 개선되지 않자 워터맨 의사는 그녀를 보스턴의 한 병원에서 활동하는 G라는 의사에게 소개했다. G는 셰일라를 R이라는 정신과 의사에게 다시 소개했다. R이라는 의사는 셰일라가 고등학교 때 머리 오른쪽에 작은 부상을 입었고, 며칠 동안 구토를 하고 빛에 민감한 반응을 보인 것을 확인했다.

정서불안 증세가 있는 것으로 봤다. R 의사는 분노 장애나 외상 후 스트레스 장애가 있을 가능성도 검토했다. 어머니의 죽음으로 트라우마에 걸렸을 수 있다는 것이었다. 셰일라의 정신 감정을 한 G와 R은, 그녀의 지능이 평균 이상 혹은 높은 단계에 속한다는 점을 발견했다.

셰일라는 1990년 8월부터 1992년 7월까지 24회에 걸쳐 R 의사 및 G 의사를 만났다. 진료 시간은 한 시간씩이었고, 최면 치료가 약 15분씩 진행됐다. 이 의사들은 셰일라가 하는 이야기를 전혀 믿지 않는 것으로 보였다.

G 의사는 "개인적으로 나는 UFO를 믿지 않는다."고 셰일라에게 말했다고 한다. R 의사는 "진짜로 화성인(人)을 믿는 건 아니죠?"라고 묻기도 했다. 셰일라는 화성인이라는 표현을 쓴 적이 없었다고 한다. 정신과 의사들이 갖고 있는 선입견을 보여주는 하나의 사례였다. 1992년 7월31일, 두 의사는 셰일라의 치료를 중단하기로 결정했다.

셰일라는 이 무렵부터 맥 박사를 소개받아 연락을 취했다. 첫 번째 만남이 있기 전 편지로 상황을 설명하기도 했는데, 그는 과거 정신과 의사들이 자신의 이야기를 들어주지 않아 힘들었다고 털어놨다.

맥 박사는 셰일라와 1992년 9월21일, 10월12일, 11월23일 등 세 차례에 걸쳐 만나 최면 요법을 진행했다. 워터맨 의사도 두 번째와 세 번째 만남에 같이 참여했다. 맥 박사는 최면에 들어가기에 앞서, 1984년 3월에 방에서 괴물체를 본 것을 묘사하는 그림을 그리도록 했다. 이후 최면에 들어가 당시의 상황을 떠올리도록 유도했다.

《소리와 불빛이 무서웠다. 11시쯤 잠에 들었던 것 같다. 매우 큰 소리가 들렸다. 이 소리보다 더 크게 고함을 지를 수 없었다. 방의 모든 곳에 있는 창문에서 깜박거리는 붉은 불빛이 들어왔다. 남편 짐은 죽은 사람처럼 자고 있었다. 그의 입은 벌어져 있었는데, 불빛이 그를 더 웃기게 생긴 것처럼 만들었다.

이것들이 복도에서 다가오고 있었다. 이들 중 한 명이 손을 들었는데, 서로 사인을 주고받는 것 같았다. 팔과 다리는 가늘었다. 이들 중 두 명은 내 쪽에 서 있었고, 한 명은 남편 옆에 서 있었다.》

셰일라는 최면 상황에서도 공포에 떨고 있는 것 같았다. 그는 "정말 보고 싶지 않아.", "너무 못 생겼어."라며 소리치기도 했다. 이 물체들의 눈이 매우 컸고 머리카락은 없었다고 한다. 그녀는 지금 그녀가 있는 장소가 자신의 침실 같지 않다고 했다. 맥 박사는 그것이 무슨 뜻이냐고 물었다. 셰일라는 "무슨 책상 위에 누워있는 것 같다."고 대답했다. 책상이 딱딱하다고 했다.

셰일라는 움직일 수가 없었다고 반복해서 말했다. 이 생명체들이 이마에 바늘들을 꽂았다고 했다. 처음에는 아팠는데 갑자기 편안해졌다는 것이다. 그런 다음 왼쪽 다리 옆에 바늘을 꽂았다고 한다. 제발 빼달라고 소리치고 싶었지만 소리가 나오지 않았다. 그런 다음 갑자기 더 많은 괴 생명체들을 봤다는 것이다. 옷을 완전히 벗고 있었기 때문에 수치스러웠다고 했다.

그러자 한 명이 전동 면도기 같은 것을 들고 다가왔다고 한다. 그것을 갖고 배를 문질렀다. 그 물체는 차가웠다. 이 면도기 같은 물체가 오른쪽 배 아래쪽을 눌렀다며 자궁이나 맹장이 있는 쪽 같았다고 했다. 그녀는 "그 물체는 배 반대쪽 방향으로 움직였는데, 코끼리가 한 발로 서서 중심을 잡는 것처럼 움직였다."고 묘사했다. "그 물체가 내 뱃속에서 무언가를 빨아내고 있는 것 같았다."고 덧붙였다. 이후 그녀는 더 이상 기억을 떠올리지 못했다.

11월23일, 세 번째 최면 치료가 진행됐다. 셰일라는 지난 두 번의 치료 이후 조금씩 안정을 되찾는 모습을 보였다. 자존감을 되찾아가는 것 같았고, 감정에 몰입하는 것이 아니라 당시 상황에 집중하는 모습을 보여줬다. 이날 치료는 1989년 12월31일에 일어난 일에 초점을 뒀다. 우선 일기장에 적힌 이날의 상황을 소개한다.

《혼자 있는 게 무서웠다. 남편과 딸과 멀리 떨어진 1층에서 자고 있었다. 자다 깼는데 비디오 플레이어에 12시2분으로 표시돼 있었다. 폭죽 소리가 나서 무서워서 깼다. 옆집에 있는 사람들이 파티를 하는 것으로 생각했다. 그러다 불빛이 집 안으로 들어왔는데 너무 밝았다.》

맥 박사는 비디오 플레이어에 집중해 기억을 되살려 보기로 했다. 그녀는 시간을 본 뒤 불빛이 어디서 들어오는지 확인하려 창문으로 갔다고 했다. 이웃집에서 오는 것 같았다고 한다. 그러다 너무 피곤해 다시 자려고 누웠는데 빛이 또 나타났다는 것이다. 엄청 밝았다가 갑자기 없어졌다고 한다.

최면 상태이던 셰일라가 갑자기 "얘들의 눈을 방금 봤다."고 중얼거렸다. "도망가고 싶다. 바로 내 앞에 있다."고 말했다. 맥 박사가 "어디에 있느냐?"고 물었다. 셰일라는 회색 물체 옆이라면서 "눈이 매우 크다."고 덧붙였다.

그러다 '그'와 소통을 하기 시작했다고 한다. 맥 박사가 어떤 방식으로 소통을 하느냐고 물었다. 셰일라는 "나는 그냥 그가 무슨 생각을 하는지 알고 있다."고 대답했다. "눈을 쳐다보며 여러 이야기를 나눴다. 시스템이 작동하는 원리, 생태학 같은 생각이 머리에 떠오르게 됐다."는 것이었다.

맥 박사는 정신심리학이라는 것은 감정 변화를 특정 증세의 원인으로 보는 경향이 세다고 설명했다. 어머니를 잃은 충격으로 '전기(電氣) 꿈'을 꾼 것이라고 단순하게 치부할 수 있다는 것이다. 하지만 셰일라의 경우는, 이때 발생한 충격으로 오랜 뒤에 이러한 이상한 상황이 발생했다고 보기는 어렵다는 결론을 내렸다.

맥 박사는 셰일라가 외상 후 스트레스 장애를 겪은 것이 맞다고 인정했다. 분노 조절 문제가 생기고, 악몽을 꾸며 잠을 잘 못자는 등의 증상이었다고 한다. 하지만 이런 상황의 원인이 무엇인지가 핵심이라는 것이었다. 어머니의 죽음과 남편과의 불화가 셰일라를 힘들게 한 것은 맞지만, 이런 고통이 원인이라고 단정할 수 없다고 했다.

맥 박사는 셰일라의 주장이 UFO 납치 현상의 다른 목격자들과 비슷한 점이 많다고 단정했다. 일반적으로 꾸는 악몽보다 더 세세하게 기억이 난다는 공통점이 있다는 것이었다. 인간 같은 물체가 방 안으로 들어와 수술 도구 비슷한 것을 사용했다는 점도 공통적으로 나오는 목격담이다.

맥 박사는 셰일라가 자신과의 최면 치료 과정에서 안정을 되찾았다는 점에도 주목했다. 일반적인 망상 환자로 분류할 수 없다는 것이다. 망상 증세를 갖고 있는 정신병자는 상황이 이렇게 개선되지 않는다고 했다. 망상이 의식 속에 깊이 자리 잡아 하나의 믿음이 됐기 때문이라는 것이었다.

맥 박사는 이런 납치 사례들을 그냥 황당무계한 일로 무시해버리는 사회 현상은 옳지 않다고 주장했다. 셰일라는 그를 믿어주지 않던 R 의사에게 이런 편지를 썼다고 한다.

《언젠가 다른 사람이 선생님께 저와 비슷한 이야기를 하는 것을 듣게 될지도 모릅니다. 저는 이에 대한 '과학적' 설명을 내릴 수가 없습니다. 하지만 그렇다고 해서 무시의 대상이 돼야 한다고 생각하지는 않습니다. 정신의학이 모든 정신병에 대한 답을 알고 있지는 않을 것입니다. 그렇다면 우리는 왜 과학이 이 세상에서 일어나는 모든 일을 설명할 수 있다고 믿어야 하는 걸까요?》

"상담사를 만족시키기 위해 거짓말을 한다."

지금까지 두 차례에 걸쳐 UFO에 납치됐던 사람들의 이야기를 소개했다. 남성과 여성의 사례 하나씩을 소개했는데, 이들은 납치 당시의 상황을 잘 기억하지 못하고 있다가 하버드 의대 정신과 과장인 존 맥 박사와 진행한 여러 차례의 최면 치료를 통해 당시 상황을 더욱 더 구체적으로 떠올렸다.

UFO 납치 문제에 전혀 관심이 없었던 나는, 개인적으로 이들의 주장이 사실이라기에는 너무 엄청나다는 느낌을 받았다. "우주선에 납치돼 정자를 추출당했다.", "괴 생명체가 전동 면도기 같은 걸 들고 다가와 자궁 쪽을 비볐다." 등이 앞서 소개한 두 명의 이야기였다.

앞으로 소개할 납치 사례들은 지금 소개한 것보다 훨씬 복잡한 사례들이다. 더욱 더 공상과학 영화에 나올 법한 이야기들이다. 이 정도로 기괴한(?) 공상과학 영화는 본 적이 없는 것 같다. 이 글을 읽고 있는 대다수의 독자들 역시 나와 비슷한 생각을 가질 것이다. "말도 안 돼!" 라는…. 이에 따라 다음 사례들을 계속 소개하기에 앞서, 맥 박사가 왜 이들의 증언을 단순 정신병자의 망상으로 치부할 수 없다고 판단한 것인지 알아보려 한다.

맥 박사는 우선 납치를 경험했다는 사람이 다른 정신과 상담의나 UFO 관련 단체에서 소개를 받아 자신을 찾아오면, 정신감정을 진행하기 전에 무조건 먼저 한 번 만난다고 했다. 그는 자신이 UFO 현상에 관심이 있는 것은 사실이지만, 주목적은 이들의 건강과 안정이라고 이들에게 설명해준다. 처음 만난 날에는 1시간30분씩 이야기를 나눈다. 이들이 주장하는 UFO 납치 경험담을 듣고, 당사자와 가족에 대한 최대한 많은 정보를 얻어낸다. 어떤 경우에는 가족들도 불러 이야기를 듣기도 한다.

납치 경험자들의 공통점은 "제대로 기억나지는 않는데 무언가 이상한 일이 있었다."고 생각하는 것이다. 이를 통해 일종의 트라우마를 겪는 사람들도 있다. 자신이 당한 일이 정확하게 무엇인지 모르는 것에 대한 불만과, 이를 알고자 하는 강박(强迫)이 감정에 영향을 주는 것으로 보였다.

맥 박사는 이들에게 최면을 걸어 당시의 상황을 떠올리게 만든다. 맥 박사는 이런 최면 요법이 UFO 납치 경험자들에게는 효과적이었다고 했다. 맥 박사는 납치 경험자들 중 상당수가 납치범으로부터 "이날 일어난 일을 기억하면 안 된다."는 주의를 들었다고 한다. 이런 이유에서 당시의 기억을 의식 속에서 삭제했을 수 있다고 했다. 또한 이런 상황은 인질이 인질범들에게 동화(同化)돼 동조하게 되는 것을 의미하는 '스톡홀름 증후군'의 증세와 유사하다는 것이었다.

맥 박사는 '홀로트로픽 호흡(Holotropic Breathwork)' 방식의 최면 요법을 사용했다. 숨을 깊게 들이쉬고 내쉬게 하는데, 이를 빠르게 하도록 한다. 좋은 음악을 틀고 명상(冥想)에 사용되는 만다라 그림도 배치한다. 그는 최면에 들어가기에 앞서 환자들에게 항상 이야기해주는 것이 있다고 했다. "최면의 목적은 한 걸음 한 걸음 경험을 떠올려내는 것이지, 당시 스토리를 한 번에 파악하는 것이 아니다."라고…. 최면에서 기억이 떠오른 것들을 나중에 차근차근 맞춰갈 수 있다는 것이다.

그는 일부 학자들이 최면 요법의 효과에 의문을 제기한다는 점을 인정했다. 최면 요법 회의론자들의 주장은, 납치 경험자들이 최면을 건 상담사들이 듣고 싶어 하는 말을 해주기 위해 기억을 왜곡한다는 것이다. 맥 박사는 이런 주장에는 동의할 수 없다고 고개를 저었다. 우선 납치 경험자들이 의식이 있을 때보다 최면 상황에서 더욱 자세한 내용을 증언해내고 있는데, 이를 상담사를 기쁘게 하기 위한 것으로 볼 수 없다는 것이다.

또한 최면에 걸린 납치 경험자들이 거짓말을 하는 게 아닌지 확인하기 위해 속임수를 쓰기도 한다고 했다. 과거에 말했던 내용과 다른 구체적인 이야기, 즉 외계인의 머리카락 모습을 다르게 묘사해 "그렇다는 거죠?"라는 식으로 물었을 때, 납치 경험자가 이에 동조하는지, 아니면 틀렸다고 바로잡는지를 본다는 설명이었다.

최면에서 떠올린 기억이 왜곡됐을 수 있다는 연구가 있다고 한다. 이 연구는 다만 큰 정신적 충격을 겪은 사람들을 대상으로 했다. 이들의 경우 최면에서 떠올리는 기억들이 사실과 다른 경우가 많다는 것이다. 맥 박사는 이런 연구로 납치 경험자들의 주장을 망상으로 취급하는 것에는 문제가 있다고 말했다.

트라우마를 겪은 사람들은 최면 치료 과정에서 당시의 끔찍했던 상황을 떠올리기를 꺼려한다는 것이다. 당시 상황을 기억하는 것을 꺼려하기 때문에, 그냥 머릿속에 떠오르는 대로 헛것을 말할 수 있다는 뜻으로 해석된다. 맥 박사는 이에 반해 UFO 납치 경험자들은 자신들이 경험한 UFO 납치에 대한 자세한 기억을 떠올리고 싶어 하는 사람들이라고 했다. 떠올리고 싶어 하지 않는 사람과, 떠올리고 싶어 하는 사람을 동일시할 수 없다는 것으로 보인다.

맥 박사는 자신이 납치 경험자로 인정하는 경우는 다음 다섯 가지 항목에 해당될 경우라고 했다.

① 납치 당시 상황에 대한 구체적인 증언이 일관적이어야 한다. 당시 상황을 이야기할 때 상황에 맞는 감정을 보여줘야 한다.

② 정신병이나 다른 심리적, 감정적 문제가 없어야 한다.

③ 정신역학상의 패턴과 달리 경험자의 신체, 혹은 의학적 변화가 발

생했어야 한다.

④ 납치가 발생했을 때 경험자 개인이나 다른 사람이 UFO를 목격했어야 한다.

⑤ 2~3세의 아주 어린 나이에 목격한 사례도 포함한다.

그는 UFO 납치 사건의 경우에는 실체가 있는 증거가 없다는 점을 강조했다. 최면 등 정신과 치료 방식 이외에 제대로 당시 상황을 재구성할 수 없다는 것으로 해석된다. 맥 박사는 납치 경험자들로부터도 최면의 실효성에 대한 질문을 종종 받는다고 한다. 그는 "내가 해줄 수 있는 유일한 말은, 이들이 하는 이야기가 미치지 않은 다른 개인들이 한 이야기들과 겹치는 점이 많다는 것이다."고 했다.

"나도 외계인의 하나였다."

존 맥 박사가 24세의 스콧이라는 남성을 처음 만난 것은 1991년 11월이다. 그는 UFO에 납치됐던 것에 따른 불안 증세로 정신과 의사와 상담을 받아왔다. 이 의사의 소개로 스콧은 맥 박사를 알게 됐다.

스콧은 키도 크고 덩치도 큰 젊은 청년이었다. 그는 제대로 된 교육을 받지는 않았지만 여러 방면에서 재능을 나타냈다. 그는 연기자와 영화감독으로 활동했다. 아버지가 운영하는 자동차 정비소에서도 근무했다. 그는 손기술이 매우 뛰어났다. 자동차도 잘 고치고, 피아노도 잘 고쳤다. 어려서부터 피아노를 쳐왔는데 작곡을 하기도 했다.

스콧은 혼자 살았는데 자신의 안전에 집착하는 성향이 있었다. 집 주변에 보안 카메라를 설치하고, 문 앞에는 마이크를 설치해 놨다. 스피

커를 침대 옆에 설치해 자는 동안에도 어떤 소리가 들리지 않나 확인했다. 그는 누군가로부터 납치당하는 것에 대한 두려움이 있었다.

스콧과 19개월 터울인 '리'라는 이름의 여동생이 있었다. 리 역시 맥 박사와 여러 차례 만나 상담을 받았다. 리는 성 관계를 갖는 것에 대한 공포심이 있었다. 그녀는 자신이 기억하지 못하는 어렸을 때, 아버지나 어느 누군가에게 성적 학대를 당한 것이 이렇게 된 원인이라고 생각했다.

리에 대한 정신 감정은 1992년 11월에 진행했는데, 10대 초반 무렵 UFO에 납치됐었다는 기억을 떠올리게 됐다. 외계인 같은 괴 생명체가 그녀의 성기(性器)에 무언가를 집어넣고, 난자로 보이는 조직 세포를 채취해갔다고 한다. 그녀는 이후 인도로 떠나 티베트 불교문화를 공부했다.

맥 박사는 『납치』라는 책을 쓰면서 스콧의 이야기를 소개하는 챕터를 리에게 보내줬다. 그녀는 맥 박사에게 자신을 너무 피해자인 것처럼 묘사하지 말아줬으면 좋겠다고 부탁했다. 자신은 성폭행 피해자와는 다르며, 이 사건을 통해 모르고 살았던 의식의 새로운 세계를 발견할 수 있게 됐다는 것이었다.

스콧은 1990년 4월, UFO 납치 현상을 경험했다고 한다. 그의 방 안에서 작은 생명체들을 봤다고 했다. 그는 10세 무렵 집 근처에서 비행접시 같은 UFO를 봤는데, 그때도 이런 작은 생명체들을 봤다는 것이다. 맥 박사는 1991년 11월부터 스콧을 꾸준히 만나왔다. 그에 대한 최면치료는 1992년 3월과 12월 두 차례에 걸쳐 진행됐다.

맥 박사는 보스턴 아동병원에서 스콧의 과거 병력을 확인했다. 14세 때 '발작 증세'를 일으킨다는 판정을 받은 적이 있었다. 스콧의 어머니에 따르면, 스콧은 태어난 지 6개월 됐을 무렵 발열 증세를 보이면서 발작

한 사례가 있었다. 5세 때도 발작 증세를 보였다. 이번에는 발열은 없었으나 귀에 통증이 있었다.

과거 스콧에게 최면 치료를 한 상담사는, 그가 3세 때 처음으로 납치현상을 경험했다고 한다. 집 앞마당에서 놀고 있을 때 작은 생명체들을 발견했고, 집으로 뛰어 들어와 어머니에게 "집 밖에서 엄청 큰 개미를 봤다."고 말했다는 것이다.

스콧과 여동생 리는 밖에서 놀면서 이 작은 생명체들을 여러 차례 봤다고 주장했다. UFO도 자주 봤다는 것이다. 한 번은 밖에 있는 비행접시에서 나온 작은 괴상한 물체들이 방 안으로 들어왔는데, 들어오기 전 스콧이 키우던 강아지를 무슨 막대기 같은 것을 사용해 잠에 들게 했다는 것이다. 스콧은 이 괴물체들이 텔레파시로 자신과 소통한다고 했다.

그는 1990년 4월, 침대에서 외계인을 목격했다고 주장했다. 맥 박사와의 여러 최면 치료 과정에서, 그는 괴물체가 수도꼭지처럼 생긴 물건을 자신의 성기에 올려놓고 철사 같은 것을 고환에 꽂았다고 말했다. 그가 몸을 움직일 수 없는 상황에서, 이들이 정자를 채취해갔다는 것이다. 그는 12세 무렵 또 한 번 외계인을 목격했다고 한다. 여자로 보이는 생명체가 침대 옆에 기대고 있었다는 것이다.

맥 박사는 정자를 채취해갔다는 1990년 4월의 사건에 집중하기로 했다. 첫 번째 최면 치료는 1992년 3월16일에 진행됐다.

스콧은 당시 아직 부모와 함께 살고 있었다. 칵테일 몇 잔을 마시고 평소보다 일찍 침실로 올라갔다고 한다. 다음날에 있을 영화 촬영 때문에 약간 흥분된 상태였다. 그는 누워서 잡지를 읽었다고 한다. 그러다 머리가 박스처럼 생긴 네모난 생명체 여섯이 방 안으로 들어왔다고 했다. 끝이 둥근 막대기 같은 것이 보였다. 이때 오른쪽 귀에서 윙윙거리던 소리가 알람 울리는 소리처럼 바뀌었다고 한다. 몸은 움직일 수 없었다.

그가 기억해낸 다음 장면은, 두 명의 의사가 옆에 있고 자신은 테이블 위에 누워 있는 장면이었다. 이들은 안경을 끼고 하얀색 가운을 입고 있었다고 한다. 이들 옆에는 작은 생명체 여럿이 군복 같은 것을 입고 있었다고 했다.

최면에 빠져 있던 스콧이 갑자기 "이들이 내게 자신들이 누군지 말해주지 않아 화가 났다."고 했다. 이어서 "이들은 나에 대해 궁금해 하고 있었다."면서 "나도 궁금하긴 한데 이들이 내게 한 일은 정말 싫었다."고 덧붙였다. 맥 박사가 "그들이 너에게 무슨 짓을 했느냐?"고 물었다. 스콧은 "이들은 나를 이용했다."고 답했다.

스콧은 이 생명체들이 수도꼭지처럼 생긴 것을 자신의 성기 위에 올려놨는데, 뭔가 빨아들이는 기기(機器) 같이 생겼다고 했다. 이 물체는 테이블 끝에 있는 한 박스와 선으로 연결돼 있었다고 한다. 고환 쪽에 철사 같은 것을 꽂았는데, 그의 성기가 갑자기 발기한 뒤 정자가 빠져나왔다는 것이다.

이 생명체들은 스콧에게 텔레파시로 말을 걸었다고 한다. "우리는 의도를 갖고 있으며, 더 많은 하얀 것들을 만들고 있다."고 밝혔다. 이들은 스콧을 "아버지로 삼아 아이들을 데려가려 하고 있다."고 했다. 아이를 만들려고 하는 것 같았다. 그가 다음으로 기억하는 장면은, 갑자기 어딘가에서 침대로 떨어졌다는 것이다.

1992년 12월16일, 스콧은 맥 박사와 두 번째 최면 치료 일정을 조율하고 있었다. 이때 스콧은 열흘쯤 전, 예전에 봤던 생명체들을 또 한 번 봤다고 털어놨다. 이번에는 이들에게 정체가 무엇이냐고 물었다는 것이다.

그렇게 두 번째 최면 치료가 진행됐다. 이날 스콧의 기억에 가장 먼저 떠오른 장면은, 13세 때 여러 생명체들과 만난 일이었다. 스콧은 지름 약 10cm 정도의 원통형 튜브를 봤다고 한다. 바나나처럼 생긴 기기를 비롯하여 다른 기기들도 여럿 보인다고 했다. 사람으로 보이지 않는 여성이 여러 개의 둥근 통을 접시 위에 올려놓고 걸어가는 것을 봤다고 했다. 이 유리통 안에는 아주 작은 아기들이 한 명씩 들어가 있었다고 한다.

스콧은 이 여성 생명체의 눈을 똑바로 쳐다볼 수가 없었으며, 그것을 쳐다보는 게 무서웠다고 했다. 이들 생명체들 중 하나가 스콧에게 "너도 우리 가족의 일원이야!"라고 말했다. 스콧은 "내가 이들 가족의 일원이라면 나는 왜 여기(지구)에 있는 거지?"라고 물었다. 맥 박사는 스콧에게 이 질문에 집중해보라고 했다. 스콧은 "나도 이들 중 한 명이 되고 싶기도 하고, 나 자신이 되고 싶기도 하다."고 대답했다. 그러다 "하지만 둘 다를 할 수는 없다."고 했다.

맥 박사는 "왜 둘 다 할 수 없느냐?"고 물었다. 스콧은 "그렇게 되면 어디를 가도 내 집은 없기 때문이다."고 답했다.

이후 스콧이 기억해낸 장면은, 엄청 깊은 지하로 이동한 것이다. 고속 엘리베이터가 많이 보인다면서 온도가 뜨겁긴 하지만, 지금의 (인간) 가족보다 더 나은 것 같다고 했다. 스콧은 이곳에 있는 생명체들은 자신에 대해 모든 것을 알고 있고, 비밀도 없는 사이라고 덧붙였다.

맥 박사는 스콧이 이런 이야기를 하며 고민에 빠진 듯한 모습을 보였다고 한다. 자신이 말하는 것이 사실인지 아닌지 혼자서 판단하려고 하는 것으로 보였다. 맥 박사는 보이는 경험 그대로를 말하는 것에 집중하라고 주문했다. 판단은 나중에 내리자고 달랬다.

스콧은 자신이 여러 차례 이들과 만났던 사례를 언급하며, 왜 이곳에 계속 머물지 않고 사라지느냐고 물었다. 한 생명체가 스콧에게 "너나 우리나 아직 준비가 되지 않았다."고 대답했다. 스콧은 이들 생명체들이 이곳(=지구)에서 숨을 쉴 수 있게 뭔가 신체에 변화를 주고 있다고도 했다. 인간이랑은 숨 쉬는 방식이 다르다는 것이었다. 스콧은 이들이 인간보다 머리 회전이 빠르다고 했다.

스콧과 맥 박사의 대화 주제는, 스콧이 과거 UFO 납치 현상 중 사실이 아니라고 부인하려 한 것이 있다는 쪽으로 넘어갔다. 스콧은 "내가 이들 가운데 한 명이라는 사실을 부인해왔다."고 털어놨다. 맥 박사가 깜짝 놀라는 반응을 보였다. 스콧은 "나는 내가 여기(=지구) 사람들이랑 다르다는 것을 계속 알고 있었지만, 이런 사실을 인정하지 않았다."고 말했다.

맥 박사가 스콧에게 "그렇다면 왜 이 생명체들을 만났을 때 눈을 쳐다보지 않았느냐?"고 물었다. 그는 "내게 있는 인간의 특성이 이를 보는 것을 원하지 않는다."고 대답했다. 맥 박사는 "그게 무슨 뜻이냐?"고 물었다. 스콧은 "인간은 다른 모습을 보는 일을 견뎌낼 수 없다."고 했다.

맥 박사는 생명체들의 눈을 쳐다보지 않은 이유를 계속해서 물었다. 스콧은 "내 자신을 보는 것 같아서 볼 수 없었다."고 말했다. 맥 박사가 "내 자신을 본다는 게 무슨 뜻이냐?"고 물었다. 스콧은 "내가 이들 중 한 명이라는 것을 보는 일이다."고 대답했다.

스콧은 그런 다음 종말론적인 이야기를 들려줬다. 지구에 엄청난 변화가 다가오고 있으며, 외계인들은 지구가 안전해지면 우리를 찾아오게 될 것이라고 했다. 죽는 사람들의 수를 줄여나가야만 한다고 덧붙였다. 그는 “이런 준비가 돼야만 외계인과 공존할 수 있을 것”이라고 주장했다.

스콧은 어려서부터 자신이 두 개의 인격을 갖고 있다는 사실이 그를 힘들게 만들었다고 털어놓았다. 자신이 외계인과 겪은 일들을 인정하지 않아 문제가 개선되지 않았던 것 같다는 것이다. 그는 이런 사실을 인정하고 이야기하니 마음이 편안해졌다고 했다.

스콧은 최면 치료 얼마 후인 12월23일, 맥 박사에게 크리스마스 카드를 보냈다. 그는 ‘외계인 인격의 목소리’라며 다음과 같이 썼다.

《우리의 지적(知的) 역량과 세계관은 인간이 이해하기에는 너무 엄청난 수준이다. 나와 같은 통역가가 이들의 접선을 위해 필요하다. 나는 (나의 외계인 정체성을) 항상 거부해왔다. 나는 이를 잊고 살고 싶었다. 이런 사실을 피하려고 했다. 하지만 그렇게 하는 것은 내 스타일이 아니다. 나는 이제 평안을 되찾았다.》

맥 박사는 스콧이 최면 치료를 통해 평안을 되찾은 것이 중요하다고 지적했다. 각종 정신적 어려움의 원인은 그가 또 하나의 신분을 인정하지 않으려 한 탓으로 봤다. 두 세상 사이를 잇는 ‘통역가(通譯家)’로서의 책임을 다하겠다는 목적의식이 생겼다는 것이다.

맥 박사는 스콧의 이런 주장을 어떻게 받아들여야 할지 모르겠다고 고개를 저었다. 다만 외계인들이 다른 행성에서 왔고, 지구에 닥칠 대재앙을 경고했다는 내용 등 비슷한 증언이 납치 경험자들에게서 반복된다는 사실을 들려주었다. 그는 "스콧과 같은 통역가와 그의 주장을 무시하지 않았던 그의 부모와 같은 사람들을 통해, 이런 트라우마를 겪는 아이들이 없어지길 바란다."고 했다.

정신의학을 잘 모르는 나의 입장에서는, 맥 박사가 사례 소개 후 덧붙인 해설들이 잘 이해가 되지 않았다. 그는 이들을 만나본 이유가 UFO 납치 연구를 위해서이기도 하지만, 이들의 안정을 되찾아주기 위해서라고 강조한 바 있다. 두 번째 목적이 달성되면 무엇이 됐든 좋은 것이라는 게 정신의학이라는 학문일까? 환자에 대한 예의 때문에 믿는 척을 하는 걸까? 궁금증은 계속 늘어만 갔다.

제3장

혼종(混種) 아기

소녀는 왜 성 관계를 극도로 무서워하게 됐을까?

일기장에 적어 놓은 시(詩)

앞서 언급했듯 UFO 납치 현상은 성(性)과 관련된 내용이 많다. 외계인으로부터 정자나 난자를 채취당하고 이들이 인공수정을 하는 것 같다는 내용이다. 지금부터 소개할 사례는 일반적인 성 심리학으로는 설명이 되지 않는 이야기인데, UFO 납치를 경험했다고 한 여성이 그것이 이유에서인지 실제 성 생활에 어려움을 겪고 있다는 것이다. 또 하나의 특이함은 UFO 납치 현상의 대물림 가능성이다.

하버드 의대 정신과 과장인 존 맥이 제리라는 여성과 처음 전화 통화를 한 것은 1992년 6월이었다. 그녀는 자신을 30세 가정주부라고 소개했다. 7세 때부터 여러 차례에 걸쳐 반복적으로 UFO를 목격하고, 외계 생명체와 맞닥뜨렸다고 했다. 제리의 어머니는 이를 악몽이라며 무시해 왔다고 한다. 그러다 CBS 방송에서 '하버드 의대' 소속 의사가 UFO 납치 문제를 이야기하는 것을 보고 연락했다는 것이다.

"하버드대학이라고 해서 이 사람이라면 조금 믿을 수 있지 않을까 싶어 이름을 적어놨어요."

맥 박사는 모두 네 차례에 걸쳐 제리에 대한 최면 치료를 했다. 제리는 수백 장에 달하는 일기장을 맥 박사에게 보여주기도 했다. 일기장에는 납치 당시의 상황, 그녀가 쓴 시(詩), 그녀의 철학적 고민이 담긴 글들이 적혀 있었다.

제리는 미주리주 캔자스시티 인근 시골 마을에서 4남매 중 둘째로 태어났다. 아버지는 우유공장에서 일했다. 제리의 오빠인 켄은 어려서부터 집 근처에 떠있는 이상한 불빛들을 자주 목격했고, 누군가가 자신의 방으로 들어오는 꿈을 여러 차례 꿨다. 그 역시 이를 단순한 악몽으로 치부했다.

제리는 맥 박사를 만나기 전에 켄과 이야기를 나눴다고 했다. 그런데 당시의 일이 평생 기억 속에 따라다닌다는 것이었다. 제리가 7세일 때 집에는 갓 태어난 막둥이 마크가 있었다. 제리는 맥 박사와의 첫 최면 치료에서 이 막내가 자신과 함께 납치되던 일을 떠올려냈다. 제리는 이 이야기를 동생에게는 말해주지 않았다고 한다.

제리의 부모는 그가 8세일 때 이혼했다. 아버지는 미주리주에 남았고, 아이들은 어머니와 함께 조지아주 메이컨으로 이사했다. 이후 몇 년간 어머니와 아이들은 조지아주 곳곳을 떠돌며 생활했다.

제리는 하이스쿨 10학년(=한국 기준 고교 1학년) 당시 학교를 그만뒀다. 영어 선생님이 대학 수준의 과제들을 내줬는데, 이를 어려워했다. 그렇지만 학교 측은 그녀를 다른 영어반으로 옮겨주지 않았다. 학교를 자퇴한 이후 그녀는 계산대 직원, 사무 업무 직원 등으로 일했다.

9학년(=한국 기준 중학교 3학년) 교육까지밖에 받지 못한 제리의 글재주가 갑자기 좋아져 사람들을 놀라게 만들었다. 1991년 11월에 UFO 납치 현상을 경험하고 난 뒤부터의 일이었다. 느닷없이 시(詩)를 짓고, 어려운 내용들을 적어나갔다. 제리는 "이 모든 것들이 어디서부터 나에게 오게 된 것인지 모르겠다."고 했다. 맥 박사는 그녀의 글을 분석해본 결과, 그녀가 받은 교육 수준의 사람이 썼다고 하기에는 수준이 높고 세련된 것으로 판단했다.

제리는 19세에 브래드라는 남성과 처음 결혼했다. 둘 사이에는 샐리라는 딸이 태어났다. 제리는 브래드를 사랑한 적이 없었다고 말했다. 둘은 몇 년 안 돼 이혼했다. 제리에 따르면 브래드는 아이들과의 유사(類似) 성 행위를 하는 것에 빠져 있었다. 제리는 자신이 성 관계에 대해 갖고 있던 부정적 시각이 남편을 그렇게 만든 것이 아닌가 싶었다고 한다.

이혼 3년 뒤인 1989년, 제리는 밥이라는 남성과 재혼했다. 제리는 밥을 사랑했으나 UFO 납치 경험 때문에서인지 성 관계를 두려워했다. 성 관계를 하려고 할 때마다 공포에 질리곤 했다. 성 관계를 가질 때마다 강간을 당하는 것 같다는 느낌이 들었다. 이 같은 제리의 공포는 더욱 커져갔다. 누군가가 몸을 만지는 것조차도 두려워했다.

첫 남편인 브래드는 제리가 UFO에 납치당한 악몽 때문에서인지 성 관계에 대한 두려움을 갖고 있다는 말을 하면 이를 이상한 소리로 취급했다. 그러나 밥은 이야기를 경청해주고, 같이 풀어보자는 입장이었다. 밥의 부모를 비롯한 가족들은 두 사람의 결혼 관계가 개선되도록 하느라 처음에는 둘을 지지하는 모습을 보였다. 그러다 UFO 납치와 같은 이야기가 나오자 자연스레 사이가 멀어졌다고 한다.

제리에게는 모두 3명의 자녀가 있었는데 이들이 다 UFO 납치 현상을 겪은 것처럼 보였다. 1981년에 태어난 샐리가 6세쯤 되자 반복적으로 악몽을 꾸기 시작했다. "만지지 마, 나를 내버려 둬."라며 소리를 지르곤 했다. 10세가량 되자 이유 없이 코피가 자주 났다. 제리는 UFO가 어떤 가족 하나를 정해 집중적으로 접촉하는 게 아닌가 하는 의심이 들었다고 한다.

제리의 아들 매튜는 1983년에 태어났다. 그는 외계인 인형만 보면 울었다. TV에 UFO 같은 게 나오면 공포에 질려 TV를 꺼달라고 소리쳤다. 꿈에 UFO가 나타났다고 했고, 눈이 달린 생명체를 봤다고도 했다.

제리의 막내아들의 이름은 콜린이다. 콜린은 1993년 2월 당시 세 살이었다. 제리는 콜린이 겪었던 일들을 일기장에 자세히 적어놨고, 아동정신과 상담의(醫)가 콜린을 만난 후 기록해놓은 자료도 있다.

콜린은 태어난 지 2년 반쯤 지난 1992년 8월14일, UFO 납치 현상을 경험한 것 같은 행동을 했다. 제리는 콜린이 밤에 자다가 일어나 울기 시작해 그의 방으로 갔다. 그는 침대에 앉아 있었다. 잠에서 깬 모습이었다. 콜린은 어머니에게 주스를 갖다 달라고 했다. 제리가 밖으로 나와 주스를 갖다 줬다.

콜린은 제리에게 창문 밖에 있는 불빛을 가리키며 눈이 달린 부엉이들에 대한 이야기를 꺼냈다. 콜린이 제리에게 "저 눈들을 봐요."라고 말했다. 제리는 콜린을 데리고 남편 밥이 자고 있는 방으로 가 콜린이 하는 이야기를 전해줬다. 밥은 악몽을 꾼 것뿐이라면서 화를 냈다.

콜린은 한 번 잠이 들면 깊이 자는 성격이었다. 혼자 방에서 자기 시작하고 난 뒤로부터는 한 번도 부모에게 같이 자자고 한 적이 없었다고 한다. 이날 밤 그는 혼자 방을 쓴 뒤 처음으로 부모와 함께 잤다.

이런 행동이 며칠간 이어졌다. 제리는 1992년 10월29일자 일기장에서 콜린이 계속 '이것들'에 대해 이야기를 했다고 적었다. 하늘을 멍하니 쳐다보더니 '큰 눈을 가진 무서운 부엉이들'이라고 불렀다. 이 부엉이들이 하늘에서 추락한다고도 했다. 콜린은 어느 날에는 소리를 지르며 도망가는 듯 뛰기도 했다는 것이다. 콜린은 "얘들이 내게 무언가를 먹도록 강요하고 공격한다."고 외쳤다. 특히 그의 발가락을 아프게 만든다고 했다.

이 무렵 콜린은 우주선과 행성, 별들에 대한 이야기를 자주 했다. 어느 날에는 책을 읽다가 "저건 지구라고 불리는 행성이야."라고 하기도 했다. 그러다 "큰 눈을 가진 부엉이들이 떨어지면 나도 뛰어내린다."고 했다. "저기 우주선이 있는데 나는 그 우주선에서 왔다."고 말하는가 하면, "발가락이 아프다."고도 하는 것이었다. 제리는 콜린의 발가락 끝에 피가 묻어 있는 것을 봤고, 발톱이 부러진 것을 확인했다. 콜린은 부엉이가 자기 발가락을 깨물었다면서 얼굴을 찌푸렸다.

맥 박사는 11월8일에 콜린을 만났다. 태어난 지 2년9개월 된 아이였다. 맥 박사는 또 다른 UFO 연구가인 버드 홉킨스가 만든 '홉킨스 이미지 인식 테스트 카드'를 보여줬다. 이는 모두 아홉 장의 카드로 구성돼 있다. 아홉 장은 신화나 현실, 혹은 공상 영화에서 나오는 UFO 현상과 비슷한 모습의 그림들이다.

이미 알려진 모습을 자신이 봤다고 착각하는 게 아닌지 확인하기 위한 실험용 카드였다. 콜린은 외계인 카드를 보며 특이한 반응을 보였다.

거기에 그려진 외계인을 보고 '무서운 사람'이라고 말했다.

콜린은 계속 특이한 행동을 했다. 1993년 1월25일, 콜린은 어머니 제리에게 "우주선에 돌아가고 싶지 않다."고 말했다. 그러더니 "거기만 가면 길을 잃어버리는데 너무 싫다."고 덧붙였다. 그는 "나는 거기서 태어났고, 별들에서 떨어져 내려왔다."고 했다. 그는 "나는 우주선에서 태어났고, 우주선 안은 어두웠다."면서 "왕(王)이 보인다. 그는 신(神)이다."고 말하는 것이었다. 제리는 콜린이 사용하는 표현들이 세 살도 안 된 아이가 쓰기에는 너무 엉뚱하다는 기분이 들었다.

맥 박사는 전통적인 정신의학 방식으로 콜린의 행동을 설명할 수 있을지 알아보기로 했다. 그는 UFO 현상에는 큰 관심이 없는 동료 정신과 의사에게 콜린을 한 번 만나줄 것을 부탁했다. 1993년 2월에 C 박사는 콜린과 그의 부모를 만났고, 한 달 뒤 맥 박사에게 정신감정서를 보내왔다.

C 박사는 콜린의 행동이 제대로 이해되지 않지만, 가족 간에 우리가 알지 못하는 일들이 일어난 게 아닌가 하는 의문이 든다고 했다. 콜린과 같이 방을 썼던 형이 성적으로 괴롭히는 행동을 한 적이 과거에 있었다는 것이다. C 박사는 콜린이 계속 상담을 원하면 상담해줄 수는 있겠지만, 지금 시점에서 추가적으로 필요한 조치는 없다는 결론을 내렸다. 제리는 여전히 UFO 납치 현상에 따른 것으로 여겼고, 남편 밥은 C 박사가 추정한 집안에서 발생한 일에 따른 충격이라고 봤다.

다시 제리의 이야기로 넘어가보자. 제리의 기억 속에 있는 첫 번째 UFO 납치 경험은 7세 때 일어난 일이었다. 뭔가 이상하게 밝은 불빛과 우주선을 봤고, 누군가 자신의 침대 옆에 있었다는 것이다. 이 사례는 맥 박사와의 첫 번째 최면 치료 과정에서 자세하게 다뤄진다.

두 번째 경험은 그녀가 13세 때 발생했다. 겁에 질려 잠에서 깼는데, 하복부와 성기 부분이 얼얼했다고 한다. "성 관계라는 게 이렇게 하는 건가?"라는 생각이 들었다. 그는 "(상대가) 확실히 인간은 아니었다."고 단정했다.

이 무렵 제리는 두 살 연상의 남자 친구와 만나고 있었다. 제리는 무슨 이유에서인지 성 관계라는 것 자체를 두려워했다. 남자 친구에게 이런 사실을 알려줬고, 키스 이상의 선은 넘지 말자고 약속했다.

어느 날 이 둘은 제리의 방에서 놀고 있었다. 부모는 잠든 상황이었다. 제리는 자신이 갖고 있는 성에 대한 공포를 떨쳐버리고 싶었다. 이 날 경험을 통해 두려움을 극복해야겠다는 마음이 생겼다. "남자 친구에게 다리 사이를 만지는 것을 허락해줬다."고 했다. 남자 친구가 몸을 만지기 시작하자 갑자기 몸이 굳어지더니 땀이 흐르고 심장 박동이 빨라졌다. 공포에 질려 온몸이 잿빛으로 변해버렸다. 남자 친구도 놀라고, 옆방에서 자던 부모도 놀라 깼다.

제리는 그녀가 겪은 UFO 납치 현상 경험 중 가장 고통스러운 경험을 1990년에 하게 된다. 제리는 당시 상황을 일부 기억하는데, 여전히 너무 고통스럽고 두려워해서 최면 치료에서는 이를 다루지 못했다. 이때 제리는 남편 밥과 매사추세츠의 플리머스 지역에 집을 구해 살고 있었다.

처음 기억나는 장면은 둥근 방 안으로 끌려가게 된 것이다. 그는 반짝 빛나는 금속 모양의 기기들이 많이 보였다고 했다. 그녀는 이때 차고 있던 목걸이를 땅에 떨어뜨렸다. 텔레파시로 이들 생명체들의 지도자로 보이는 사람에게 목걸이를 떨어뜨렸다고 말했다는 것이다.

그러자 그 지도자가 다른 작은 생명체들에게 목걸이를 주우라는 신호를 보냈다. 이들 생명체들은 목걸이가 "오염됐다."며 플라스틱 봉지에 집어넣었다. 지도자가 머지않아 목걸이를 돌려주겠다고 했다는 것이다. 제리는 이 이야기를 조지아에 살고 있던 어머니에게 해줬다. 어머니는 얼마 후 조지아 집에 있는 한 박스에서 제리가 설명한 목걸이를 찾았다고 한다.

그 지도자가 제리에게 "처방이 어떻게 잘 돼가고 있느냐?"고 물었다고 한다. 무슨 말인지 모르던 제리는 그냥 "괜찮다."고 대답했다. 그러자 갑자기 이들이 목 뒤쪽에다가 무언가를 하기 시작했다. 제리는 "출산할 때보다 더 아팠다."고 그 순간을 돌이켰다. 다리와 얼굴에 경련이 나고 몸을 움직일 수 없게 됐다. 그 다음 기억은 다시 침대로 돌아온 것이라고 했다.

1991년 어느 날에는 과거에 본 생명체보다 더 사람처럼 생긴 금색 생명체에 의해 끌려갔다고 한다. 큰 건물 위에서 이들이 제리에게 미사일 등 각종 무기들을 보여줬다는 것이다. 삼각형 모양의 기계 하나가 있었는데, 원형으로 바뀌더니 돌기 시작했다고 한다. 제리는 이 기계가 비행하는 데 쓰이는 것 같다고 짐작했다.

맥 박사와의 첫 번째 최면 치료는 1992년 8월11일에 진행됐다. 맥 박사와 제리는 이에 앞서 몇 달간 서로 자료를 공유하며 대화를 나눌 주제들을 미리 정리해나갔다. 이들의 대화는 반드시 UFO 납치에 국한된 것만은 아니었다.

제리는 첫 최면 치료 몇 달 전에는 맥 박사에게 연락해 새로 다닐 교회를 알아보고 있다고 했다. 가톨릭 성당을 다녔는데, 일반 기독교 교회로 옮길까 한다는 것이었다. UFO 납치와 같은 사례에 교회가 조금 더 열려 있을 것이라는 판단에서였다. 그러나 옮긴 교회에서도 외계인과 같은 주장은 '악마를 숭배하는 것'으로 치부했다.

제리는 이들의 생각이 틀렸다는 판단에 꼭 그렇지만은 않다고 다른 신자(信者)들에게 말했다. 그는 "외계인이라는 것은 또 다른 지능을 가진 생명체이고, 또 다른 현실이다."라며 "꼭 '좋다 나쁘다'로 판단할 수 없는 문제라고 본다."고 자신의 생각을 들려주었다. 교회 신자들은 이 이야기를 교회 지도부에 가서 알렸다. 그러자 교회 관계자가 제리에게 "절대 다신 그렇게 하지 마세요."라고 나무랐다는 것이다.

이런 대화를 나눈 뒤, 맥 박사는 우선 제리가 가장 관심을 가진 7세 때의 경험을 첫 번째 최면 치료에서 다루기로 했다. 집안 곳곳의 광경, 가구가 배치된 모습, 주변 지형 등을 사전에 미리 구체적으로 파악해뒀다.

"빛을 내는 아기를 봤다."

제리에 대한 첫 번째 최면 치료는 1992년 8월11일에 진행됐다. 이를 소개하기에 앞서 독자들이 혼란스러워할 수 있으니 부연 설명을 먼저 하도록 하겠다. 맥 박사가 진행한 최면은 과거 어느 때로 돌아가 당시 상황을 떠올려내는 것이다. 최면에 걸린 사람은 당시 상황만을 계속 얘기하는 것이 아니라, 최면을 건 의사와도 소통을 한다. 그렇기 때문에 시제(時制)와 주어, 목적어가 헷갈릴 수 있다.

예를 들어 "너무 무서워."라는 말이 당시의 상황을 묘사하는 것인지,

맥 박사에게 그냥 이야기하는 것인지, 아니면 당시 상황에서 본인이 이런 말을 직접 한 것인지를 파악하는 것이 의사의 역할로 보인다. 맥 박사는 의문이 생기면 이를 집요하게 캐물었다는 점을 그의 글에서 느낄 수 있다. 독자들이 헷갈려 할 상황이 생길 수 있으므로 맥 박사가 지켜보고 있는 최면 현장일 경우는 '현재', 과거 기억은 '과거'로 각주를 달도록 하겠다.

제리는 1차 최면 치료 과정에서 7세 때의 기억으로 되돌아갔다. 맨 처음 떠오른 장면은 핑크색으로 가득한 그녀의 방이었다. 이상한 불빛이 방 안으로 들어오고 있었다고 한다. 그녀는 "얘들을 이미 알았기 때문에 겁먹지 않아도 된다고 생각했다."고 맥 박사에게 말했다. 그녀는 불빛이 어디에서 오는지 확인하기 위해 복도와 거실을 지나 밖으로 나왔다.

밖으로 나가자 20명에서 30명 정도의 생명체가 있는 것을 봤다. 제리는 겁을 집어먹고 집안으로 다시 돌아갔다. 그러자 이 생명체들 가운데 몇이 창문을 통해 방 안으로 따라 들어왔다. 제리는 "내가 밖으로 나가지 않자 이들이 안으로 들어와 버렸다."고 했다.

그 생명체들이 제리를 창문 밖으로 끌고 나왔다. 제리의 양팔을 한 명씩 잡고 날아갔다. 제리는 엄청난 속도로 하늘 위로 올라가게 됐다고 말했다. 하늘에서 멈췄는데 아래에 살던 집과 마당이 보였다고 했다. 제리의 머리 위에는 엄청나게 큰 물체가 있었는데, 그 안으로 들어가게 됐다고 한다. 얼마 뒤 두 생명체가 갓 태어난 막내 동생 마크를 끌고 올라오는 것을 봤다고 했다. 동생이 무서워할까 걱정이 들었다고 한다.

제리는 도망치고 싶었으나 상반신이 마비돼 있는 것 같았다. 최면에 걸려있던 제리는 이를 설명하며 숨을 가쁘게 쉬고 흐느끼는 목소리를 냈다(현재). 그런 뒤 몸에서 강력한 진동이 울렸다고 한다(과거). 제리는 숨을 쉴 수 없다며 마크가 걱정된다고 했다. 울기 시작하며 계속 괴로워했다(현재). 맥 박사는 기억에서 떠오른 일로 인해 현실에서 아프진 않을 테니 걱정하지 말라고 계속 그를 안정시켰다.

제리는 "알았으니까 나한테 해, 마크한테 하는 건 비겁하지 않냐?"고 소리쳤다. "애들을 처음 봤을 때는 괜찮은 애들인 줄 알았다. 같이 놀자고 하는 건줄 알았는데 이런 짓을 하다니 정말 싫다."고 했다.

제리는 우주선 같은 곳의 원형 방에 있었다. 여러 층이 있고, 위에서 생명체들이 내려다봤다고 했다. 두 개의 휘어있는 테이블이 있었는데, 제리와 마크가 이 위에 올려졌다. 제리는 자신을 옮긴 생명체가 작은 애들이었다고 설명했다. 제리는 "마크를 쳐다보며 움직이지 말고 착하게 행동하라."고 말했다고 한다. 마크가 테이블 위에서 떨어지면 어떻게 하나 등등 별의별 생각이 계속 들었다는 것이다.

조금 키가 크고 밝은 색깔의 생명체가 보였는데, 제리는 그가 '지도자'인 것 같다고 했다. 나이가 더 들어 보였고, 주름살이 있는 것 같았다. 계속 웃고 있는 모습의 얼굴이었으며, 일체형으로 된 금색 옷을 입고 있었다. 이 생명체가 다가와 "제리!"라고 불렀다. 이미 알고 있는 사람처럼 행동했다는 것이다. 이때 맥 박사 앞 현실 세계에 있는 제리의 호흡이 빨라졌고, 몸은 경련을 일으키고 있었다.

그 지도자가 제리에게 "처방이 아직까지는 괜찮은 것 같다."고 했다. 제리는 무슨 이야기를 하는 것인지 모르겠다고 맥 박사에게 말했다. 그러다 날카로운 바늘 같은 물체가 머리 한쪽에 꽂아지는 것을 느꼈다.

죽을 것 같다고 소리쳤다. 이 날카로운 물체는 머리에서 목 쪽으로 집어넣어졌다. 제리가 "제발 내게 이러지 마!"라고 소리쳤다. 제리는 다리 쪽에서 경련이 일어나고 있다고 했다. 맥 박사는 제리가 이런 기억을 떠올리는 상황에서 실제로도 다리 쪽에 경련이 일어나는 것을 봤다.

"멈춰, 멈추라고. 얘들이 이걸 돌리고 있어. 돌리고 있어. 내 안에 들어왔어. 얘들이 이걸 내 몸 속으로 집어넣었어. 빠져나온다. 내 턱 쪽에서 뭔가 흐르는 것 같아. 이제 나보고 편안히 쉬라고 한다. 끔찍하다."

제리는 이 생명체들이 자신의 몸에 작은 무언가를 심어놨다고 말했다는 것이다. 감시하기 위한 목적이라고 했다. 맥 박사는 이들이 막내 동생에게도 똑같이 했느냐고 물었다. 제리는 "잘 모르겠다."면서 "만약 그랬다면 다 죽여 버릴 거야."라고 소리쳤다. 지도자로 보이는 사람이 사라지고 몇 분 정도 흐른 뒤, 빨간색과 노란색 빛이 보였다고 한다. 집으로 어떻게 돌아온 것인지는 기억이 나지 않는다고 했다.

최면에서 깨어난 제리가 "흠뻑 젖었네."라고 했다. 깨어나 보니 땀범벅이 돼 있었던 것이다. 제리는 맥 박사가 자신을 이런 고통스러운 상황에서 꺼내주지 못할 줄 알았다고 했다.

제리는 첫 번째 최면 치료 이후에도 반복적으로 이상한 일을 겪었다. 치료 몇 주 뒤인 8월27일, 제리는 집안에 있는 계단에서 빛이 기둥처럼 쏘아지는 것을 봤다. 9월21일에는 반복적으로 꿔오던 꿈을 또 꿨다고 했다. 말 한 마리에 대한 내용인데, 이 말을 제대로 돌봐주고 싶어 데려오고 싶어 하는 내용이었다.

제리는 이런 납치 현상이 성 관계를 극도로 무서워하는 자신의 트라우마와 관련이 있는지 알아보고 싶다고 했다. 이런 트라우마를 극복하고 정상적인 성 관계를 갖고 싶다는 것이다. 맥 박사는 두 번째 최면 치료에서 이 문제에 집중해보자고 대답했다.

두 번째 치료는 10월5일에 진행됐다. 최면에 앞서 맥 박사는 1975년 가을, 제리가 13세였을 때 무슨 일을 겪었는지 알아보자고 했다.

최면에 들어간 제리가 처음으로 떠올린 기억은, 그녀의 침실에서 하얀색 빛이 보여 잠에서 깨는 장면이었다. 누군가가 침실에 있는 것 같았다. 이 생명체들은 제리에게 걱정하지 말라고 계속 이야기했다. 제리는 "얘들은 완전 거짓말쟁이들이고 보고 싶지가 않다."고 말했다. 두 생명체가 있었는데 하나는 제리 뒤쪽에, 하나는 옆쪽에 있었다고 한다. 이들은 제리에게 무조건 따라와야 한다고 말하더니 팔을 잡아 끌고나갔다. 창문을 통과해 하늘로 날아가 큰 비행물체 같은 곳으로 데려갔다는 것이다. "(그때 봤던) 망할 놈의 방이었다."고 제리가 투덜거렸다.

제리는 이 외계인들이 입고 있던 잠옷을 벗기자 창피했다고 한다. 그녀는 "얘들은 자기들이 의사인 줄 아는데 의사가 아닌 것 같다."고 했다. 제리는 뒤로 눕혀졌으며 갑자기 편안해졌다고 한다. 그들 가운데 하나가 제리의 배꼽 위쪽에 무언가 튜브 같은 것을 대고 눌렀다. 그런 뒤 다른 하나가 빛이 나는 말발굽처럼 생긴 물체를 들고 다가왔다. 그 물체에는 손잡이가 달려 있었다고 했다.

"얘들이 내 눈을 다시 가리려고 하는 거 같다. 왜 내게 이런 일을 하는 거지? 알고 싶지도 않다. 엄마한테 일러줄 거라고 해도, 이들은 내가 그렇게 하지 않을 거라고 했다. 그렇게 하지 못하도록 할 것이라고 했다. 기억하지 못할 것이라는 뜻으로 들렸다."

맥 박사는 최면에 걸려 있는 제리에게 "이젠 기억이 나느냐?"고 물었다. 제리는 기억이 난다고 대답했다. “도대체 무슨 생각을 갖고 있는지 모르겠다. 내가 동물 같은 존재라고 생각하나?”라고 물었다. 제리는 무언가 둥근 물체가 몸 안에 들어왔다고 했다. 무언가로 찌르는 듯한 느낌을 받았다는 것이다.

질 입구를 지나 자궁 쪽으로 들어가 있는 것 같았다고 했다. 성인이 된 후 낙태 수술을 한 적이 있는데, 그때 느낌과 비슷하다는 것이었다. 그러다 이 말발굽 같은 물체가 빠져나왔다고 했다. 그녀는 맥 박사에게 그만하고 싶다고 부탁했다. 맥 박사는 계속 옆에 있을 테니 원하는 대로 하라고 허락했다. 제리는 맥 박사에게 귓속말로 “믿을 수가 없다.”고 속삭였다. “나는 열세 살에 불과하고 너무 어렸다.”는 것이다. 맥 박사는 어린 것은 맞지만 생물학적으로는 충분히 가능하다고 말해줬다.

제리는 이후 아주 조그맣고 빛나는 아기를 봤다고 했다. 함께 있던 생명체들이 제리에게 그 아기를 보여줬다. 약 10인치(=25.4cm) 정도 크기였다. 손이 작고 머리가 몸에 비해 컸다는 것 이외에는 더 기억해내지 못했다. 아기는 투명한 플라스틱 원형 통 안에 넣어졌는데, 통 안에는 무슨 액체가 흐르고 있었다고 한다.

“도대체 왜 이런 일을 하는 건지 모르겠다. 이해할 수가 없다. 나는 아이를 갖기에는 너무 어리다. 얘들은 나한테 괜찮다며 걱정하지 말라고 한다. 얘들은 이 아이가 내 것이 아니라는 식으로 말하는 것 같다. 자신들 것이고, 자신들의 일부라고 여기는 것 같다.”

제리는 약 한 시간 반 동안 테이블 위에서 이들이 무엇을 하는지 지켜봤다. “작은 아기에게 무언가를 하는 것 같았다.”고 했다. 이들은 제리에게 이 생명체를 만들어낸 것을 자랑스럽게 생각하라고 말하는 것 같았다. 제리는 화가 나고 머릿속이 복잡했으며, 무언가 이용당한 것 같다는 느낌이 들었다고 한다.

지도자로 보이는 자가 제리에게 다가오더니 아기가 아름답다고 했다. 제리는 "내가 언젠가는 이를 이해하게 될 것이라고 그가 말해줬다."고 했다. 맥 박사는 무엇을 이해하게 된다는 것이냐고 물었다. 제리가 '탄생'이라고 대답했다. 맥 박사가 무엇의 탄생이냐고 다시 물었다. 제리는 "새로운 생명체인 것 같다. 새로운 종(種)이라고 해야 하나 잘 모르겠다. 더 자세히 말해주지는 않았다."고 했다.

제리는 이 지도자의 이름을 알고 있는 것 같았으나, 이를 맥 박사에게 말해줄지 고민하는 듯했다. 지도자의 이름을 말해주면 그 존재를 더 인정하게 되는 것 같아 고민된다는 것이다. 제리는 그 지도자의 이름이 '물라나(Moolana)' 비슷한 것이었다고 기억했다.

제리는 이후 이들이 자신이 옷을 다시 입는 것을 도와준 것을 기억했다. 집으로 어떻게 돌아왔는지는 기억이 나지 않는다고 했다.

최면에서 깨어난 제리는 분노해 있었다. 자신에게 그렇게 할 권리가 없다는 것이었다. "그들은 무언가 이유가 있었다고 했지만 너무 이기적인 게 아니냐?"고 따졌다. 그녀는 자신이 "높은 곳에 있는 누군가가 세운 계획의 일부였고, 이들 계획의 도구처럼 느껴졌다."고 투덜댔다.

맥 박사와 제리는 이후 제리의 성 생활에 대한 이야기를 나눴다. 제리는 "성 관계라는 것은 결혼을 해 아이를 갖고, 이를 돌봐주고 키우며 서로 사랑하는 것이다."고 말했다. "그런데 그들(=외계인)은 이런 것을 전혀 하지 않는다."고 했다. "감정이나 사랑, 서로와의 관계는 전혀 신경 쓰지 않는다."는 것이다.

그녀는 "내가 성 관계를 할 때마다 느끼는 감정이 이것이다. 얘들이 나에게 하는 것 같다. 나는 그냥 참고 견뎌내야 하는 것처럼 느껴진다. 나는 아무것도 할 수 없다는 무력감이 든다."고 털어놨다.

이날 상담이 끝난 뒤 제리는 배 쪽에 있는 작은 원형 모양의 상처를 보여줬다. 오늘 떠올린 기억과 관련이 있는 게 아닌가 여겨진다고 했다. 지금까지 이 상처가 어디서 왔는지 몰랐는데, 납치 때 생겨난 것 같다는 것이었다.

제리는 이날 최면 치료 이후 계속 어려운 시간을 보냈다. 잠을 제대로 못 자고 자주 울었다. 주변 사람들이 자신을 믿어주지 않을 것이라는 강박이 생겼다. 그는 맥 박사보다 가까운 곳에서 진료하는 또 다른 정신과 의사를 찾아갔다.

이 의사와도 잠깐 최면 치료를 했는데, 그가 상황을 오히려 더 악화시킨 것 같았다. 이 의사는 제리가 더 많은 것을 더 빠르게 기억해내도록 계속 압박을 줬다. 매주 치료를 받지 않으면 안 좋은 일이 생길 것이라는 협박 아닌 협박도 했다고 한다. 맥 박사는 그녀에게 천천히 하라고 조언해줬다.

제리는 이후부터 말(馬)이 나오는 꿈을 자주 꿨다. 연구실 같은 방에서 '내 말'을 찾는 내용의 꿈이다. 이 연구실에는 작은 직사각형 물체들에 수영장처럼 물이 담겨 있었다. 제리는 꿈 속에서 이 말들을 보면 너무 슬퍼졌다고 한다. 가장 가까이에 있던 말 한 마리가 눈에 띄었다고 했다. 그 말이 고개를 돌려 제리를 쳐다봤는데, 눈이 아주 크고 짙은 색이었다고 한다.

제리는 "이 말들은 물 속에 있는 쇠줄 같은 것에 다 묶여 있었다."고 설명했다. "말들에는 팔과 다리가 있었지만 다 너무 삐쩍 말랐다."고 했다. 말들은 고개를 치켜들고 싶어도 치켜들지 못하는 것처럼 보였다는 것이다. "그런데 이 말은 고개를 내 쪽으로 돌리더니 내 눈을 쳐다봤다."고 했다. 이 말의 눈을 보고 무슨 생각이 들었는지는 모르겠다면서….

13세 때 우주선에서 본 '아기', 꿈 속에 계속 등장하는 '말'. 이 둘은 무슨 관계가 있을까?

"인간의 정자와 난자로 배아(胚芽)를 만든 뒤 빼곡한 서랍장에 보관한다."

제리에 대한 3차 최면 치료는 1993년 5월27일에 진행됐다. 앞서 두 차례의 치료 이후 제리는 과거에 설명되지 않았던 일들이 조금씩 이해가 된다고 했다. 어머니와 여동생 모두 원인 불명의 유산(流産)을 했다는 사실, 꿈에서 나온 작은 말(馬)들과 외계인과 혼종(混種)인 것 같은 '하이브리드' 여자 아이들이 무언가 UFO 납치 현상과 관계가 있다는 점을 깨달았다는 것이다. 이 소녀들은 꿈 속에서 제리에게 "당신은 우리의 어머니입니다."라고 말했다고 한다.

제리는 이날 최면에서 1992년 9월 어느 날 일어난 일에 대한 기억을 떠올려냈다. 금색 불빛이 침실을 비췄는데, 너무 밝아 눈이 아플 정도였다는 것이다. 외계인들이 방 안으로 들어와 예전처럼 그를 어디론가 끌고 갔다고 했다.

제리의 이야기로는 자신이 과거에 와봤던 방으로 끌려간 모양이었다. 그녀는 이 외계인 집단의 지도자인 남성에 대해 복잡한 생각을 갖고 있었다고 한다. 제리는 "다른 생명체들은 나에게 말을 걸지 않았고, 그 혼자만 나에게 말을 했다."는 것이다. 이때의 기억을 떠올리며 제리는 매우 혼란스러워 했다. 제리는 자신을 두 개의 존재로 나눠 이야기를 하기 시작했다.

현실의 제리는 그녀가 떠올린 기억 속의 제리가 테이블 위에 나체로 누워 있다고 했다. 그 방 안에는 엄청나게 많은 직사각형 서랍이 있었다고 한다. 제리는 "이 서랍 안에 아기라고 부를 수 있을지 모르지만 태아(胎兒)들처럼 작은 애들이 있었다."고 말했다.

제리는 "맨 오른쪽 하단에 내 것 같은 태아가 보였다."고 한다. 그녀는 그런 하이브리드 아기가 몇 명이나 있었는지는 기억이 나지 않는다고 했다. 그녀는 "이들이 말처럼 느껴졌다."고 묘사했다. 맥 박사는 "그들이 말처럼 생겼느냐?"고 물었다. 제리는 "눈만 말처럼 생겼다."면서 "말처럼 말랐다."고 대답했다. 그녀는 쌍둥이 여자 아기 둘을 봤는데, 그들이 자신의 아이인 것 같은 느낌을 받았다고 한다. 3세쯤 됐던 막내아들 콜린과 키가 비슷했다는 것이다.

제리는 외계인들의 인공수정 과정을 설명하기 시작했다. 과정 자체가 매우 빠르다고 했다. 외계인들은 그녀에게 남성의 DNA를 채취해온다고 말했다고 한다. 그녀는 "정자가 내 남편이나 아니면 다른 사람에게서 왔을 수도 있다."고 했다. 이들은 이후 정자와 난자를 수정하는데, 자신들의 유전자 특성을 추가한다고 설명했다. 이렇게 만들어진 배아(胚芽)가, 제리가 겪은 것처럼 여성 몸 속으로 들어갔다 아기로 탄생하게 된다는 것이었다.

제리는 다시 납치 당시의 기억으로 돌아갔다. 외계인들이 산부인과 의사처럼 자신의 다리를 벌렸다고 한다. 기다란 튜브를 질 안쪽으로 집어넣었는데, 따끔하더라고 했다. 이런 방식으로 배아를 집어넣는 것 같다고 그녀가 덧붙였다. "이런 과정을 과거에 겪어봤기 때문에 이들의 루틴을 알고 있었다."고도 했다. 지도자는 배아 하나를 서랍에서 꺼내 그녀 쪽으로 가져왔다고 한다. 제리는 이걸 빼내는 것이 훨씬 더 아프다고 말했다.

제리는 이런 기억을 떠올리며 자신이 왜 남편과 정상적인 성 관계를 갖지 못하는 것인지 알 것 같다고 했다. "이들이 다 망쳐버렸다."는 것이다. 성 관계를 할 때마다 당시의 기억으로 인해 무의식 중에 아플 것이라는 생각이 들어 항상 남편을 밀쳐버렸다고 한다.

제리는 이후 외계인들이 자신을 검정색 복도를 지나 작은 방으로 끌고 갔다고 했다. 여러 생명체들이 둘러 모여 그녀의 복부를 관찰했다고 한다. 이후 이들은 제리의 발을 바늘 같은 것으로 찔렀다. 그러면서 외계인들이 제리에게 TV 같은 화면을 쳐다보라고 말했다. 그들이 틀어준 영상에는 그녀와 막내아들 콜린이 집에서 춤을 추고 있는 모습이 담겨 있었다.

한 생명체가 제리가 어떤 반응을 보이나 관찰했다고 한다. 제리는 사생활을 침해받은 것 같아 화가 났다고 했다. 그녀는 이때 자신의 발가락 위에 어떤 기계가 올려졌고, 이후 발가락을 움직일 수 없었다고 한다. 콜린도 외계인 납치 현상으로 추정되는 사건을 경험하며 발가락 통증을 호소한 바 있다. 제리는 "내가 나의 이런 발가락 결함을 콜린에게 물려줘버렸다."며 고개를 저었다.

이후 외계인들은 제리에게 예수 형상을 담은 사진 혹은 그림을 보여줬다고 한다. 하얀색 옷을 입은 예수였다. 외계인들은 제리가 이를 보고 어떤 반응을 보이나 또 관찰했다는 것이다. 제리는 이때 너무 졸음이 쏟아져 기억이 나지 않는다고 했다. 이후 그녀는 그녀의 옷이 있는 방으로 돌아갔다. 그런 뒤 "큰 나무 숲을 지나 집 침실 창문을 통해 들어갔다."고 말했다. 남편은 자고 있었다고 한다.

제리는 최면 막바지 단계에서 "이들이 정말 존재한다고 생각한다."면서 "이들은 실재(實在)하고, 우리가 하는 방식은 아니지만 우리와 관계를 맺는다."고 덧붙였다.

제리의 4차 최면 치료는 5주 뒤인 7월1일에 진행됐다. 이번 치료의 목적은 납치 현상에서 겪은 일과 현실을 분리해, 정상적인 성 관계를 할 수 있도록 하는 데 초점이 맞춰졌다. 그녀는 앞서의 최면 치료를 통해, 자신이 성 관계를 두려워하는 원인을 찾은 것이 상황을 개선하는 데 조금 도움이 됐다고 말했다. 그러나 "계속해서 남편이 이들(=외계인)이 아니라는 점을 떠올려야만 했다."고 한다.

맥 박사는 이 최면 치료 과정에서, 5일 전인 토요일 낮에 제리가 남편과 성 관계를 하는 장면에 집중해보자고 권했다. 제리도 밤보다 낮에 하는 게 편하다고 대답했다. 콜린은 잠을 자고 있었고, 큰 아이들은 방해하지 말라는 이야기를 듣고 나가 있었다고 한다.

최면에 들어간 제리는 8세 때 있었던 UFO 납치 현상 기억을 다시 떠올려냈다. 이날 밤 가족들과 이모네 집을 방문했다가 돌아가는 길이었다. 제리는 자다 깼는데, 차가 멈춰 있었고 창문에 한 얼굴이 보였다. 회색에다 금속처럼 보이는 비행 물체가 바로 위에 정지해 있었다고 한다. 이 물체의 하단부에서 빛이 나오고 있었다. 제리는 이 생명체의 눈이

"악마의 눈 같았다."고 했다. 제리는 그러다 갑자기 잠이 들어버렸다고 한다.

눈을 떠보니 어두운 곳에 혼자 누워있었다. 아까 차창에서 봤던 얼굴이 다시 보였다. "너무 못생겼는데 악마 같았다."고 했다. 그 생명체가 제리에게 "몇 가지 간단한 일을 하고 나서 집에 돌려보내주겠다."고 말했다. 이후 제리는 무언가가 목을 조르는 느낌을 받았다. 그녀는 최면 과정에서 "얘들이 만지는 게 너무 싫다."고 했다. 그 생명체가 등 쪽을 여기저기 만졌다. 제리는 "작은 바늘 같은데 따끔했다."고 했다.

이후 지도자가 나타나 "나를 살피러 오는데 엄청 밝은 빛이 나는 물체를 갖고 왔다."고 말했다. 그녀는 "다른 곳은 다 만져도 되지만 그곳은 내 사적인 부분이니 만지지 말기를 바랐다."고 한다. 그런데 처음에는 제리의 질 부분을 쳐다보다가 무언가를 집어넣었다는 것이다.

외계인 하나가 제리의 질을 확인한 뒤 지도자에게 다가가 "아니다."고 말했다고 한다. 제리는 그 말을 아직 아기를 생산할 준비가 안 됐다는 뜻으로 여겼다. 제리는 이날의 상황이 수치스러웠다고 했다. 자신이 '헝겊 인형'이 된 것 같았다는 것이다.

맥 박사가 제리에게 처녀막이 있다는 것을 인지(認知)한 적이 있느냐고 물었다. 제리는 어렸을 때나 청소년일 때, 성기 부분을 만지거나 확인해본 적은 없다고 대답했다. 납치 경험으로 인해 성기를 보는 것에 트라우마 같은 게 있었던 모양이라고 했다. 맥 박사는 항문 검사도 있었느냐고 직설적으로 물었다. 제리는 "그 경험은 더 끔찍해서 그냥 없던 일로 묻어버렸다."고 말했다. 맥 박사가 "무엇이 더 끔찍하다는 건가?"라고 물었다. 제리는 "그냥 그걸 하는 것 자체가 끔찍했고, 완전히 더러웠으며 더 불편했다."고 대답했다.

이후 맥 박사와 제리는 남편과의 성 관계 문제에 관한 이야기를 나눴다. 그녀는 남편이 다리를 벌릴 때, 등을 만질 때, 삽입을 하려고 할 때마다 외계인들이 이와 비슷한 일을 하던 상황이 떠올라 괴로웠다는 사실을 돌이켰다. 맥 박사가 새로운 실험을 해보자고 제안했다.

성 관계를 하기 전, 서로 이에 동의하고 충분한 대화를 나눈 다음 해보도록 하라고 권했다. 남편이 제리가 시키는 대로 자신의 몸을 만지게 하라고 했다. 외계인들이 만진 적이 없는 가슴에 집중하도록 했다. 남편의 성기가 발기되면, 그가 아니라 제리가 이를 삽입해보라고 했다. 성 관계의 모든 과정을 제리가 리드하도록 했던 것이다.

마지막 최면 치료가 끝난 5일 뒤, 제리가 맥 박사의 사무실을 찾아왔다. 그녀는 이 전략이 먹혔다며 매우 기뻐했다. 외계인에 납치됐던 기억이 전혀 떠오르지 않았다는 것이다. 남편도 제리가 원하는 대로 다 따라줬다고 한다. 남편 역시 그런 변화를 매우 기뻐했다. 맥 박사는 그가 책을 쓰던 시점인 몇 달 후에도 이들 부부의 성 생활이 괜찮은 상태를 유지했다고 소개했다.

맥 박사는 이 사례를 소개한 다음에 덧붙인 해설에서도, 납치 현상의 진위 여부가 아닌 성 생활에 대한 공포증이 치료됐다는 사실에 의미를 뒀다. 네 차례의 최면 치료를 통해, 인간과의 성 관계와 외계인이 그녀에게 한 행동을 분리시킬 수 있었다는 것이다.

맥 박사는 최면 치료 현장을 목격하지 않은 사람들은 제리가 얼마나 고통스럽게 당시 상황을 떠올렸는지 알 수 없을 것이라고 했다. 또한 제리는 여러 납치 경험자들과 마찬가지로 뭔가 원대한 이유에서 이런 일들이 진행됐던 것으로 여겼다고 한다. 1991년 11월, 제리는 "기술적으로는 다른 생명체에 대한 설명이 불가능하지만, 영혼적으로는 가능하다."는 글을 썼다. 한 달 뒤 그녀는 다음과 같이 적었다.

《과학 : 우주와 시간을 정해진 방식으로 여행.

영혼 : 우주와 시간을 무한한 방식으로 여행.

과학 : 제한된 여행.

영혼 : 무제한적인 여행.

만약 이 두 개의 티켓 중 하나를 사야 한다면 당신은 무엇을 사겠는가?》

제4장

"외계인들이 전생(前生)의 내 모습을 보여줬다"

두세 달 사이에 만들어진 아기

손가락의 피를 채취당한 소녀 시절 기억

존 맥 하버드 의대 정신과 과장이 22세의 캐서린이라는 여성을 처음 만난 것은 1991년 3월이었다. 캐서린은 음악을 전공하는 학생으로 나이트클럽에서 손님들의 입장을 관리하는 직원으로 일하고 있었다.

캐서린은 맥 박사에게 연락해 얼마 전인 2월 말, 일을 끝내고 일어난 사건을 소개했다. 그녀는 이날 자정쯤 일을 마친 뒤 집으로 돌아가는 길이었다. 집은 매사추세츠주 보스턴 인근인 소머빌이었는데, 그곳을 통과해 계속 북쪽을 향해 달렸다고 했다. 새로 산 자동차의 길을 들이기 위해 고속도로에서 속도를 높여봐야겠다는 생각이 들었기 때문이었다. 이후 그녀는 집으로 돌아왔는데, 이날 일어난 45분간의 기억이 사라져버렸다는 것이다.

캐서린은 다음날 정오쯤 일어났다. 뉴스에서는 보스턴 인근에서

UFO가 목격됐다는 소식이 흘러나오고 있었다. 뉴스 앵커는 혜성이나 별똥별이었을 수 있다고 했다. 캐서린은 혜성이라면 그냥 하늘에서 사라질 텐데, 하늘에서 수평으로 이동했다는 것을 이상하게 여겼다.

당시 이런 현상을 목격한 한 경찰관과 그의 부인 역시 혜성의 움직임은 아니었다고 했다. 캐서린은 전날 밤 무슨 일이 일어났는지는 기억이 나지 않았지만, UFO의 이동 궤도가 자신이 움직이던 방향과 일치한다는 사실을 깨달았다고 한다.

캐서린은 맥 박사와 처음 만난 자리에서 이와 같은 이야기를 했다. 맥 박사에 따르면, 캐서린은 무언가 계속 미안해하는 모습이었다. 맥 박사의 시간을 낭비하는 게 아닌가 걱정하는 것처럼 보였다는 것이다. 캐서린은 이후 9세 때 꿨던 꿈 이야기를 했다.

어떤 무서운 생명체를 봤는데 손가락이 매우 길었다고 한다. 이 생명체가 갑자기 자신의 뒤로 와 몸을 잡았으며, 생명체의 손이 차가웠다고 했다. 캐서린은 어머니를 부르려고 했으나 소리가 나오지 않았다고 한다.

캐서린은 바로 직전 크리스마스인 1990년 크리스마스 때도 이상한 꿈을 꿨다고 했다. 알래스카에 거주하는 어머니의 집을 방문했을 때였는데, 우주선 같은 것을 봤다는 것이다. 이 우주선에 있는 방 안에서 커다란 수족관 같은 것을 봤고, 그것이 실제로 일어난 일인지 꿈인지 헷갈린다고 했다. 이런 내용은 최면이 아닌 맨정신에서 다뤄졌다.

맥 박사는 캐서린에게 그녀가 겪은 일들이 다른 UFO 납치 현상에서도 자주 나타나는 일이라고 말해주었다. 그런 다음 며칠 동안 더 떠오르는 기억이 없는지 차분히 생각해보고, 한 주 뒤에 전화를 달라고 했다.

맥 박사는 캐서린으로부터 연락이 없자 직접 전화를 걸었다. 캐서린은 아무것도 떠오르지 않았고, 전화를 해봤자 바보처럼 보일까 싶어 걸지 않았노라고 말했다. 직장을 옮기기 위해 이력서를 쓰느라 바쁘다고도 했다.

맥 박사가 캐서린의 연락을 받은 것은 그로부터 9개월 후였다. 캐서린은 맥 박사에게 보낸 편지에서 "기억이라고 하기엔 너무 거창하지만, 어떤 '인상' 같은 것을 떠올리게 됐다."고 썼다. 턱 밑에 있는 작은 일자(一字) 모양의 상처가 있는 것을 발견했으나, 그것이 어떻게 해서 생긴 것인지 모르겠다는 것이다.

맥 박사와 캐서린은 그 후 8개월 동안 모두 다섯 차례의 최면 치료를 진행했다. 치료 이외에도 자주 만나 이야기를 나눴다. 이때는 캐서린이 음악 전공을 그만두고, 심리학을 전공하기 위해 대학원에 진학했을 무렵이었다.

캐서린은 오레곤주 포틀랜드 인근 지역에서 자랐다. 아버지가 측량사였기 때문에 포틀랜드 인근에서 여러 차례 이사를 다녔다. 캐서린이 어렸을 때 그의 아버지는 척추에 장애가 생겨 일을 그만둬야 했다. 집에서 물건을 고치거나 목수 일을 하며 시간을 보냈고, 다른 사람들이 부탁하는 잡일을 하며 생활을 이어갔다.

그러다 술독에 빠져 여러 어려운 시간을 보냈다. 술에 취하면 사라져 버리고, 감정 조절을 하지 못했다. 어느 날은 캐서린이 방 청소를 하지 않았다는 이유로 딸의 소지품을 몽땅 쓰레기통에 집어넣고 태워버렸다. 캐서린의 부모는 그녀가 대학에 진학했을 때 이혼했고, 이후부터 아버지와 연락한 적은 없다고 했다.

캐서린의 어머니 이름은 수잔이다. 그녀는 장애가 있는 아이들을 가르치는 교사로 근무했다. 수잔은 대학 시절 약 30명의 다른 사람들과 함께 UFO를 목격한 적이 있었다고 한다. 캐서린은 10대가 되자 알래스카로 이사를 갔다. UFO 문제와 딸이 겪고 있는 문제에 호기심을 갖고 있던 수잔은, 알래스카 시골 지역에서 맥 박사에게 전화를 걸어 진행상황을 묻기도 했다.

맥 박사는 치료에 앞서 캐서린에게 어린 시절 성폭행을 당한 적이 없었느냐고 물었다. 어떤 일로 인해 트라우마가 생긴 게 아닌지 확인하기 위해서였다. 캐서린은 네 살쯤일 때 오랫동안 가족끼리 친하게 지내오던 한 아저씨가 자신의 다리 속에 손을 넣고 성기를 만진 적이 있다고 털어놓았다. 좋은 동네 아저씨인 줄 알았다가 이런 일을 겪어 충격을 받았다는 것이다. 캐서린과 수잔은 캐서린이 아버지나 다른 가족 구성원으로부터 성적, 혹은 신체적 학대를 받은 적은 없었던 것 같다고 말했다.

캐서린은 최면이 아닌 맨정신에서도 세 살 때 경험한 납치 현상을 기억하고 있었다. 캐서린은 이날 자다가 깼는데, 침실 창문에서 파란색 불빛이 들어오고 있었다고 한다. 당시 캐서린의 가족은 1층짜리 이동식 집에서 생활했다. 캐서린은 "창문 밖에 웃기게 생긴 사람이 보였고, 창문이 땅으로부터 꽤 위에 설치된 것을 감안하면 키가 제법 컸거나 떠있는 것 같았다."고 돌이켰다. 창문을 통해 그의 가는 몸통 전체를 볼 수 있었다고 한다.

그 생명체는 큰 검정색 눈을 갖고 있었고, 턱선은 날카로웠다. 코는 사람 코처럼 생긴 게 아니라, 그냥 얼굴에서 조금 튀어나와 있는 것 같았다고 했다. 옷은 아무것도 걸치지 않았으며, 뒤쪽에서 오는 빛 때문인지 파란색으로 보였다고 했다.

갑자기 그 생명체가 창문으로 들어오려 했다는 것이다. 캐서린은 "불빛이 쏘아지자 그가 방 안으로 들어와 버렸다."고 했다. 어머니를 부르고 싶었지만 목소리가 나오지 않고 움직일 수도 없었다는 것이다. 이때 그 생명체가 무언가를 하더니, 그녀 역시 하늘로 떠오르기 시작했다고 한다.

순간 창문 밖에서 비슷한 생명체 대여섯을 더 봤다고 했다. 거실에서 무언가를 들어 올렸다가 다시 내려놓는 등 아주 빠르게 무언가를 했다고 한다. 그렇게 붕붕 떠서 집 밖으로 나갔더니 불빛이 하나 보였고, 우주선 같은 게 있었다는 것이다. 캐서린은 "우주선은 원반형이었고, 전체적으로 빛을 내뿜고 있었다."고 말했다.

이날의 만남에서 캐서린이 기억해낸 것은 이게 전부였다. 이 만남이 있고 난 두 달 반 뒤, 캐서린은 맥 박사에게 기억이 더 떠올랐다며 편지를 보냈다. 맥 박사는 납치 현상 경험자들에서 자주 발견되는 공통점 중 하나는, 기억이 한 번 떠오른 뒤 계속해 구체적으로 떠오르게 된다는 점이라고 했다. 캐서린의 편지 내용 일부를 소개한다.

《저를 우주선 안에 있는 둥근 방으로 끌고 갔습니다. 대여섯 명의 다른 아이들도 있었는데, 모두 10세 미만이었던 것 같습니다. 그런 뒤 키가 조금 큰 여성 같은 생명체가 저에게 다가오더니 "같이 놀래?"라고 물었습니다. 어린이집 선생님 같은 느낌을 받았습니다.

졸리고 조금 혼란스럽기는 했지만 "알겠다."고 대답했습니다. 그 여성은 제 답변을 듣고 기분이 좋았던 것 같습니다. 다른 아이들은 다 저보다 나이가 많았고 키가 컸습니다. 여성이 방 한쪽에서 금속 공처럼 생긴 것을 갖고 왔는데, 그 공은 하늘에 떠있을 수 있었습니다. 다른 아이들도 이를 날려보려고 했지만 그녀처럼 잘 하지는 못했습니다.

공은 벽에 부딪치면 '쨍' 하는 소리를 냈습니다. 여성은 우리들이 노는 것을 보고 재미있어 하는 거 같았습니다. 그러자 그녀가 제게 다가오더니 "너도 해볼래?"라고 물었습니다. 저는 "네."라고 소리쳤습니다. 저보다 나이가 많은 아이들 앞에서 잘 해내고 싶었습니다.

그녀는 제게 금속 막대기 같은 것을 줬습니다. 약 30cm 정도 되는 막대기였습니다. 끝부분에는 안테나가 달려 있었습니다. 이 막대기는 리모콘 같은 거였는데, 이를 통해 공을 움직일 수 있었습니다. 공을 공중에 멈추게도 하고 갑자기 방향을 확 틀어보기도 했습니다. 제가 나이가 더 많은 아이들보다 훨씬 잘하자 이들은 저를 기분 나쁘다는 식으로 쳐다봤습니다.

여성은 1분가량 지나자 제게 와 막대기를 다시 가져갔습니다. 제 시간이 다 된 거였죠. 여성이 제게 아주 잘했다고 칭찬해줬습니다. 우리 모두가 놀고 난 뒤, 그녀가 우리들에게 다가와 "너희들 모두 잘했고, 개개인이 발전하는 모습을 봐 매우 기쁘다."고 했습니다. 저는 제 자신이 자랑스러웠습니다. 더 할 이야기가 많지만 오늘은 여기까지입니다.》

캐서린이 떠올린 두 번째 기억은 7세 때 일어난 일이었다. 이날 캐서린은 어느 친구의 집에서 세 명의 다른 친구들과 함께 놀았다고 했다.

캐서린은 친구들과 놀다가, 친구의 집 근처 골목에서 어느 아주머니가 키우는 공작새가 갑자기 보고 싶어졌다고 한다. 비가 오던 날이었고, 골목길은 진흙탕이었다고 했다. 캐서린은 공작새의 주인인 아주머니가 밖으로 나와 혼내면 어떻게 하나 걱정이 되었다고 한다.

캐서린은 공작새 쪽으로 돌을 던져 새가 아름다운 날개를 펼치는 모습을 보고 있었다. 그 순간 캐서린은 '하얀색 작은 물체'를 봤다고 한다. 작은 사람처럼 보였고, 머리와 눈이 컸으며, 머리카락은 없었다고 했다.

그때 그가 캐서린에게 어딘가 데려갈 데가 있다고 말했다. 캐서린은 "어머니가 모르는 사람을 따라가지 말라고 했기 때문에 갈 수 없다고 말했다."는 것이다. 그럼에도 그는 걱정하지 말라며 캐서린의 팔을 잡아 끌고 갔다고 했다. 최면 과정에 빠져 있던 캐서린은 이를 설명하며 울기 시작했다.

캐서린은 맥 박사 앞에서 계속 울면서 "그가 나를 끌고 가는데 하늘을 날고 있고, 밑에 있는 모든 것들이 보인다."고 말했다. 캐서린은 "무언가 구멍 같은 것을 통과해 방 안 중간으로 들어가게 됐다."고 설명했다. 캐서린은 이 작은 생명체가 자신의 키와 비슷했다고 한다. 캐서린은 이 생명체를 때리려고 했지만 몸이 움직이지 않았다. 이 생명체는 캐서린이 그렇게 하려는 것을 보고 웃는 것 같았다고 한다. 캐서린은 "내 머릿속에서 그가 그렇게 말하는 것처럼 들렸다."고 했다.

캐서린은 이 작은 남성이 다른 방으로 가더니 무언가를 들고 다시 들어왔다고 했다. 캐서린이 "그걸로 뭘 하려고 하느냐?"고 물었더니, 그는 "아주 작게 찢을 거야."라고 대답했다. 캐서린은 "안 된다고 소리를 쳤다."고 한다. 그러자 이 남성은 "우리는 그래야만 한다."며, "과학 연구용이다."고 했다는 것이다.

캐서린은 "왜 다른 사람이 아닌 나여야만 하느냐?"며 "싫다."고 계속 소리쳤다. 이 남성은 "새로운 피가 필요하기 때문이다."면서 캐서린의 왼손 네 번째 손가락 위를 살짝 찔렀다. 캐서린은 생각했던 것보다 아프지는 않았다고 했다. 이 남성은 금속으로 된 '안약(眼藥)'처럼 생긴 물체로

피를 뽑아 그 안에 피를 담았다고 한다.

이 남성이 “샘플을 채취하고 난 뒤 집에 돌려보내주겠다.”고 했다. 캐서린은 “왜 이유를 말해주지 않느냐?”고 물었다. 그러자 남성이 “너희 행성을 연구하고 있다.”고 대답했다. 캐서린은 “우리 행성에 뭔 문제가 있느냐?”고 다시 물었다.

그는 “피해를 멈추려 한다.”고 대답했다. 무슨 피해냐고 물으니 오염으로부터 오는 피해라고 했다. 캐서린이 잘 모르겠다고 하자, 그가 “언젠가 알게 될 거야.”라고 말했다. 그런 뒤 그는 캐서린을 데리고 다시 지상으로 내려갔으며, 캐서린을 떠나면서 “다시 찾아오겠다.”고 했다는 것이다.

캐서린은 다시 공작새가 있는 골목길로 돌아오게 됐다고 한다. 무서워서 친구들이 있던 집으로 뛰어갔는데, 캐서린은 하늘에서 보낸 시간이 약 15분 정도였던 것 같다고 했다. 친구들은 TV를 보고 있었으며, 캐서린이 나갔다 온 것을 눈치 채지 못했다고 한다.

캐서린은 집으로 돌아오자 이 생명체와 있었던 일들이 서서히 지워지는 것 같았다고 했다. 그러다 잠깐 밖에 나갔다 온 기억만 남게 됐다는 것이다. 캐서린의 왼손 약지(藥指)에는 아직도 작은 말발굽 모양의 상처가 있는데, 그녀는 어디에서 그 상처가 생겼는지 모르겠다고 했다.

캐서린이 성인이 돼 겪은 납치 경험은 1990년 크리스마스 즈음에 일어났다. 당시의 상황은 맥 박사와의 첫 두 차례 최면 치료에서 다뤄졌다. 캐서린의 어머니가 거주하던 알래스카의 이동식 집은 외진 곳에 있었다. 가장 가까운 곳에 있는 마을로부터도 약 10km 떨어져 있는, 거의 아무도 살지 않는 곳이었다.

캐서린은 이상한 꿈을 꾼 것이 크리스마스로부터 하루나 이틀 뒤였던 것 같다고 말했다. 캐서린은 우주선에 있는 방 같은 곳에 자신이 누워있었던 기억은 있는데, 아무리 기억을 떠올려내려고 해도 떠올려지지 않았다고 한다.

최면 과정에서 기억을 떠올려내기 시작한 캐서린은 "우주선 같은 곳에 있었고, 꿈이 아니었던 것 같은 인상이 든다."고 했다. 캐서린은 이때의 기억을 떠올리며 두려움에 떨고 있는 것 같았다. 맥 박사는 현실 세상에서는 아무 일도 없을 테니 걱정하지 말라고 계속 말해줬다. 캐서린이 떠올린 기억은 이랬다.

《한밤중에 집 복도를 나서 거실에 가보니 엄청나게 큰 우주선이 뒷마당에 있었어요. 이 우주선은 지상에 세워져 있었고, 원반형이었습니다. 가운데 부분이 더 넓은 것 같았고, 은색 금속 물체처럼 보였습니다. 트레일러보다 컸고, 가장자리 부분에서 하얀색 빛이 나오고 있었습니다. 저는 '여기 있으면 안 되는 물체인데'라고 생각했습니다. 저는 맨발에 늘어난 티셔츠 한 장을 입고 있었는데, 어머니의 두꺼운 부츠가 문 앞에 보였습니다. 문을 열고 나가볼까 했으나 문을 열기 싫었습니다.》

이때 현실 세계(=최면 상태)의 캐서린은 감정적으로 매우 불안정해보였다. 맥 박사가 여기서 그만하겠느냐고 물었다. 캐서린은 조금 더 해보겠다고 했다. 캐서린은 갑자기 얼굴 쪽부터 마비 증세가 나타나기 시작했다고 한다. 마비 증세는 손으로 뻗어나갔고, 무언가 무거운 게 가슴과 복부를 누르고 있는 것 같았다고 했다.

문 앞에서 고민하던 캐서린은 우주선 쪽으로 나가보기로 했다. 그런데 몸이 다 마비가 된 것 같아서 제대로 걸어가지 못했다는 것이다. 우주선 근처에 다가가자 생명체들이 보였다고 한다. “다섯 명이 있었는데 옷을 아무것도 걸치지 않은 것 같았다.”고 했다. “여긴 한 겨울의 알래스카인데 옷을 입어야 하지 않나 하는 생각이 들었다.”고 한다.

이 생명체들에서는 뭔가 금색의 반짝이는 빛이 나왔다는 것이다. 캐서린은 “얘들은 머리가 엄청 컸는데 나를 기다리고 있었던 것 같다.”고 했다. 그녀가 다가가자 이 생명체들이 그녀를 둥글게 둘러쌌다고 한다. 얼굴은 보이지 않았으나 팔이 매우 길고, 사람 형상이 아니었다고 했다. 젖꼭지나 배꼽 같은 것이 없었으며, 머리카락이나 치아도 없었고, 무표정이었다고 했다.

캐서린은 우주선 옆까지는 갔으나 안에는 절대 못 들어갈 것 같다며 공포에 질린 사람의 목소리를 냈다. 맥 박사가 진정하라고 달랬으나 캐서린은 계속 울며 소리쳤다. 맥 박사는 캐서린에게 게임을 한 번 해보자고 말했다. 가상의 스파이 같은 존재를 만들어, 그의 눈으로 안에서 어떤 일이 일어나고 있는지 보자고 했다. 캐서린은 알겠다고 대답했다.

스파이는 “큰 알 안에 생명체들이 들어가 있었는데, 모든 것들이 금속 같았다.”고 보고했다. 방 같은 것들이 보였으나 입구가 어디인지는 안 보인다고 했다.

이 스파이는 방 안에서 여러 과학 관련 기기들을 봤는데, 지구에서 만들어진 것이 아닌 것 같다고 했다. 또 다른 생명체가 보였으며, 의사 같았다고 한다. 벽면 전체에는 여러 기기(機器)와 각종 버튼들이 설치돼 있었다. 중간에 딱딱한 책상이 보인다고 했다. 다리 사이로 공간이 뚫려 있는 책상이 아니라, 벽돌처럼 땅에 붙어 있는 모양이었다고 한다.

캐서린은 조금 진정을 찾은 것 같았고, 기억은 다음 장면으로 넘어갔다. 몸이 떠오르더니 이 방 안으로 흘러가게 됐다는 것이다. 의사 같이 생긴 사람이 다가오더니 캐서린을 책상에 눕혔다고 한다. 이 시점에서 캐서린은 맥 박사에게 그만 하고 싶다고 말했고, 맥 박사가 알았다고 대답했다. 캐서린이 마지막으로 추가한 내용은 이 의사 옆에 다섯 명의 작은 생명체가 있었다는 것이다. 이들은 창백한 하얀색이었다고 한다.

최면이 끝난 뒤 캐서린은 맥 박사와 이날 최면 과정에서 나온 이야기들을 논의했다. 캐서린은 "꿈같지가 않고 꿈보다 훨씬 더 현실 같았다."면서 "이런 이야기를 지어낸다고 해서 내가 감정적으로나 심리적으로 무슨 이득을 볼 수 있는지 모르겠다."고 말했다.

"이런 일을 겪었다고 다른 사람들에게 이야기하면 다들 미쳤다고 생각하지 않겠느냐?"고 물었다. 캐서린은 "나 자신을 진정시키기 위해 이 모든 것이 환상이라고 혼잣말을 한다."고 덧붙였다. 그녀는 만약 최면 과정에서 무언가를 보지 못했다면, 자신이 울었을 이유도 없었을 것이라고 했다.

두 달 사이에 무슨 일이 일어난 걸까?

캐서린에 대한 두 번째 최면 치료 역시 1990년 크리스마스 무렵 꿨던 꿈에 초점이 맞춰졌다. 캐서린은 지도자, 혹은 '감독관' 같은 이가 다가왔다고 했다. 다른 생명체들보다 키가 컸고, 피부는 매끈했다고 한다. 이 감독관은 캐서린을 "해부하기 전 개구리를 쳐다보는 것처럼 관찰했다."고 한다.

이후 방 안에 있던 생명체들이 분주하게 움직이더니 자신에게 다가와 다리를 벌렸다는 것이다. 이 감독관은 캐서린의 얼굴과 성기를 관찰했다. 그는 옆에 있는 다른 생명체에게 무언가를 가져오라고 지시한 뒤, 캐서린의 허벅지를 만지기 시작했다.

손은 매우 차가웠는데, 사람의 찬 손 정도가 아니었다고 한다. 그러더니 고깔 같이 생긴 물체를 왼손에 쥐고 성기 안으로 집어넣으려고 했다. 캐서린은 "그가 그것을 집어넣으니 엄청 차가웠다."고 말했다. "계속해서 깊이 집어넣는데, 창자에까지 넣는 것처럼 느껴졌다."는 것이다. 고통을 느끼지는 않았다고 했다.

이 물체를 자궁 오른쪽에 집어넣고 10초에서 15초 정도 움직였다고 한다. 캐서린은 "샘플을 채취하는 것 같았다."고 했다. 이 감독관은 물체를 빼내더니 옆에 있던 조수에게 이를 전달했다. 캐서린은 정확하게는 모르지만, 세포 조직 같은 것을 떼어낸 듯했다고 말했다.

맥 박사는 캐서린에게 이들이 다른 행동을 하지는 않았느냐고 물었다. 캐서린은 이들이 30cm 정도 길이의 금속 물체를 콧구멍에 집어넣기 시작했다고 설명했다. 맥 박사가 "뇌로 무언가를 넣으려고 하는 건가?"라고 물었다. 캐서린은 "그렇게 하려는 목적이었다."고 답했다. 감독관 같아 보이는 남성이 캐서린의 오른쪽 어깨 쪽에서 이 물체를 콧구멍 안으로 깊이 집어넣었다는 것이다.

캐서린은 "내 머릿속에서 뭔가가 부서지는 것 같았다."고 했다. 이런 절차가 "불편하기는 했지만 실제로 아프지는 않았다."고 한다. 이 물체가 머리까지 들어간 거 같은데 '딱' 하는 소리가 났다고 했다. 이후 감독관은 이를 빼낸 뒤 다시 조수에게 전달했다. 물체 끝에 피가 약간 묻어있었던 걸로 기억한다고 했다.

캐서린은 아무것도 할 수 있는 게 없다는 무력감이 들었다. 이들 생명체들은 자신들이 인간보다 우월하다는 의식을 갖고 있는 것 같았다는 것이다. 맥 박사는 감독관만 그런 우월 의식을 갖고 있었는지, 아니면 다른 생명체들도 다 갖고 있었는지 물어봤다. 캐서린은 "감독관이 더 그랬던 것 같은데, 이들 모두 비슷한 우월 의식을 갖고 있었다."고 대답했다.

캐서린은 이후 다른 방으로 옮겨졌는데, 너무 컴컴해서 아무것도 보이지 않았다고 한다. 맥 박사와 캐서린은 지난 최면 치료에서 했듯 가상의 '스파이'라는 존재를 만들어내, 그의 눈을 빌려 이 방 안에 무엇이 있는지 확인해보기로 했다.

스파이를 통해 캐서린이 본 방 안에는 상자들이 쌓여 있었다. 약 2.5m 되는 높이로 쌓인 상자들이었다. 위아래로 서너 줄, 양 옆으로 8개에서 10개씩 쌓여 있었다. 모두 40개 정도의 상자가 보인다고 했다.

캐서린은 "상자 안에는 다 똑같이 생긴 것들이 들어 있었다."고 돌이켰다. "뭔가 기형(畸形)처럼 생긴 생명체들이 들어 있었다."는 것이다. 다른 방에서 본 생명체들의 "아기 형태인 것 같았고, 액체로 만들어진 것 같았다."고 했다. "장난감 가게에서 파는 플라스틱으로 포장된 바비 인형처럼 서 있었다."고 한다.

이후 생명체들은 캐서린을 옷이 벗겨진 첫 번째 방으로 데려갔다. 첫 번째 방으로 가는 길에서 나무와 바위가 있는 숲을 지났다고 했다. 우주선 안에 어떻게 숲이 있는지 말이 안 된다는 생각이 들었다고 한다. 생명체들은 이후 캐서린을 우주선 밖으로 데리고 나와 집까지 데려다줬다. 집에 도착해 부츠와 코트를 벗고 바로 침실로 가 잤다는 것이다.

어머니는 계속 잠들어 있었던 것 같다고 했다.

맥 박사와 캐서린은 3차 최면 치료에서 1991년 2월 말에 발생한 일을 다뤘다. 소머빌(Somerville) 지역에서 보스턴 북쪽 소거스(Saugus) 지역으로 운전을 하다, 45분간의 당시 기억을 잃어버린 일이다. 캐서린은 이날 소거스 제철소 사인을 따라 차를 몰았고, 어느 주차장에서 5분간 쉬었다고 했다. 이후 계속 숲길로 달려야 한다는 생각이 들어 숲 쪽으로 가게 됐다는 것이다.

그러다 몸에 서서히 마비가 왔다고 한다. 액셀을 계속 밟고 있는데, 자동차의 속도가 떨어지더니 결국 멈췄다고 했다. 그러다 운전석 쪽 창문에 어떤 물체가 보였다고 한다. 손가락이 세 개밖에 없는 마른 체형의 물체가 다가오더니 차에서 내리라고 했다는 것이다.

이 생명체는 커다란 손을 내밀며 캐서린을 안정시키려고 했다. 캐서린은 이 생명체와 함께 숲 속으로 걸어간 것 같다고 말했다. 캐서린은 이때의 기억을 떠올리며 혼란스러워하는 모습을 보였다. 맥 박사가 최면 치료를 끝내겠느냐고 묻자, 캐서린은 기다렸다는 듯이 그렇게 하자고 대답했다.

최면에서 깨어난 캐서린은 자신의 무력감을 호소하며 울기 시작했다. "이들이 언제 어디에서건 나를 찾아와 원하는 것을 할 수 있다는 느낌이 든다."고 몸서리를 쳤다. "이를 막기 위해 아무것도 할 수 없다는 것이 끔찍하다."고 했다.

맥 박사와 캐서린은 이로부터 약 5주 후, 4차 최면 치료를 진행하며 소거스 숲속 납치 사건에 대한 기억을 떠올려내기로 했다. 캐서린은 그 생명체가 자신을 이끌고 대각선 방향으로 날아갔다고 말했다. 너무 빨라 떨어질 것 같다고 그 생명체에게 이야기하자, 그가 "그런 일은 없을 것이다."고 했다고 한다.

캐서린은 엄청나게 큰 우주선 안으로 들어가게 됐다. 복도를 지나가자 더 많은 생명체들이 보였다. 4명가량이 캐서린에게 다가와 옷을 벗기려고 했다. 캐서린은 화가 나 이들을 향해 소리를 질렀다고 한다.

캐서린은 이후 다른 방으로 옮겨졌는데, "비행기 격납고만큼 컸다."고 말했다. 수백 개의 테이블과 수백 명의 사람이 보였다고 한다. 테이블들은 대략 1.5m 간격을 두고 떨어져 있었다. 일부 테이블은 비어 있었고, 약 3분의 1에서 절반가량의 테이블 위에는 사람들이 올려져 있었다. 테이블 밑에는 서랍이 있었는데, 캐서린은 이곳에 각종 기기들이 보관돼 있었던 것 같다고 했다.

생명체들은 캐서린의 몸을 하나씩 살피기 시작했다. 캐서린은 "도대체 뭘 하는 거냐?"고 물었다. 한 생명체가 "다 괜찮은지 확인하기 위해서다."라고 대답했다. 이들은 캐서린에게 "당신이 알지 못하는 일들이 많다."고 했다. 그러다 이들 생명체 가운데 키가 큰 이가 다가오더니 "질문이 너무 많다."면서 꾸짖었다. 그는 "나쁜 일을 하는 것이 아니라 필요한 일을 하는 것이고, 어느 누구도 해치지 않을 것이다."고 큰소리쳤다.

이때 한 생명체가 물탱크처럼 생긴 것이 올려진 카트를 끌고 왔다. 현실(=최면 상태)의 캐서린은 이때의 기억을 떠올리며 울기 시작했다. 캐서린은 "키가 큰 생명체가 내 성기에 큰 금속 물체를 집어넣었다."고 했다. 그런 뒤 더 길고 얇은 금속 물체를 또 하나 안에 집어넣었다는 것이다.

캐서린이 "오! 주여, 주여, 집어넣고 있어, 무언가 자르고 있는 느낌이

들어."라고 외쳤다. 캐서린은 "내 안에서 뭘 자르고 있는 게 느껴진다. 덩어리 같은 것을 내 몸에서 꺼내고 있다. 태아 같이 생긴 게 보인다."고 했다. 맥 박사가 임신한 지 몇 달 정도 된 아기인 것 같으냐고 물었다. 캐서린은 잘은 모르겠지만, 세 달 정도 된 것 같다고 대답했다. 주먹 하나 크기라고 했다.

맥 박사는 캐서린에게 태아가 사람처럼 생겼느냐고 물었다. 캐서린은 "잘 모르겠다."며 "눈은 애들처럼 생겼다."고 대답했다. 캐서린을 담당한 감독관은 무언가 자랑스럽다는 표정을 짓고 있었다고 한다. 그는 캐서린 몸 안에 있는 다른 금속 물체들을 빼낸 뒤, 카트를 가져온 작은 생명체에게 건네줬다.

캐서린은 이 감독관에게 화를 내기 시작했다고 한다. "어떻게 내게 이런 짓을 할 수 있느냐?"고 따졌다. 둘의 대화를 소개한다.

《감독관 : 왜 이렇게 반항하나? 왜 모든 사람들을 힘들게 하느냐?

캐서린 : 내 인생을 왜 망쳐버렸냐?

감독관 : 망친 적 없다. 기억하지 못하게 될 것이다.

캐서린 : 개소리 하지 마, 기억할 거다.

감독관 : 필요한 일이고 궁극적으로 최선의 결과를 내기 위한 것이다.

캐서린 : 그 결과라는 것이 무엇인지라도 말해주면 안 되나?

감독관 : 말해줄 수 없다.

캐서린 : 끝까지 아무것도 말해주지 않는구나. 얼마나 많은 인간들에게 이런 짓을 했냐?

감독관 : 아주 많은 사람들에게 했다.》

이 감독관은 캐서린에게 아무것도 기억하지 못하게 될 것이라는 말을 남기고 자리를 떠났다고 한다. 그런 뒤 작은 생명체들이 다가오더니 테이블에서 그녀를 내려줬다는 것이다. 캐서린은 테이블 위에 올라가 있는 다른 인간들을 보고 슬퍼졌다고 했다. 그녀는 "폭동 같은 것을 내가 일으켜버려야 하겠다고 생각했으나, 아무것도 할 수 없었다."고 고개를 저었다.

생명체들은 캐서린의 옷이 벗겨져 있는 첫 번째 방으로 그녀를 데려갔다. "내가 옷을 입으려고 하는데 옷 입는 것을 도와주려고 했다."고 한다. 매우 짜증스러운 말투로 "빌어먹을, 내 옷이니까 내가 알아서 입게 놔둬!"라고 면박을 주었다. 캐서린은 "이들은 감정을 느낄 수 있는 것 같았고, 내가 그렇게 하니 겁먹은 것 같았다."고 했다.

그녀는 우주선 밑에 있는 구멍을 통해 나와, 다시 대각선으로 날아 지상으로 갔다고 한다. 자동차가 세워져 있던 곳으로 가보니 문은 열려 있었고, 시동도 켜져 있었다. 캐서린은 이때 시간이 새벽 2시45분이었다고 했다. 약 45분간 우주선에서 일어났던 일들이 기억에서 사라졌었다는 것이다.

맥 박사와 캐서린은 최면 치료 이후 태아(胎兒)를 임신한 시기가 언제였을지에 대한 이야기를 나눴다. 임신이 약 2개월 전 알래스카에서 겪은 크리스마스 사건과 관련이 있는지도 논의했다. 캐서린은 약 4개월 전인 10월 말에서 11월 초 사이에도 이상한 일을 겪은 적이 있었다고 털어놨다.

한밤중에 아무도 없는 곳에서 차를 몰다 고속도로 휴게소에서 쉰 적이 있었다. 아무도 없는 무서운 곳이었는데, 누군가를 기다려야 한다는 생각이 들었다는 것이다. 약 15분간 자동차를 세워놓고 있었으나, 이때의 기억 역시 없다고 했다. 캐서린은 크리스마스 무렵부터 살이 좀 찌기 시작했고, 2월 말에 발생한 납치 현상 이후 살이 다시 빠졌다고 한다.

캐서린은 4차 최면 치료 이후 약 두 달 동안 여러 차례에 걸쳐 맥 박사를 만났다. 이전까지의 최면 과정에서 UFO 납치 기억을 떠올려내면서 캐서린은 무력감, 그리고 외계인들에 대한 분노를 표출했다. 분노의 가장 큰 원인은 왜 아무런 설명도 없이 자신의 몸에 이상한 짓을 하느냐는 것이었다.

이 두 달 사이에 캐서린은 몇 번의 새로운 납치 현상을 경험했다. 캐서린은 자신의 의지와는 상관없이 이런 일들이 벌어진다는 사실을 조금씩 인정하기 시작했다. 단순히 이런 현상에 분노하고 현실을 부정하는 것이 아니라, 외계인들에게 설명을 요구해보자는 생각을 갖게 되었다. 일종의 소통을 시작하려 한 것이다.

캐서린은 7월15일 밤, 잠에 들기 전 자신의 다리에 세 개의 동그라미를 그려놓았다. 외계인에 납치를 당하면 이 동그라미를 보고 이들에게 설명을 요구해야 한다는 사실을 떠올려내기 위해서였다. 이날 실제로 외계인이 찾아와 납치를 했는데, 겁에 질려 질문을 하지 못했다고 한다.

캐서린은 맥 박사와의 치료 과정에서 외계인에 대한 공포심을 조금씩 잊기 시작했다. 단순히 두려워하는 것이 아니라, 자신이 무언가 큰 계획의 일부라는 사실을 인정해보기로 했다. 캐서린은 이 무렵 "외계인이 우리보다 정신적으로나 감정적으로 더 뛰어나다."는 이야기를 했다.

"외계인들에게 내 몸이 여기 있으니 마음대로 하라는 것이 아니라, 이런 일들이 계속 일어날 것이라는 사실을 인지했으니 설명을 요구해보자는 쪽으로 생각이 바뀌었다."고 했다. 실제라는 것을 알았으니, 현실을 직시할 수 있게 도와달라는 마음이 생겼다는 것이다.

캐서린에 대한 5차 최면 치료는 1992년 10월26일에 진행됐다. 맥 박사와 캐서린은 7월15일에 겪은 일에 집중하기로 했다. 캐서린은 이 일이 있은 얼마 후 맥 박사에게 당시 상황을 이미 소개한 바 있다. 새벽 2시쯤 방 안에 이상한 불빛이 들어왔고, 생명체가 방 안에 있는 것 같았다고 했다. 이들 중 한 명이 한 쪽 끝에서 불빛이 나오는 지팡이 같은 것을 들고 자신을 가리켰다는 것이다. 소리를 지르고 싶었으나 몸이 마비되기 시작했다고 한다. 그러다 무언가가 자신의 목을 졸랐다고 했다.

캐서린은 최면에 들어가기에 앞서 맥 박사에게 "이런 일이 발생하는 이유를 찾는 것이 다음 순서가 돼야 할 것 같다."고 이야기했다. "나는 이제 내가 미치지 않았다는 것을 알고 있고, 이런 일이 실제로 발생하고 있다는 사실도 받아들였다."며, "이를 부정하고 두려워하는 단계도 이미 지나쳤다."고 했다.

전생(前生)의 기억

최면에 들어간 캐서린은 7월15일 밤의 기억을 떠올려냈다. 탐조등처럼 밝은 불빛이 방 안으로 들어왔다. 인간의 목소리 같은 것이 들렸다. 반쯤 잠이 든 상황이었고, 눈을 떠 일어나려고 했으나 이들 생명체들이 그렇게 하지 못하게 만들었다. 두 생명체가 그녀를 들어 불빛 쪽으로 옮겼다. 최면 과정의 캐서린은 "애들이 무엇을 하고 싶은지 미리 말을 해줬다면, 내가 더 순순히 따랐을 수도 있다."고 했다.

캐서린은 이 불빛을 타고 창문 밖으로 나가 하늘로 날아갔다. 살던 동네가 하늘 아래에 보였다. 속옷차림이었던 것 같은데, 이 불빛으로 인해 따뜻하다는 느낌을 받았다고 했다. 캐서린은 예전에도 와봤던 '방'에 들어가게 됐다고 한다. 여러 생명체가 돌아다니고 있었고, 인간도 몇 명 보였다고 했다.

맥 박사는 캐서린에게 아직도 반쯤 잠든 상태냐고 물었다. 캐서린은 "둘 다 아니다."고 대답했다. "불빛에 올라타자 또 다른 의식 세계로 들어가게 됐다."고 말했다. 맥 박사가 "이 의식이 잠에서 깼을 때의 의식과 어떻게 다르냐?"고 물었다. 캐서린은 "나의 전혀 다른 부분에 접근할 수 있는 느낌이다."고 대답했다. 이 의식 상태에 들어가게 되면 외계인들에 대해 더 많은 것을 이해하게 된다고 했다.

캐서린은 생명체들에 이끌려 우주선 한쪽 끝에서 반대편으로 이동했다고 한다. 옆으로 밀면 열리는 문이 있는 방으로 들어갔다. 이 방 안에는 여러 책상과 휘어진 벽, 그리고 무슨 화면이 있었다고 했다. 회사에 있는 경영진용 회의실 같은 모습이었다는 것이다.

이때 한 생명체가 캐서린에게 다가와 "회의를 하기 위해 이곳으로 데려왔다."고 알려줬다. 캐서린은 과거처럼 이들에 맞서 싸우고자 하는 생각이 들지 않았다. 생명체들은 캐서린에게 작고 차가운 금속 의자에 앉으라고 했다.

스크린 화면에서는 지구의 자연을 담은 영상이 나오고 있었다. 숲과 나무, 사슴, 땅에 쌓인 먼지 같은 게 보였다. 캐서린은 "너무 아름다워 보였다."고 했다. 그랜드 캐니언이 보이더니, 이집트의 피라미드 같은 게 보였다.

"계속해 이집트 왕인 파라오나 고대 이집트 상형문자 같은 게 보였는데, 내 과거 인생을 보여주는 것 같았다."고 했다. 그러다 이 생명체들은 무덤 앞에 그려진 그림을 보여줬다. 군데군데 페인트가 벗겨져 있었다. 캐서린은 "내가 직접 그리게 하도록 만들려는 것 같았다."고 말했다.

캐서린이 화면에서 본 '자신'은 남성의 형상을 하고 있었다. 맥 박사는 이집트 피라미드 무덤 앞에서 그림을 그리고 있는 '남성 화가'가 어떤 모습이냐고 물었다. 캐서린은 그 화가가 '아크레메논(Akremenon)' 같은 이름으로 불린 것 같다고 했다.

맥 박사는 캐서린이 이집트 관련 책을 읽고, 이런 내용을 떠올려내는 것일 수도 있다고 자신의 책에 썼다. 하지만 그림을 그리는 세부적인 절차 등 캐서린이 떠올린 내용은, 그녀가 미리 알지 못했던 것들이라고 했다. 맥 박사는 이 최면 치료 과정에서 충격적인 점은, 캐서린이 자신의 눈으로 또 다른 자신이 하는 행동을 지켜보고 있었다는 점이라고 했다.

캐서린은 아크레메논이 한 파라오의 부인 머리에 있는 장식물을 그리고 있다고 했다. 이 여성은 하얀색 드레스를 입고 있었고, 죽음의 신(神)인 아누비스에게 속죄의 뜻으로 바치기 위한 작은 병 하나를 들고 있었다는 것이다. 또 다른 화가 한 명은, 이 여성의 하반신을 그리고 있었다고 했다.

캐서린은 그림 속 여성의 이름이 '티비트세랏(Tybitserat)'이고, 남편이었던 파라오의 이름은 '아멘 라(Amen Ra)'이었다고 했다. 맥 박사는 파라오가 아니라, 이집트가 기리는 신 가운데 하나인 '아문 라(Amun Ra)'를 착각한 것인지 헷갈렸다. 캐서린은 최면이 끝나고 치료 과정에서 나온 내용을 정리한 맥 박사의 녹취록을 본 뒤, 이름이 정확하게 기억나지는 않는다고 했다. 캐서린은 그림을 그릴 때, 인물들의 크기를 어떻게 그려야 하는지 구체적으로 알고 있었다. "일반인들은 작게, 왕족은 크게, 신(神)들은 가장 크게 그린다."는 것이다.

이때 한 생명체가 캐서린에게 "이해할 수 있겠느냐?"고 물었다. 캐서린은 그랜드 캐니언과 사막, 숲을 비롯한 모든 것이 연결돼 있다는 사실을 깨달았다. 그녀는 "이들은 내 전생(前生)을 보여주며, 모든 것들이 서로 연결돼 있다는 것을 보여주려 했다."고 말했다. "이 생명체들과도 연결돼 있기 때문에 더 이상 이들과 싸울 필요가 없다고 생각하게 됐다."는 것이다. "이들과 싸우는 것은 내 자신과 싸우는 것과 마찬가지다."고 덧붙였다.

캐서린은 이 생명체들에게 "이 영상을 틀어준 이유가 뭐냐?"고 물었다. 이들은 "네가 이해를 하고 함축된 의미를 제대로 볼 수 있게 하기 위해서다."고 대답했다. 캐서린은 이날의 대화를 통해 감정적으로도 깨달음을 얻었다고 했다. "사랑과 보살핌, 동정심이 핵심이며 분노와 증오, 공포는 중요하지 않은 감정이었다."는 것이다.

그녀는 외계인들이 자신이 갖고 있던 공포심을 깨뜨리기 위해 노력했다는 것을 알게 됐다고 했다. "내게 계속 겁을 줘 무섭게 만들었는데, 이런 감정을 질려버리게 하느라 그렇게 한 것 같다."고 추측했다. 어떤 감정을 지속적으로 느끼면 이를 뛰어넘게 된다는 것이었다. 캐서린은 최면이 끝나기 직전 자신에게 주어진 사명감 같은 것을 깨닫게 됐다고 한다. 자신이 공포를 극복한 것처럼, 다른 사람들이 공포를 극복하는 것을 돕는 일이라고 했다.

맥 박사는 캐서린의 사례에는 특별한 가치가 있다고 판단했다. 캐서린은 처음 맥 박사를 만났을 때만 해도, 맨정신에 납치 현상을 경험한 기억을 갖고 있었음에도 이를 부정하려는 모습을 보였다. 꿈이라고 여겼던 일들이 점점 현실이었다는 생각이 들어 도움을 요청한 사례였다. 이를 통해 새로운 의식을 발견하고, 경험한 일들을 사실로 인정했다. 외계인들을, 싸워야 할 공포의 대상에서 상호 소통을 할 수 있는 생명체로 받아들이게 된 경우였다.

맥 박사는 캐서린의 이야기가 다른 납치 현상 사례와 마찬가지로, 해답보다 궁금증이 더 많은 경우라고 했다. 캐서린이 우주선에서 숲과 회의실을 봤다고 하는데, 어떤 기술을 사용해 캐서린을 착각하게 만들었을까 궁금하다는 것이다. 하이브리드 아기, 즉 인간과 외계인의 혼종(混種) 아기를 만드는 이유가 무엇인지 궁금하다면서 고개를 갸웃했다.

제5장

외계인과 인간 사이의 '이중간첩'

시공간(時空間)을 초월해 외계인을 만날 수 있다?

"외계인인 내가 인간과 성 관계를 가졌다."

조라는 이름의 남성은 34세의 심리치료사로 컨설팅 회사에서 근무하는 청년이었다. 그가 존 맥 하버드 의대 정신과 과장에게 처음 연락한 건 1992년 8월이었다. 그는 맥 박사에게 편지로 "어렸을 때부터 외계인과 관련된 경험을 여럿 했고, 이 문제를 털어놓고 싶다."고 밝혔다.

조는 어둠을 두려워하는 등 특정 상황에 대한 공포심을 갖고 있는 사람들을 치료하는 일을 해왔다. 그러다 본인 역시 어둠을 두려워하는 증세가 생겼다고 맥 박사에게 털어놨다. 조는 알코올 중독 관련 문제를 겪다 재활하는 사람, 성 폭행 피해자, 근친상간(近親相姦) 피해자들을 치료했다.

맥 박사가 조를 처음 만났을 때 조의 부인은 한 달 뒤 출산을 앞두고 있었다. 맥 박사는 1992년 10월부터 1993년 3월 사이, 조에 대한 네 차례의 최면 치료를 진행했다. 첫 번째 최면 치료는 그의 아들 마크가 태어나기 전이었고, 나머지 세 번은 마크가 태어난 뒤에 이뤄졌다. 맥 박사는 이 과정에서 삶과 죽음, 그리고 전생(前生)에 대한 이야기들이 많이 다뤄졌다고 설명했다.

조는 8남매 중에 일곱 번째 아이였다. 메인주(州)의 시골 마을에서 자랐다. 그의 아버지는 신발 공장에 가죽과 천을 납품하는 일을 했다. 그의 아버지는 조가 맥 박사를 만나기 1년 전 알츠하이머를 앓다 숨졌다. 조는 그의 가족이 아일랜드 출신으로, 가톨릭을 믿는 평범한 가족이었다고 했다.

조의 부모는 어렸을 때 조가 외계인 관련 이야기를 하는 것을 싫어했다고 한다. 자다가 외계인 같은 것을 봐 부모를 깨우면, 악몽(惡夢)을 꾼 거니 그냥 다시 가서 자라는 식으로 타일렀다는 것이다. 조는 자신이 어렸을 적부터 남들과 잘 어울리지 못했다고 했다. 조는 최면 치료 과정에서 "누구와도 유대감을 느낄 수가 없다."면서 "내가 사람들 사이에 끼지 못하는 것 같다."고 말했다.

조는 여러 차례에 걸쳐 외계인과 만나는 꿈을 꿔왔다고 한다. 어떤 날 일어났을 때는 성기(性器)가 아리기도 했다는 것이다. 최면 치료 과정에서는 "정자(精子)를 기계를 통해 추출당했다."고도 했다. "갓난아기들을 여럿 봤는데, 외계인들은 그 아기들이 내 아이들이기 때문에 보여주는 것 같았다."고 한다.

조는 외계인들과 자신이 엄마 뱃속에 있을 무렵부터 접촉했다는 것이다. 한 최면 치료 과정에서는 태어난 지 이틀이 됐을 때의 기억을 떠올려내기도 했다. 맥 박사는 여러 납치 경험자들과 마찬가지로, 조 역시 어린 시절 이유 없이 코피를 많이 흘렸다고 한다. 조는 10대 후반에 한 번은 환각제인 LSD를 복용했는데, 약 200m 앞에 있는 작은 우주선을 보고 겁에 질렸다고 했다.

조가 맥 박사를 찾게 된 결정적 이유는 1992년 5월에 일어난 일 때문이었다. 그는 목 마사지를 받고 있었는데, 갑자기 이상한 기억이 떠올랐다는 것이다. 자신이 어떤 책상 위에 누워 있었고, 머리가 큰 작은이들이 그를 둘러싸고 있었다고 했다. 그들 중 하나가 바늘을 자신의 목에다 꽂는 바람에 소리를 질렀다고 한다.

맥 박사와의 첫 번째 최면 치료는 10월9일에 진행됐다. 조의 부인 마리아는 출산 예정일을 열흘 앞두고 있었다. 마리아는 이 무렵 꿈을 꿨는데, "뱃속에 있는 아이가 나와 우주선을 지나 이곳에 오게 된 이야기를 했다."는 것이다.

최면 치료 과정에서 조가 처음 떠올린 기억은 인간이 아닌 생명체 하나가 보인다는 것이었다. 머리는 삼각형이었고, 이마는 넓으며 턱 선이 날카로웠다고 한다. 눈은 매우 크고 검정색이었다고 했다. "이 생명체가 나를 책상 위에 눕히려고 했고, 내 눈을 쳐다보며 긴장을 풀라고 했다."는 것이다. 조는 "이들이 내게 무언가를 할 걸 알기 때문에 두려워졌다."면서 "내 등 전체가 아프고, 고환이 불타오르는 것 같았다."고 말했다.

맥 박사는 이 상황이 발생한 게 언제였느냐고 물었다. 조는 14세에서 15세 정도였던 것 같다고 대답했다. 이날 저녁 집 밖에 나가 하늘의 별을 봤는데, 우주선 하나가 땅으로 내려왔다는 것이다. 둥근 모양이었으며, 직사각형 같기도 했고, 세워놓은 달걀 같기도 했다고 한다. 땅에서 약 1m 떠있었는데, 어떤 다리 같은 것이 지탱하고 있는 듯했다고 한다.

이때 가느다란 생명체 하나가 보였다. 얼굴은 전체에서 빛이 나왔으며, 몸에 딱 달라붙는 검정색 일체형 옷을 입고 있었다고 했다. 그의 이름은 '타나운(Tanoun)' 같은 거였다고 한다. 조는 이들을 따라가면 지구에 다시 돌아오지 못할 것 같은 공포가 생겼다. 양쪽 세계 모두에 걸쳐야 할 운명이라는 것을 깨닫게 됐다는 것이다.

타나운이 조의 어깨에 손을 올리자 갑자기 매우 편해졌다고 한다. 그러다 우주선 밑으로 걸어갔는데, 자신의 몸이 떠있는 것 같았다고 했다. 우주선 내부는 밖에서 보이는 것보다 훨씬 더 컸다고 한다.

복도를 지나 큰 방으로 이동했다. 이 방 안에 있는 테이블 위에 올려졌다. 타나운은 한 손을 조의 머리에, 다른 한 손은 조의 엉덩이에 갖다 댔다. 조는 "이 사람이 나를 진정으로 사랑하는 것 같은 느낌을 받았다."면서 "그런 느낌을 다른 사람들로부터 받아본 적이 없다."고 털어놨다. 조는 자신이 하얀색 금속 옷을 입고 있었다고 했다.

타나운이 책임자였던 것 같고, 그 옆에는 10여 명의 조금 더 작은 생명체들이 있었다고 한다. 옆에 있던 작은 생명체가 약 30cm 정도 되는 바늘 하나를 들고 왔다. 이 바늘은 조의 목과 왼쪽 귀 사이에 찔러졌다. "내 두개골까지 찌르는 것 같았다."며 "아주 아팠는데 조금씩 괜찮아졌다."고 했다. 바늘은 몸 안에서 이리저리 움직였고, 고통은 사라졌다.

조는 "이들이 내 몸 속에서 무언가를 빼내는 동시에 무언가를 집어넣는 것 같았다."고 했다. 작은 은색의 알약 같은 것이 몸에 넣어진 것 같다고 한다. 이 생명체들은 바늘을 빼낸 뒤 조에게 "우리는 너와 가까이에서 함께 있을 것이다."면서, "우리는 너를 돕고 네가 어려운 상황을 겪을 때마다 방향을 제시해줄 것이다."고 덧붙였다.

조는 이후 또 다른 방으로 옮겨졌는데, 이들 외계인 무리의 대장 같은 생명체가 보였다고 했다. 그는 불빛으로 둘러싸인 의자에 앉아 있었고, 그 불빛이 그로부터 나오는 것으로 여겨졌다. 이 생명체는 다른 생명체들보다 조금 더 컸고, 더 인간과 같은 얼굴을 갖고 있었다. 대장 격의 이 인물이 조의 머리에 손을 올렸는데, "세례를 해주는 것 같았다."고 한다. 그는 이들로부터 사랑을 받고 있다는 느낌을 받아 기뻤다고 했다. "내게 힘과 지혜를 주고 있고, 내가 혼자가 아니라는 사실을 알려주는 것 같았다."는 것이다.

조는 자신이 외계인이자 인간이라는 사실을 깨닫게 됐다고 한다. 그리고 자기가 살던 세상으로 돌아가고 싶지 않다는 느낌이 들었다고 했다. 조는 "내가 어느 세상에 속해 있는지 모르겠다."며 고개를 저었다.

조는 우주선에서 어떻게 집으로 돌아오게 됐는지는 기억나지 않는다고 했다. 최면 치료 마지막 과정에서 조는 타나운이 "당신의 아기는 우리들의 하나입니다."라고 말해줬다고 한다. 조는 '우리' 중에는 자신도 포함된다는 것을 알았다고 했다.

두 번째 최면 치료는 11월30일에 진행됐다. 조의 아기 마크가 태어난 11월10일로부터 20일 뒤였다. 출산은 기존 예정일보다 3주 늦게 이뤄졌다. 이날 치료에서는 마크의 이야기를 해보기로 했다. 마크는 엄마 뱃속에서 엄마와 대화를 나눈 것 같았다. 조는 마크와 아내를 병원에서 집으로 퇴원시키기 이틀 전에 발생한 납치 현상에 대해서도 털어놓았다. 두 생명체가 어떤 물체를 갖고 그의 머릿속으로 엄청난 에너지를 집어넣었다는 것이다.

이 무렵 조는 자신이 외계인과 인간의 두 세계에서 활동하는 '이중간첩' 같다는 느낌을 받았다고 한다. 조는 자신이 외계인들과 함께 원하지 않는 인간들을 끌어들여 일종의 종족 번식을 하고 있다는 게 불편하다고 했다. 조는 이런 잡종(雜種) 아기를 생산하는 것이 진화를 이뤄낸다고 말했다. 교배가 더해질수록 진화한다는 것이었다. 조는 최근 우주선에서 원하지 않는 여성과 성 관계를 가졌다고 밝혔다. 맥 박사는 이 문제에 초점을 맞춰보자고 했다.

조가 처음 떠올린 기억은 우주선 안에서 여러 사람들과 함께 있는 것이었다. 여러 종(種)이 섞여 있는 것 같았다. 어떤 생명체는 더 못생기고 악마처럼 생기기도 했다. 조는 행성간의 유엔(UN) 회의 같은 느낌을 받았다고 한다.

그는 이들이 서로 조화를 이루고 있었다고 한다. 그는 자신의 형체가 카멜레온처럼 계속 바뀌고 있다고 했다. 이들처럼 반투명 형체로 바뀌는 것 같았고, 더 편해졌다는 것이다. 그는 "훨씬 더 우아한 모습으로 변한 것 같다."며 "더 이상 걷고 있는 게 아니라 수영을 하는 것처럼 그냥 움직이기 시작했다."고 한다.

그는 외계인의 몸을 한 후 느끼는 기분을 '액체', '광활함' 등으로 묘사했다. 그는 그가 속한 종(種)이 '오바사이(Obasai)' 종이라고 했다. "다른 사람들이 모두 내 생각을 꿰뚫어볼 수 있는 것 같고, 서로가 숨기는 것이 없다."는 것이다. 그는 "하나라는 기분이 든다. 다른 생각과 의견을 갖고 있을 수는 있으나 서로 조화를 이루고 있다."고 말했다.

그는 자신의 외계인 이름은 '오리온(Orion)'이라고 했다. 그는 자신의 키가 240cm쯤 되는 것 같았다고 한다. 키를 원하는 대로 줄였다 늘였다 할 수 있었다고 했다. 누군가가 35세의 에이드리아나라는 금발 여성을 그의 앞으로 데려왔다. "사랑을 나누고 내 씨앗을 그녀에게 주라고 했다."는 것이다.

조는 "그녀가 이런 일을 오랫동안 겪은 것 같은데, 인간으로서 안됐다고 생각했다."고 한다. 에이드리아나는 밤에 개와 산책을 하다 납치됐다고 했다. 우주선으로 옮겨질 때 그녀는 수면 상태에 빠져 있었다는 것이다. 조는 에이드리아나에게 긴장을 풀라고 말했다. 그녀가 동의하지 않는다면 성 관계를 맺지 않을 것이라고 약속했다.

에이드리아나는 계속 꿈을 꾸고 있는 것 같은 상태였다고 한다. 작은 생명체들이 그녀의 옷을 벗기기 시작했다. 그녀가 이런 일을 전혀 원하지 않는다는 느낌을 받았다. 그녀가 반항하려 하자 이 생명체들은 그녀의 몸을 문지르며 의식을 통제하려 했다.

성 관계는 매우 빨리 끝났다고 한다. 서너 명의 생명체가 '오리온'이 그의 작은 성기를 집어넣는 것을 지켜봤다는 것이다. 성기 자체가 인간처럼 밖으로 나와 있는 게 아니라, 오히려 움푹 들어가 있는 것 같다고 했다. 인간의 성기처럼 단단하게 발기되지 않는다는 것이다. 인간 발기 강도의 절반 정도라고 했다.

성 관계 방식 역시 인간과 달랐다. 리듬에 따라 계속 왔다 갔다 하는 것이 아니라, 그냥 부드럽게 연대감을 확인하기만 하면 되는 것 같다고 했다. "그냥 바로 이뤄지는 일이다. 내 몸이 이를 배출하도록 하기 위해 계속 움직여야 하는 게 아니다. 집어넣으면 그냥 바로 나오게 된다."고 설명했다.

에이드리아나는 복잡한 표정을 짓고 있었다고 한다. 한편으로는 이런 관계를 아름답다고 생각하면서도, 다른 한편으로는 뭔가 공격을 당한 것 같다는 공포심이 있어 보였다는 것이다.

조는 "이런 식의 생산이 필요하다."며 "인간이 이들의 종과 씨앗, 지식을 잃지 않도록 하기 위해서다."고 주장했다. "인간은 어려운 상황에 처해 있다."며 "폭풍이 다가오고 있다."고도 했다. 인간이 만들어낸 잘못된 기술들에 따른 대재앙이 올 것이면서, 조는 이런 외계종과 인간의 교배로 생긴 혼종(混種)들은 진화하게 된다고 말했다. "지구에 닥칠 재앙으로 많은 인간이 목숨을 잃겠지만, 이 종자들은 살아남게 될 것이다."고 했다.

조는 이런 기억을 떠올려내며 복잡한 생각을 갖고 있는 것 같아 보였다. 누군가의 아버지로서, 안정된 커리어를 갖고 있는 사람으로서, 이런 이야기를 밖에 나가서 하게 될 때 받을 조롱이 걱정이었다. 그렇지만 인간들이 위험하다는 사실을 깨달아야 한다는 생각도 동시에 들었다.

최면에서 빠져나온 조는 충격에 빠진 것 같았다. 이날 치료 이후 몇 주간, 조는 외계인으로서의 자아(自我)와 인간으로서의 자아를 이해하는 데 어려운 시간을 겪었다. 또한 그의 어린 아들 마크가 외계 세계와 연관돼 있다는 것이 큰 스트레스로 다가왔다. 세 번째 최면 치료는 이런 문제들에 초점을 맞추기로 했다.

전생의 죽음과 死後 세계

조에 대한 세 번째 최면 치료는 1993년 1월4일에 진행됐다. 최면에 들어간 조가 가장 먼저 떠올린 장면은 한 외계인이 끌고 온 수레였다. 수레 위에서는 아기들의 무게가 측정되고 있었다. 아기용 의자에 앉아 있는 아기들이 보였다. 이들은 사람이랑 비슷하게 생겼는데, 눈만 사람에 비해 너무 컸다고 했다.

조는 외계인들이 아기들을 조심히 다뤘다고 한다. 녹색 투명 액체를 아기들에게 먹여주고 있었다고 했다. 이들 아기들 중에는 자신의 갓 태어난 아들인 마크도 있었다고 한다. 조는 "외계인들이 마크와 특별한 관계를 맺고 싶어하는 것 같았고, 내가 이들의 관계를 방해하지 못하도록 하는 것 같았다."고 설명했다. 조는 어린 마크가 앞으로 자신과 같은 어려운 길을 겪게 될 것을 생각하니 불쌍해졌다고 한다.

맥 박사는 마크가 어떻게 보이는지에 집중해보자고 했다. 조는 마크와 우주선 같은 곳 안에 있었다고 한다. 자신은 티셔츠 한 장만 입고 있었고, 마크는 기저귀를 차고 있었다는 것이다. 조는 "외계인들이 마크에 대한 리모델링을 하는 것 같았다."고 돌이켰다.

조는 자신이 외계인들에 무언가를 기증한 사람 같은 느낌을 받았다고 한다. 이들의 진화를 위해 마크를 건네줬다는 느낌이 들더라는 것이다. 그는 자신이 지구에서 맡고 있는 역할을 다음과 같이 묘사했다.

"정신병동에 자발적으로 입원해 병원 내에서 발생하는 폭력 행위들을 포착해내는 잠입 임무를 수행하다가, 자신을 아는 외부에 있는 사람들이 사망해 결국 안에 갇혀버리는 경우다."

맥 박사는 조가 갖고 있는 인간이라는 자아(自我)가 생활하는 세상이, 그에게는 정신병동으로 느껴지는 것으로 보인다고 판단했다.

조는 이후 자신이 심각하게 외롭다고 했다. 그러면서 7세 혹은 8세 때의 기억을 떠올려냈다. 엄청나게 큰 방에서 일어난 일인데, 그의 외계인 자아와 인간 자아가 분리되는 것처럼 느껴진다고 했다. 외계인이 조의 신장(腎腸)과 하복부 쪽에 손을 올리자 갑자기 엄청난 흥분을 느꼈다고 한다. 그러다 무언가 몸이 조각난 것 같은 느낌을 받았다는 것이다. 그는 이런 과정을 통해 자신의 자아들이 하나로 통합되는 것 같았다고 한다. 이런 상황이 되면 무언가 외계인 세계와 연결되는 것 같다고 덧붙였다.

조는 또 한 차례의 최면 치료를 요청했다. 갓난아기 때의 기억을 떠올려보고 싶다는 것이었다. 자신이 겪은 일을 떠올리며 마크의 상황을 더 이해해보고자 했다. 네 번째 치료는 3월1일에 진행됐다.

최면에 들어가기에 앞서 조는 맥 박사에게 긴장이 된다고 털어놨다. "최면에 들어갔다 나올 때마다 세상이 다르게 보인다."는 것이다. "이런 새로운 세상을 보는 것이 흥분되기도 하지만 한편으론 두렵다."고 했다.

최면에 들어간 조가 떠올린 첫 장면은 그가 태어난 지 이틀째 됐을 때의 기억이었다. 병원 침대에 혼자 누워있었고, 매우 불안전한 모습이었다고 한다. 조는 "너무 외롭고 다른 세상에 온 것 같았다."면서, "간호사가 옆에서 나를 돌봐주는데 뭔가 유대감을 느낄 수 없다."고 했다.

병원 침대 옆에는 자주 보던 외계인 한 명이 있었다고 한다. 검정색 눈에서 파란색 불빛이 나오고 있었다고 했다. 간호사에게는 이 외계인이 보이지 않는 것으로 여겨졌다고 한다. 조는 "이 외계인이 조산사(助産師)처럼 느껴졌다."면서, "나를 만져주며 다 괜찮을 것이라고 말해줬다."고 했다. 간호사가 떠나자 또 한 명의 여성 외계인이 나타났다고 한다. 그는 "이들이 부모 같았다."며 "내게 사랑을 주고 모든 일이 괜찮아질 거라고 계속 이야기해줬다."고 했다.

이 외계인들은 이틀 내내 조 옆에 있었다고 한다. 조는 자신이 출산 과정에서 너무 두려워 이들이 있다는 현실을 부정한 것 같다고 했다. 조는 "강물 같은 곳에서 나는 휩쓸려 내려갔다."고 말했다. 맥 박사는 조가 출산 당시의 과정을 묘사하고 있다는 느낌을 받았고, 이에 대해 더욱 구체적으로 말해보라고 재촉했다.

조가 "무섭다."고 하자 맥 박사가 "지금 어디 있느냐?"고 물었다. 조가 "움직이고 있다."고 하여 맥 박사가 다시 "어디에서 움직이고 있느냐?"고 물었다. 조는 분만 시 태아가 모체 밖으로 배출되는 길을 뜻하는 '산도(産道)'에 있다고 대답했다. "너무 좁고 무섭다!"고 했다. 이때 맥 박사 앞에 있는 조가 고통스러운 신음 소리를 내며 목이 졸린 것 같은 소리를 냈다.

그는 "이걸(=자궁을 떠나 탄생하는 것) 하고는 싶은데 혼자가 되는 것이 너무 싫다."고 했다. 맥 박사는 옆에 의사나 조산사가 있느냐고 물었다. 조는 "의사가 있다."며 "내 안으로 깊이 들어갔다가 다시 돌아왔다."며 울기 시작했다. 맥 박사가 "돌아왔다는 게 무슨 뜻이냐?"고 물었다. 조가 "끔찍한 곳이다."고 하여 맥 박사가 "뭐가 끔찍한가?" 하고 물으니, 자신이 산업혁명 시절 영국 런던 인근에 살던 시인(詩人) 폴 데스몬테의 모습을 하고 있다고 했다.

조는 데스몬테가 정치 기득권, 종교 기득권 세력과 맞서 싸우다 감옥에 수감돼 고문을 받고 숨진 인물이라고 소개했다. 맥 박사는 체포 과정부터 죽게 되는 과정을 자세히 설명해보라고 했다. 조는 자신(=폴 데스몬테)이 감옥에서 칼에 찔리고 몽둥이와 채찍으로 맞았다고 말했다. 손가락과 갈비뼈가 부러졌다고 한다.

"내가 더 이상 반응을 하지 않자 이들은 흥미를 잃은 것 같았다."고 했다. 맥 박사는 어떻게 해서 죽게 됐느냐고 물었다. 조는 "어떤 이는 굶어서 죽었다고 할 수 있겠지만, 나는 이를 무력감 때문이라고 표현하겠다."고 했다. 수감 생활 약 6개월에서 8개월 뒤부터 그는 이들이 배급하던 소량의 식량마저도 먹지 않기로 했다는 것이다. 그러다 감옥에서 외계인이 자신과 함께 한다는 사실을 깨닫고, 일종의 치유가 되는 것 같은 기분이 들었다고 한다.

맥 박사는 폴 데스몬테의 죽음 당시 외계인이 무엇을 하고 있었느냐고 물었다. 그는 이들과 이별하게 될까봐 두려웠다고 대답했다. "죽음으로 이어지는 과정에서 사라져버릴까 두려웠다."는 것이다. 맥 박사가 죽음으로 이어지는 전환 과정을 집요하게 물었다. 현실 세계의 조는 신음소리를 내고 기침을 하며 계속해 '신(神)'을 부르짖었다.

조는 "내 몸에서 내가 짜내지는 것 같았다."면서 "내 몸이 수축되고 있다."고 했다. "아아아, 오, 신이시여, 얘들이 나를 당기고 있다."고 외치자 외계인들이 보였다는 것이다. 외계인들은 그를 둘러싸더니 몸을 만지고 간지럽혔다. 현실의 조는 갑자기 "아, 여기에 있어 너무 좋다."면서 웃기 시작했다. 조가 "지구에서처럼 육체를 갖고 있기는 한데, 훨씬 단순하고 가벼우며 가늘다."고 말했다. 조는 "아, 돌아오게 돼 너무 좋다."는 말을 반복하더니 "이제야 더 현실 같다."고 했다.

맥 박사가 "지구에 갇힌 나 같은 사람을 위해 그쪽 세상이 어떤지 더 설명해 달라."고 채근했다. 조는 "금색 실이 모든 인생을 하나로 묶어주고 있다."면서, 이를 통해 모든 세상을 여행할 수 있다고 말했다. 이 연결고리 안에서 여행을 떠날 선택을 할 수 있다는 것이었다. 맥 박사가 조에게 "왜 이런 여행을 하는 것으로 생각하느냐?"고 물었다. 조가 '한계를 탐험해보기 위해서'라고 답했다. 그는 "많은 사람들이 이런 여행에 지쳐 처음 있던 곳으로 돌아가려 노력하고 있다."고 했다.

맥 박사는 조에게 왜 현실 세계로 돌아오겠다는 선택을 했느냐고 물었다. 그는 "나는 가치가 없는 사람이라는 현실을 직시(直視)하기 위해 가장 두려운 곳으로 돌아가기로 했다."고 대답했다. 외계인들이 조에게 항상 함께 해줄 것이라고 약속해줬다고 한다. "나와 태아는 서로를 알아가게 됐고, 가까워졌다."며 "나는 태어나길 바랐다."고 덧붙였다. "이 자궁, 이 여자 뱃속으로부터 나오고 싶었다."는 것이다.

맥 박사는 조의 이야기 중 여러 납치 경험자들의 증언과 겹치는 내용이 많다면서도, 인간의 지식으로 이해하기 어려운 벼랑 끝에 있는 이야기라고 해석했다. 그는 조의 정신 심리 상태가 불안정한 상황은 아니라고 했다. 그러면서 현존하는 세계관, 현실에 대한 탐구가 필요한 것으로 여겨진다고 매듭을 지었다.

맥 박사는 조의 최면 치료가 아들의 출산 과정에서 진행된 점을 주목했다. 인간의 탄생과 죽음, 그리고 재(再)탄생이라는 주제의 이야기가 나오게 됐다고도 했다. 맥 박사는 조가 남들의 시선을 더 이상 신경 쓰지 않고, 대중 앞에 서서 이런 이야기를 공개적으로 하게 된 점도 정신적으로 안정을 찾게 됐다는 증거라고 단정했다.

닭이 먼저냐 계란이 먼저냐?

사라라는 28세의 여성이 존 맥 하버드 의대 정신과 과장에게 최면 치료를 해줬으면 좋겠다는 편지를 보내왔다. 당시 대학원에 재학 중이던 그녀는 곧 여행을 떠날 계획인데, 여행에 나서기 전에 자신의 머릿속에 있는 혼란스러운 생각들을 정리하고 싶다는 것이었다. 맥 박사는 그의 책에서 "사라의 사례는 익명성을 보장하기 위해 자세한 내용들을 다수 배제하고 소개한다."고 밝혔다.

사라는 맥 박사에게 보낸 편지에서 몇 년 전 머리가 아파 마사지를 받고 있던 상황에서 "작은 생명체들이 내게 텔레파시로 말을 거는 것 같은 느낌을 받았다."고 했다. 그런 뒤 양손에 펜을 잡고 외계인으로 보이는 물체들을 그리고 있었다는 것이다. 왼손으로는 펜을 잡아본 적이 없는데, 이 날은 이상하게 양손을 사용하고 있었다고 한다.

사라는 공업도시 인근에서 자랐다. 기독교 가정에서 자라났으며, 술이나 마약을 하지 않는다고 했다. 사라는 외계인과 만난 기억들이 카페인과 초콜릿, 그리고 설탕을 거의 끊자 더욱 생생하게 보이게 됐다는 것이다.

이미 세상을 떠난 사라의 아버지는 지식인이었으나, 난독증(難讀症)이 있었다. 사라는 그녀의 아버지가 문서로 하는 일을 제대로 할 수 없어, 더 성공적인 커리어를 쌓을 수 없었던 것 같다고 돌이켰다. 사라의 아버지는 아내에게 신체적, 언어적 폭력을 가했다. 사라 역시 아버지의 욕설로 힘들었다고 한다. 사라는 자신이 어렸을 때는 아버지가 잘해줬으나, 학교에 다니기 시작하면서부터 사이가 멀어졌다고 했다.

사라는 그녀가 10대 때 숨진 외할아버지와 매우 가깝게 지냈다고 한다. "할아버지는 너무 친절했고, 몇 시간 동안 그냥 앉아서 이야기를 나눴다."고 했다. 할아버지가 숨진 10년 뒤부터, 할아버지가 자신의 침실에 함께 있는 것 같은 느낌을 종종 받았다고 한다.

사라는 아주 어렸을 때부터 글을 읽기 시작했고, 지적(知的)으로도 뛰어났다. 어려서부터 미스터리나 유령이 나오는 책을 좋아했다. 그의 가족은 매주 일요일마다 교회에 갔다. 사라는 "나는 원죄(原罪)라는 개념이 마음에 들지 않는다."며 "말이 안 되는 개념이라고 생각한다."는 것이다. 그렇지만 "성령(聖靈)이라는 표현은 아주 좋아했다."고 덧붙였다. 사라는 11세 무렵부터 선(善)과 악(惡)이라는 신학적 개념에 관심을 갖기 시작했고, 이후부터 여러 종교에 대한 책을 읽었다고 한다.

사라는 대학을 졸업한 뒤 토마스라는 남성과 결혼을 했다. 결혼 몇 년 후 사라는 크게 다쳤다. 저녁에 남편과 산책을 하는데, 갑자기 다리가 휘청하더니 엎어졌다. 이후 열이 나기 시작했고, 재활하는 데 오랜 시간이 걸렸다는 것이다. 결국 남편과도 사이가 멀어져 이혼하게 됐다고 한다.

사라는 맥 박사에게 편지를 보내기 약 5개월 전, 미구엘이라는 남성을 만났다. 미구엘은 사라를 두 번째로 만나는 자리에서 UFO를 봤다는 이야기를 꺼냈고, 사라는 깊은 유대감을 느꼈다. 사라는 미구엘을 '내 외계인 친구'라고 부른다고 했다. 미구엘 역시 외계인을 본 적이 있다면서, 종종 무기력함을 호소하곤 했다고 한다.

외계인에 대한 사라의 기억은 매우 다양하다. 태어난 지 약 6주 됐을 때, 누군가가 자신을 들어 올려 관찰했다는 것이다. "누군가 사진을 찍는 것 같았고, 내 자아(自我)를 인식하는 첫 번째 순간 같았다."고 했다. 그녀는 대략 네 살쯤 됐을 때부터 유령 이야기를 자주 하기 시작했다. 초상화들을 보며 주인공의 전생(前生)을 떠올려냈다고 한다.

사라는 어렸을 때 친구 애니 등 여러 명과 집에서 놀다가, 애니에게 공중부양(空中浮揚)을 시켜보기로 했다. 공중부양이 뭔지도 잘 모르는데, 그냥 해보고 싶다는 생각이 들었다는 것이다. 이때 사라는 애니의 머리 쪽에 있었고, 무언가를 말했더니 애니가 공중으로 떠올랐다고 한다. 이 자리에 있었던 모든 아이들은 다 너무 이상한 상황이 일어났다는 생각이 들었고, 이 이야기를 다른 자리에서는 하지 않았다는 것이다.

사라는 "이날 밤 기억이 생생하다."며 "이날 밤 방 안 전체가 매우 이상했다. 정전기(靜電氣)로 가득했다."고 말했다. 맥 박사가 사라에게 그 자리에 있던 아이들 중 당시 이야기를 다른 사람에게 한 사람이 없는지 다시 물었다. 사라는 "이날 이야기를 다른 사람에게 말하겠다는 생각 자체를 한 사람이 없는 것 같다."며 "말하지 않겠다는 일종의 암묵적 합의가 있었던 것 같았다."고 덧붙였다. 사라는 애니에게 "우리가 너를 공중부양하게 했느냐?"고 물었던 적이 있다고 했다. 애니는 실제로 떴다고 답했다는 것이다.

사라는 이후 맥 박사와의 최면 치료 과정에서 당시 공중부양 경험을 떠올리며, 자신이 우주선으로 공중부양을 했었다고 말했다. 누군가가 공중부양을 하는 방법을 가르쳐주는 것 같았다고 한다. 사라는 최면 치료에 앞서 UFO와 같은 우주선을 목격하고, 빛이 나는 생명체 등을 만난 여러 기억을 소개했다.

그러면서 "무엇이 진실인지 알고 싶다."고 맥 박사에게 부탁했다. "내가 지어낸 이야기인지 아니면 누군가가 지어낸 이야기를 말하는 것인지 알고 싶다."는 것이었다. "내가 내 자신을 믿을 수 있는지 잘 모르겠다."며 "내 몸의 일부는 이를 믿고, 일부는 이를 믿지 않는 것 같다."고 덧붙였다. "이런 느낌이 나를 파괴하고 있는 것으로 여겨진다."고도 했다.

사라가 최면에 들어간 상황에서 가장 먼저 떠올린 장면은 할아버지 집이었다. 자신의 집 침실과 할아버지 집 사이를 계속 오가고 있다고 했다. 어렸을 때부터 어딘가 높은 곳에서 떨어지는 꿈들을 꿨다고 한다. 어딘가에서 계속 자신의 침대로 떨어졌는데, 침대가 아니었으면 충격으로 죽었을 것 같다는 생각을 많이 했다는 것이다.

맥 박사가 떨어지는 과정을 제대로 설명해보라고 했다. 사라는 "엘리베이터 같은 모양의 물건을 타고 떨어지는 것 같았다."고 당시를 돌이켰다. 밝게 빛나는 하얀색 물체에서 떨어졌다고 한다. 이후 사라는 잔디밭에 있는 생명체 하나가 보인다고 했다. 이 생명체는 100m 정도 떨어진 곳에 있는 우주선처럼 생긴 물체를 바라보는 것 같았다는 것이다. 이 우주선은 하얀색 둥근 지붕 모양이었다고 했다. 그러다 해골 같이 생긴 생명체들이 많이 보였다고 한다.

이후 사라가 떠올린 기억은 작은 문에 머리를 부딪치는 장면이었다. 사라는 "내가 죽은 장소로 돌아가는 것 같았다."고 말했다. 그런 뒤 큰 금속 형태의 은색 의자가 보였는데, 의자 위에는 한 생명체가 앉아 있었다는 것이다. "해골 같이 생겼는데 정확히 인간의 해골 같지는 않았고, 투명했다."고 한다. "해골이 이상하게 미소를 짓는데도 왜인지 무섭지가 않았다."면서, "이들은 나쁘지도 않았고 모두 친절했다. 그렇게 생긴 게 이들 잘못은 아니지 않느냐?"고 동의를 구했다.

사라는 큰 의자에 앉은 남성의 이름이 '멘구스(Mengus)'라고 했다. '나의 가족이고 매우 친절한 사람'이라고 표현했다. 이후 사라는 10세 때의 기억과 5세 때의 기억을 떠올려냈다. 모두 멘구스를 만났을 시절이었다. 사라는 멘구스와 "반(半)은 텔레파시로 반은 영어로 소통한 것 같다."고 한다. 사라가 멘구스에게 "지구에서 무엇을 하고 있느냐?"고 물었더니 그는 "아, 그냥 둘러보고 있다."고 대답했다는 것이다.

사라는 이후 우주선의 조종석 같은 것을 봤다고 한다. 사라가 멘구스에게 이게 다 뭐냐고 묻자, 멘구스가 "우리의 이동(移動) 체계다."고 알려주었다. 사라는 조종석에 있는 버튼들을 이것저것 만져볼 수 있었다고 했다. 멘구스는 어린 소녀가 궁금해서 만지작거리는 거니 그냥 마음대로 놔두자는 생각인 것 같았다는 것이다.

멘구스는 사라에게 "너는 아직 어리지만 준비하는 기간이라고 여겨라."며 "이는 매우 중요하다."고 덧붙였다. 그는 "이는 그냥 날아만 다니는 것이 아니라, 매우 중요한 일을 하고 있으니 집중하라."고도 했다.

최면 상태의 사라는 멘구스가 죽은 것 같아 슬프다고 말했다. 맥 박사가 왜 죽었다고 생각하느냐고 물었다. 사라는 "그의 진동을 느낄 수 있는데, 이미 죽었고 재활용처리가 된 것 같다."고 대답했다. "그와 더 이상 접촉할 수가 없다."며 "그는 매우 좋은 사람이었고, 내 첫 번째 스승 같았다."고 돌이켰다.

사라는 이후 어릴 때의 기억을 떠올리며, 자신이 공중부양 기술을 전생(前生)에서 터득한 것 같다고 했다. 그러면서 전동(電動) 에너지와 투명한 생명체들의 이야기를 이어갔다. "이들 생명체의 의식은 우리보다 뛰어나고, 무의식 속에 무언가를 가둬놓는 것이 없다."고 했다. "훨씬 더 깨어있고 눈과 마음이 열려 있다."며 "두려움이나 이기주의 따윈 없고 사랑을 느낄 수 있다."고 말했다.

그녀는 "우리의 머리는 투명하지 않고, 머리카락 등으로 가려져 있다.”면서 “우리는 사람들이 이를 보는 것을 원하지 않아 모든 것을 가리고 있다.”고 설명했다. 반면 “이들은 모든 것이 열려 있고, 텔레파시로 소통하기 때문에 서로 숨기는 비밀 같은 것도 없다.”고 했다.

사라가 이후 떠올린 기억은 하얀색 우주선을 타고 하늘을 날며, 작은 창문을 통해 사막 지역을 내려다보는 장면이었다. 그녀는 “너무 아름다웠다. 이때보다 행복했던 적이 없었던 것 같다.”면서 기쁜 표정을 지었다. 사라는 우주선에 있는 자신의 형체가 멘구스처럼 해골 모양이었다는 기억을 되살렸다.

사라는 자신이 전생에 외계인이었던 상황을 떠올리며, 인간들이 멍청한 짓을 하고 있다고 비난했다. 인간은 너무 자기 중심적이라는 것이다. 하지만 인간이 갖고 있는 장점도 있다면서, “인간은 꽃 냄새를 맡을 수도 있고, 햇빛이 피부에 닿을 때 받는 느낌도 있다.”고 말했다. 하지만 외계인의 몸으로는 냄새를 맡을 수 없다고 했다.

사라는 우주선을 타고 사막 지역을 방문한 이유가 “살 수 있는 지역인지 확인하기 위한 탐사 목적이었다.”고 밝혔다. 행성에 큰 지각변동이 있을 때를 대비하기 위해서라고 했다. 이 사막 지역은 고지대일 뿐만 아니라, 평평하다는 장점이 있었다고 덧붙였다.

이후 사라는 인간의 모습으로 집 앞에서 선탠을 하고 있는 기억을 떠올려냈다. 무언가가 머리 위에서 멈춰 있는 것 같았다고 한다. 한 생명체를 봤는데, 인간과 멘구스 같은 생명체가 반반 섞인 모습이었다고 했다. “인간의 형체였는데, 더 가볍고 하늘을 떠다닐 수 있었다.”고 설명했다. 이 생명체는 사라에게 텔레파시를 보냈다고 한다. 이는 매우 중요한 일이라며, 자신이 온 목적은 ‘유전자 호환(互換) 실험’, ‘타당성 조사’,

'다차원 융합(融合)' 때문이라고 하더라는 것이다.

맥 박사가 '다차원 융합'이 무슨 뜻이냐고 물었다. 사라는 "평면 같은 건데 투명한 셀로판지(紙)가 있다."며 "산산조각 난 유리 같다."고 비유했다. 이후 "얇은 면도날 같은 것이 구멍을 내면, 지구의 차원 세계와 이 생명체들이 들어오는 차원의 세계와 길이 열리게 된다."고 했다.

이 생명체는 남성 성기(性器) 모양의 빛을 내보내고 있었는데, 진짜 성기가 있는 것은 아니었다고 고개를 저었다. 그 성기가 그녀의 몸에 들어왔고, 인간과의 성 관계에서는 느껴보지 못한 느낌을 받았다는 것이다. 사라는 "이 생명체는 공격적인 성향을 보였는데, 나는 그게 마음에 들지 않았다."면서 "이 과정에서 감정적인 요소는 하나도 없었고, 과학 탐구의 영역 같았다."고 덧붙였다.

맥 박사가 오르가즘을 느끼기도 했느냐고 물었다. 사라는 "이 세상에서 일어나는 것과는 완전히 다른 미묘함을 느꼈다."고 대답했다. "이 세상의 절반, 다른 세상의 절반 지점에서 일어나는 일 같았다."고 한다. 사라는 이 생명체에게 사기를 당한 것 같았다고도 했다. 이것이 무슨 일인지에 대한 아무런 설명도 없이, "나를 믿어, 중요한 일이야."라고만 했다는 것이다.

사라는 "한 생명체가 셀로판지에 다가서면 셀로판이 산산조각 나 이 세상으로 통과하는 것 같았고, 나도 할 수 있을 것처럼 느껴졌다."고 말했다. 맥 박사가 사라에게 실제로 그런 곳을 통과한 적이 있느냐고 묻자, 사라는 그렇다고 고개를 끄덕였다.

약 2주 전 스키장에 놀러갔을 때 이런 일을 겪었었다고 했다. 호텔방에는 큰 거울이 있었고, 밤에 거울을 보니 무언가 복도처럼 보였다고 한다. 복도를 지나가보자는 마음에 거울에 머리를 박았다고 했다. 미구엘은 이때 스키장에 없었는데, 미구엘이 이 복도를 지나 호텔방으로 들어왔다는 것이다. "'미구엘'이라고 소리를 지르고 싶었으나 아무 소리도 낼 수 없었다."고 한다. 사라는 다른 한 친구와 방을 같이 쓰고 있었는데, 이 친구도 어떤 실루엣을 본 기억이 있다고 말했다.

사라는 머리를 부딪쳐 꽤 아팠지만, 새로운 차원과 거울이 열렸다고 했다. 미구엘 모습을 한 생명체, 혹은 미구엘로 빙의(憑依)한 생명체가 이를 통과했다는 것이다. 눈이 짙은 검정색이었고, 곤충 같이 생겼다고 했다. 머리는 몸에 비해 너무 컸고, 몸체는 가늘었다고 한다. 사라는 "이 생명체의 목적은 나를 해치려는 것이 아니라, 이런 시공간(時空間)을 통과하는 방법을 설명해주는 것 같았다."고 말했다.

사라는 이 생명체가 멘구스와는 다른 종족이었던 것 같았다고 한다. 맥 박사가 사라에게 호텔방에서 본 생명체를 더 묘사해보라고 권했다. 사라는 그가 "파충류 모습이고 뱀 같기도 했다."면서 "해산물, 아니면 껍질이 없는 달팽이 같았다."고 덧붙였다. 사라는 "이들이 서로의 불편한 관계를 해소하기 위해 미구엘의 모습을 하고 온 것에 감동했다."고 말했다.

사라는 이 생명체의 눈을 쳐다봤다며, 이후 엄청난 사랑을 느꼈다고 한다. 사라는 조금 슬픈 느낌도 받았다고 했다. "이들은 사람들이 자신들을 보고 무서워하는 것에 지쳤다."며 "그가 불쌍하게 느껴졌다."는 것이다.

사라의 최면은 여기서 마무리됐다. 깨어난 사라는 "망상이나 상상을 떠올린 것인가?"라며 "설명을 해달라."고 매달렸다. 그러다 "상상이 아니라 실제인 것 같다. 상상보다 더 현실적이었다."고 말했다.

사라는 약 6주 후 맥 박사와 한 시간 동안 만나 이야기를 나눴다. 사라는 다른 납치 경험자들과 마찬가지로 지구에 대재앙이 다가올 수 있다는 우려를 꺼냈다. 환경적으로나 생태학적인 재앙이 생길 수 있다는 것이었다. 사라는 그러다 "요즘 가끔 눈물을 흘릴 때가 있다."고 털어놨다. "집이 그리워서…"라더니 "지구에서 날 낳아준 부모 때문은 아니다."며 고개를 저었다. 그녀는 "내 집은 다른 시공간에 존재한다."면서 "내 집은 특정 공간이 아니라 다차원적인 곳이다."고 설명했다.

맥 박사는 사라가 한 번은 자신이 정신 병리학적인 문제를 겪고 있는 거냐고 물었다고 한다. 병 때문에 모든 이야기를 지어내고 있는 것 아니냐고 물었다는 것이다. 맥 박사는 "다른 납치 경험자들도 사라와 같은 철학적 질문으로 고통을 받고 있다."는 사실을 알려주며 안정을 시켰다. 맥 박사는 책에서 사라의 정신 상태에 대한 자신의 판단을 소개하지 않았다.

이번 사례에서는 '차원'이라는 개념이 등장했다. 일반 사람들이 평상시에 차원이라는 말을 쓰는 경우는, 실제 개념을 설명할 때보다 사람을 묘사할 때가 더 많지 않나 싶다. 단순한 사람을 '1차원', 조금 특이한 사람을 '2차원', 더 특이한 사람을 '3차원', 아주 특이한 사람을 '4차원'으로 표현하는 방식이다.

백과사전을 찾아보니 1차원은 수직선이라고 볼 수 있다. 이 선 안에서 양 옆으로만 움직인다. 2차원은 평면 위의 공간이다. 앞뒤, 좌우 두 가지 방향으로 움직일 수 있다. 인간이 사는 3차원은 더 큰 개념의 공간으로 앞뒤, 좌우, 위아래 등 세 방향으로 움직일 수 있다.

2차원이 면적, 혹은 넓이라면 3차원은 부피를 의미한다. 알버트 아인슈타인의 특수상대성 이론이 바로 4차원을 의미한다. 보는 각도에 따라 시간과 공간이 달라질 수 있다는 이론이다. 이를 받아들이기 위해서는 시간과 공간에 대한 인간의 기본적인 생각이 바뀌어야 할 필요가 있다.

오랫동안 시간은 우주에서 일어나는 사건들과는 관계없이 일정하게 흐르는 것이라고 생각해왔다. 이런 일련의 시간 속에서 우주가 탄생하고, 생명체가 진화해나갔다고 여겼다. 그러나 시간마저도 관찰자가 보는 각도에 따라 달라질 수 있다는 게 아인슈타인의 이론이다.

지금까지의 납치 사례들을 소개하며 한 가지 의문이 들었다. 이들 중 많은 사람들이 어려서부터 UFO나 사후(死後)세계, 전생(前生)에 대해 관심을 가져왔다. 그로 인해 이런 황당한 생각이 머릿속에 들어간 게 아닌가 하는 의문이었다.

맥 박사는 이에 대한 자신의 의견 역시 명확히 밝히지 않았다. 하지만 그는 이들이 애초에 이런 문제에 관심을 가진 이유 자체가, 무언가 설명할 수 없는 경험을 했기 때문으로 보는 것 같았다. “닭이 먼저냐, 계란이 먼저냐?”는 논쟁이 문득 머릿속에 떠올랐다.

맥 박사의 납치 연구에 대한 비판과 검증

제1장

전문가들의 반박

"엄청난 주장을 하려면 엄청난 증거가 필요하다."

[뉴욕타임스]에 실린 긴 부고(訃告) 기사

지금까지 모두 7명의 사례를 소개했다. 이 시점에서 나는 하버드대학 의대라는 최고 기관에서 활동한 사람의 이야기라고 해서 무조건 믿어야 하는지에 대해 의문이 생겼다.

이런 궁금증 때문에 1994년도 책 출간 당시의 기사를 찾아봤다. 인터넷이 상용화되기 전이기도 했고, 여러 언론사들이 이때까지의 기사에 대한 디지털화 작업을 하지 않은 곳이 많아 여러 기사를 찾을 수는 없었다. 그러다 1994년 3월20일자 [뉴욕타임스] 주말판에 실린 장문(長文)의 기사를 찾았다.

제목은 「존 맥」이었다. 부제는 '인간들이 외계인에 납치됐다는 주장을 내놓고 있다! 하버드 정신과 의사는 이것이 사실이라고 장담한다!(Humans report abduction by aliens! Harvard psychiatrist swears it's true!)'였다. 일반적인 책 홍보 기사가 아니라 존 맥 박사가 누구인지, 왜 이를 사실로 믿는지, 주변 사람들은 이를 어떻게 받아들이는지를 포괄적으로 취재한 심층취재 기사였다.

이 기사는 납치 경험자들에 대한 최면 치료를 진행한 사람이 퓰리처상 수상자인 하버드대학 정신과 의사 존 맥이라며 그의 이야기를 소개했다.

[뉴욕타임스]는 하버드 의대의 케임브리지 병원에서 근무하는 64세의 맥 교수에게 지난 몇 년간 100여 명의 UFO 납치 경험자들이 찾아왔었다고 했다. 이들은 맥 박사를 찾아와 외계인과 반복적으로 성 관계를 한 이야기, 항문 검사를 받은 이야기, 정자와 난자를 추출당한 이야기들을 해왔다고 전했다.

프로이트파(派) 정신 분석가인 존 맥은 이를 매우 흥미롭게 받아들였고, 지난 30년간의 정신과 생활 중에 들은 가장 충격적인 내용의 이야기들이었다고 말했다. [뉴욕타임스]는 "맥 박사가 이런 환자들에 대해 갖고 있는 관심이나 이에 대한 내용을 책으로 쓰고 있다는 것이 사람들에게 충격을 주지는 않을 것."이라며 "사람들이 충격을 받을 부분은 그가 이들을 믿는다는 사실이다."고 했다. 또한 지금까지 외계인과 만났다는 사람들의 이야기에 대한 책은 여럿 있었지만, 존 맥 박사 정도의 위치에 있는 사람이 쓴 책은 없었다고 했다.

맥 박사는 [뉴욕타임스]와의 인터뷰에서 "이 사람들하고 처음 이야기를 나눴을 때 정신 의학으로는 설명할 수 없는 문제가 있다는 것을 깨달았다."고 밝혔다. 그는 "이들이 말하는 내용을 들어보면 정신적인 측면과 관계가 없는 것 같았다."며 "정신 문제가 아니라 트라우마를 겪은 것처럼 행동했다."고 했다. 그는 "트라우마라는 것은 외부 요인으로부터 생기게 되는 것이다."고 단정했다.

맥 교수는 『악몽(惡夢)과 인간의 갈등』이라는 책도 썼을 만큼 악몽 문제에 관해서도 전문가였다. 그는 "이들의 이야기는 꿈이 아니었다고 본다."고 말했다. 이들 모두의 이야기에 일관성이 있었다고도 했다. 또한 사람들의 관심을 받기 위해 이런 이야기를 지어내는 것 같지 않았다고 한다. 맥 박사는 "이들은 자신들이 이런 일을 겪었다는 것을 믿고 싶지 않아 한다."면서 "이들은 이것이 그냥 꿈일 뿐이고 미친 생각일 뿐이라는 이야기를 듣고 싶어한다."고 했다.

[뉴욕타임스]는 이후 맥 박사가 걸어온 길을 소개했다. 맥 박사는 하버드 의대의 정신의학과를 '무(無)에서부터 유(有)로 만든 인물'이자, 이 정신의학과를 하버드대학의 또 하나의 자랑으로 만들어낸 사람이라고 치켜세웠다.

[뉴욕타임스]에 따르면 맥 박사는 뉴욕 출신의 독일계 유태인이다. 요르단 지역에서 낙타를 타고 돌아다니며 「아라비아의 로렌스」라는 영화 주인공인 영국인 장교 로렌스의 전기(傳記)를 써 1977년 퓰리처상을 받았다. 맥 박사의 친구 한 명은 [뉴욕타임스]와의 인터뷰에서 "그는 천진난만한 끼가 있는 박애주의자였다."고 했다. 항상 무언가를 찾아내려고 하는 사람이었으며, 의과대학 재학 중 정신 분석에 특히 관심이 많았다고 했다.

[뉴욕타임스]는 존 맥이 UFO 납치 경험자들을 만나게 된 것은 1990년 겨울, 납치 경험자들의 아버지라고 불리는 버드 홉킨스를 알게 된 뒤부터라고 썼다. 홉킨스는 맥 교수에게 사람들 몸에 생긴 이상한 흉터

와 상처의 사진을 보여주고, 우주선에서 이들이 본 것들을 알려줬다. 맥 교수는 "납치 경험자들은 이런 특이한 경험을 한, 건강한 생각을 갖고 있는 사람들이었다."고 말했다. "이들의 이야기는 서로의 이야기와 일치하며, 이들은 이런 이야기를 다른 사람들로부터 들은 것이 아니었다."고 강조했다. "이들은 뭔가 영(靈)적인 방식으로 행동하는 것으로 보였다."고 한다.

그는 1991년 봄부터 납치 경험자들을 만나기 시작했다. 친구와 동료들은 이를 만류했으나, 맥을 멈추게 만들 수는 없었다. 맥 교수는 "우리의 현실 세계에 거대하고 특이한 혼종 생산 프로그램이 침투했다."며 "수십만 명, 혹은 수백만 명의 인생에 영향을 끼치고 있다."고 염려했다.

맥 교수는 [뉴욕타임스]에 "이들은 외계인들에 의해 당시 기억을 떠올리지 못하도록 돼 있었는데, 이를 최면 요법과 호흡 요법으로 되돌려 낼 수 있었다."고 밝혔다. 대다수의 납치 경험자들은 이들이 본 것이 꿈에서 일어난 일이라고 생각했다고 한다. 맥 박사는 이를 '현실 부정(否定)' 행위로 봤다. 현실 부정에서 깨어나게 되면 실체를 볼 수 있게 된다는 것이다.

맥 교수는 최면 과정에서 거짓된 기억을 떠올려내는 것이 가능하다는 점은 인정한다고 했다. 다만 이는 기억 일부분일 때의 이야기라고 설명했다. 하버드 케임브리지 병원 정신의학과 총괄로서 맥 교수의 상관이기도 한 말카 노트먼은, [뉴욕타임스]에 "아무도 이를(=맥의 주장을) 믿지 않는다."고 했다. 그는 "그가 다른 분야의 일을 했으면 좋겠다. 완전히 틀린 일을 하고 있다."면서 고개를 저었다.

그는 맥 교수가 오랫동안 영혼에 대한 연구를 해왔는데, 그로 인해 이 문제에 집착하는 모양이라고 말했다. 노트먼은 그러면서도 "맥의 동료 중 어느 누구도 그에게 이를 멈추라고 말하지는 않을 것 같다."고 했다. 그는 "다른 사람의 연구 결과를 믿는지 여부와, 연구를 계속 하도록 놔두는 문제는 완전히 별개다."면서 "어떤 피해도 주지 않는다면 말이다."라고 덧붙였다.

일부 사람들은 맥의 연구가 다른 사람들에게 피해를 주고 있다고 보았다. 맥 교수의 한 친구는 [뉴욕타임스]에 "그가 그 자신과 그의 환자들, 그리고 정신의학계에 해(害)를 끼치고 있다는 생각이 든다."고 말했다. 34년간 함께 살아왔던 부인과의 결별로 인해 납치 문제에 집착하게 된 것으로 그는 추측했다. 그는 오스트리아 출신의 정신분석학자 빌헬름 라이히가, 우주의 근원 에너지라는 오르곤 에너지에 빠지게 돼 결국 그의 커리어를 망친 경우를 예로 들기도 했다.

UFO에 회의론적인 시각을 갖고 있는 출판 매체의 필립 클라스 편집장은, 납치 경험자들이 미쳤다고는 보지 않는다고 했다. 그가 만나본 납치 경험자들은 "인기를 얻고 싶어 하는 사람들이었다."고 한다. 원래는 「오프라 윈프리쇼」 같은 곳에 출연도 못했을 사람들이 이런 주장을 해 방송에 나오고 있는 상황이라는 것이다.

맥 박사의 오랜 친구이자 코넬대학의 천문학 교수인 칼 새건 역시 맥이 걱정된다고 우려했다. 새건은 1991년 코넬에서 하버드대학으로 직접 찾아가 맥이 제정신인지 확인해보기도 했다고 한다. 새건은 [뉴욕타임스]에 "나는 그에게 이런 엄청난 주장을 하려면 그에 맞는 엄청난 증거가 필요하다는 논리를 폈다."면서 "맥은 그런 증거를 하나도 갖고 있지 않았다."고 주장했다. 그러면서 "맥은 그가 들은 이야기와 이들이 사실을 말하고 있다는 자신의 판단만 가지고도 충분하다고 보는 것 같았다."고 덧붙였다.

새건은 「퍼레이드」라는 잡지에 UFO 납치 현상을 반박하는 글을 썼다. 이로 인해 두 사람의 우정에 금이 갔다고 한다. 새건은 당시 쓴 글에서 "환각이라는 것은 자주 발생한다."고 소개하면서 "평범한 사람들의 일상생활에서도 발생할 수 있다."고 했다.

그는 이런 환각이 가위눌림, 혹은 수면(睡眠) 마비 상태와 관계가 있기도 하다고 강조했다. 인구의 약 8%가 이런 현상을 경험한다는 것이다. 일종의 반(半)수면 상태에서 몸이 마비가 되고, 무언가 다른 것들이 보이는 것처럼 느껴질 수 있다고 한다. 뭔가 성(性)적인 현상도 발생할 수 있는데, 이는 반수면 상태에서 뇌로 흐르는 산소 공급이 약해지기 때문이라고 했다.

맥 교수가 홀로 이 문제를 파헤친 것만은 아니었다. 여러 동료들이 맥 교수가 담당하는 납치 경험 환자들을 함께 만나봤다고도 한다. 맥 교수와 함께 일했던 동료 한 명은, 만남이 끝나고 이들에게서 보이는 공통된 행동이 머리를 긁적거리는 것이라고 했다. "이들은 믿지 않는다는 생각으로 만남 장소에 들어갔다가, 만남 장소를 떠날 때는 뭘 믿어야 하는지 모르는 상황으로 떠나게 된다."는 것이다.

맥 교수는 [뉴욕타임스]에 "나를 믿으라."면서 "내가 심리 치료에서 (아직도) 활동하는 데는 그만한 이유가 있다."고 주장했다.

맥 박사의 기사를 검색하던 중 2004년 9월30일에 게재된 [뉴욕타임스]의 부고(訃告) 기사를 찾았다. 첫 문장은 "퓰리처상 수상자이자, 외계인과 맞닥뜨렸다고 말하는 사람들을 연구한 하버드대학 정신의학 분석가 존 맥 박사가 월요일 런던에서 사망했다."였다. 이 기사는 1994년에 맥 박사가 쓴 『납치』라는 책을 소개하며 "그는 외계인이 실제로 있느냐에 집중하기보다는, 접촉 사례에서 발생한 영혼적 의미에 초점을 뒀다."고 했다. 그러면서 "맥 박사는 납치 현상이 모든 사람들에게 있어 철학적으로나 영혼적, 사회적으로도 중요한 의미를 남긴다고 했다."고 썼다.

보스턴 지역 언론이나 하버드대학 교내 신문도 아닌 전국지 [뉴욕타임스]가 약 600 단어, A4 용지 두 쪽 분량의 지면을 할애해 맥 박사의 부고 기사를 썼다는 사실은 그의 연구 결과가 순 엉터리만은 아니었다는 방증이 아니었을까?

"목격자의 증언만으로는 부족하다!"

그럼에도 맥 박사가 소개하는 사례들을 읽다보면 어디까지가 현실인지 의문이 생긴다. '이 사람은 정말 정신적으로 불안정한 것 같은데'라는 생각이 드는 경험자 증언도 있다. 또한 '이 정도의 이야기는 인간의 상상력을 뛰어넘는데 천재적인 이야기꾼이거나 정신병자, 아니면 진짜 경험한 사람 아닐까' 하는 생각도 든다. 맥 박사가 수년간 100여 명의 UFO 납치 경험자들을 여러 차례에 걸쳐 만나본 뒤, 정신 질환이 없고 신뢰할 수 있는 사례들에 속한 것들이라고 하니 의문은 더욱 커진다.

이런 의문 때문에 책이 출판됐던 1994년 당시의 기사들을 계속해서 찾아보다가, 맥 박사의 연구 결과를 반박하는 글을 찾았다. 그것은 1994년 5월1일 [뉴욕타임스]에 실린 서평(書評) 기사였다. 작성자는 제임스 고든이라는 정신과 의사이고, 하버드 의대를 졸업한 뒤 비영리기관인 '심신(心身) 의학 센터'라는 단체를 설립한 사람이었다. 이 단체는 정신적 트라우마를 겪고 있는 사람들을 도와주는 곳이었다.

그는 조지타운 의대에서 교수로 활동했고, 빌 클린턴 행정부와 조지 W. 부시 행정부에서는 백악관 대체의학 정책위원회 위원장으로 일했다. 외계인에 의한 납치 현상을 단순한 음모론이라고 치부하는 사람들의 글은 많지만, 높은 위치에까지 올라갔던 정신과 의사가 정신의학 측면에서 맥 박사의 책을 평가한 글이었으므로 한번 소개해보도록 하겠다.

고든 박사가 쓴 서평의 제목은 「누군가가 우리를 지켜본다(Someone to Watch Over Us)」이다. 부제(副題)는 '한 정신과 의사가 외계인에 납치됐다고 생각하는 미국인들이 전하는 메시지의 진실을 탐구하다(A psychiatrist looks for the real message of those Americans who think they have been abducted by aliens)'였다.

고든 박사는 우선 맥 박사가 존경받을 만한 방식으로 지난 4년간 외계인에 납치됐다는 사람들을 만나, 이들이 겪고 있는 상황을 연구했다고 썼다. 그는 "맥 박사는 목격자들이 논리 정연하고 제대로 교육을 받은 사람들이며, 정신병자이거나 망상 환자 혹은 자신을 홍보하려고 하는 사람이 아닌 것으로 봤다."고 설명했다. 이어 "맥 박사는 UFO 납치 경험자들이 받고 있는 고통의 발원지는 UFO 납치이지, 이들이 갖고 있는 병세의 증상이 아닌 것으로 보고 있다."고 했다. 고든 박사는 "맥 박사는 이들의 이야기를 들어주며 이들의 경험이 어느 정도 '현실'인 것으로 믿게 됐다."고 했다.

고든 박사는 책에 담긴 일부 사례들을 소개하며 맥 박사가 납치뿐만 아니라 죽음 직전의 경험, 사후(死後)세계까지 연결시킨다고 지적했다. 고든은 "모두 엄청난 일이고 영감(靈感)을 주는 이야기다."면서 맥 박사에 대한 의문을 제기하기 시작한다.

《불행하게도 이런 예언적인 메시지는 납치된 사람들의 주장에 기반하고 있으며, 맥 박사나 이에 동조하는 독자들이 원하는 수준의 권위를 갖지 못한다. 맥 박사는 자신이 수집한 핵심 데이터를 공개하거나, 핵심 분석 자료를 소개하는 방식으로 그의 이론을 증명하려 하지 않았다.》

고든은 맥 박사가 납치 현상이 최근의 트렌드로 떠오르고 있다는 사실도 간과하고 있다고 말했다. 그러면서 "독자들은 납치라는 현상이 최근 떠오르고 있는 UFO 학문의 한 부분이라는 점을 알아야만 한다."고 강조했다.

《독자들은 납치 경험이 지난 몇 년에 걸쳐 바뀌어가고 있다는 사실을 알아야 한다. 사람들은 자신들의 생식질(生殖質)이 추출되는 느낌을 받았다고 말해왔다. 지금에 와서는 거의 대다수가 '하이브리드(혼종·混種) 아기'를 직접 본 것을 기억한다고 한다. 맥 박사와 오랜 시간 이야기를 나눈 사람들 중에는 자신이 일부 외계인이거나, 전체가 다 외계인이라고 믿는 사람들도 있다.

외계인 납치 경험자들의 증언이 바뀌는 것은 이런 현상이 진화하고 있음을 뜻하는 것일까, 아니면 외계인들이 이들 피해자들이 더 많은 것을 기억하도록 해주는 것일까? 그도 아니면 납치 피해자들이 의식 중에서건 무의식 중에서건, 만족스럽고 깨달음을 줄 수 있는 판타지를 만들어내려고 하는 것일까?

맥 박사는 이런 문제를 다루지 않았고, 납치 현상과 이들의 증언에만 초점을 둔 것으로 보인다. 임상 과학적 측면에서 맥 박사의 책이 비판받을 수 있는 핵심이 여기에 있다. 사례를 통한 연구는 몰입감도 있고 강한 인상을 주며, 누군가에 감동을 줄 수 있다.

하지만 이는 종합적인 분석이 아니다. 특히 이 책의 권위가 저자의 정신 의학 경험과 학문적 성과로부터 나온 것일 때는 더욱 그렇다. 더 적은 사례를 더 깊게 소개했다면, 이 책과 독자들에게 더욱 좋았을 것이다.》

고든 박사의 이런 비판은 나와 같은 많은 사람들이 갖고 있는 생각의 핵심을 짚었다. 하버드 의대 정신과 과장이 쓴 책이니 믿기 어려워도 믿어보려 읽는 사람들이 많을 것이기 때문이다. 고든 박사의 비판은 이어진다.

《맥 박사가 소개한 사례들은, 회의적인 시각을 갖고 있는 독자나 그의 이론을 진지하게 연구하려 하는 사람들이 필요로 하는 정보를 제공하지 않는다. 이 사람들이 존 맥을 찾기 전에 UFO나 납치 현상에 대해 얼마나 많은 지식을 갖고 있었을까? 그는 이들이 어려서부터 이 문제에 관심을 가진 이유가, 어렸을 때 실제로 납치를 경험했기 때문이지 나중에 생긴 기억에 따른 것이 아니라고 한다.

하지만 우리는 예를 들어 이들의 부모나 형제들로부터 더 많은 이야기를 듣고 싶다. 또한 이들의 유년기는 어땠을까? 이들이 어려서 학대를 당하지 않았다는 맥 박사의 분석을 인정하는 부분에 있어서도 정보가 충분치 않다.》

고든 박사는 일부 의사들이 납치 현상에 대한 기억은 아동 시절에 겪은 성적(性的), 혹은 신체적 학대를 잘못 기억하는 경우가 많은 것으로 보고 있다고 설명했다.

지금까지 내가 소개한 납치 사례들 중에서도 아버지들 중 분노 조절 장애가 있는 사람이 여럿 있었다. 어머니들이 구타를 당한 가족이 많았고, 이혼한 가족도 많았다. 맥 박사는 각 사례를 소개하며 "어렸을 때 성적, 혹은 신체적 학대를 받은 적은 없는 것으로 보인다."는 설명을 매번 붙였는데, 이런 연구 결과가 있다는 사실을 의식했지 않을까 하는 생각도 든다.

고든 박사는 이들에 대한 정신 감정 결과가 공개돼야 한다고도 했다. 책에 담긴 사례 중 한 명의 경우만 이런 결과가 소개됐는데, 이 역시도 매우 제한적이었다고 한다.

《또 하나 불편한 것은, 맥 박사의 최면 치료 방식에 대한 자료가 거의 공개되지 않았다는 점이다. 최면을 정확히 어떻게 했고, 최면 과정에서 어떤 방식으로 질문을 했는지 등의 방법이다. 그는 호흡 요법과 이들을 중앙에 위치하게 하는 방식을 사용했다고만 밝혔다. 그 역시도 편향된 시각을 갖고 있었다고 하는데, 이 또한 불분명하다(注 : 맥 박사가 처음에는 믿지 않았다는 이야기). 게다가 그의 조수들의 의견이나 이들이 어떤 역할을 맡았는지에 대한 설명도 없다.

납치 경험자들의 증언이 공개적으로나 무의식적으로, 혹은 맥 박사 및 그의 조수의 기대에 부응하기 위해 오염됐는지 여부도 불분명하다. 맥 박사는 납치 경험자들의 기억에 자신이 영향을 끼칠 수 없었다고 하는데, 이는 그가 이들과 "현실을 함께 맞춰나갔다."는 설명과 상반된다.

그는 최면 요법 등 환자와 의사가 소통하는 과정에서 발생하는 근본적인 문제점도 언급하지 않았다. 문제점이라 함은 의사가 환자의 반응을 미묘한 방식으로 형상화하는 것인데, 이 과정에서 환자가 기억이 아니라 상상을 통해 이야기를 만들어낼 가능성이 있다는 점이다.》

고든 박사는 서평 마지막 문단에서, 존 맥 박사가 더 많은 정보를 담아 더 권위 있는 책을 쓸 수 있었지 않았을까 한다고 아쉬워했다. "그럼에도 맥 박사는 이런 현상에 의해 조롱을 당하고 오해를 받아왔던 사람들에게 존경심을 보이며, 우리의 생각 영역을 넓힌 가치 있고 용기 있는 일을 했다."는 평가를 덧붙여놓았다.

이런 주장에 대한 맥 박사의 의견을 찾아보고 싶었지만 당시 나온 기사를 찾지 못했다. 그러다 유튜브에서 한 인터뷰 영상을 발견했다. 미국 PBS 방송에서 자신의 이름을 건 쇼를 진행했던 찰리 로스와 1994년 8월15일에 진행한 인터뷰 영상이었다.

로스 기자는 첫 질문부터 단도직입적으로 묻는다. 하버드 의대 교수가 됐건 퓰리처상 수상자가 됐건, 이런 주장을 하려면 증거가 있어야 하지 않겠느냐고 따졌다. 맥 박사는 "우리가 살고 있는 세상에서는 사진과 같은 실체가 있는 증거를 원한다."며 "하지만 증거라는 것은 다른 곳으로부터 나올 수도 있고, 임상실험 과정에서 증거가 나올 수도 있다."고 했다. 그러면서 "이들은 제정신이 박힌 사람들이었고, 자신의 기억이 사실이 아닌 꿈이길 바라던 사람들이다."고 주장했다.

로스 기자는 계속 맥 박사를 압박하는 질문을 이어간다. 그는 UFO 납치 연구를 시작할 때부터 이를 믿고 싶어서 한 것인지, 아니면 회의적이었는지 물었다. 맥 박사는 회의적이었고, 이런 현상을 알지도 못했다고 답했다. 로스가 언제부터 이를 믿기 시작했느냐고 물으려 하자 맥은 그의 말을 끊으며 "믿는다는 말은 틀린 표현이다."면서 "진지하게 받아들인다가 맞는 표현이다."고 지적했다.

그는 "우리가 사는 세상에서는 믿음이라는 표현이 매우 위험한데, 이는 어떤 믿음 체계의 일부가 된다는 뜻으로 받아들여지기 때문이다."고 덧붙였다. 그러면서 "이들의 증언에 신뢰도가 있고, 일부는 현실일 수도 있다는 점을 진지하게 받아들이게 됐다."는 표현이 맞다고 했다. 그는 거의 처음부터 사실일 수 있다는 생각이 들었지만, 약 30명에서 40명을 만나본 뒤에야 조금 더 확신을 갖게 됐다고 밝혔다.

로스 기자는 큰 맥락에서 앞으로의 계획이 무엇인지에 대한 마지막 질문을 하느라 지금까지 벌어진 상황들을 정리하기 시작했다. 그러다 사람들이 맥 박사의 연구방식에 의문을 품고 있으며, 환각제 같은 것을 사용해 환각을 보게 하고 있다는 등의 소문이 들려온다는 점을 언급했다. 맥 박사는 그가 이런 질문을 이어가는 과정에서 끼어들더니, 미소를 지으며 다음과 같이 말했다.

"메시지를 전달하는 사람을 죽이자는 것이겠죠. 무슨 일이 일어나는지에 대해서는 이야기도 하지 말자며."

제2장

"나는 수천 년 전 지구로 와서 공룡을 만났다"

인간은 하나의 생명체에 불과하다

반인반외(半人半外)

존 맥 하버드 의대 정신과 과장은 뉴햄프셔주(州)에서 열린 한 UFO 세미나에서 26세의 폴이라는 남성을 처음 만났다. 폴은 자신이 외계인과 인간이라는 두 개의 정체성을 갖고 있다고 했다. 또 하나의 반인반외(半人半外) 사례다. 폴은 부모와 함께 살면서 광고 관련 사업을 하고 있었다.

폴은 여러 납치 경험자들과 마찬가지로 기존에 치료를 받던 정신과 의사들과 어려운 시간을 보냈다. 폴은 맥 박사를 만나기 얼마 전까지 'T'라는 여성 의사에게 1년 반에 걸쳐 상담을 받아왔다.

폴은 T 선생에게 대마초를 피운 지 다섯 시간 뒤에 집안 계단에서 이상한 생명체를 본 이야기를 비롯하여, 여러 이상한 기억들을 털어놨다. 약 네다섯 차례의 최면 치료가 진행됐다. 하루는 폴이 친할머니에게 성적 학대를 당한 적이 없는지를 다뤘다. 그러나 최면 치료 과정에서 폴이 떠올린 세 살 당시의 기억은 전혀 다른 장면이었다. 외계인 같은 생명체를 봤다는 것이었다.

T 선생은 이를 어떻게 받아들여야 하는지 잘 모르는 것 같았다고 한다. 이때 T 선생의 최면 치료실 문 밖에서 '쿵' 하는 소리가 나자 T 선생이 겁에 질린 것 같았다고 했다. 폴이 무슨 일이 일어났느냐고 물으니 T 선생은 침대가 위아래로 움직였다고 대답했다.

폴은 T 선생이 납치 현상을 다루며 공포심을 느껴 자신을 억제하려고 한다는 느낌을 받았다고 말했다. 폴은 T 선생과의 최면 치료 과정에서 "할머니가 나를 학대하는 장면이 아니라, 우주선이 보이고 굴뚝같은 곳에 나가 있었는데 작은 사람들이 다가와 겁에 질린 장면을 떠올렸다."는 것이다.

T 선생과의 마지막 최면 치료 과정에서는 두세 살 때 겪은 납치 기억이 떠올랐다고 한다. 빨간색 일체형 잠옷을 입고 있었고, 책상 같이 생긴 것의 위에 올라가 있었는데 두려웠다고 했다. 이때 한 생명체가 방 안으로 들어왔고, 폴에게 "힘을 내라."고 했다는 것이다. 그러더니 문을 통해 폴을 데리고 나왔고, 우주선처럼 생긴 불빛이 보였다고 한다.

어떻게 우주선 안으로 들어갔는지는 기억이 나지 않는다고 했다. 우주선 안에 있던 생명체들이 자신의 다리에 손을 대고 무언가를 하기 시작했다고 한다. 갑자기 종아리가 마비된 것처럼 아프기 시작했고, 무언가를 종아리에 집어넣은 것 같은 느낌이었다는 것이다.

그런 뒤 한 생명체가 자신이 일어서는 것을 도와줬다고 했다. 폴이 이때까지의 기억을 떠올렸을 때 T 선생은 "자, 오늘 시간은 다 됐다."고 했다고 한다. 그렇게 최면 치료는 마무리 됐다. 폴은 T 선생이 납치 문제를 다루며 힘든 시간을 보내는 것 같았고, 그렇게 의사와 환자와의 관계는 끝나게 됐다는 것이다.

폴은 맥 박사를 만나기 며칠 전 T 선생에게 전화를 걸어, 또 한 번의 도움을 요청했다. 떠올린 기억들 때문에 고통스럽다고 털어놓았다. T 선생은 무엇을 해야 하는지 모르겠다는 듯 "제가 필요한 상황이 되면 전화를 주세요."라더니 전화를 끊었다고 한다.

맥 박사는 이 사례를 보아도 외계인 납치 문제를 다룰 수 있는 역량이 있는 의사가 얼마나 적은지를 알 수 있다고 한숨을 쉬었다. 또한 도움을 요청하는 납치 경험자들이 겪는 외로움을 알 수 있다고 덧붙였다.

폴은 맥 박사를 처음 만난 자리에서 자신은 항상 다른 곳에서 왔다는 느낌을 받았다고 말했다. 생부모로부터 태어난 것이 아니라 입양된 것 같았다고 했다. 폴은 아버지가 생물학적 아버지가 아닌 것 같다는 생각을 오랫동안 해왔다. 아버지가 불임이었고, 어머니가 다른 남성과 불륜 관계를 가져왔다는 사실을 알고 있었기 때문이라고 했다. 폴은 어머니에게 여러 차례에 걸쳐 이에 대한 사실을 물어봤고, 맥 박사와 만나기 약 1년 전 사실을 털어놨다고 했다.

폴은 "아버지가 실제 아버지가 아니라는 사실을 알게 되자, 내가 이곳의 일원이 아닌 것 같다는 생각이 들었다."고 한다. 아버지와 어머니 모두 알코올 중독자였고, 아버지의 경우는 특히 분노 조절 장애가 있었다. 어렸을 때부터 화가 나면 폴의 옷을 벗기고 학대를 했다는 것이다.

폴은 자신의 어머니가 겁이 많은 사람이라고 했다. "어머니는 항상 나를 억제하려 했으며, 내 정신 상태에 문제가 있다는 생각을 갖고 있었다."고 말했다.

폴은 어머니에게 집 계단에서 이상한 생명체들을 봤던 날의 이야기를 했던 적이 있었다고 한다. 어머니 역시 이날 계단에서 내려오다 중간즈음에서 이상한 기분이 들어 멈춰 섰다는 것이다. 폴은 어머니와 자신이 똑같은 것을 목격했다고 이야기했으나, 어머니는 어떤 것도 본 게 없다고 부인하더라고 한다.

폴이 맥 박사와의 첫 번째 최면 치료 과정에서 떠올린 기억은 1972년 가을, 그가 6세였을 때의 기억이다. 폴은 성인이 된 자신이 어렸을 때의 자신을 관찰하는 모습이라고 설명했다. 폴이 하는 말의 주어와 목적어가 헷갈려지는데, 성인(成人) 관찰자 폴을 1, 기억을 떠올려낸 어린 폴을 2라고 부르도록 하겠다.

"어린 폴이 집 밖으로 나가 하늘을 바라보니 우주선 같은 불빛이 집 위를 지나가고 있었다."고 한다. 폴(1)은 "물체 전체에서 빛이 났고 완벽한 원형이었다."고 했다. 그는 "폴(2)이 우리(1과 2)가 어디로 가야 할지 고민해야 하는 것 같았다."고 말했다. "우리는 뒤뜰에 있는 굴뚝 쪽으로 가보기로 했고, 거기에 가서 앉아 있었다."는 것이다.

그(1)는 "폴(2)이 누군가가 오기를 기다리는 것처럼 굴뚝 안으로 들어갔다."고 했다. 이때 폴은 관찰자가 아니라 소년 폴 안에 들어가 말하기 시작했다. "나는 누가 올지 전혀 몰랐으며, 누군가가 있다는 것을 보고는 깜짝 놀랐다."고 한다. 이들 생명체들은 6세 아이 정도의 크기였다고 했다.

그 가운데 한 명이 조금 더 컸고, 네다섯 명씩 무리를 짓고 있었다. 폴(1)은 "이들은 인간이 아니었다."며, 얘들이 다가오자 아이(2)가 편안해진 것 같은 모습이었다."고 했다. "얘들은 소년(2)을 만지고 껴안았는데, 소년(2)은 집에 온 것 같은 편안한 기분이었다."는 것이다.

맥 박사는 현실 세계에 있는 폴에게, 관찰자의 폴이 아니라 소년 폴의 몸으로 들어가서 기억을 떠올려보라고 시켰다. 폴은 "공포 때문인지 그렇게 하지 못하겠다."고 했다. 폴은 계속 공포에 빠졌다며 "큰 눈이 내 눈 앞에 보였고, 내게 손을 갖다 댔다."고 했다. 폴은 "몸이 줄어드는 것 같고 아무것도 느끼지 못했다."고 그 순간을 돌이켰다. 그런 뒤 폴은 둥근 지붕 형태의 방 안에 나체로 누워있는 장면을 떠올려냈다. 여러 기기(器機)와 벤치 의자 하나가 보였다고 한다. 그는 "창문으로 밖을 내다봤는데 우주에 있다."며 "엄청 많은 별들이 보이고 움직이고 있다."고 했다.

맥 박사가 옆에 보이는 생명체들이 어떻게 생겼냐고 물어봤다. 폴은 "머리카락이 없고 눈은 검정색으로 매우 컸으며, 홍채가 보이지 않았다."고 대답했다. "코는 유인원 같이 납작했고, 입에서는 비늘 같은 게 보였다."고 했다. 그는 한 생명체가 그를 일으켜 세우더니 문을 열고 밖으로 나가게 했다면서, "밖에 나가보니 우주선이었다."고 했다.

그 생명체는 친구처럼 느껴졌다고 한다. 그는 폴에게 "너는 나와 같고 우주선에 있다."고 알려주었다. 폴은 잘 이해할 수 없었다고 했다. 그가 폴에게 "너는 여기 출신이다."고 속삭였다. 그때 또 한 명의 외계인이 다가왔다.

이 생명체는 "여기가 우리가 모이는 곳이다."고 했다. 그는 폴에게 인간들이 사용하는 침대 같은 것을 보여줬는데, 침대가 떠다니고 있었다고 한다. 이 생명체는 폴에게 "여기가 네 방이다."며 "이곳에서 여행을 떠난다."고 말했다. 폴은 이 방이 어딘가 친숙했다고 한다. 이곳에 한

70번은 와본 것 같다고 했다. 최면 상태의 폴은 혼란스러운 표정을 지었다.

이때 이 생명체가 폴에게 궁금한 것들을 다 알려주겠다고 말했다. 이때부터 맥 박사와의 최면 치료는 폴의 이중 자아(自我)에 초점이 맞춰졌다. 폴은 자신이 특정 임무를 받고 지구에 온 스파이 같다고 했다. "그(=외계인)는 나의 영혼이 여기(=지구가 아닌 우주선)에서 온 것이다."고 하면서, "인간의 씨를 결합해 이런 존재를 만들어낸다."고 설명해줬다.

폴은 "나의 고향은 그 행성에 있다."며 "매우 평화롭고 지구와 같지 않다."고 했다. "이 사람들은 여기(注 : 지구를 뜻하는 것으로 보임)서 죽임을 당했다."고 덧붙였다. 맥 박사가 그 행성이 어떻게 생겼느냐고 물었다. "빨간색과 파란색인데, 목성처럼 빙빙 돌고 있다."는 대답이 돌아왔다. 그러면서 "(나는) 우주에 있고 당신이 상상할 수 있는 것보다 훨씬 멀리 있다."고 말했다.

맥 박사가 생명체들이 행성 사이를 어떻게 이동하느냐고 물었다. 폴은 "깡충깡충 뛰는 것과 같다."고 했다. "에너지가 발생하면 모든 것들이 접히고 안으로 휘어져 들어가게 된다."며 "한 번에 한 명씩 움직일 수도 있고, 여러 명이 한 번에 들어갈 수도 있다."고 설명했다. "사람들은 이에 대해 아직 알아서는 안 된다."고도 했다.

맥 박사가 왜 안 되느냐고 물었다. 폴은 이때 외계인에 빙의(憑依)된 것처럼 말을 했다. "우리는 여기서 다친 적이 있다. 당신네 사람들은 우리를 다치게 한다."고 답했다. "당신들의 폭력적인 본성 때문이다."면서 "인간들은 통제력을 가져야 한다."고 했다. 그의 경고는 계속되었다.

《인간은 그냥 또 하나의 형체일 뿐이다. 에너지를 갖고 있는 하나의 생명체에 불과하다. 독립적이라고 생각하지만 그렇지 않다. 당신들은 죽음을 가져온다. 우리는 당신들을 도와주려고 이곳을 찾았는데, 많은 사람들이 우리들을 죽였다.》

폴은 자신과 같은 사람들이 지구에서 인간들을 통합하는 역할을 맡고 있다고 알려줬다. 과거에 도와주려고 왔을 때 실패했기 때문이라고 했다. 맥 박사는 과거 언제 왔었느냐고 물었다. 폴은 질문을 무시한 듯 자신의 머릿속에 있는 말을 계속 끄집어내어 "당신네 인간들은 너무 폭력적이고 적대적이다."고 나무랐다.

폴은 "우리와 같은 사람들이 이곳에 많다."면서 "인간을 도와주려 하는데 공격을 당하고 있는 기분이 든다."고 했다. 외계의 지능으로도 인간들이 왜 이렇게 파괴적이고 저항적인지에 대한 이유를 알 수 없다고도 했다. 맥 박사가 그런 이유에서 사람들 몸에 들어와서 생활하는 거냐고 물었다. 그는 "그것도 하나의 이유다."고 대답했다.

최면 과정에서의 폴은 앞서 떠올려낸 행성에서 자신이 태어났고, 우주선의 방을 통해 행성간의 이동을 했다는 이야기의 퍼즐을 조금씩 맞춰갔다. 그러다 "우리는 이 행성(=지구)에 수천 년 전에 왔던 적이 있다."고 했다. 원시 시대에 살던 생명체들과 교감을 나눈 적이 있다는 것이다.

그러면서 공룡과 파충류 같은 게 보인다고 했다. 맥 박사가 "파충류와 교감을 나눴다는 것이냐?"고 물었다. 폴은 "그렇다. 인간보다 더 똑똑했다."고 답했다. 그는 "파충류의 지능은 뛰어났다. 시간이라는 개념을 인식하고 있고, 미래에 어떤 일이 일어날지도 안다."고 설명했다.

맥 박사는 외계인과 인간 사이의 관계가 지금 다시 중요하게 다뤄지는 것이냐고 물었다. 그는 "인간의 관점, 혹은 인간의 진화 단계가 이제 더 많은 것들을 받아들일 수 있는 수준의 경계에 달했다."고 말했다. 경계를 왔다 갔다 하고 있다는 것이다.

맥 박사가 이 경계선을 뛰어넘기 위해서는 무엇을 해야 하느냐고 물었다. 폴은 "모든 것을 받아들여야 한다."고 했다. 자신과 같은 외계인과 인간의 중개자들을 포함한 모든 것들을 받아들여야 한다는 것이다. 그러면서 중간에서 두 개의 자아를 갖고 생활하는 것이 얼마나 힘든 일인지 고통을 토로했다. 폴은 이후 맥 박사에게 "피곤해지기 시작했다."고 말했다. 맥 박사는 폴을 최면에서 깨어나도록 도왔다.

폴은 이후 맥 박사와 함께 최면 과정에서 떠올려낸 이야기들을 하나씩 정리해봤다. 폴은 인간의 자존심이라는 것은 암(癌)덩이와 같아 모든 것을 가둬버린다고 했다. 외계인과 인간의 합체를 통해 새로운 균형, 새로운 진화를 이뤄낼 수 있다고 했다. "창조와 파괴의 균형이다."는 것이었다. 폴은 이후 원시 시대로 돌아갔던 이야기를 꺼냈다.

《사람들은 공룡을 보고는 뇌가 작고 손을 사용할 수 없다는 이야기들을 한다. 먹고 자고 몸을 흔들거리며 살았다고만 생각한다. 실제로 그렇게 살았던 것은 맞다. 행성 충돌로 목숨들을 잃었는데, 사람들은 공룡들이 지식이 없었기 때문이라고 여긴다. 인간처럼 손을 쓸 줄 몰랐기 때문이라는 이야기와 연관을 짓는다. 손을 쓸 수 없어 인간처럼 집을 지을 수 없었다는 것이다.

너무나도 자만심에 빠진 이야기다. 똑똑하다고 생각하지만 이들의 문화에 대해서는 아무것도 알지 못한다. 뼈 몇 조각을 가졌다 뿐이지 아무것도 알지 못한다. 우리는 동물의 왕국에 대해 전혀 알지 못한다. 아무것도 알지 못한다. 분명히 이들 사이에 소통이 이뤄지고 있다.》

UFO 추락 사건의 현장에 있었다!

맥 박사는 폴에 대한 2차 최면 치료를 1차 최면 치료 6주 후에 진행했다. 폴이 2차 최면 치료에서 첫 번째로 떠올려낸 장면은 최근 경험한 납치 사례로 보였다. 우주선 안에 있는 한 생명체가 폴과 함께 복도를 지나 어두운 방으로 들어갔다고 했다. 방 안에 불이 켜졌고 폴은 의자에 결박됐다.

이 생명체는 스크린 화면을 켜고 폴이 가족 누군가로부터 맞고 있는 장면을 보여줬다. 폴은 "그가 내게 세상이 무엇인지를 보여주고 있었다."면서 "이 사람들이 다 죽어나가고 있으며, 내가 이를 고칠 수 있다고 말해줬다."고 했다.

장면은 폴이 소년일 때로 돌아갔다. 그는 당시 집 지하실에 있었다. 폴은 "혼자 어떤 것과 싸우고 있다."고 말했다. "이것은 나를 바로 죽이고 싶어 하는 것 같은데, 어떤 방어막 같은 것이 나를 보호해주고 있는 것으로 여겨졌다."고 했다. 폴은 어두운 곳에서 빛을 뿜어내고 있는 인간이 아닌 생명체를 봤다고 한다.

폴이 떠올려내는 장면은 그가 침실에 누워있는 장면으로 이동했다. 한밤중 물체들이 자신 곁에서 움직이고 있었다고 했다. 옷장 안에 공포영화에 나오는 무서운 얼굴을 한 생명체가 보였다고 한다. 폴은 이 생명체를 쫓아가보기로 했다.

폴은 "이 생명체는 구석에 웅크리고 앉아 있었는데, 숨을 쉬고 있는 것 같은 느낌이 들었다."면서 "위험한 존재인 것 같기도 한데 심하게 두들겨 맞은 것 같았다."는 것이다. 폴은 이 생명체에 손을 갖다 댔다고 한다. 이 생명체는 심각하게 고장이 난 것 같았는데, 팔이 인간처럼 움직이지 않았다고 했다.

이 생명체는 폴을 만지며 소통을 하려 했다고 한다. "나에 대해서 이야기를 하는데 무서웠다."고 한다. 이 생명체가 폴에게 "당신은 무언가를 만들어낼 힘이 있다."고 말해줬다고 한다. 폴은 자신이 무엇을 할 수 있는지 모르겠다고 답했다.

폴의 몸은 다시 마비가 된 것 같았고, 이후 떠올려낸 기억은 숲 속에서 이 생명체와 함께 이야기를 나누는 장면이었다. 이 생명체는 키가 약 120cm인 것 같았다고 한다. "나랑 비슷하게 생긴 것 같은데 눈과 코가 있었다."고 하며, "다만 코가 납작했고 귀는 그냥 머리에 뚫려 있는 구멍 같았다."는 것이다. 몸은 가늘었고, 머리는 가분수(假分數)처럼 컸다고 한다.

이 생명체가 손을 뻗어 폴을 만지려고 했는데, 손가락은 엄지를 포함해 두세 개였다고 한다. "나와 대화를 나누고 싶어 하는 것 같았으나 나는 그냥 무서웠다."고 했다. 맥 박사는 왜 무서워하느냐고 물었다. 폴은 "그냥 두렵다."며 "나랑 그냥 다른 존재 같았다."고 덧붙였다. 자신을 계속 만지는데, 왜 만지는지 이해할 수가 없었다는 것이다. 폴은 이 생명체가 "내가 내 자신이 될 수 있도록 도와주는 것 같았다."고 돌이켰다.

폴은 이런 기억을 떠올려낸 뒤, 이런 일이 생겼을 당시 자신은 9세쯤 됐었던 것 같다고 했다. 폴은 숲 속에서 생명체 뒤로 우주선이 나타나는 것을 봤다. 이 생명체는 폴의 손을 잡고 우주선 안으로 끌고 들어갔다. 우주선 문을 액체가 된 것처럼 그냥 통과했다고 한다. 우주선에 들어가자 여러 생명체들이 자신의 몸을 여기저기 둘러봤다고 했다. 폴은

"이들은 뭔가 혼란스러운 것 같았다."고 말했다.

생명체들은 폴에게 테이블 위에 누우라고 했다. 폴은 나체 상태였고, 움직일 수가 없었으며, 추웠다고 한다. 폴은 이 생명체들이 "내 몸을 절개하고 있다."고 했다. 이들은 15cm 정도 길이의 불빛으로 오른쪽 무릎 쪽을 절개했다고 한다. 약 1.5cm 깊이로 절개했는데, 안에 있는 근육과 인대, 뼈가 보일 정도였다는 것이다.

그런데 피는 거의 나지 않았다고 했다. 폴은 "피가 나와야 하는데 왜 피가 안 나오는지 모르겠다."고 의아해했다. "이 과정이 아프지는 않았으나 절개된 다리를 보는 게 두려웠다."고 한다. 그는 "내 뼈에서 작은 조각 하나를 떼어냈다."며 "불빛을 사용해 다시 절개된 부위를 봉합시켰다."고 했다.

폴은 이 생명체들이 "우리 사이에는 어떠한 관계가 있다면서, 내가 이들로부터 왔다고 말했다."고 한다. 그는 자신의 외계인 자아(自我)에서는 이들이 자신을 돕고 있다는 점을 이해했지만, 인간의 자아로는 도대체 무슨 일이 일어나고 있는 건지 이해할 수 없었다는 것이다.

폴은 이들이 자신의 다리에 한 행동 등 여러 가지가, 그를 '연락책'으로 사용하려 하기 위한 목적으로 여겨졌다고 추측했다. 이 생명체들과 인간을 연결해주는 역할을 맡기려는 것 같았다고 한다. 폴은 "새로 사귀게 된 친구들이 걱정이 되기도 했다."면서 "모든 사람들이 이들을 두려워하는데, 그로 인해 이들이 다치게 될까 걱정이 됐다."는 것이다.

외계인들은 폴에게 많은 것들을 가르쳐줬다고 한다. 몸 안에 있는 에너지를 어떻게 활용하고, 어떤 방식으로 사고(思考)를 할지 알려줬다. 에너지를 어떻게 다루고, 다른 사람들의 몸 안에 있는 에너지를 어떻게 느낄 수 있는지도 알려줬다는 것이다. 또한 외계인들이 자신들의 기술을 보여줬다고 한다. 맥 박사가 어떤 기술이냐고 물었다. 폴은 상처가 나거나 다쳤을 때, 이를 치료하는 방법이라고 대답했다.

폴은 "이들이 무언가를 탐험하다 보면 누군가는 죽게 된다."면서도 "이들을 되살려낼 수 있다."고 했다. 다른 생명체들의 에너지를 사용해 죽은 동료에게 삶을 다시 불어넣는다는 것이다. 폴은 "죽은 이들로 하여금 자신들의 에너지를 받아들이도록 만든다."며, 그것을 '의식을 활용하는 방법'이라고 말했다. 폴은 그러다 갑자기 "사람들이 우리에게 사격을 가해 우주선이 사막에 추락한 적이 있다."면서 "몇 명이 숨졌다."고 털어놨다.

이때 현실 세계의 폴이, 최면으로 추락 당시의 기억을 떠올리며 혼란스러운 표정을 지었다. 그는 추락 현장에 함께 있었다고 했다. "나는 누가 총을 쐈는지 알고 있다."며 "도대체 왜 총을 쏘는 건지 모르겠다."고 고개를 저었다. 군복을 입은 남성들이 총을 쐈으며, 그들은 군인들이었다는 것이다. "이들이 다쳤는데 도와줄 수가 없다."고 말했다.

맥 박사는 이후 어떤 일이 벌어졌느냐고 물었다. 폴은 "지프들이 다가오고 있었고, 우리는 다시 이륙해야만 했다."고 한다. "몇 명을 남겨두고 갈 수밖에 없었다."고 했다. 맥 박사는 폴에게 이때 외계인의 몸을 하고 있었는지, 아니면 인간의 몸을 하고 있었는지 물었다. 폴은 인간의 몸이었다고 대답했다. 외계인 형제들이 "인간들이 자신들에 대해 갖고 있는 공포심을 느끼고는 상처를 받았다."고 했다. 폴은 이때 자신의 나이가 9세였다고 한다.

폴은 남겨진 외계인들을 생각하며 슬퍼졌고, 이들을 다시 되찾아올 수 없을 것 같은 느낌이 들었다고 했다. "인간들이 갖고 있는 공포심으로 인해 이들이 고통을 받았다."고 한다. 그는 인간들이 깨달음을 얻도록 해야 한다면서, 평화와 사랑이라는 마음을 가져야만 지구가 성장할 수 있다고 주장했다.

폴은 자신이 지구에서 외계인과 인간 세계를 연결하는 다리 역할을 맡았다고 했다. 사람들은 외계인을 두려워해서는 안 되고, 서로 이해하고 사랑을 나눌 수 있는 단계로 나아가야 한다고 설득했다.

최면이 끝나기 전 맥 박사와 폴은, 뉴멕시코주 로즈웰에서 1947년에 일어난 사건과 폴의 의식 속에 있는 추락 현장이 같은 것인지를 논의했다. 로즈웰 사건은 '비행접시'가 목격됐다는 신고가 나온 얼마 뒤, 우주선으로 여겨지는 물체가 추락한 것으로 알려진 사건이다. 폴은 당시 자신이 본 사건이 로즈웰 사건 같다는 인상을 줬다.

폴은 인간의 나이 체계에서는 로즈웰 사건이 일어난 19년 뒤에 태어났다. 이런 이야기를 꺼내자 폴은 "잘 모르겠다."며 "의식 속에서 내 몸을 놓아주면 어디든지 갈 수 있게 된다."고 말했다. 맥 박사는 그렇다면 로즈웰 사건을 목격했을 때 9세의 인간의 몸이었는지, 아니면 그냥 의식 체계에서만 본 것인지를 물었다.

폴은 "내 자신이었던 것 같다."며 "모든 것들이 계속 급격하게 바뀌고 있었다."고 설명했다. 폴은 자신의 몸이 이 사건 발생 당시 우주선 안에 있었던 것 같다고 했다. "내가 거기 있었던 것 같고, 실제 있었던 일처럼 느껴졌다."는 것이다.

최면이 끝난 얼마 후 맥 박사는 집에 일이 생겨 잠시 사무실을 비우게 됐다. 사무실에 남아 있던 폴은 맥 박사의 조수 팸에게 자신이 맥을 실망시킨 게 아니냐고 물었다. 팸은 그렇지 않다면서 고개를 저었다. 폴은 “우리는 더 깊은 곳까지도 갈 수 있었고, 나는 더 많은 이야기를 할 수 있었다.”고 후회했다. 팸은 지금까지 훌륭하게 해냈다며, 맥 박사는 실망한 게 아니라고 덧붙였다. 맥 박사도 얼마 후 사무실에 돌아와 폴에게 실망한 적이 없다고 말했다.

맥 박사가 운영하는 납치 경험자 단체 모임에 참석하는 줄리아라는 여성이 얼마 후 맥 박사에게 연락을 했다. 폴이라는 남성을 만나게 됐는데, 너무나도 많은 귀감(龜鑑)을 주는 사람이라고 했다. 자신의 의사 선생 같기도 하고, 자신을 치유해주는 것 같았다고 기뻐했다. 줄리아는 폴과 이전에는 말해본 적이 없으며, 맥 박사와 폴 사이의 최면 치료 내용도 알지 못했다고 한다.

맥 박사는 폴이 떠올려낸 기억들을 어떻게 평가해야 하는지는 잘 모르겠다고 했다. 4차원 개념의 우주 현실을 믿고 있는 사람들의 경우, 폴의 주장을 이해하지 못하는 게 당연할 수 있다는 것이다. 최면 치료 과정에서 폴과 오랜 시간을 보낸 자신과 조수 팸, 그리고 다른 납치 경험자들은 폴에게서 사람들을 치유해주는 능력을 봤다고 한다.

맥 박사는 폴이 자신이 수행해야 하는 역할을 알려준 것 같다고 했다. 폴이나 폴과 같은 사람들이 이 세상에서 이뤄내고자 하는 모든 것이 저항을 받게 되는 사회에서, 이들이 맡고 있는 훌륭한 역할을 받아들이고 이를 수행해나갈 수 있도록 돕는 것이라고 했다.

제3장

외계인과 인간의 '소통(疏通) 창구'를 맡은 여성

"우리에겐 오감(五感)으로 확인할 실체가 없다."

외계인의 추적 장치

회계사 사무실에서 조수로 근무하던 33세의 에바라는 여성은, 존 맥 하버드 의대 정신과 과장이 [월스트리트저널]에 쓴 UFO 납치 관련 글을 읽고 그에게 연락을 했다. 에바는 전화를 걸어 자신 역시 맥 박사가 소개한 납치 경험자들과 비슷한 일을 겪고 있다고 털어놓았다.

이후 에바는 여러 차례에 걸쳐 맥 박사 및 그의 조수 팸 케이시와 전화 통화를 했다. 에바는 이 과정에서 생명체들이 자신의 침실에 있는 것 같다는 이야기, 어렸을 때 '난쟁이들'이 자신의 성기(性器)에 무언가를 했다는 이야기를 들려주었다.

에바는 이런 기억들을 떠올리며 자신이 미친 게 아닌가 하는 감정을 받아보고 싶었다고 한다. 그는 이 무렵 쓴 일기장에서 "이 문제를 해결하고 싶은데 너무 어렵다."며 "대화할 사람도 없고 같이 울어줄 사람이 없다."고 적었다. 맥 박사는 에바에 대한 최면 치료를 해보기로 결정했다. 최면은 1993년 1월과 2월, 3월 세 차례에 걸쳐 진행됐다.

에바는 이스라엘에서 태어났고, 삼남매 중 첫째였다. 아버지가 은행원 및 부동산 투자자로 활동했기 때문에 여러 지역을 돌아다니며 살았다. 에바의 가족은 영국과 베네수엘라, 미국의 플로리다와 뉴욕 등지에서 살았다. 에바는 1980년에 결혼을 했고, 1985년 미국에 정착했다. 에바의 남편인 데이비드는 큰 사진 관련 회사에서 기술자로 근무하고 있었다.

에바는 자신의 결혼 생활이 평범했다고 한다. 남편은 회사에서 야근을 하며 돈을 벌어오고, 자신이 두 아이를 키우며 집안 살림을 맡았다는 것이다. 에바는 자신이 겪은 납치 경험을 남편에게 털어놓지 않았다고 했다. 남편이 이를 이해하지 못할 것 같았고, 결혼 생활에 문제가 생길 것을 우려했다. 결국 에바는 맥 박사와의 2차 최면 치료가 끝난 뒤 처음으로 이런 사실을 털어놓게 된다.

에바가 기억하는 첫 번째 납치 경험은 이스라엘에서 살던 시절의 일이다. 당시 에바는 네다섯 살이었고, 여동생과 방에서 함께 자고 있었다. 이날 1m쯤 되는 "세 명의 난쟁이들을 봤다."고 한다. 머리는 삼각형이었고 피부색은 짙었으며, 주름살이 있었다고 했다. 이 생명체들이 침대 옆에서 에바의 성기를 만지기 시작했는데, 무언가 검사하고 있는 것 같은 느낌을 받았다는 것이다.

에바는 일기장에서 "이들은 벽과 문을 그냥 통과하여 이동했다."며 "어머니가 방에 들어오자 사라져버렸다."고 했다. "어머니는 아무것도 보지 못했고, 꿈을 꾼 것이니 다시 자라고 했다."고 썼다.

에바는 6세 무렵에도 납치 경험을 한 것 같다고 했다. 1992년 당시 폐렴이 걸려 응급실에 갔다가, 센 불빛을 보고난 뒤 6세 때의 납치 경험이 떠올랐다고 한다. 그는 당시 쓴 일기장에서 "치과에 가면 있는 하나의 밝은 불빛이 아니라 여러 개가 머리 위에 보였다."면서 "누워 있었는데 이상한 사람들이 내 몸을 만지고, 무언가 검사를 하는 것 같았다."고 썼다.

에바는 최면 과정에서 그로부터 약 1년 후 우주선을 목격한 기억을 떠올렸다. 당시 영국의 한 아파트에서 살고 있을 때였는데, 은색 물체가 하나 보였다고 한다. 창문 같은 것들이 있었고, 빛이 뿜어져 나오고 있었다고 했다. 에바는 "이들이 내 기억을 차단해 기억을 하지 못하도록 만들었다."며 "그 바람에 아무것도 기억할 수가 없게 된다."고 말했다.

에바는 외계인들이 일종의 추적 장치를 사용하는 것 같다고 했다. 에바는 9세 당시 영국에서 살면서 이런 장치의 존재를 느낀 것 같았다고 한다. 그녀는 공중제비를 돌며 놀고 있었는데, 머리 쪽으로 심하게 고꾸라졌다는 것이다. 그는 "머릿속에서 무언가 움직인 것 같았다."며 "나를 추적할 수 있는 장치인 것 같았다."고 했다.

맥 박사가 무엇이 움직였는지 어떻게 아느냐고 물었다. 에바는 "그냥 알 수 있다."고 대답했다. "외계인들이 이런 사고가 발생했다는 신호를 받고 나중에 다시 와서 제대로 고쳐놓았다."고 했다. 맥 박사가 그걸 어떻게 아느냐고 다시 물었다. 에바는 이번에도 "그냥 안다."고만 답했다.

에바는 19세 때 이스라엘 육군에서 복무하고 있었다. 이때도 두 차례의 납치 경험을 했다고 한다. 한 번은 맥 박사와의 첫 번째 최면에서 구체적인 내용을 떠올리게 되는데, 무언가에 맞고 쓰러졌다는 것이다. 이

때 방을 보니 여성 한 명과 두세 명의 남성이 보였고, 완전히 놀라 얼어버렸다고 했다. "다리 사이로 무언가를 느낄 수 있었고 무서웠다."고 당시를 돌이킨 에바는, "그때는 이들이 외계에서 왔다는 생각을 하지 못했고, 그냥 도둑들이 들어온 것이니 떠나기를 기다려보자는 마음뿐이었다."고 털어놨다.

또 한 번은 항공 통제소에서 야간 당직을 서고 있을 때 발생했다. 새벽 3시쯤 된 것 같았는데, 갑자기 의식과 신체가 분리되는 느낌을 받았다고 한다. 그녀는 "내 의식은 천장 쪽에 떠있고, 내 몸은 아래에 있는 것처럼 여겨졌다."고 했다. 에바는 "삶과 죽음 중 선택을 해야 하는 것 같았다."면서, 심장이 빠르게 뛰었고 땀을 미친 듯이 흘렸다고 한다.

에바는 1992년 10월에 맥 박사를 처음 만나기 전, 한 점쟁이를 찾아갔다고 한다. 이 점쟁이는 최면 요법을 사용하기도 했는데, 에바를 160년에서 180년 전으로 되돌아가게 유도했다. 에바는 "시공간(時空間)을 넘나들었고 다른 행성, 별, 우주를 이동했다."고 말했다. 에바는 두 곳의 시공간에서 공존하는 것 같았다고 한다.

에바는 1992년 10월15일, 맥 박사와 처음 만나 장시간의 인터뷰를 진행했다. 일정 문제가 있어 첫 번째 최면 치료는 1993년 1월18일에 진행하기로 했다. 10월부터 1월 사이, 에바는 여러 차례에 걸쳐 의식을 잃거나 이상한 생명체들을 본 것 같은 경험을 했다.

에바가 맥 박사와의 첫 번째 최면 치료 과정에서 떠올린 장면은, 무언가 딱딱한 것 위에 누워 있는 자신이었다. 머리 위로는 고대 상형문자(象形文字) 같은 것이 보인다고 했다. 검정색과 녹색의 생명체 하나가 은색 엘리베이터 같은 것을 타고 내려왔다고 한다.

"방은 추웠고, 이 남성이 다른 이들에게 멈추라고 했다."는 것이다. "이후 이들은 나에게 무언가를 줬고, 하얀색 불빛 안으로 빨려 들어가는 기분이 들었다."고 했다. "이제 이 남성이 보이지 않는다."며, 이는 자신이 이스라엘에서 살던 어린 시절의 기억이라고 말했다. "엄마가 일어나서 옷을 입고 학교에 가라고 말하는 것이 들린다."고도 했다.

맥 박사는 다시 악몽(惡夢) 때의 기억을 떠올려보라고 했다. 에바는 둥근 지붕 모양의 비행물체를 타고 자신이 현실로 돌아왔다고 말했다. 그 우주선은 빨간색 불빛을 뿜어내고 있었다고 한다. 그녀는 "이것이 이들의 이동(移動) 체계다."라고 설명했다.

에바는 난쟁이 같이 생긴 생명체 셋을 봤다고 했다. 피부 톤은 갈색이었고, 주름살이 많았다고 한다. 올리브색 옷을 입고 있었으며, 검정색 벨트를 차고 있었다고 했다. 눈은 매우 짙은 색깔이었고, 코는 짓눌린 것 같았다고 덧붙였다.

"한 명이 다른 두 명보다 키가 더 작았고, 이들 모두 나를 쳐다보고 있었다."고 했다. 에바가 소리를 지르자 이들은 사라졌는데, 문을 통과해 나간 것 같았다는 것이다. 에바가 어머니에게 문을 잠그지 않았느냐고 물었더니, 문은 계속 잠겨 있었다고 했다. 어머니는 겁을 먹은 에바를 향해 "꿈일 뿐이니 다시 자라!"고 다독거렸다고 한다.

맥 박사는 에바에게 이 기억이 어떻게 시작하게 되는지를 떠올려보라고 했다. 에바는 아버지가 잠에 들기 전 옆에서 책 같은 것을 읽어준 것 같았다고 했다. 에바가 누워있는 침대에는 가드레일 같은 게 설치되어 떨어지지 않도록 해놨다고 한다. 에바는 윙윙거리는 소리가 들려 잠에서 깼는데, 인간보다 키가 작은 생명체들이 보였다는 것이다.

한 생명체는 침대 옆에 바로 붙어 서 있었고, 방 안으로 빛이 들어오고 있었다고 했다. 에바는 "이 생명체들은 누구를 찾아야 할지 알고 있는 것 같았다."고 한다. 에바는 너무 무서워서 어머니를 찾는 소리조차 낼 수 없었고, 본능적으로 태아(胎兒)처럼 몸을 웅크렸다고 했다.

생명체들이 바늘 같은 것 하나를 에바 등쪽에 찔러 넣었다고 한다. 조용히 하도록 만드는 것 같았다. 에바는 이후 자신이 공중으로 떠오르기 시작했다는 것이다. 이후 우주선의 아랫면 쪽으로 빛을 타고 빨려 들어가는 것 같았다고 했다. 에바는 우주선 안 검사실 같은 곳으로 가게 됐다고 한다.

"작은 사람들이 불빛을 들고 내 몸을 검사했다."면서 "녹색과 적색 버튼이 여러 개가 보였는데, 컴퓨터 같은 것 같기도 했으나 약간 달랐다."고 했다. 이 생명체들은 백설 공주에 나오는 일곱 난쟁이 같았다고 한다. 이 생명체들은 날카로운 물체로 에바의 다리와 척추, 목을 찔렀다. 에바는 "무언가를 이해하려고 하는 것 같았다."고 했다. 끝이 둥근 모양의 은색 기기(器機)가 이마 쪽으로 집어넣어지더니 하얀색, 혹은 노란색 액체가 코 속으로 들어갔다는 것이다.

이 생명체들은 에바를 보며 신이 난 것 같았다. 무언가 재미있다는 듯 서로 계속 이야기를 주고받았다. 그러자 지도자로 보이는 사람이 들어오더니, 너무 세게 하지 말라는 지시를 내리는 것 같았다고 했다. 에바는 미끄럼틀 같은 것을 타고 침대로 돌아온 것 같았다고 한다. 생명체들은 침대 옆에서 에바가 괜찮은지 확인을 하고 있었다고 했다. 에바는 "몸을 다시 통제할 수 있게 되자 소리를 질렀고, 이들은 도망쳤다."고 설명했다.

이런 기억을 떠올린 뒤 에바는 이런 일이 처음 일어난 게 아닌 것 같다고 했다. 구체적인 기억은 떠올려낼 수 없었지만, 두세 살 때도 비슷한 일이 있었던 것 같다는 것이다. 에바는 이 생명체들이 자신을 계속 추적할 수 있는 것 같다고 했다.

맥 박사는 에바에게 다음으로 떠오르는 기억은 무엇이냐고 물었다. 에바는 "19세 때의 기억인데, 이스라엘 육군에서 복무하고 있을 무렵이다."라고 대답했다. "부모님과 함께 살았는데, 자다가 무언가 귓속말 소리가 들려 눈을 뜨게 됐다."고 한다. 방 안에서 인간처럼 생긴 생명체들이 움직이는 것이 느껴졌다고 했다.

"도둑이 든 것으로 여겨 움직이지 않고 가만히 있었다."고 했다. 모두 세 명의 생명체가 보였으며, 서로 귓속말을 주고받고 있었다고 한다. 한 명이 방 밖으로 나갔고, 다른 한 명이 들어왔다고 했다. 에바는 "이들이 내 다리 사이를 만지기 시작했다."며 "꿈을 꾸고 있지 않다는 것을 알고 있었기 때문에 매우 이상했다."는 것이다.

공포에 질린 에바는 소리를 지르고 싶었으나 소리가 나오지 않았다고 했다. "손가락 같은 것이 성기 안을 왔다 갔다 했다."면서 "기분이 좋지도 않았고 이해할 수도 없었다."고 한다. 에바는 자신의 손가락이 아닌가 하고 손이 어디에 있나 확인해보니 허벅지 쪽에 있더라고 했다.

에바는 이런 기억이 부모님의 아파트에서 일어난 일인지, 아니면 다른 곳에서 일어난 일인지 모르겠다고 했다. 에바는 눈을 계속 감고 있었고, 강한 불빛을 느낄 수 있었다고 한다. 에바는 18세 이후 10회 이상의 납치 경험을 한 것 같다고 했다. "이들은 아이일 때보다 성인이 됐을 때 더 관심을 갖는 것 같다."고 말했다.

이때부터 에바는 자신이 직접 경험한 일들을 이야기하는 것이 아니라, 외계인의 동기(動機)가 무엇인지를 설명하기 시작했다. 그녀는 "이들의 목적은 조화를 이루며 살도록 하는 것이다."며 "우리로부터 무언가를 빼앗아 가려는 것이 아니라, 이들의 소통 방식을 우리가 이해할 수 있도록 하는 것이다."고 덧붙였다. "여러 차원이 존재하며 세상 속에 여러 세상이 존재한다."고도 했다. "한 세상에서 다른 세상으로 이동하는 것은 롤러코스터를 타는 것과 비슷하다."며 "에너지의 속도를 빠르게 만들면 다른 현실로 이동할 수 있게 된다."고 설명했다.

이후 에바의 발언 주체가 다시 바뀌게 됐다. '우리'라는 주어만을 사용하며, 외계인들의 입장에서 말을 하는 것 같았다. 에바는 외계인들이 인간들에게 소통하는 방식을 알려주고, 정보를 전달해주고 있다고 했다. 외계인들이 가져오는 이런 정보는 현실 세계의 지식을 뛰어넘는 또 다른 차원의 지식이라는 것이다.

"그러나 많은 사람들은 이를 두려워해 미친 생각이라고 치부하고, 혹은 이를 상상이라고 여겨 무시해버린다."고 했다. "우리와 연결되는 데 있어 발생하는 문제점 중 하나는, 인간이라는 생명체들은 오감(五感)으로 확인할 수 있는 실체적 증거를 원한다는 점이다."면서 "이는 매우 어려운 일이고, 우리는 실체가 없다."고 주장했다. "(인간이 알고 있는) 우주와 시간에 존재하고 있는 것이 아니며, 어떤 형체도 갖지 않고 있다."는 것이다.

최면에서 빠져나온 에바는 모든 것이 실제로 일어났던 일 같다고 했다. 그녀는 "나였다는 것을 알고 있다."면서도 "또 다른 나였다."고 말했다. 에바는 이후 맥 박사와 남편에게 이런 이야기를 털어놓는 것에 대한 걱정에 대해 이야기를 나눴다. 에바는 자신을 “도전을 좋아하는 선지자, 전사(戰士)와 같다.”고 묘사했다. 그런 동시에 “내적으로 일어나는 일들을 이해하지 못한다는 불행을 느낀다.”고 말했다.

에바는 최면 이후 약간의 두통을 호소했으나 얼마 뒤 괜찮아졌다. 에바는 최면 과정을 녹음한 테이프를 듣고 난 뒤, 현실을 더욱 더 인정할 수 있게 됐다고 한다. 에바는 “가공(架空)한 이야기가 아니라고 믿어주는 사람과 이야기를 나눌 수 있어 매우 기뻤다.”고 했다.

2차 최면 치료는 2월22일에 진행하게 되었다. 2차 최면 치료 과정에서는 납치 경험을 어떻게 현실 세상에 연결시킬 수 있을지를 다루기로 했다. 에바는 한 남성의 아내이자 두 아이의 어머니로서 살아가는 일과, 인간과 외계인을 이어주는 ‘소통 창구’라는 ‘전 세계적인 임무’를 수행하는 것 사이에서 혼란을 겪고 있다고 했다.

외계인의 존재 증명에 시간 낭비 말아야

에바는 2차 최면 치료에 앞서 대다수의 사람들이 현실이라고 자각(自覺)하는 세상과 자신이 경험한 새로운 세상을 동시에 탐험하고 있다는 느낌이 든다고 했다. “두 개의 현실 모두 실제로 있는 것처럼 느껴진다.”는 것이다. 에바가 최면에 들어가 처음으로 떠올린 장면은 태양의 흑점(黑點) 같은 불빛이 지구로 내려오고 있는 모습이었다. 에바는 이런 빛들은 “오감(五感)으로는 느낄 수 없는 에너지이다.”고 하면서 “실제로 존재한다.”고 말했다.

에바가 다시 외계인을 대표하는 듯 ‘우리’라는 주어를 사용하기 시작했다. 인간들이 1차원적인 시간과 공간의 개념 이외의 현실이 존재한다는 점을 이해하도록 만드는 것이 어렵다고 했다. 에바는 갑자기 맥 박사와 철학적인 문제를 놓고 논쟁을 하려는 것 같았다. "사람들은 무언가를 인식할 수 있다는 이유로 이는 존재한다고 생각하고, 인식하지 못한다는 이유로 존재하지 않는다고 생각한다."고 했다.

에바는 이후 태양의 흑점과 같은 물체에 대해 설명하기 시작했다. 이 물체 안에는 여러 에너지가 담겨 있고 초록색, 노란색, 빨간색 등 여러 색을 갖고 있다고 한다. "지금 나는 이 물체의 내부와 외부가 있고 테두리가 있는 것처럼 묘사하고 있는데, 실제로는 그렇지 않다."며, 이 물체를 설명하는 것이 어렵다고 했다. 에바는 우주 질서의 진실이 이를 통해 전달되고 있다면서, "여러 색과 진동 등을 통해 정보를 전달한다."는 것이었다.

맥 박사가 에바에게 현재 몸 안에서 어떤 느낌을 받고 있느냐고 물었다. 에바는 "몸이 있는 것 같기도 한데 실제로는 몸이 없다."고 답했다. 맥 박사는 에바의 정신 상태를 확인하기 위해서인지 남편의 이름이 무엇이냐고 물었다. 에바는 "왜 관련이 없는 질문을 하느냐?"고 되묻더니, 머리를 망치 같은 것으로 세게 맞은 듯하다고 투덜거렸다. 심장이 빠르게 뛰고 있다고도 했다.

맥 박사는 에바에게 남편과 아이들에게 그녀가 맡은 '외계인과의 소통 창구'라는 임무를 공개하지 않음으로써 어떤 대가를 치르게 될 것 같으냐고 물었다. 에바는 "달러로 환산한다면 아마 비용을 지불하지 못할 정도가 될 것이다."고 대답했다. 남편은 훌륭한 사람이기는 하지만 자신이 맡은 임무를 이해해주지 못할 것 같다고 했다.

최면에서 빠져나온 에바는 맥 박사에게 5분만 혼자 있을 수 있는 시간을 달라고 부탁했다. 이후 두 사람은 남편 데이비드에게 언제 어떻게 자신의 납치 경험을 털어놓을지에 대해 이야기를 나눴다.

에바는 2차 최면 치료가 진행된 얼마 후 데이비드에게 납치 경험을 말해줬다. 이후 그녀는 당시의 상황을 이렇게 일기장에 썼다.

《별로 관심을 보이지 않았는데 예상했던 반응이다. 억울하지도 않다. 내가 가설을 내려 보자면, 그는 현실을 부정(否定)하고 있거나 괴로워하고 있는 것 같다.》

이후 그녀는 자신의 전생(前生)에 대한 이야기를 일기장에 적어나갔다. 1930년대 당시 10대로 살았을 때의 기억 등이었다. 에바와 맥 박사는 3월15일에 만나 이런 전생의 기억에 대해 이야기를 나눠보기로 했다.

에바는 최면에 들어가기에 앞서 5세 혹은 6세의 소년 모습을 하고, 유럽 어딘가의 산악 지대에 있는 장면이 기억난다고 했다. 오두막집에서 덩치가 큰 금발 남성인 아버지와 함께 생활하고 있었다고 한다. 하얀색 앞치마 같은 것들을 입었으며, 머리에는 모자 같은 것을 쓰고 있었다고 했다.

이후 왼쪽 편에 비행접시 같은 우주선이 보인다고 말했다. 에바는 "나는 우주선 쪽으로 걸어가고 있었고, 아버지의 몸은 갑자기 얼어버렸다."며 "아버지는 움직일 수 없었고 말도 하지 못했다."고 한다. "얼음 같았다."는 것이다.

소년은 난쟁이들 가운데 한 명이 우주선 밖으로 나오는 것을 봤다고 했다. 이후 에바가 자신이라고 생각하는 소년은, 우주선 안으로 들어가 창문 밖으로 아버지를 쳐다봤다고 한다. 아버지는 이때 몸을 다시 움직일 수 있었는데, 우주선을 바라보며 울고 있었다는 것이다. 에바는 “그는 이런 상황을 다 이해하는 것 같았다.”며 “나는 물리적으로는 그에게서 주어졌지만, 다른 개념으로 보면 그의 자식이 아니었다.”고 말했다.

에바는 “나는 이 난쟁이들을 본 적이 있다.”며 “내가 네다섯 살 때 봤던 것들과 똑같다.”고 했다. “눈은 매우 짙은 색이었는데, 동정심과 사랑 등 많은 감정을 느낄 수 있었다.”며 “이들이 나에게 다시 돌아왔다는 생각을 하고 있다는 느낌을 받았다.”고 한다.

에바는 1652년 당시의 장면도 기억이 난다고 했다. 에바는 이런 장면을 떠올리고 나자, 자신이 지구가 아닌 외계에서 왔다는 확신이 더욱 더 들게 됐다고 말했다. 그녀는 “외계인들은 자유롭게 우리의 시공간에 들어오고 나갈 수 있다.”면서, “내가 왜 당시 지구로 오게 돼 5년가량을 거주하게 됐고, 왜 다시 우리가 알지 못하는 시공간으로 이동하게 된 것인지 잘 모르겠다.”고 했다. 에바는 자신이 특정 임무를 갖고 지구에 온 것 같다는 것이었다.

에바는 최면 상태에서 1652년의 기억을 더 떠올려보고 싶다고 했다. 에바가 최면 과정에서 떠올린 첫 번째 장면은, 동굴 안에서 돌고래 친구들과 함께 수영을 하고 있는 모습이었다. 네다섯 살쯤 된 것 같다고 했다. 이 당시는 무언가 기억의 원천인 것 같다고 하더니, 에바가 갑자기 다른 납치 경험자들에 대해 이야기를 하기 시작했다. “납치 경험자들은 각자의 목적과 이유를 갖고 있는 영혼들로서, 형체를 갖기로 선택한 사람들이다.”라는 것이다.

에바는 납치 경험자들이 신체적으로나 감정적으로 겪는 고통은, 이들이 서로 균형을 맞춰가는 과정의 일부라고 설명했다. 그녀는 “이런 과정이 두려웠던 적은 없었다."며 "두려움이 있다면 무슨 일이 일어나고 있는지 이해하지 못해서이지, 무서운 일들이 일어날 것 같아서가 아니다."고 단정했다. 에바는 "이 과정들이 다 친숙했다."고 돌이켰다.

맥 박사가 무엇이 친숙한 것인지를 물었다. 에바는 "납치 경험들은 모두 친숙했고, 집에 온 것 같았다."고 대답했다. 맥 박사가 다시 납치 경험에 대한 기억이 언제부터 존재하느냐고 물었다. 에바는 1차, 2차 세계대전 때도 기억이 있고, 훨씬 전 모로코에서 겪은 일도 기억난다고 말했다. 에바는 "사람들의 무지(無知)를 깨우쳐주기 위해 방문했었다."고 한다.

맥 박사는 모로코에서 일어난 일에 대해 떠올려보라고 권했다. 에바는 13세기 초였고, 자신은 '옴리시(Omrishi)'라는 이름의 돈이 많은 상인이었다고 했다. 대를 이어 이 지역의 영주(領主)처럼 지내왔던 가문의 부정부패를 끝내려고 한 사람이었다고 한다. 옴리시는 부자인 것으로도 유명했지만, 개혁적인 사상과 이념으로도 동네에서 이름을 날렸다.

그는 반군(叛軍)을 구성해 지역 주민들에게 경제적 자유를 제공하려고 했다. 지역에 혼란스러운 상황을 만들어 영주 가문을 축출하려 했다는 것이다. 그러다 그의 계획을 일러바친 한 여성에게 배신을 당했다고 한다.

영주 가문의 경호원들이 옴리시의 텐트로 찾아와 그를 체포했다. 옆에 있던 여성들은 눈물을 흘렸고, 아이들은 이들을 피해 숨었다고 했다. 옴리시는 하얀색 돌로 만들어진 건물로 옮겨졌다고 한다. 그곳에 있는 사람들의 구토와 소변으로 인해 역겨운 냄새가 나는 건물이라고 했다. 옴리시는 참수형을 받게 될 예정이었다. 지역 주민들은 처형장에 나오도록 동원됐다. 이들에게 공포를 심어주기 위해서였다고 한다.

옴리시는 그의 감방에서 처형장으로 옮겨졌다. 다음날 오전 10시, "이 사람들은 나의 머리를 가지고 갔고 이후 퐁당 소리가 났다."고 했다. 에바는 "당시 해방과 자유라는 기분이 들었다."고 한다. "내가 느낀 것은 하얀색 별빛과 금색 별빛뿐이었다."며 "새장에서 풀려나는 비둘기 한 마리를 봤는데, 나를 상징하는 것 같았다. 나의 영혼이었다."고 회상했다.

맥 박사는 에바에게 영혼과 의식의 이동 과정을 물어봤다. 에바는 돌고래들과 함께 수영을 하고 있는 소녀의 모습으로 기억이 되돌아왔다고 했다. 에바는 영혼이 시간을 이동할 수 있고, 다시 형체가 있는 몸으로 들어가 사람들을 도와준다고 말했다. 에바는 "옴리시의 경우는 사람들의 마음속에 씨앗을 심었고, 지구에서 시간이 지남에 따라 이 씨앗이 나무가 되고, 이 나무에서 열매가 나오게 된다."고 설명했다.

맥 박사는 에바에게 이런 납치 현상의 의미를 물었다. 에바는 "형체가 있는 몸을 청소해 더 많은 정보가 들어갈 수 있도록 하는 것이다."며 "이들(=외계인)은 항상 여기에 있어왔고, 진화만 이뤄지면 이들을 인식할 수 있게 될 것이다."고 했다.

에바는 "모든 사람들은 이들이 나아가야 할 방향에 대한 지침을 받았지만, 대다수가 이를 따르지 않고 있다."고 했다. 그는 "납치 경험자들은 이들을 청소하고 정보가 들어갈 수 있도록 한다."고 했다. 그녀는 "사람들은 이런 자료들을 전체로서 이해해야지 이들이 존재하는지 여부를 증명하려고 해서는 안 된다."며 "납치 경험자들이 제공한 정보에 집중해야 한다. 이들의 존재를 증명하거나 부정하는 데 시간이 낭비되고 있다."고 덧붙였다.

맥 박사는 에바가 남긴 이 마지막 말에 중요성을 두는 것 같았다. 물질 만능주의 관점으로 이런 현상의 실체를 찾는 데 시간을 낭비하지 말아야 한다는 것이다. 맥 박사와 에바는 외계인들이 심어놓은 것 같다는 추적 장치에 대해서도 이야기를 나눴다.

에바는 맥 박사에게 이 역시 납치 현상 연구자들이 원하는 결정적인 증거를 찾는 데 도움이 되지 않을 것이라고 단언했다. 몸 안에 심어놓기 위해서는 지구에도 있을 법한 물질들을 사용했을 것이라는 설명이었다. 에바는 맥 박사에게 최면 치료 후 보낸 편지에서 이렇게 말했다고 한다.

《저는 외계인 친구들과 어떤 방식으로건 계속 상호 소통을 하는데 초점을 둬야 한다고 여전히 믿고 있습니다. 우리가 사는 세상과 문화권 안에서 외계인들의 지혜를 배우고, 이를 받아들이며 결합하는 거죠. 외계인의 존재 증거를 밝히기 위한 목적으로 들어가고 있는 시간과 돈, 에너지는 결실을 맺지 못할 것입니다.》

제4장

세 번의 인생

납치 사례에 등장한 한국인 태권도 사범

사슴과의 유대감

데이브는 1992년 6월에 처음으로 존 맥 하버드 의대 정신과 과장에게 전화를 걸었다. 38세의 데이브는 펜실베이니아 중부 지역 시골 마을에서 사회 복지사로 근무하고 있었다. 데이브는 조(Joe)라는 이름의 한국인 태권도 사범으로부터 맥 박사에게 연락을 해보라는 권유를 받았다. 데이브가 겪고 있는 일들이 맥 박사가 연구하고 있는 UFO 납치 현상과 관련이 있을 수 있다는 것이었다.

데이브는 그로부터 한 달가량 지난 뒤 맥 박사에게 편지를 써, 자신이 겪은 일들에 대해 설명했다. 세 살 무렵부터 납치 경험을 한 것 같으며, UFO를 여러 차례 목격한 것 같다고 말했다. 태권도 사범으로부터 기(氣) 에너지를 통제하는 방법을 배우는데 어려움을 겪고 있다고 했다. 그러고는 "최면 치료를 받고 싶다."고 썼다.

7월23일, 맥 박사와 데이브는 전화로 데이브가 맨정신에 기억하고 있는 납치 경험들에 대한 이야기를 나눴다. 데이브는 무언가 같은 현상이 다른 곳에서 동시에 발생하는 경험을 자주 했다고 했다. 또한 집 근처에 있는 펨싯산(山)에서 이상한 일들을 자주 겪었다고 한다. 이 산은 원주민들이 거주하는 곳이고, 마법이 일어나는 곳으로 알려졌다. 데이브는 1992년 8월13일, 펜실베이니아에서 보스턴으로 차를 타고 가 맥 박사와 실제로 한 번 만나기로 약속했다.

데이브는 서스케하나 계곡 인근에서 자랐다. 20채의 주택밖에 없는 작은 마을이었다. 모든 사람들과 다 가족처럼 가까이 지냈다. 데이브는 4형제 중 첫째였다. 할아버지는 기름을 취급하며 보일러를 고치는 일을 했다. 아버지는 할아버지의 일을 도왔다.

어려서부터 낚시와 사냥을 하며 자연과 가까이 지낸 데이브는, 지역에 사는 원주민들과도 동질감을 느끼며 자랐다고 했다. 데이브는 "인디언들은 하얀색 사슴(白鹿)과 영적(靈的)으로 끈끈함을 느꼈다."면서 "나 역시도 사슴과 영적으로 동질감을 느낀다."고 자랑했다.

데이브는 일곱 살 때 오른쪽 눈을 잃었다. 아이들과 막대기를 들고 칼싸움을 하다 다친 상처였다. 동네 의사에게 갔다가 병원으로 옮겨져 수술을 받았으나, 눈을 살려내지 못했다. 이때부터 의안(義眼)을 사용하게 됐다고 한다.

그가 다니던 초등학교는 전교생이 75명밖에 안 되는 작은 학교였고, 그와 같은 반에는 여섯 명이 있을 뿐이었다. 친구들은 데이브에게 무슨 일이 생겼는지 다 잘 알고 있었고, 그를 놀리거나 괴롭히지 않았다고 한다. 그러나 학생 수가 많은 중학교에 진학하게 되자 아이들이 그를 '사시

(斜視)'라고 놀렸다는 것이다.

데이브는 펜실베이니아주립대학을 한 학기 다닌 뒤 전문대로 편입해 학위를 땄다. 데이브는 32세에 아내 캐롤린을 만나 결혼했다. 결혼 후 아이를 갖고자 했으나 "집에 방이 부족해 그렇게 하지 않았다."고 한다.

데이브는 주변 사람들에게 돈을 빌려 조금 더 큰 집을 짓기 시작했다. 집을 짓다 허리 디스크가 생겨 몇 달간 제대로 일을 하지 못하기도 했다. 데이브 부부는 1992년 6월에 새로 짓던 집에 들어갔다고 한다. "결혼한 지 4년이나 흐른 시점이라 이제 아이를 갖고 싶은 건지도 제대로 모르게 됐다."는 것이다. 데이브는 UFO 납치 경험으로 인해 그가 성(性) 생활에 불편을 겪거나, 아기를 갖고 싶지 않은 것은 아니라고 고개를 저었다. 부부 관계는 "매우 좋다."고 했다.

데이브가 첫 번째로 기억나는 UFO 납치 경험은 세 살 때 일어났다고 했다. 3대의 오토바이가 자신을 향해 엄청난 속도로 달려왔다고 한다. "운전자들이 흑인인 것 같았다."며, 무언가 진동을 느낄 수 있었다고 했다. 데이브는 이때의 기억을 맥 박사와의 2차 최면 치료에서 더욱 자세하게 떠올리게 된다.

데이브는 이후부터 여러 차례에 걸쳐 이상한 경험을 했다고 한다. 고속도로에서 친구와 함께 자동차를 타고 시속 100km로 달리고 있는데, 고속버스가 이들보다 더 빠르게 '휙' 하고 지나가버렸다고 했다. 그러다 정신을 차려보니, 마지막으로 기억했을 때보다 뒤에 떨어진 지점으로 돌아가 있었다는 것이다. 자동차에 탔던 두 사람 모두 잃어버린 시간에 대한 기억은 없었다고 한다. 이날 뉴스에서 65명이 숨진 버스 사고가 발생했다는 소식을 들었다고 했다.

펜실베이니아주립대학에 다닐 때는 기숙사 룸메이트와 함께 하루 정도의 기억을 잃어버린 적이 있었다. 토요일 밤에 잠이 들어 일요일 아침에 눈을 뜬 것으로 생각했다고 한다. 그러나 기숙사 같은 층을 쓰던 친구들이 이들에게 오더니 "화학 수업 안 간 거야?"라고 물었다는 것이다. 알고 보니 월요일 정오였다.

19세 때는 남동생과 친구 제리와 함께 근접 거리에서 UFO를 목격했다고 한다. 파란색과 하얀색 불빛이 하단부에서 내뿜어지고 있었는데, 정확하게 이들의 머리 위에서 불빛을 뿜었다고 했다. "이 물체는 갑자기 더 반짝이기 시작하더니, 새총을 쏜 것처럼 갑자기 한 번에 사라져버렸다."고 한다. 그는 "비행기처럼 일직선으로 하늘로 날아가는 것이 아니라, 각도를 바꾸며 활모양을 하며 날아갔다."며 "시야(視野)에서 10초 만에 사라졌다."고 덧붙였다. 데이브는 그가 사는 오두막집에서도 외계인으로 보이는 생명체를 여러 차례 봤다고 말했다.

1990년 10월, 데이브는 조 사범을 만나게 된다. 조 사범은 태권도 7단이었으며, 한국에 있는 절에서 기(氣) 에너지의 원리를 배운 사람이라고 했다. 조 사범은 깨진 유리 위에 드러누운 상태에서 7톤 트럭이 자신의 몸을 밟고 지나가는 것을 견딘 사람이라고 한다. 이후 이들은 기를 함께 수련하게 됐다는 것이다.

데이브는 맥 박사에게 "배꼽 밑에 있는 부분을 한국인들은 '단전(丹田)'이라고 부르는데, 이는 사람의 의지와 연결돼 있다."고 설명했다. 눈과 마음으로 기를 통제할 수 있다는 것이다. 데이브는 기를 수련하는 과정에서 신체적으로 이상한 행동을 한 경험이 있다고 말했다. 자다 일어나 몸에 있는 기를 밖으로 밀어내려고 하다가, 옆자리에서 자고 있는 아내를 밀친 적이 있었다고 한다. 신체 접촉이 없었는데 이런 일이 일어났다는 것이다.

데이브는 1991년 9월 '동시 발생'이라는 특이한 경험을 했다. 조 사범은 이것이 기 에너지와 연관돼 있을 것이라고 말했다. 데이브는 아내와 함께 노스캐롤라이나에 있는 한 국립공원을 방문하기로 했다. 여행을 떠나기 전 한 소녀가 나오는 꿈을 꿨는데, 그가 예전에 약혼했던 여성이 떠올랐다고 했다. 이 여성이 매사추세츠로 이사를 가는 바람에 결혼이 무산됐다고 한다.

데이브는 이 국립공원을 여행하다 공원 서점에서 근무하는 젊은 여성 샬롯 햄튼을 만났고, 이상하게 이 여성에게 끌렸다는 것이다. 이 여성은 처음에는 살갑게 굴다가 추파를 던지기 시작했다고 한다. 그는 이 여성의 눈으로부터 무언가 이상한 에너지가 뿜어져 나오는 것 같았다고 했다. 눈이 마주치자 잠시 정신을 잃었으며, 그러다 이 여성이 얼마 전 꿈에 나온 여성이라는 생각이 들었다고 한다.

데이브에 대한 첫 번째 최면 치료는 1992년 8월14일에 진행됐다. 맥 박사는 그가 처음 편지를 보내온 뒤인 7월8일에 겪은 납치 경험에 대해 다뤄보자고 했다. 데이브는 우선 맨정신인 상황에서 당시의 기억을 소개했다. 부모님의 집에서 맥 박사에게 보낼 편지를 쓰다가, 새벽 1시쯤 자신의 집으로 떠났다고 한다.

집에 도착하니 1시30분쯤이었고, 아내는 자고 있었다고 했다. 데이브는 2시나 2시30분쯤 자신도 잠에 들었는데, 아내는 중간에 깨지 않았다고 한다. 그러다 '끽' 하는 소리가 들렸고, "아, 얘들이 오늘 밤에 오려나 보다."는 생각이 들었다는 것이다.

그러다 거실로 나가봤는데, 자신의 집 거실 같으면서도 그렇지 않은 것 같았다고 했다. 창문의 위치가 달랐다고 한다. 이 방 안에는 큰 여성이 있었고, 데이브는 "오토바이가 나를 향해 다가올 때와 비슷한, 아니 익숙한 느낌을 받았다."고 했다. 몸에 진동이 일어났으며, 진동은 배꼽 쪽에서 가슴 쪽으로 올라왔다고 한다.

이 여성이 데이브를 땅에 눕혔는데, 이 여성의 눈을 쳐다보면 최면에 걸리는 것 같다고 했다. 맥 박사는 그 눈을 보니 어떤 기분이 들더냐고 물었다. 데이브는 "내 여자이고 아주 오랫동안 그녀를 알았다는 느낌이 들었다."고 대답했다. 데이브는 이후 정신을 잃었고, 정신이 돌아오니 침대에 다시 누워있었다고 한다. 태아(胎兒)처럼 웅크리고 누워 있었으며, 눈을 떠보니 시간은 새벽 4시였다고 했다.

"외계인이 항문에 무언가를 집어넣었다."

맥 박사는 데이브에게 최면을 걸고 부모님 집을 떠날 때부터의 기억을 되살려보자고 했다. 데이브는 지난 몇 년간 자신에게 발생했던 일들을 떠올리며 이를 편지에 쓰고 있는 일이 너무 괴로웠다고 털어놓았다. 자신의 집으로 돌아와 침대에 누웠을 때, 무슨 소리를 듣고 "'아, 얘들이 오늘밤에 오는구나'라는 생각이 들었다."는 것이다.

이후 거실 같은 곳에 자신이 있는 것을 봤는데, 자신의 집에는 없는 큰 테이블이 놓여 있었다고 한다. 어딘가에서 들어오는 불빛으로 거실은 환했다. 이들이 찾아온다는 것을 알고 있었으나 이에 맞서 싸워야 한다는 느낌은 들지 않았다고 했다. 이미 이런 일에 익숙하다는 생각이

들었다는 것이다.

여성이 데이브를 잡아당겼다고 한다. 그 여성의 눈은 매우 크고 검정색이었으며, 액체 같았다. 이때 최면 상태의 데이브는 매우 불안정한 모습을 보였다. 데이브는 현실을 인정하지 않으려고 하는 자신의 '고집' 때문이라고 했다. 자신의 몸과 벌어지고 있는 일들의 현실을 통제하지 못하게 되는 것이 싫었다고 한다.

그는 "이 여성이 보인다."며 "나는 그녀를 알고 있다. 그녀는 내 것이고 나는 그녀의 것이다."고 말했다. "그녀가 너무 좋다."며 "이들(=외계인) 중에서도 그녀는 특별한 것 같다."고 했다. 데이브는 "(그녀에 비해) 내가 특별하지 않은 것 같아 싫었다."며 의안을 끼고 있는 자신이 부끄럽다고 했다.

데이브는 여성의 이름이 '베일라(Veila)'라면서, 조건 없이 자신을 사랑해주는 여성이라고 소개했다. "눈이 하나뿐이고, 가끔 대마초를 피우더라도 말이다."라며, 20세 때 자신이 만나던 여성과는 정반대라고 했다. 맥 박사가 데이브에게 숨을 다시 제대로 고른 다음 기억에 집중해보라고 시켰다. 통제할 수 없다는 게 부끄러운 일이 아니라고 말해줬다.

데이브는 그 여성 말고도 다른 생명체들이 있는 것 같다고 했다. 두려움 때문에서인지 현실 세계의 데이브는 울먹이기 시작했다. 우주선으로 자신을 데리고 가는 것 같다며, 우주선이 자신의 집 앞 공터에 있다고 말했다. 데이브는 집을 짓기도 전에 집 앞에 공터를 만들어놨다는 것이다. 집으로부터 약 50m 떨어진 곳에 만들었는데, 무의식중에 UFO를 초대했던 모양이라고 한다.

데이브는 우주선이 매우 크고 둥근 모양이었다고 했다. 지름은 20m

가량 되는 것 같았고, 둥근 지붕 모양이었다고 한다. 데이브는 이 우주선 하단부를 통해 안으로 들어갔다고 했다. 둥근 은색 방에 들어갔는데, 한 생명체가 자신을 테이블 위에 강제로 눕혔다는 것이다.

방 안에서는 흙냄새가 났다고 한다. 데이브는 "여러 생명체들이 내 주위에 모여 나에게 무언가를 하려는 것 같다."고 했다. 데이브는 몸을 움직일 수가 없었고, 눈만 움직일 수 있었다고 한다. 생명체들이 자신이 맡은 임무를 텔레파시로 알려주고 있는 것 같다고 했다.

그는 "그 여성 생명체가 나를 도와주고 있었다."면서 "그러나 이 일을 총지휘하는 사람은 저기 있는 남성 같다."고 했다. 그 여성이 텔레파시로 "다 괜찮아질 거야."라고 말했다고 한다. 데이브는 이후 일어난 일들을 다음과 같이 설명했다.

《내 항문으로 무언가를 집어넣는 것 같다. 기분이 안 좋다. 내 다리가 공중에 올려져 양 옆으로 벌려진 것 같다. (맥 박사는 이 과정을 설명하며 데이브가 수치스럽고 부끄러워하는 듯한 모습을 보였다고 했다.) 약 120cm 길이의 휘는 물체다. 앞쪽에는 철사 같은 게 달려 있다. 이 물체의 절반 정도가 항문으로 들어갔다.》

데이브는 따끔거린다면서 "내 안에서 움직이고 있다. 항문보다 더 안으로 들어가고 있다."고 했다. 데이브는 이런 비슷한 경험을 12세 때와 3세 때도 겪은 것 같았다고 한다. 그 물체는 약 2분 뒤 밖으로 나왔는데, 데이브는 이런 절차가 "신체 상태가 어떤지 확인하는 것 같았다."고 돌이켰다.

데이브는 이후 날카로운 물체가 보였다고 했다. 그의 왼쪽 머리 쪽에 있던 키가 큰 사람이, 이를 관자놀이 쪽으로 집어넣었다고 한다. 크게 아프지는 않았고, 이후에는 성기 쪽에 무언가를 빨아들이는 용도로 보이는 튜브가 올려졌다고 했다. 데이브는 이를 이야기하는 데 어려움을 겪는 것 같았으나, 항문 이야기를 할 때만큼 힘들어하지는 않았다.

데이브는 "나를 사정(射精)하게 만들었다."며 "남성이라면 마찬가지겠지만 여느 사정 때처럼 기분이 좋았다."고 말했다. 그냥 상황이 불편할 뿐이라는 것이다. 데이브는 이후 "이들이 내 뱃속에 둥근 센서 기기(器機) 같은 것을 집어넣었다."고 했다. 지름이 약 20cm이었고, 안에서 무언가를 검사하는 것 같았다고 한다. 그는 "작은 진동이 있었는데 기분이 나쁘지는 않았다."고 말했다.

이렇게 데이브에 대한 신체검사는 종료됐다고 한다. 그 여성이 데이브에게 "다 괜찮다."며 안정을 취할 수 있도록 해주었다. 데이브는 지구에서 자신이 수행해야 하는 임무 같은 내용을 들은 것 같다고도 했다. 데이브는 "지구에서 우리가 보내는 삶은 무한하지 않다."며 "우린 제한적인 시간에만 이곳에 있고, 이 짧은 시간에 최대한 많은 것을 이뤄내야 한다."고 다짐했다.

데이브가 말한 '우리'라는 주어가 누구를 칭하는 것인지는 명확하지 않았다. 그 여성은 조 사범이 데이브의 길잡이가 되는 것에 찬성한다고 했다. 데이브는 조 사범이 원하는 대로 계속 행동해야 한다는 것을 알게 됐다고 한다.

이후 이 생명체들은 데이브를 테이블에서 내려오게 한 뒤, 우주선 밖으로 나갈 수 있게 했다. 데이브는 "생명체들이 나를 공중부양시키는 것 같았다."며 "잠긴 우리 집 문을 관통해 들어가게 했다."고 한다.

맥 박사와 데이브는 최면이 끝난 뒤 이날 나온 이야기들을 다시 논의했다. 데이브는 "지옥 같았다."며 고개를 저었다. 이날 최면 치료 과정에는 또 다른 납치 경험자인 줄리아라는 여성이 함께했다. 줄리아 역시 휘는 호스 같은 물체가 자신의 몸에 들어간 적이 있었다고 한다. 이런 이야기를 나누다 데이브가 다시 펜실베이니아로 내려가야 할 때가 된 것 같다고 말했다. 어두울 때 운전을 하는 것을 싫어한다면서, "맞은편 차에서 오는 불빛을 보면 눈이 불편하다."고 했다.

맥 박사는 다음날 데이브와 통화를 하고 그가 잘 도착한 사실을 확인했다. 데이브는 최면 과정에서 떠올린 이야기들을 아내와 친구 제리에게 해줬다고 한다. 데이브는 이후 줄리아와 여러 차례에 걸쳐 편지와 전화통화를 주고받았다. 데이브가 집 앞에 있는 공터를 청소할 계획이라고 알려줬다. 줄리아는 UFO가 더 쉽게 착륙할 수 있도록 하기 위해서냐고 묻고 싶었으나 묻지 않았다고 한다.

데이브는 그해 가을과 겨울에 걸쳐 여러 차례 UFO 납치 현상을 경험했으며, 그 내용을 줄리아와 맥 박사에게 주기적으로 알려줬다고 한다. 1993년 1월, 데이브는 맥 박사에게 장문의 편지를 썼다. 그는 매우 희귀한 종(種)으로 알려진 몸의 일부가 하얀색인 사슴 사진을 함께 보냈다. 귀 뒤편과 꼬리에는 검정색 얼룩무늬가 있었다. 데이브는 "이렇게 아름다운 줄 알았으면 죽이지 않았을 것이다."고 말했다. 그가 박제사(剝製師)에게 이 사슴을 데려갔더니 그 역시도 이런 사슴은 본 적이 없다고 했다는 것이다.

데이브는 노스캐롤라이나주 국립공원에서 만난 샬롯 햄튼에게도 며칠 뒤 이런 이야기를 했다고 한다. 그런데 그녀 역시 사슴 무리 중에서 얼룩무늬 사슴 한 마리를 봤다고 했다. 최근 그녀가 일하는 곳에서 뛰어다니고 있었다는 것이다. 그녀가 다가가자 도망치지 않은 사슴은 이 얼룩무늬 사슴이 유일했다고 한다.

데이브는 게티즈버그에서 샬롯 햄튼과 만날 계획이라며, 이렇게 하고 싶은 이유가 전생(前生)과 연관이 있는 것 같다고 했다. 그러면서 "나는 몇 년 전 내가 남북전쟁에 참전했었다는 느낌을 받았다."고 덧붙였다.

육신(肉身)의 소멸

데이브는 첫 번째 최면 치료 이후 7개월쯤 뒤인 1993년 3월, 다시 한 번 보스턴을 방문해 최면 치료를 받기로 했다. 최면 치료는 3월11일과 12일, 이틀에 걸쳐 진행됐다. 두 최면 치료에는 또 다른 납치 경험자인 줄리아와, 인도 출신의 임상 심리학자인 키시와르 시라리 박사가 동석했다. 시라리 역시 영혼이 여러 인간의 몸을 넘나드는 현상에 대해 관심을 갖고 있어 참석했다고 한다.

최면에 들어가기에 앞서 데이브는 자신이 살던 펜실베이니아 시골 마을 인근에 있는 펨싯이라고 불리는 산(山)에서 겪은 일들을 알아보고 싶다고 했다. 그는 여전히 기(氣) 에너지를 수양(修養)하고 있으며, 기와 인간 영혼의 관계에 대해 연구하고 있다고 밝혔다. 손을 뜨겁게 만들어 기를 통제하는 방법을 수련하고 있다고도 했다.

시라리 박사는 요가나 불교의 명상 과정에서도 비슷한 방식이 사용된다고 설명했다. 데이브는 한국계인 조 사범에게 외계인들은 기 에너지를 마스터했고, 이를 통해 텔레파시로 소통할 수 있는 것 같다고 말했다고 한다.

최면 과정에서 맥 박사가 펨싯산과 세 살 때 본 3대의 오토바이에 초점을 맞춰보자고 제안했다. 데이브는 오토바이에 타고 있던 검정색 물체가 생명체로 바뀌더니, 언덕 위 이웃집 잔디밭으로 자신을 데려갔다고 이야기했다. 그의 몸은 마비됐고 두려웠다고 한다.

이들 중 한 명은 여성이었고, 무언가 날카로운 걸로 데이브의 머리를 눌렀다고 했다. 손으로 머리카락을 만지작거리며 무언가를 하는 것 같았고, 두 명의 남성 생명체는 옆에서 이를 지켜보고만 있었다고 한다. 데이브는 자신이 티셔츠 하나만 입고 있었다면서, 바지를 입고 있었던 것 같은데 벗겨진 것 같다고 했다.

이들은 마음으로 소통을 하는데, 데이브는 마음이 안정되기 시작했다고 한다. 그러면서 데이브는 "그 여성이 내 배 아래쪽에 손을 갖다 대고 무언가를 확인했다."고 덧붙였다.

데이브는 "여성이 무언가 중요한 일이 있다고 말했다."는 기억을 떠올리며 울기 시작했다. 그는 "나는 이를 내 기억 속에 항상 가둬놨었고, 이것이 나를 괴롭혔다."며 안도의 눈물을 흘리는 것 같았다. "아버지는 내가 꿈을 꾼 것이라고 했지만, 나는 꿈이 아니었다는 것을 알고 있었다."고 했다.

그 여성은 데이브가 그리웠다면서, 데이브가 태어났을 때부터 함께 있었다고 말했다고 한다. 그 여성이 "우리가 아는 것보다 더 많은 일들이 있을 것이다."며 "인간들과 어려운 시간을 겪겠지만 결국에는 다 괜찮아질 것이다."고 말해줬다는 것이다. 그러면서 산 위에는 특별한 장소가 있고, 데이브가 산을 사랑하게 될 것이라는 이야기도 들려주었다고 한다. 그 여성은 데이브가 언젠가는 외계인들을 찾아낼 수 있게 될 것이라는 말도 했다.

데이브는 이 생명체들이 갑자기 볼 일을 다 본 것인지 다시 오토바이 모양으로 바뀌었다고 한다. 그리고는 올라갈 수 없을 것 같은 가파른 길로 돌진하다가 데이브의 친구 집에 갑자기 멈췄다고 했다. 데이브는 친구 집으로 쫓아가봤지만 이들을 볼 수 없었다고 한다.

데이브는 "여성은 우리가 떨어져 있는 게 힘들겠지만 내가 인류를 위해 무언가 할 일이 있고, 내가 중요한 역할을 맡아야 한다."면서 "그렇기 때문에 떨어져 있어야 한다고 했다."고 설명했다. 데이브는 "이번 생(生) 이전부터 그녀를 계속 알아왔던 것 같다."고 말했다.

맥 박사는 데이브에게 이전 생에 대한 기억을 떠올릴지, 아니면 산에서 일어난 다른 경험들을 떠올려보고 싶은지 물었다. 데이브는 산으로 가보고 싶다고 대답했다. 그는 "산 끝자락에는 암석층이 형성돼 있는데, 엄청난 힘이 나오는 곳이다."면서 "그래서 이들이 거기로 가서 에너지를 얻으려고 하는 것 같았다."고 했다. 데이브는 12세 때 산의 끝자락으로 가본 적이 있다면서, "원주민들이 이곳을 찾았던 것 같다."고 했다. 그런 뒤 "나는 요즘 시대에 사는 원주민이다."고 덧붙였다.

그가 산 끝자락 쪽으로 가고 나서 정신을 차려보니 나무 아래 누워 있는 모습이었다고 한다. 여러 생명체가 하늘을 떠서 날아왔고, 이들은 데이브를 공중부양시켜 산길을 이동했다는 것이다. 그러다 우주선이 보였는데 하늘에 정지해 있었으며, 낮 시간이었음에도 불구하고 우주선에서는 엄청난 불빛이 뿜어져 나오는 것이 보였다고 했다.

생명체들은 이후 데이브를 우주선 하단부를 통해 날아서 들어가게 했다. 그가 들어간 방은 매우 밝았으며, 오른쪽 편에서 무슨 조종 패널

같은 것이 보였다고 한다. 여섯 명의 생명체가 보였는데, 낯익은 여성 생명체도 있었다고 했다. 그 가운데 남성 생명체 한 명이 총괄 책임자인 것 같았고, 그 역시 여성 생명체와 비슷하게 생기기는 했으나 눈이 더 둥근 것 같았다고 한다.

데이브는 이때의 나이가 사춘기가 한창이던 13세였던 것 같다고 했다. 그는 "검사 절차 중 최악은 이들이 내 항문에 무언가를 집어넣을 때였다."면서 "내가 12세 때도 이런 검사를 나에게 했다."고 밝혔다. 여성 생명체는 데이브의 옆에서 계속 괜찮을 것이라고 말해줬고, 남성 생명체 중 한 명이 그의 다리를 벌리고 약 60cm 길이의 물체를 항문으로 집어넣었다는 것이다. 그 물체는 하수관을 청소하는 도구처럼 한쪽 끝에 철사 같은 게 있었다고 한다.

그는 "상상할 수 있는 것보다 훨씬 더 깊게 집어넣었다."며 "내가 어떻게 지내고 있는지 확인하는 거였다."고 덧붙였다. 데이브는 불편한 느낌과 수치심을 느꼈지만, 고통은 크지 않았다고 했다. 동물원에 있는 동물이 된 기분이었고, 아무것도 할 수 없는 무력감이 들었다고 한다. 이들은 약 2분 뒤 이 물체를 빼냈고, 데이브의 건강 상태가 만족스럽다는 식의 신호를 주고받았다는 것이다.

데이브는 "이들에게 동질감을 느꼈고, 내가 이들을 오랫동안 알았으며, 이들의 힘을 내가 존경한다는 기분이 들었다."고 설명했다. 그리고 "인간보다 이들과 더 가까운 것 같았다."면서 "인간과 있을 때보다 이들과 있을 때 더 안정된 느낌을 받는다."고 말했다.

그는 중학교 시절 의안(義眼)을 끼고 있다고 놀림을 받던 일과, 그럼에도 공부를 잘해 우등생반에 배정됐다는 이유로 이상한 아이 취급을 받았던 기억을 떠올려냈다. 여성 생명체는 "어려운 일들을 겪겠지만 결국에 가서는 문제가 없을 것이다."고 위로해줬다고 한다. 눈을 잃은 이유는 "여러 상황에서 어떻게 살아나가야 하는지 배워야 하기 때문에 그렇게 됐다는 이야기를 들었다."고 했다.

데이브는 전생(前生)이나 다른 생에서 이들을 만났던 것 같다고 말했다. 그러더니 "이들은 영혼을 재활용하는 방식 등으로 한 번의 인생뿐만이 아니라, 모든 생을 지켜보는 것 같았다."는 것이다. 최면 치료가 끝난 뒤 동석했던 시라리 박사는 데이브가 떠올린 내용에 깊은 인상을 받았다면서, "초자연적인 현상이나 다른 차원의 현실을 생각해봐야 할 것 같다."고 했다.

맥 박사와 데이브는 다음날 오전에 또 한 차례의 최면 치료를 진행하기로 했다. 줄리아와 시라리 박사는 이날 치료에도 참석했다.

데이브가 이날 첫 번째로 떠올린 기억은, 자신이 '팬서바이더크리크(Panther-by-the-Creek=개울가 옆 표범)'라는 이름의 원주민이라는 것이었다. 펨싯산 인근에서 거주하던 서스케하나족 출신이라고 했다. 이때는 원주민들이 백인들을 만나기 전이었다고 한다.

이 소년은 강가에 살며 송어를 잡고, 겨울을 나기 위해 육류를 말렸다. 독수리들이 이 강가를 따라 함께 생활했다. 데이브는 "독수리는 특별하고, 이 산은 특별한 장소였다."며 "치료 주술사들이 산에 올라가 영감을 받고 여행을 떠나기도 했다."고 덧붙였다. 데이브는 자신 역시 이런 영감을 받기 위해 산에 올라갔고, 이때 앞서 언급한 여성 생명체인 베일라를 만났다는 것이다. 그녀와 오랫동안 떨어져 있었던 것이 슬프다며 그가 눈물을 흘렸다.

데이브는 당시 이로쿼이족과 큰 전쟁을 치렀다고 했다. 사슴 가죽으로 된 옷을 입고, 활과 화살을 들고 전사(戰士)처럼 싸웠다고 한다. 그는 전투 과정에서 왼쪽 가슴에 화살을 맞았고, 그것이 심장을 뚫고 지나갔다고 했다. "불타오르는 것 같다가 갑자기 아무 느낌도 나지 않았다."며 피를 토하기 시작했다는 것이다. 그는 이후 정신을 잃고 죽었다고 했다.

"다음으로 기억나는 것은 내가 내 몸 밖으로 나온 것이다."며 "이로쿼이족 사람들이 나의 머리 가죽을 벗기는 것을 위에서 내려다봤다."고 말했다. 그러다 "하늘로 날아가며 크리스털(=수정)이 산산조각 깨져 사라지는 것처럼 소멸되는 기분이 들었다."면서 "내가 모든 곳에 존재하는 것 같았고 평화로웠다."고 당시를 돌이켰다.

데이브는 육신(肉身)에서 빠져나온 뒤에도 베일라를 볼 수 있었다고 한다. 맥 박사가 베일라를 어느 시점에서 봤느냐고 물었다. 데이브는 "꼭 그녀를 봤다기보다는 그녀가 여기에 있다는 느낌을 받았다."고 대답했다. 데이브는 베일라라는 여성을 이전에도 알았던 것 같다고 말했다.

맥 박사는 데이브에게 사망한 뒤 베일라를 다시 만났느냐고 물었다. 데이브는 "몸에서 빠져나와 소멸되기 전에 베일라는 내가 다시 돌아오면 다시 만나게 될 것이라고 말해줬다."고 대답했다. 데이브는 그러다 "버지니아에서 다시 태어났다."고 말했다.

맥 박사는 소멸된 뒤 다시 태어나게 되는 과정을 설명해보라고 권했다. 데이브가 "갑자기 다시 뭉쳐져 세상으로 오게 됐다."고 말하자, 맥 박사는 이 과정을 집요하게 물어봤다. 그랬더니 데이브는 "메리 페그라는 여성의 자궁 안으로 들어가야 했다."면서 "여성은 짙은 색 긴 머리를 하고 있었고, 나의 아버지의 이름은 존이었다."고 설명했다.

맥 박사가 왜 '메리'라는 여성이 선택된 것인지를 물었다. 그는 "어느 겨울날 밤 그녀 몸 안으로 그냥 들어갔다."며 "사람들은 다 자고 있었고, 난로에는 불이 조금 남아 있었다. 그녀 안으로 들어가고 싶어서 그렇게 했다. 내가 들어가자 그녀는 임신을 하게 됐다."고 대답했다.

메리는 데이브가 몸 안에 들어갈 때 계속 자고 있었다고 이야기하는 순간, 맥 박사가 데이브의 말을 끊었다. 그러면서 임신을 하기 위해서는 우선 난자가 수정을 해야 한다고 설명해줬다. 데이브는 메리와 존이 이날 밤 성 관계를 가졌고, 수정이 됐을 때 자신이 들어갔다는 것이다.

데이브는 "자궁 안은 매우 어둡고 따뜻했다."며 "출산 과정은 매우 짧았다."고 했다. 출산 과정에서 엄청난 압력을 느꼈고, 머리가 먼저 밖으로 빠져나왔다고 한다. 데이브는 이후 메리라는 어머니가 둘째 딸을 가졌는데, 태어난 얼마 뒤 숨졌다는 것이다. 어머니가 슬퍼하는 것을 보고 자신 역시 울었던 기억도 난다고 했다.

데이브의 이야기로는 당시에 남북전쟁이 펼쳐졌다. 데이브는 덩치가 커 전쟁에 꼭 참전해야만 한다는 생각이 들었다고 한다. 그는 남부군을 위해 첩자로 활동하다 북부군에 잡혔고, 19세의 나이에 교수형에 처해졌다는 것이다.

데이브는 이러한 상황이 자신이 베트남 전쟁에 참전하지 않은 것과 관련이 있는 것 같다고 했다. "내 또래 아이들 중 일부는 베트남에 가게 됐는데, 나는 가지 않았다."며 자신이 선택받지 못해 화가 났었다고 덧붙였다. 눈 때문에 면제가 됐을 수도 있지만, 그래도 추첨에서 뽑히지 않았던 것에 실망했다고 한다.

맥 박사는 다시 베일라를 떠올려보라고 했다. 데이브는 "그들 역시 평생을 살 수는 없지만, 베일라는 이 세 차례의 인생에서 모두 함께 했다."고 소개했다. 데이브는 베일라를 사랑한다고 말했다. 원주민일 때 그녀를 처음 만난 것 같다고 한다. 맥 박사는 데이브가 원주민일 때 만났던 주술 치료사 이야기를 해보라고 했다. 데이브는 이 치료사가 이 생명체들을 수호자들이라고 불렀다고 한다.

베일라는 데이브에게 "당신에 대해 내가 신경을 쓰고 있고, 언제든 지켜줄 것이다."고 말했다는 것이다. 데이브는 베일라를 만난 뒤 검은 표범 한 마리를 봤고, 자신이 태어날 때도 표범이 보여 자신의 이름이 '개울가 옆 표범'이 된 것 같다고 했다.

맥 박사는 계속해서 베일라의 정체에 대해 물었다. 형체를 갖고 있는 인물인지, 영적인 인물인지 물었다. 데이브는 이런 질문을 어렵게 생각했다. 그는 "죽고 난 뒤에는 상황이 달라진다."며 "형체가 없다고 할 수 있다."고 대답했다.

그러나 "그녀는 항상 살아 있고, 형체라는 것은 중요하지 않으며, 영적인 부분이 더 중요하다."고 주장했다. 데이브는 "이들은 우리가 깨닫기를 원하는 것이 있다."며 "우리의 물질적인 부분이 중요한 것이 아니라, 이에 집중할 때 문제가 생긴다는 것이다."라고 했다.

최면에서 깨어난 데이브와 맥 박사는 이후에도 계속 이야기를 나눴다. 데이브는 겁이 나서 말하지 않았으나, 남북전쟁 당시 그를 낳아준 메리라는 여성이 공원에서 만난 샬롯 햄튼이라는 여성 같다고 했다. 데이브는 최면 치료 얼마 후인 3월25일에 샬롯 햄튼과 필라델피아에서 만나 저녁식사를 했는데, "서로 너무 잘 맞았고 묘한 감정이 들었다."고 한다.

데이브는 조 사범과도 계속 기 에너지 수련을 했으며, 어느 정도의 에너지를 통제할 수 있게 돼 꿈 속에서 날아다닐 수 있게 됐다는 것이다. 더 많은 사람들이 데이브에게 상담을 구하러 왔고, 그들 중 일부는 UFO에 납치됐던 사람들이라고 했다. 한 번은 한 소녀가 찾아와 산 위에서 생명체들을 봤다고 말했는데, 이를 듣고 깜짝 놀랐다고 한다.

맥 박사는 데이브가 떠올려낸 모든 이야기들은 서방세계가 만들어낸 존재론적 개념으로는 설명이 되지 않는다고 했다. 이런 개념으로는 외계의 지능이 인간의 운명을 지켜주고, 생명체들이 형체를 갖고 지구에 오는 것을 설명할 수 없다고 말했다. 전생(前生)이 됐든 UFO의 존재가 됐든, 모두 다 설명할 수 없다는 것이다.

맥 박사는 데이브의 사례가 이 책에서 다뤄지는 핵심 질문으로 이어진다고 했다. 의식(意識)이라는 것을 어떻게 해석해야 하느냐는 것이다. 데이브의 경우에는 여러 사람과 함께 UFO를 목격했고, 납치 사례 이후 발생한 것으로 보이는 의문의 초승달 모양 상처 등이 있기는 하지만, 이를 실체적인 증거로 보기에는 부족하다는 것이다. 또한 다른 세상이 존재한다는 것에 대한 증거가 없는 것이 사실이라고 덧붙였다.

맥 박사는 데이브의 사례가 사람들에게 두 개의 선택권을 준다고 했다. ①정신적 착각으로 받아들여야 한다. ②의식으로 연결된 새로운 현실이 있다는 점을 서방세계의 존재론적 개념으로 설명하기에는 한계가 있다.

제5장

'루시드 드림(自覺夢)'을 UFO 납치로 착각?

한 여성의 충격 증언

「프로젝트 엘리야」와 피험자(被驗者)들의 증언

남은 세 개의 사례를 소개하기에 앞서 맥 박사와 다른 생각을 하는 전문가들이 있는지를 한 번 조사해보려고 한다. 학자가 발표한 연구 결과이기 때문에서인지 존 맥 박사에 동의한다거나 반대한다는 심도 있는 학술 연구는 쉽게 찾지 못했다. 반대 의견이 나온 적은 여러 차례 있는데, 단편적인 해석을 덧붙인 뒤 그냥 비판하는 방향으로 흘러가는 경우가 대부분이었다.

이런 의견을 찾아보는 과정에서 2021년 7월, 『국제꿈학술지(IJODR)』에 게재된 논문을 하나 발견했다. 러시아 모스크바에서 꿈을 연구하는 '단계연구센터'라는 곳에서 활동하는 마이클 라두가, 안드레이 샤시코프, 자나 주누소바가 공저(共著)한 논문이다.

이들은 UFO 납치를 경험했다는 사람들이 사실은 '루시드 드림

(Lucid Dream)', 즉 '자각몽(自覺夢)'을 꾸고 있거나 수면마비, 혹은 가위에 눌린 상황에서 떠올린 장면을 실제 겪은 것으로 착각하는 것일 수 있다는 연구 결과를 내놨다. 자각몽이라 함은 수면자 스스로 꿈을 꾸고 있다는 사실을 인지한 채, 꿈 내용을 어느 정도 통제할 수 있다는 것을 뜻한다. 물론 이 역시도 정확한 답변은 될 수 없지만 흥미로운 연구이기에 이를 소개하고자 한다. 우선 이 논문의 개요 부분에서 핵심을 일부 발췌해본다.

《우주에는 10의 24제곱의 별들이 있다고 한다. 스티븐 호킹은 이런 숫자를 언급하며 외계에 생명체가 존재하지 않는다는 것은 불가능하다고 했다. 하지만 아직까지 이들을 발견하지 못했는데, 이는 이른바 페르미의 역설로 이어진다.(注 : 이탈리아 천재 물리학자였던 엔리코 페르미가 동료들과 식사를 하는 과정에서, 외계에 있는 항성과 행성의 수를 감안하면 외계 생명체 중 몇 명은 지구에 도달했어야 한다는 이야기를 하고 있었다. 그는 그러다 "그러면 그들은 어디에 있는가?"라는 질문을 했는데, 이를 페르미의 역설로 부르게 됐다.)

외계인 납치 현상은 많은 인기를 받고 있지만 이에 대한 제대로 된 설명은 이뤄지지 않고 있다. '정신적 현상일까 아니면 실제 경험일까? 그것도 아니라면 둘 다일까?'

외계인과 UFO와 맞닥뜨렸다는 사례 중 절반 정도는 자는 과정이나 꿈속에서, 혹은 가위에 눌린 상황에서 발생했다. 그렇다면 이러한 납치 현상이 가위 눌림과 관계가 있을 수 있다. 과거 수면 단계와 외계인 납치 사례를 연구한 논문들이 있었지만, 이는 이론적인 것에 불과했다. 이번 연구는 실험을 통해 상관관계를 알아보고자 한다.》

해당 연구는 2019년 2월2일부터 2020년 4월18일 사이에 현장 실험 방식으로 진행됐다. 현장 실험 방식이란 실험실 안에서 진행돼 연구자가 모든 것을 통제하는 것이 아니라, 피험자들이 자연스럽게 행동하고 있는 현장에서 실시하는 실험을 뜻한다.

이번 실험에는 152명이 자원했다. 이들 중 41%는 여태까지 살면서 단계별 수면 요법을 진행한 경험이 100번 이상이었다. 이번 연구는 전 세계 수백 명의 단계별 수면 요법 경험자들이 회원으로 활동하는 「프로젝트 엘리야」라는 홈페이지를 기반으로 진행됐다. 검색해보니 '엘리야'라는 단어는 히브리 성서에 나오는 '예언자'라는 뜻이다.

이들은 쉽게 말해 꿈을 통제하는 것을 전문으로 하는 사람들이다. 이들 피험자들은 모두 정신적인 문제가 없다는 것을 확인받았다. 18세 이상 성인만 참여할 수 있었고, 사례금은 없었다.

피험자들은 단계별 수면을 진행할 때 외계인이나 UFO와 접촉해보라는 지시를 받았다. 의식적으로 외계인을 떠올리도록 하면 외계인이 떠오르는지 확인하려는 목적인 것 같았다. 단계별 수면은 쉽게 말해 루시드 드림, 혹은 빠른 안구(眼球) 운동이 발생하는 렘 수면(REM=꿈을 꾸는 수면) 단계로 들어가도록 하는 것이라고 한다.

인터넷을 찾아보니 이 루시드 드림이라는 것을 자주 꾸는 사람들이 있다고 한다. 전체 인구의 약 55%가 평생 동안 최소 한 번의 루시드 드림을 경험하고, 23%의 인구는 한 달에 한 번꼴로 이런 꿈을 꾼다고 했다.

다시 실험 절차로 돌아가 보면, 피험자들은 떠올린 장면 모두를 기억할 수 있어야 했다. 또한 이런 상황이 발생한 뒤 최대한 빠르게 이를 온라인으로 보고해야 했다. 구체적인 내용은 물론, 어떻게 단계별 수면에 들어가게 됐고, 어떻게 깨어나게 됐는지도 설명해야 하는 것이다.

이들 152명은 각각 한 개의 보고서를 제출했는데, 114명 혹은 75%가 UFO를 봤다고 했다. 이 114명 중 61%는 외계인과 같은 생명체를 봤다고 한다. 23명의 피험자들은 꿈이 아니라 현실에 더 가까운 경험을 했다고 말했다. 전체 피험자 중 3%는 수면 마비를 경험했으며, 이들 모두 UFO를 봤다는 것이다.

자세한 통계 결과는 더욱 흥미롭다. 피험자들이 본 61%의 외계인들은 공상과학 영화나 책에서 본 생명체들과 비슷하게 생겼다. 4%의 외계인은 투명, 혹은 보이지 않았다고 했다. 19%의 외계인들은 일반 사람처럼 보였다고 한다. 26%의 피험자들은 외계인이 보이지는 않았으나 이들과 말을 섞었다고 했고, 11%의 피험자는 외계인을 봤으나 말을 걸지는 않았다고 한다. 12%의 피험자들은 외계인을 봤고, 직접 대화도 했다는 것이다. 10%의 피험자들은 일정 시간 동안 UFO 안에 있었다고 했고, 3%는 UFO를 타고 비행했다고 한다.

이 논문의 저자들은 몇 가지의 가설(假說)을 세우고 연구를 진행했다. 우선 핵심 가설은 루시드 드림을 경험한 사람들이 UFO 꿈을 꾸고, 이를 현실에서 일어난 일로 생각할 수 있다는 것이었다. 이들의 두 번째 가설은 수면 마비 상태일 때 더더욱 그렇게 느낀다는 것이었다. 수면 마비를 겪은 사람들은 수가 5명에 불과하기 때문에 샘플이 적기는 하지만, 이들 모두 UFO를 봤다고 하는 것에 주목했다.

저자들은 "첫 번째 가설의 경우는 사실인 것으로 확인됐다."며 "자신의 의지와 계획된 행동에 따라 꿈 속에서 외계인과 UFO를 만날 수 있다는 것으로 보인다."고 설명했다. 그러나 "이번 연구는 개념 확립에 초점을 뒀기 때문에 이런 현상이 발생할 구체적인 가능성이 어떻게 되는지는 알 수 없다."고 덧붙였다.

저자들은 "이런 단계별 수면 요법에 익숙한 사람들도 UFO를 만났을 때 공포심을 느끼고 몸이 마비되는 것을 느꼈다."며 "일반 사람들이 이런 일을 겪었을 때 얼마나 놀랐을지에 대해서는 의문의 여지가 없다."고 단정했다. "그렇기 때문에 UFO 현상이 실제 일어난 일이라고 생각할 수 있다."며 "이것이 이들이 이해할 수 있는 유일한 해답이기 때문이다."고 했다.

저자들은 "이 연구의 가장 중요한 결과는, UFO를 봤다는 사례들의 대다수가 루시드 드림 등을 착각한 것일 수 있다는 점이다."고 지적했다. 대다수의 인간이 어떤 형태로든 자신이 통제할 수 있는 꿈을 꿔봤으며, 비현실적인 이야기를 꿈 속에 심어놓기도 한다는 것이다. 이런 생생한 꿈과 현실을 분리하는 것에 익숙하지 않은 사람일수록 더욱 이를 사실로 믿을 수 있다고 했다.

저자들은 모든 UFO 납치 현상 사례가 꿈은 아닐 수도 있다는 해설을 덧붙였지만, 꿈을 꾸고 있을 때나 최면 요법 등 심리 치료를 받을 때 UFO가 많이 목격된다는 공통점이 있다고 말했다. 저자들은 "외계인들이 만약 존재한다면, 꿈으로 오해하지 않을 수 있게 잘 시간은 피하는 게 좋을 것이다."고 덧붙였다.

저자들은 더 많은 피험자들을 대상으로 조사를 한다면, 더 나은 결과에 도출할 수 있을 것이라고 봤다. 또한 UFO를 목격했다고 주장하는 사람들을 대상으로 이런 단계별 수면 요법을 진행한다면, 어떤 내용이 나오게 될지 궁금하다고 했다.

이 논문은 보고서 뒤에 피험자들이 경험한 이야기들을 일부 담았는데, 이들 가운데 몇 개를 발췌해 소개하도록 하겠다. 이는 러시아어에서 영어로 번역된 것들이라고 한다.

《**보고서 #37, 2019년 9월19일, 여성** : 외계인들을 찾아봐야 한다는 생각이 들어 밖으로 나가 돌아다녔다. 그때 세 명의 외계인이 우리 집으로 오는 것을 봤다. 펜스보다 키가 컸는데 이들의 키는 약 3m이었던 것 같다. 무서웠다.

무섭게 생겼고 몸은 회색으로 가늘었다. 눈이 아주 컸다. 아주 부드럽게 걷는데, 날고 있는 것처럼 보였다. 주변의 모든 것들이 회색으로 보였고, 불빛이 났다. 다가가려 했을 때 겁이 나 다시 도망쳐버렸다.

하지만 나는 이것이 꿈이라는 사실을 깨닫게 됐고, 더 이상 겁을 먹지 않았다. 다시 보니 이들은 초록색이었고, 무서운 사람들이 아니었다. 이들에게 다가가서 만지기 시작했다. 이들의 피부는 검정색이었는데 비늘로 뒤덮인 것 같았다. 머리에는 이상하게 노란색 줄무늬가 그려져 있었다. 이들은 내게 말을 걸려고 했는데, 나는 무슨 말인지 알아듣지 못했다.

보고서 #57, 2019년 12월7일, 남성 : 나는 루시드 드림 과정에서 외계인들이 내 방 안에 있다는 상상을 그려놓고 방으로 들어갔으나 아무도 없었다. 이들이 부엌에 있을 것이라 생각해 나가봤다. 부엌 쪽에서 소리가 났기 때문인데, 나는 용기를 내 그쪽으로 가봤다. 내 아내가 거기에서 설거지를 하고 있었다. 냄비에는 기름에 튀긴 베이컨이 몇 조각 보였다. (나와 아내는 모두 채식주의자다.) (중략)

베란다로 나가 우주선이 내 쪽으로 다가오고 있다는 상상을 머릿속에 집어넣기 시작했다. 파란색 재킷을 입은 남자처럼 생긴 물체가 보여 그를 여러 차례 불렀으나 대답이 없었다. 결국 그가 고개를 들어 돌아봤는데 아시아인, 아니 일본인 같아 보였다. 그에게 다가가 외계인이냐고 물었다. 맞는다는 듯이 고개를 끄덕이며 내게 이런 사실을 알려줘서는 안 되는 일이라고 말했다.

보고서 #62, 2019년 12월16일, 남성 : 사람들이 대개 침대에서 납치를 당한다고 여겨 침대에서 일어나지 않고 기다렸다. 눈을 감고 있었는데 무언가가 나를 날아서 끌고 갔다. 벽들을 관통하며 끌고 간 것 같다. 갑자기 두려움이 커지기 시작했고, 외계인들이 실제로 나를 기다리는 것 아닌가 하는 걱정이 생겼다.

조금 비행을 하다가 잠깐 눈을 뜨게 됐는데, 내 방의 모습이 보였다. 그러다 다른 방에서 하얀색 실루엣이 다가오고 있었다. 인간 같은 모습의 로봇이었고, 은색 옷을 입고 있었다. 얼굴을 보지는 못했다. 그냥 남자 사람일 가능성도 있었지만, 내가 외계인을 기다리고 있었기 때문에 외계인일 것으로 생각했다.

이 시점에서의 기억은 약 60% 정도로 희미했다. 그는 내게 다가왔다 사라지기를 반복했다. 매우 불편하다는 느낌을 받기 시작했다. 나는 눈을 감고 이 상황을 떨쳐버리려고 했다. 그러자 그가 소리를 질렀고, 내가 눈을 떠보자 그는 내 가슴 부위를 절개해 몸 안에서 도구를 갖고 무언가를 하고 있었다.

완전히 겁에 질렸고, 내 머릿속에는 이 꿈에서 빨리 빠져나와야 한다는 생각밖에 들지 않았다. 이 시점에서 나는 마비 상태가 됐고, 잠에서 깨려 움직이려 했으나 그러지 못했다. 그렇게 잠에서 깬 뒤 오랫동안 다시 잠에 들지 못했다.

보고서 #80, 2020년 1월19일, 여성 : 문 밖으로 나가 "외계인들아, 너희 어디 있어? 너희가 당장 필요해."라고 소리쳤다. 구석 쪽에 인간 같은 형체를 한 생명체들이 모여 있는 걸 봤다. "너희 외계인들이야?"라고 물었다. 일부는 부인했고, 문 앞에 있는 한 명이 "응, 나는 외계인이야."라고 인정했다.

키는 약 190cm 정도로 컸고, 얼굴은 둥근 모양이었다. 눈이 약간 기울어져 있었는데, 중국인처럼 기운 게 아니라 그냥 이상하게 기울어져 있었다. 일반 남성과 비교해 목이 좀 더 길었고, 어깨도 너무 둥근 모양이었다. 몸의 다른 부분은 사람처럼 보였다. 눈은 회색이고 머리색과 피부색은 짙었다. 갈색 가죽 재킷을 입고 있었는데, 군복 같았다. 그리고 우린 이런 대화를 나눴다.

–어디에서 왔니?

=알파 센타우리.

–(왜 바로 이 별자리를 이야기했을까? 왜 더 독창적인 걸 생각해내지 못하지? 注 : 이는 원래 있는 별자리다) 아무튼, 알파 센타우리에서는 어떻게 지내?

=그냥 똑같이 지내지.

–넌 그런데 누구야? 뭐 하는 사람이야?

=전투기 조종사야.

–아니 그건 너희 고향 이야기고, 여기서는 뭐하냐고.

=똑같은 일.

–폭격기 조종사?

=전투기.

왜 인간이 있는 곳에 이들 전투기 조종사가 필요한지, 인간들은 이들에게 어떻게 대응하고 있는지 묻고 싶었다. 하지만 내가 이런 질문을 하지 못한 것인지, 그가 대답을 안 한 것인지 이를 알아내지 못했다.

보고서 #130, 2020년 3월20일, 여성 : 외계인들을 기억해냈다. 복도에서 나를 기다리고 있다고 생각했다. 나가보자 그가 보였는데, 그늘에 가려져 있었다. "빛 쪽으로 나와 모습을 드러내!"라고 말했다. 그러자 무언가가 불빛으로 점프를 했는데, 15cm도 안 되는 것 같았다.

모자를 쓰고 갑옷을 입고 있어서 그런지 포동포동하게 보였다. 나는 그를 쳐다보기 시작했다. 그가 어린이 같은 목소리로 "안녕!"이라고 인사했다. "안녕, 내가 널 좀 봐도 되겠니?"라고 물으며 그의 얼굴을 여기저기 훑어봤다. 아시아인처럼 생겼다. 옷은 제대로 볼 시간이 없었다.》

다른 세상에서 온 사나이

러시아 연구진의 연구 결과를 보면 UFO 납치 현상을 경험했다는 사람들은 루시드 드림, 혹은 자각몽(自覺夢)을 착각한 것일 수도 있다. UFO를 떠올리려고 의식을 하다 보면 자신이 통제할 수 있는 꿈의 단계에서 이를 떠올려내고, 이를 현실로 받아들일 수 있다는 것이다. 하지만 러시아 연구진이 소개한 사례를 읽고 느낀 생각은 너무 단편적이라는 점이었다.

맥 박사는 앞서 망상, 환각, 거짓말이라는 것은 기억을 단편적으로 조작하는 것이지, 구체적인 내용을 다 만들어내지는 못한다는 취지의 이야기를 한 바 있다. 실제로 맥 박사가 소개한 납치 경험자들의 사례는 러시아 연구진 논문에 담긴 사례 수준보다 훨씬 더 구체적이다. 이것이 맥 박사가 이들을 믿는 이유 중 하나라고 생각한다.

즉 인간의 상상력으로 시(詩) 정도 분량의 이야기를 즉석에서 떠올려낼 수는 있겠지만, 중·단편소설 분량을 바로 떠올려낼 수 있겠느냐는 뜻으로 나는 해석했다. 물론 납치 경험자들이 맥 박사 및 다른 사람들을 속이기 위해 오랫동안 소설을 써왔을 가능성은 있지만 말이다.

맥 박사를 실제로 속였다는 사람의 이야기를 찾아냈다. 1994년 미국의 시사주간지 [타임(Time)]의 기사에 소개된 내용으로, 기사 제목은 「다른 세상에서 온 사나이(The Man From Outer Space)」였다. 존 맥 박사의 연구를 과연 진지하게 받아들일 수 있느냐는 내용으로, 이를 부정적으로 다룬 기사다.

이 기사에는 도나 배셋이라는 37세의 여성이 등장한다. 그녀는 보스턴에 거주하는 작가 겸 연구가로, 맥 박사의 연구에 관심을 가져왔다. 사람들로부터 맥 박사가 자신이 듣고 싶어 하는 이야기를 뽑아내고, 이들에 대한 후속 치료는 거들떠보지도 않는다는 불만을 들었다는 것이었다.

배셋은 UFO 납치와 관련된 여러 책을 읽고 자신의 이야기를 만들어내기 시작했다. 그녀의 가족 모두가 11세기 당시로 돌아가 외계인들과 만났다는 이야기였다. 증조할머니가 이런 작은 사람들을 봤고, 하느님의 천사라고 불렀다고 한다.

자신 역시 다섯 살 때 집 근처에서 불빛으로 가득한 둥근 물체를 봤고, 어렸을 때는 제인이라는 이름의 외계인 친구가 있었다고 했다. 이웃

집을 훔쳐보다 걸려 이 집 주인이 뜨거운 곳에 손을 갖다 대는 벌을 줘 손을 다쳤었다고 한다. 그런데 이 손을 제인이라는 친구가 고쳐줬다는 것이다.

배셋은 이런 이야기를 준비해두고 맥 박사와 세 차례의 최면 치료를 진행했다. 배셋은 '메소드(=극사실주의) 연기' 방식을 이용해 최면 과정 내내 맥 박사를 속일 수 있었다고 한다. 맥 박사가 운영하는 납치 경험자 단체의 재무 담당을 맡기도 했다는 것이다. 배셋은 [타임]에 "나는 내 인생에서 UFO를 본 적이 한 번도 없다."며 "당연히 UFO 안에 들어가 본 적도 없다."고 말했다.

배셋은 맥 박사 주위의 사람들에 대한 여러 녹음 파일과 메모를 갖고 있다고 한다. 그녀는 맥 박사가 최면 치료에 들어가기 전, UFO 관련 책 하나를 읽고 오라고 했다고 주장했다. 이는 최면 과정에 영향을 주려고 하는 행위라고 비판했다.

배셋은 맥 박사가 일반적인 사무실이 아닌 그의 집 어두운 침실에서 최면 치료를 했다고 증언했다. 그의 질문은 모두 편파적이었다고도 했다. 배셋은 "존 맥이 어떤 말을 듣고 싶어 하는지는 당연해 보였다."며 "그가 듣고 싶어 하는 이야기를 해줬다."고 말했다.

배셋은 맥 박사에게 1962년 쿠바 미사일 사태 당시 우주선 안에서 존 F. 케네디 미국 대통령과 니키타 흐루쇼프 서기장을 만난 적이 있다고도 했다. 배셋은 "흐루쇼프는 울고 있었고, 나는 그의 무릎에 앉아 내 팔로 그의 목을 감싼 뒤 '괜찮아질 거야'라고 말했다."고 꾸며냈다. 이 이야기를 듣고 맥 박사는 너무 흥분했고, 침대 쪽으로 심하게 기대는 바람에 침대가 무너졌다고 한다.

[타임]은 맥 박사와 만나다 그에게 실망해 떠난 데이브 두클로스라는 사람의 이야기도 소개했다. 두클로스는 "맥 박사에게는 숨겨진 목적이 있었다."며 "그는 외계인들에 대해 부정적으로 말하는 사람들에게 다 반대했다."고 말했다. 그는 맥 박사가 한 번은 이런 이야기를 했다고도 주장했다.

"두클로스 씨, 외계인이 나쁘다고 여긴다면 이들이 좋다고 느끼게 될 때까지 계속 생각을 해보세요."

[타임]은 맥 박사의 연구 방식에 문제가 있다고 주장하는 전문가들의 의견도 소개했다. 리처드 오프시 캘리포니아 버클리 대학의 심리학 교수를 비롯한 전문가들은 맥이 제정신이 아니라는 것은 아니지만, 연구 방식과 동기(動機)가 잘못됐다고 지적했다. 최면 기술을 잘못된 방식으로 사용해 그의 생각과 일치하는 기억을 만들어내려 하고 있다는 것이다.

그는 "이런 방식을 상담에서 사용하게 되면 많은 사람들이 다치게 될 것이다."고 말했다. 그는 "그런 일이 없었음에도 누군가에게 그가 학대를 당하고 성폭행을 당했다고 설득시키고, 이에 따른 감정을 표현하도록 하게 되면 고통의 경험을 떠안게 된다."며 "이는 가질 필요가 없던 고통의 기억을 심어주는 것이다."고 비판했다.

프레드 프란켈 하버드 의대 교수 및 보스턴 베스이스라엘 병원 정신의학과 과장은 "맥 박사는 이 사람들을 다루는 것과 관련한 다른 권위 있는 사람들의 조언을 무시하고 있다."고 주장했다. 그는 "최면은 원래는 떠올리지 못할 기억을 다시 떠올리게 한다."면서도 "일부는 사실일 것이고 일부는 거짓일 것이다."라고 단언했다. "최면을 건 사람과 최면을 당하는 사람이 기대하는 내용이 결과에 영향을 끼칠 수 있다."고도 했다.

맥 박사는 당시 [타임]과의 인터뷰에서 배셋에 대해서는 이야기하지 않겠다고 거절했다. 그러나 그의 책에 소개된 13명의 사례에 그녀가 포함되지 않았다면서, "그녀의 신뢰도에 의심을 가졌다는 인상을 줬다."고 [타임]은 보도했다.

맥 박사는 자신의 연구를 비난하고 거짓이라고 주장하는 사람들에 대해서도 한 마디 던졌다. 그는 "우리 사회가 듣고 싶지 않아 하는 정보들이 공개되고 나서야 사람들이 최면 방식에 대한 공격을 하기 시작했다."고 말했다. 그는 "왜 사람들이 실체를 제시하는 설명을 요구하는지 모르겠다."면서 "왜 그냥 이상한 일들이 벌어지고 있다는 사실을 인정할 수 없는지 모르겠다."고 덧붙였다.

1994년 8월15일, 존 맥 박사가 TV에 나와 인터뷰를 한 적이 있다. 여기서는 자신을 속이려고 접근한 여성의 이야기도 다뤄졌다. 맥 박사는 미국 PBS 방송에서 자신의 이름을 건 쇼를 진행하던 찰리 로스 기자와 인터뷰를 했다. 로스 기자는 맥 박사를 속이려고 접근한 사람이 있는데, 맥 박사가 실제로 속아버렸다는 이야기가 있다는 내용의 질문을 했다.

맥 박사는 "우리 그룹에 접근해 나를 속였다는 한 여성의 이야기를 [타임]이 보도한 것이다."며 "그녀와 함께 일했던 납치 경험자들이나 그녀를 알고 있는 사람들은, 그녀가 실제로 납치를 경험했다고 생각한다."고 전제한 뒤, "나를 공격하기 위해 거짓말을 한 것이 아니라, 그녀가 어떤 이유에서인지 (납치 경험자임에도) 납치 경험자가 아니라는 거짓말을 하는 것이다."고 주장했다.

그는 “물론 사기극일 수도 있지만 실제로 그렇다고 여기지 않는다.”고 했다. 이어 “사람들은 내가 틀리면 어떻게 하겠느냐고 묻고, ‘전통적인 방식으로 설명’이 가능할 수 있을 것이라고 한다.”고 이야기하자 로스 기자가 말을 끊었다.

로스는 “UFO 납치와 관련해 여러 서적이 있고, 이 사람들이 이를 읽고 비슷한 이야기를 하는 것 같다.”고 지적하자 이번에는 맥 박사가 말을 끊었다. 맥은 “나는 5년 전까지만 해도 UFO 납치 문제에 대해 아무것도 알지 못했다.”며 “내가 틀렸다면 어떻게 할 것이냐는 질문을 자주 받는데, 누군가가 이런 현상에 대한 설명을 내놓게 되길 바란다.”고 말했다. 그러면서 “내가 틀렸다는 것을 과학적으로 증명해낸다면 이를 반길 것이다.”고 덧붙였다.

로스 기자는 또 한 번 말을 끊으며 “당신은 사람들이 말했기 때문에 믿는다, 이 정도 수준 아닌가?”라고 묻는다. 맥 박사는 “우리가 항상 사용하는 방식이 이런 것이다.”면서 “(사람들의 이야기가) 정신의학에서는 근본적인 증거가 되는 것이다.”고 강조했다. 그는 “(세계적 정신심리학자인) 지그문트 프로이트, 에릭 에릭슨 등이 다 이런 방식으로 했다.”며 “남에게 속았다라고 할 이야기가 아니다.”고 했다.

그는 “우리는 이들의 이야기를 최대한 면밀하게 분석하고 이것이 왜곡된 것인지, 혹은 다른 이유에서 생긴 트라우마의 책임을 외계인에게 전가하는지 등을 파악한다.”고 전제하고, “내가 연구한 사례의 경우는 단 한 건도 성적(性的) 학대라든지, 다른 이유에서 발생한 트라우마가 없었다.”고 주장했다.

존 맥 박사 관련 글들을 검색하다 그가 1994년 4월17일자 [워싱턴포스트]에 쓴 기고문을 찾을 수 있었다. 맥 박사는 "서방세계에서 전통적인 방식으로 훈련을 받은 나와 같은 의사는 특정 경험만 받아들이고, 너무 나간 것 같은 이야기들은 거부하고자 하는 유혹이 있다."면서 "나는 이런 식의 차별은 현명하지도 않고, 도움이 되지 않는다고 믿는다."고 했다. 그는 UFO 납치 현상이라는 것을 정신의학 측면에서 설명할 수 없고, 이를 이해하기에 우리가 갖고 있는 세계관은 너무 편협하다고 설명했다. 그는 "우리가 훨씬 더 복잡한 일들을 목격하는 것일 수 있다는 판단이 든다."고 썼다.

이런 논쟁을 보다 보면 양측 모두 맞는 말을 하는 것 같다. 한쪽에서는 "실체적 증거 없이 이런 엄청난 주장을 해서는 안 되고, 자신이 원하는 이야기를 듣기 위해 최면을 조작하는 행위는 윤리적으로 옳지 않으며, 이들의 말을 곧이곧대로 믿을 수는 없다."고 비판한다. 맥 박사는 프로이트 등 정신심리학 전문가의 연구라는 것은 실체가 없는 것이기 때문에, 사람들의 증언을 토대로 이를 파헤쳐나가는 것이라는 입장이다. 실체가 없다는 이유로 거짓말로 치부할 것이 아니라, 우리가 가진 편협한 세계관을 넓혀야 한다는 뜻이다.

제6장

외계인과의 섹스로 인류 멸종을 막는다?

하버드대학 동료 의사의 정신감정 결과

인간들을 통해 지구에 올 준비를 하는 외계인

피터는 호텔 지배인으로 근무하다 최근 침술 학교를 졸업한 34세의 남성이었다. 그는 존 맥 하버드 의대 정신과 과장이 케임브리지 병원에서 한 UFO 납치 관련 강의를 들었다. 그는 맥 박사에게 다가가 자신도 비슷한 경험이 있다고 이야기했다. 맥 박사와 피터가 처음 만난 날은 1992년 1월23일이었다.

피터 역시 자신이 인간과 외계인의 정체성 둘 다를 갖고 있다고 밝힌 사람이다. 그는 자발적으로 외계인과 인간의 혼종(混種) 생산 프로그램에 참여했다고 한다. 맥 박사는 피터에 대한 최면 치료를 1992년 2월부터 1993년 4월까지 7차례에 걸쳐 진행했다. 피터는 이 과정에서 수많은 정신감정 테스트를 통해 최면 치료와는 별개로 정신질환이 없는지를 확인했다고 한다.

피터는 펜실베이니아 동부, 제철소로 유명한 지역인 알렌타운이라는 도시에서 자랐다. 그의 가족은 대대로 가톨릭 집안이었다. 아버지는 두 살 때 소아마비를 앓아 몸 왼쪽이 마비되는 바람에 자동차 정비소에서 사무 업무를 보았다. 피터가 맥 박사를 처음 만났을 당시 그의 아버지는 80세였고, 은퇴 생활을 하고 있었다. 피터의 어머니는 영국에서 태어나고 자랐으며, 방직 공장에서 근무했다.

피터는 맥 박사의 요청에 의해 심리 상담사인 스티븐 셰이프시 박사와 만나 학창시절 생활에 대한 이야기를 나눈 적이 있다. 피터는 자신이 반에서 가장 웃기는 사람이었고 난폭했으며, 술과 대마초를 매우 빨리 시작했다고 말했다.

피터는 자신보다 여섯 살 많은 큰누나 린다와 세 살 많은 코린이라는 작은누나가 있다며, 왜인지 모르겠는데 큰누나와 더욱 가까웠다고 한다. 큰누나 린다는 9학년, 한국으로는 중학교 3학년 때 수녀가 되기로 했다. 린다 역시 UFO를 한 번 본 적이 있고, 피터가 말하는 UFO 납치 경험을 믿는다는 것이다. 코린은 UFO와 관련된 기억이 없다고 했다.

피터는 1975년 알렌타운 하이스쿨을 졸업했다. 피터는 펜실베이니아 주립대학에서 6년짜리 과정인 실업교육학을 이수해 1981년 학사 학위를 받았다. 이 과정에서 전문 요리사 자격증과 요리 교사 자격증을 땄다. 그는 1982년부터 2년간 하와이에 새로 생긴 한 호텔에서 근무했고, 이때 부인인 제이미를 만났다. 세 살 연상의 제이미는 일본식 마사지를 하는 치료사였다.

이들 부부는 아이를 갖지 않기로 합의했다. 피터에 따르면 제이미는 알코올 중독자 가정에서 7남매 중 첫째로 자랐다. 돌봐야 했던 동생들이 많아 새로운 아이를 갖고 싶지 않은 것 같다고 했다.

이들 부부는 1986년부터 1990년까지 개인이 소유한 미국령 버진아일랜드의 한 섬에 있는 객실 12개짜리 호텔과 식당의 지배인으로 근무했다. 피터는 1990년 봄에 보스턴으로 와 뉴잉글랜드 침술 학교를 다니기 시작했고, 1993년 5월에 졸업했다.

피터는 맥 박사와 처음 만난 자리에서 자신에게는 '수호천사(守護天使)'가 있다고 밝혔다. "이들이 항상 함께한다는 것을 알 수 있었다."며 "나는 매우 영적(靈的)인 사람인데 신(神)과도 교감할 수 있다."고 자신을 소개했다. 피터는 갓난아기 때부터 UFO 납치 경험을 한 것 같다고 했다. 이후 반복적으로 외계인들과 만난 기억이 있었다고 한다.

세 번째 최면 치료 과정의 경우엔 피터가 19세, 혹은 20세 때 원하지 않았음에도 정자를 채취당한 적이 있다는 기억을 떠올려냈다. 또한 하와이에 살 당시에는 집 밖을 내다봤는데, 올빼미 같은 물체를 본 적이 있다고도 한다. "올빼미들 같은 게 나를 부르며 시간이 됐다고 말했는데, 올빼미가 아니었던 것 같다."고 했다.

피터는 둥근 지붕의 우주선을 본 적이 있다고 한다. 하얀색과 빨간색, 파란색 불빛이 나오고 있었고, 레이저빔 같은 것을 자신의 이마에 쐈다고 말했다. 눈이 너무 부셨는데 매우 고통스러웠고, 귀 뒤에 뾰루지 같은 작은 상처 두 개가 생겼는데 벌레에 물린 것과는 달랐다고 설명했다.

맥 박사와의 첫 번째 최면 치료는 2월13일에 진행됐다. 피터는 1988년 초의 기억을 떠올려보고 싶다고 말했다. 두 명의 생명체가 침대 옆에 나타났었던 일이라고 했다. 최면에 들어간 피터는 그가 살던 집과 호텔

식당의 장면을 떠올려냈다. 이 식당에서 저녁을 먹고 집에 왔는데, 침실에 올라가기 전부터 어떤 일이 생길 것 같다는 느낌이 들었다는 것이다.

자다가 눈을 뜨니 아내 제이미가 옆에서 자고 있었다고 한다. 피터는 무슨 이유에서인지 침대에서 일어나 방 반대편에 있는 소파로 걸어갔다. 그는 "작은 생명체들이 보인다."며 "이런 일이 또 일어나고 있다."고 했다. "나체의 내 몸을 이들이 쳐다봤는데 수치스러웠다."면서 이들에 의해 자신의 몸에 대한 통제력을 잃은 것 같았고, 무력감을 느꼈다는 것이다. "이들을 죽이고 싶었으나 몸이 마비돼 어떤 것도 할 수 없었다."고 한다.

피터는 두 명의 생명체 중 조금 더 키가 큰 생명체가 자신의 감정을 통제하기 시작했다고 말했다. 이들은 딱 달라붙는 라텍스 재질의 옷을 입고 있었다고 한다. 피터는 "이들이 불빛을 내 머리에 쐈다."며, 그런 뒤 의식과 기억을 잃게 됐다고 설명했다.

이들 가운데 키가 작은 한 명은 경찰관이 들고 다니는 손전등 같은 것을 자신에게 비추기 시작했다고 한다. 그는 "큰 생명체는 나의 의식과 감정을 다 알고 있고, 작은 애를 통제해 더러운 일을 하도록 시켰다."고 했다. 작은 생명체는 이 불빛을 피터의 머리에 쏘기 시작했으며, 피터는 갑자기 몸이 차가워지고 몸을 통제할 수 없게 돼 두려워졌다고 한다. 그러다 조금 지나자 평화로워졌다는 것이다. 그는 "내 목이 잘려나간 것 같은 느낌을 받았다."며 옷을 벌거벗고 있다는 수치심과 공포가 사라졌다고 말했다.

피터가 떠올린 다음 기억은 거실과 주방으로 하늘을 떠서 날아간 것이었다. 이후 집 밖으로 나가자 뒷마당 나무 뒤로 불빛이 보였는데, 하늘에 있는 작은 우주선으로부터 나오는 불빛이었다고 했다. 이 생명체들은 피터를 우주선 쪽으로 날아서 이동시켰다고 한다.

피터는 "내가 살던 섬과 집이 하늘 아래로 보였다."며 "제이미에게는 아무 일이 없기를 바랐다."고 했다. 피터는 이 작은 우주선을 타고 이동해 큰 우주선의 하단부로 들어갔다고 한다. 피터는 큰 우주선 안에서 여러 의자가 보였고, "생명체들이 스피드 스케이팅 선수들의 옷 같은 것을 입고 있었다."고 설명했다. 피터는 "이들의 집에 초대받은 것 같았다."고 말했다.

피터는 "내가 특별하다는 느낌을 받았다."며 "이들은 내가 여기저기 둘러볼 수 있게 해줬다."고 했다. 피터는 "인간으로 여겨지는 다른 사람들도 보인 것 같은데 잘 모르겠다."면서, 우주선이 계속해서 위로 올라갔다는 것이다. 그러자 자신이 살던 섬이 점 하나 크기로 보였는데 자신이 어디에 있는 것인지, 지구는 어디로 간 건지, 집으로는 어떻게 돌아가야 하는지 궁금했다고 한다.

피터는 옷을 입지 않고 있었음에도 더 이상 나체가 아닌 것 같았다고 했다. 그는 양옆으로 열리는 유리문 같은 것을 지나갔고, 하나의 방에 들어가니 100여 명의 남성과 여성이 보였다고 한다. 피터는 "이들이 나체로 보이는 것이 아니라, 살색 일체형 옷을 입고 있는 것처럼 보였다."고 했다.

그는 "칵테일파티에 초대받은 것 같았고, 누구에게 다가가 이야기를 걸어야 할지 모르겠더라."고 당시를 떠올렸다. 그런데 처음 두 명의 생명체 가운데 키가 컸던 생명체가 텔레파시로 피터에게 말을 걸어와 "이들은 다 지구에서 온 사람들이고, 이들과 알아가게 될 것이다."면서 "이 사람들은 너를 위해 이곳에 왔고, 당신과 같은 경험을 한 사람들이다."고 알려주었다. 피터는 한 여성과 대화하는 남성에게 다가가 말을 걸었다고 한다. 그 남성은 피터를 쳐다본 뒤 "아직은 안 된다, 여기서 나가라."고 말했다는 것이다.

피터는 "기분이 매우 안 좋았다."면서 화장실에 가겠다고 한 뒤 다시 돌아왔다고 한다. 그는 "너무 무서웠고, 작은 어린이가 된 것 같은 기분이었다."며 "이들이 나를 괴롭히려고 하는 것 같았다."고 했다.

피터가 다음으로 떠올린 기억은 어떤 책상 위에 눕혀진 장면이었다. 피터는 "내가 본 가장 편안한 책상이었고, 내 몸을 흡수하는 것 같았다."며 "가장 훌륭한 실험 테이블 같았다."고 말했다. 이 테이블은 45도 각도로 세워졌고, 하나의 생명체가 다른 생명체에게 지시를 내리기 시작하더라고 했다. 피터는 "이 사람이 다른 사람에게 지시를 내리는 것이 정말 싫었다."며 "나를 아프게 할 것 같다."고 인상을 찌푸렸다. 피터의 다리는 위로 세워졌고, 한 여성 생명체가 다가오더니 "다 괜찮을 거야!"라며 달래주었다는 것이다.

여러 생명체가 피터 옆으로 와 그의 반응을 살폈다고 한다. 피터는 이후 다른 테이블로 옮겨졌는데, 얼음 같이 차가운 금속 물체가 몸을 살피기 시작했다. 엔돌핀, 혹은 뇌 안에 있는 무언가를 확인해보는 것 같았다고 한다. 이후 치과 의사가 사용하는 광섬유 같은 기기(器機)를 사타구니 쪽으로 찔러 넣었으며, 복부까지 계속 집어넣은 것 같다고 했다.

피터는 "이들이 내 다리를 잡고 대변 샘플을 채취하기 위해 튜브 같은 것을 대장 쪽으로 밀어 넣었다."며 "이들은 사람들의 몸을 어떻게 다뤄야 하는지에 대한 매너가 없는 것 같다."고 투덜거렸다. 피터는 이들이 튜브를 장(腸) 쪽으로 집어넣었는데, 무언가 정보를 담고 있는 칩을 몸 안에 심어놓은 것 같다고 했다. 평생 이들로부터 도망치지 못할 것 같다는 느낌을 받았다고 한다.

피터는 "나를 이들 중 한 명으로 만드는 것이었다. 이들의 생명체, 혹은 이들의 동물이 된 것 같았다."며 "외롭고 고립됐으며 완전히 패배했다는 느낌이 들었다."고 말했다.

최면 치료 막바지에서 피터는 수치심을 느끼기는 했지만, 자신이 무언가 자발적으로 이에 참여한 것 같다고 털어놓았다. 그는 "이들의 세상과 우리의 세상을 연결하는 것을 돕고 싶었다."며 "방 안에 있던 100여 명의 사람들도 자발적인 참여자들이었다."고 했다. 정신적으로는 공격을 당한 것 같지만, 신체적으로 자신을 다치게 하지는 않았다는 기분이 든다는 것이었다.

피터에 대한 2차 최면 치료는 3월19일에 진행됐다. 아내 제이미가 이 자리에 함께 했다. 피터는 이 최면 치료가 있기 나흘 전, 또 다른 납치 경험을 했다고 한다. 에너지 힐링 관련 세미나에 참석했다가 코네티컷주에 있는 친구 리처드의 집을 방문했으며, 여성 동료 세 명이 이날 밤 집 근처를 걷다 작은 UFO를 봤다는 것이다. 맥 박사는 이 여성 가운데 한 명을 인터뷰했는데, 그녀는 당시 목격 상황을 글로 적어놨었다.

《리처드의 집으로부터 약 5분 떨어진 곳에서 걷고 있는데 집 바로 위에서 엄청난 소리가 들렸다. 처음에는 인근에 있는 댐에서 나오는 소리인 줄 알았다. 비행기나 헬리콥터는 아니었고, 내가 들어본 적이 없는 엔진 소리였다. 매우 강력하게 강가를 향해 가속(加速)했고, 우리 위를 엄청난 속도로 지나가더니 사라져버렸다.》

그 여성은 "피터가 우주선 안에 있는 것 같았다."고도 했다. 맥 박사의 조수인 팸이 피터가 집에 있는지 확인해봤느냐고 물어보자 "피터는 집에 없었다."고 답했다. 피터는 이 여성이 나중에 이런 이야기를 해준 것을 듣고 깜짝 놀랐다고 한다. 피터는 코네티컷을 떠날 때에서야 동료들에게 자신이 과거에도 납치 경험을 한 적이 있다고 말해줬다는 것이다.

최면에 들어가기에 앞서 맥 박사와 피터는 왜 이들과 함께 산책을 나가지 않았는지에 대해 이야기를 나눴다. 피터는 전날 밤 제대로 잠을 못 잤고 세미나로 지쳐있었다고 했다. 집은 쌀쌀했고, 난로 옆에 앉아 이불을 뒤집어쓰고 있었다고 한다. 피터는 이후 잠깐 기도를 하고 10시 15분쯤 잠에 든 것 같다고 했다. 여성들은 오전 10시10분에 산책을 나갔고, 피터가 잠에서 깼을 때는 11시5분이었다고 한다.

피터는 최면 과정에서 왜 산책을 나가지 않았는지에 대한 자세한 내용을 떠올려냈다. 피터는 "누군가와 소통을 한 것 같다."며 "이들이 내게 집에 남아 있으라고 말한 것 같다."고 했다. 피터는 자신이 잠든 것이 맞는지는 불확실하다며 "또 다른 의식 세계에서 깨 있었던 모양이다."고 말했다. "이런 다른 의식 세계 속에 들어가게 되면 내 뇌에 있는 작은 부분이 자각을 하게 된다."며 "몸이 완전한 수면 상태에 들어가면 뇌에 무언가가 켜져 생명체들과 연결시켜 준다."고 설명했다.

피터는 그러고 나서 진동 소리가 들렸다고 했다. 우주선이 뒤에 있고 몸은 마비된 상태였다고 한다. 하나의 생명체가 건너편 소파에 있었고, 가야 할 때가 됐다는 생각이 들었다는 것이다. 그래서 이 생명체와 함께 날아서 우주선으로 갔다고 했다.

이후 치과 의자 같은 곳에 앉혀졌고, 어떤 기기가 왼쪽 눈 안으로 찔러 넣어졌다고 한다. 그는 "내 안으로 들어가 안에서 돌고 있다."며 "이제 빠져나온다, 이들은 신나고 행복해 보인다."고 말했다. 그는 "이들은 원하는 것을 얻었고, 나는 이들에게 그냥 고기 덩어리에 불과하다."며 "이들을 증오한다. 내게 어떻게 이럴 수가 있나, 정말 끔찍하다."고 몸서리를 쳤다.

피터는 이들이 자신으로부터 '정보'를 꺼낸 것 같다고 했다. 그는 "이들은 내 몸 안에 무언가를 집어넣어 나의 기억과 생각을 모두 기록해놓도록 한다."며 자신의 뇌 안에 작은 검정색 칩이 심어져 있다고 말했다.

이를 설명하는 과정에서 피터의 목소리가 갑자기 모노톤으로 바뀌더니 외계인의 관점에서 말하는 것으로 보였다. 그는 "우리는 뇌의 화학 반응을 연구하고 싶다."면서 "우리가 언제 와도 될지 알아내기 위해 사람들이 어떻게 반응하는지를 보고 있다."고 설명했다. 그러면서 "이런 충격 반응을 측정해 이들이 우리를 처음 보게 됐을 때 어떤 충격을 겪게 될지 분석하고 있다."고 덧붙였다. 피터는 다시 평소의 목소리로 돌아와, 외계인들은 이들이 인간을 접촉하게 될 때 인간의 뇌가 어떻게 반응하게 될지를 연구하고 있다고 말했다.

맥 박사는 피터에게 다시 눈 검사 절차를 떠올려보라고 시켰다. 그는 자신이 누군가를 위한 최고로 만들어지고 있는 것 같다고 했다. 그는 "외계인이 이 행성에 오게 됐을 때 이를 편하게 만들 수 있도록 하는 역할을 맡고 있다."며 "세계에 있는 인간들이 납치를 당하고 있고, 이런 지도자들(=납치된 사람들)은 외계인이 지구에 왔을 때 발생할 충격을 줄이는 일을 하고 있다."고 설명했다.

피터는 우주선에서 어떻게 다시 리처드의 집으로 돌아오게 됐는지에 대한 기억은 떠오르지 않는다고 했다. 집 밖에 내려놓아졌고, 키가 큰 생명체가 그를 끌고 문 안으로 들어왔다고 한다. 피터는 다시 의자에 앉혀졌고, 이불이 몸 위에 둘러졌다. 피터는 "그렇게 잠에 들었고, 다음으로 떠오른 기억은 일어나 시계를 확인한 것이다."고 말했다.

피터는 높은 곳에서 설정한 계획을 인간이 받아들이도록 하는 역할을 맡고 있는 모양이라고 했다. 이들이 항상 자신을 보호해주고 있고, 자신을 위한 계획을 갖고 있다고도 했다.

양질(良質)의 인간과 하질(下質)의 인간

존 맥 박사는 피터에 대한 3차 최면 치료를 2차 치료 2주 뒤인 4월2일에 진행하기로 했다. 맥 박사는 피터가 3차 최면 치료 과정에서 떠올린 기억이 가장 충격적이었다고 한다.

피터가 최면 과정에서 가장 먼저 떠올린 기억은, 하와이에 있을 때 두 명의 생명체가 그를 찾아와 하늘로 그를 날아가게 하는 장면이었다. 그러다 갑자기 장면이 그가 네 살쯤의 어린이였을 때로 바뀌었다. 복도를 날아가며 창문을 관통하고 있다고 했다. 장면은 한 여덟 살쯤 됐을 때로 또 바뀌었다.

그는 "이제 놀기만 하는 것이 아니라 무언가를 해야 할 때가 됐다."며 "내게 어떤 실험을 하려고 하고 있다."고 덧붙였다. 그는 "나는 선택을 받았고, 놀고 있는 아이들을 이끌어나가야 한다."면서 "나는 이제 나이가 들어 놀기만 할 수는 없고, 무언가를 해야 한다."고 말했다.

이후 피터는 우주선 안에 들어가 있는 장면을 떠올렸다. 유리벽이 하나 있었다. 그 한쪽에서는 아이들이 놀고 있고, 반대편에서는 생명체들이 아이들이 노는 것을 지켜보고 있었다. 피터는 이 공간이 놀이방 같았다고 했다. 그러다 생명체들이 다가오더니 그를 다른 곳으로 데리고 갔다고 한다. “키가 큰 생명체가 손가락으로 내 눈을 만지기 시작하더니 눈 안에 무엇이 있는지를 확인했다.”며 “내게 걱정하지 말라고 마음을 통해 말해줬다.”고 했다.

피터는 이후 자신이 치과 의자 같은 곳에 앉혀졌다고 한다. 생명체들은 피터의 코에 무슨 기기(器機)를 집어넣고 이리저리 움직였다고 했다. “내 코 속 깊이 무언가를 갖다 놨다.”며 “이쪽 깊은 곳에 무언가가 있는 느낌이 난다.”고 말했다. 당시 피터는 대학 1학년 시절 자동차 사고를 당해 코뼈가 부러졌는데, 병원에 가기 싫었던 기억이 난다는 것이었다. 이때의 무서운 기억 때문인 것 같기도 하고, “코 안에 무언가가 있기 때문에 (이를 숨기려) 병원에 가지 않았던 것 같기도 하다.”고 했다.

피터가 떠올려낸 장면은 또 한 번 바뀌었다. 조금 더 나이가 들었을 때라고 했다. 생명체들이 지구에 엄청난 변화가 생길 것이라고 말해줬다고 한다. 그는 “이들은 미래를 내다보는 능력이 있고, 우리들이 앞으로 발생할 일들을 피할 수 있게 도와주고 있다.”면서, 너무 이상한 기분이라고 했다.

맥 박사는 피터가 이후 떠올린 기억이 듣기 가장 불편한 이야기였다고 했다. 피터는 19세 무렵, 책상 위에 눕혀진 기억을 떠올려냈다. 성기 위에 컵 같은 것이 올려지고, 강제로 사정(射精)을 하게 됐다는 것이다. 피터는 “내 액체를 다 빼내려 한다.”며 “이들은 원하는 것을 얻어서인지 행복해보였다.”고 말했다. 맥 박사가 이런 경험이 또 있었느냐고 물었다.

피터는 “얘들은 올 때마다 나에게서 정자를 가져간다.”며 “이들은 나의 씨, 나의 진액이 필요하고 이것이 끝나면 나를 다시 되돌려 보내준다.”고 대답했다.

피터는 이후 불빛으로 가득한 방에 있는 수술실 테이블 같은 곳 위에 누워있었다고 했다. 옆방에서 일어나고 있는 일들이 보이는데, 그곳에서도 인간들이 있었다는 것이다. 피터는 생명체들이 자신의 왼쪽 고환 쪽을 절개해 안을 관찰했다고 한다. 그는 “엄청 큰 바늘이나 튜브 같은 걸로 내 안의 정액을 채취했다.”고 말했다. 피터는 어렸을 때부터 이들이 계속해 자신의 정액을 채취해갔다고 거듭 강조했다. 피터는 “이들은 내게 고맙다고 했고, 고통스럽다는 것을 안다고 했다.”는 것이다. 이후 피터는 생명체들과 실제로 만났다는 현실을 받아들이며, 이는 의식의 진화 과정이라고 설명했다.

맥 박사는 악마의 변호인처럼 “지구를 위해서가 아닌 이들이 사는 행성에서 살 아이들을 만들려는 목적이 아니겠느냐?”고 물었다. 피터는 그렇지 않다면서, 지구에 있는 사람들과 소통하기 위해서라고 대답했다. 맥 박사는 무슨 이유에서 그렇게 하는 것 같으냐고 물었다. 피터는 “우리들이 멸종하는 것을 막기 위해서….”라고 했다. “이들은 나이 든 사람이 금방이라도 큰 실수를 해 다치게 될 것 같은 아이들을 쳐다보는 것처럼 우리를 보고 있다.”며 “우리는 재앙적인 상황으로 가고 있고, 이들은 우리를 도와주려고 한다.”고 덧붙였다.

맥 박사와 피터는 6주 뒤인 5월14일에 4차 최면 치료를 진행했다. 피터가 최면 과정에서 처음 떠올린 기억은 하와이에 살 때의 일이고, 아내 제이미와 함께 살기 전의 일이었다. 네 명의 생명체가 그의 침대 옆에 찾아왔다고 한다. 피터는 갑자기 울기 시작하며 "나에게 또 그런 일을 하려고 한다."고 했다. 이들은 피터를 다시 한 번 우주선으로 데려가 각종 신체검사를 진행했다는 것이다.

피터는 "이들은 어떻게 하면 인간들이 이들에 대한 마음을 열 수 있을지를 연구하고 있다."며 "어떻게 하면 이들을 두려워하지 않을지 알아보고 있다."고 설명했다. 피터는 이 생명체들은 인간을 두려워하기도 한다면서, 그것은 인간의 '살인 본능' 때문이라고 했다.

피터는 외계인들은 인간을 해치지 않는다고 말했다. 그는 "일부 납치 경험자들은 (외계인들에 의해) 상처를 입고 정신적인 피해를 받았다고 하는데, 착각하고 있는 것 같다."고 봤다. 그는 "내가 함께 일을 해본 생명체들은 우리와 어떻게 하면 소통을 하고, 서로에게 마음을 열 수 있을지 알아보는 이들이다."면서, 아이들일 때부터 이들을 키우고 소통을 할 수 있게 한다고 소개했다.

피터는 나이 든 사람 중 많은 사람들이 어렸을 때 납치를 당했지만, 기억을 하지 못하고 있다고도 했다. 또한 생명체들은 인간의 분노와 증오, 그리고 인간이 자신들을 해칠 수 있다는 점을 안다고 말했다. "이들은 우리의 사랑을 원하고 있다."며 "유전자적으로 양질(良質)의 인간을 골라내 하질(下秩)의 인간과 분리시키려고 한다."고 설명했다.

정자 채취 및 재생산 프로그램이 양질의 인간으로 진화시키기 위한 것이라고도 했다. 또한 외계인들은 진화 과정에서 지능적 발달에 초점을 둬 대다수의 감정을 잃어버렸다면서, 지구의 인간을 통해 이런 감정을 되찾고자 하고 있다는 것이었다. 피터는 외계인들이 사실은 인간과 매우 비슷하다고도 했다.

하버드대학 동료 의사에 의한 정신감정

맥 박사는 4차 최면 치료가 진행되기 전, 임상 심리학자 동료에게 피터에 대한 심도 있는 정신감정을 의뢰했다. 맥 박사는 정신감정은 시간도 많이 들고 비용도 많이 든다면서, 자신이 다룬 모든 납치 경험자들이 이를 받지는 않았다고 알려주었다.

맥 박사는 하버드대학의 맥클린 병원에서 근무하는 스티븐 셰이프시 박사에게 정신감정을 의뢰했다. 이를 진행해놓는 것이 과학적으로 가치가 있다는 판단에서였다. 피터가 떠올린 기억으로 인해 큰 스트레스를 받는 것은 사실이지만, 그의 머리가 제대로 돌아가고 안정적이며 다른 사람들과도 좋은 관계를 맺고 있었기 때문에 정확한 감정이 필요하다는 판단을 내렸다.

또한 신뢰받는 심리학자에게 정신감정을 받아 정상 판정이 내려지면, 납치 경험자들이 정신적 불안으로 이상한 이야기를 떠올려내는 것이 아니라는 점을 확인할 수 있게 된다고 이야기했다.

셰이프시 박사는 5월부터 6월 초 사이에 피터와 두 차례 만나 정신감정을 진행했다. 일반 지능을 검사하는 웩슬러 성인용 지능검사(WAIS-R), 뇌의 장애를 검사하는 벤더 게슈탈트 검사(BVMG), 그리고 심리적 상태를 파악하는 주제 통각 검사(TAT), 미네소타 다변적 인성검사(MMPI-2), 로흐샤흐 잉크 반점 검사(RIBT)를 실시했다.

셰이프시 박사는 피터의 지능이 높고 집중력이 있으며, 말도 잘했다고 했다. 또한 뇌에는 문제가 없었다고 한다. 셰이프시 박사는 피터가 큰 스트레스를 받고 있었고, TAT 검사 과정에서는 "악당들과 싸우고 있다."는 이야기를 하며 슬픔을 표출하기도 했다는 것이다.

셰이프시 박사는 "정신병은 갖고 있지 않았고, 다른 형태의 정신질환 역시 발견되지 않았다."는 결론을 내렸다. 그러면서 피터는 어느 정도의 성 집착 증세가 있는 것 같고, 성적(性的)으로 학대를 받았을 가능성이 있다고 말했다.

맥 박사는 셰이프시 박사에게 개인적으로 찾아가 이런 현상이 납치 경험과 관계가 있을 수 있느냐고 물어봤다. 셰이프시는 그렇다고 볼 만한 이유를 확인한 바는 없다고 대답했다. 맥 박사는 성적 학대 가능성이 흥미롭다고 했다. 왜냐하면 외계인들로부터 트라우마를 겪을 정도 수준의 검사를 받았기 때문이라는 것이다. 맥 박사는 피터가 인간으로부터 성적 학대를 받은 경험은 없다고 했다.

피터에 대한 5차 최면 치료는 1993년 1월14일에 진행됐다. 피터는 최면에 들어가기에 앞서 하와이에 거주할 당시, '여호와의 증인' 소속인 것으로 보이는 사람 세 명이 자신의 집을 찾아왔었다고 말했다. "여성의 얼굴이 보인다."며 "나에 대해 무언가를 알고 있는 듯한 표정이었다."고 설명했다. 피터는 8월 말 미국 매사추세츠주 동남쪽에 있는 난터켓 섬에서도 납치 현상을 경험한 것 같다고 덧붙였다.

맥 박사는 피터와 이런 이야기를 나눈 뒤, 특정 에피소드에 집중하는 것이 아니라 머릿속에 자연스레 떠오르는 기억부터 다뤄보자고 했다. 피터가 떠올린 첫 번째 기억은, 하와이에 거주할 당시 큰 우주선이 인근 골프장 위에 정지 상태로 머물고 있는 장면이었다. 이때 예수를 깊이 믿는 것처럼 보이는 사람 세 명이 자신의 집을 방문했다고 한다. "하느님과 종교에 대해 이야기하며 나를 개종(改宗)시키려는 것 같았다."고 했다. 그는 "UFO와 이들은 연관돼 있다."며 "(외계인이) 인간의 모습을 하고 나를 다시 찾아왔다."고 말했다.

그의 머릿속 장면은 난터켓 섬으로 다시 바뀌었다. 두 명의 생명체가 찾아왔고, 이들이 더 이상 무섭지는 않았다고 한다. "훈련의 일부이며 진실을 받아들인다는 기분이었다."고 했다. 이때 피터의 영혼은 몸에서 빠져나와 침대에 누워있는 자신의 몸을 위에서 바라봤다는 것이다. 이 생명체들은 피터에게 벽과 2층 천장을 관통해 자신들을 따라올지 말지 결정하라고 했다고 한다. 피터는 "다음 단계로 향하는 데 있어 나에게 자유를 줬다는 기분이었다."고 말했다.

그의 머릿속 장면은 다시 하와이로 바뀌었다. "이 여성은 나를 계속 쳐다보는데, 나는 하느님이나 예수님 같은 것을 아직 받아들일 준비가 안됐다."고 했다. 그는 "내가 무서운 건 이들이 인간의 형상을 하고 나를 찾아온 것이다."면서 "길거리에서 보이는 사람들이 외계인일 수도 있다는 생각이 들어 무서웠다."고 인상을 찌푸렸다.

피터의 기억은 다시 난터켓 섬으로 넘어갔다. 벽과 천장을 통과한다는 것은 다른 차원으로 넘어가는 것이고, "벽을 그냥 통과하는 것이 아니라 또 다른 에너지장으로 넘어가는 것이다."고 설명했다. 피터는 벽을 통과하자 시공간(時空間)을 넘나들 수 있게 된 것 같다고 말했다. 그는 이렇게 마지막 발걸음을 내딛는 것은 믿음을 통달하는 것을 의미한다고 했다.

피터는 "벽 반대편 쪽에 아무것도 없으면 어떻게 될까, 성공하지 못하면 어떻게 될까, 그곳에 갇혀버리면 어떻게 될까, 중간에서 멈춰버리면 어떻게 될까, 이들을 어떻게 믿고, 내가 통과할 수 있다는 것을 어떻게 믿을 수 있을까?"라는 질문을 혼잣말로 계속했다고 한다.

피터는 이런 걱정을 한 뒤 "벽을 오른쪽으로 통과했다."며 "순식간에 일어난 일이다."고 했다. 그는 "피터 팬처럼 통과했고, 하늘 아래로 소나무들이 보인다."고 설명했다. 피터는 자신이 날고 있었다며, 아래로는 집이 보이고 위로는 우주선이 보였다고 말했다. 피터는 "그런 뒤 나는 우주선으로 갔고, 아기들과 어린이들이 거기에 있었다."고 덧붙였다.

피터는 이후 세 명의 생명체를 봤다고 했다. 바로 앞에 있는 사람은 이마가 매우 넓었고, 다른 두 명보다 나이가 더 들어 보였다고 한다. 왼쪽에 있는 외계인은 여성이었고, 다른 한 명은 남성이었다. 피터는 "이들은 나를 찾아 하와이에 왔던 사람들이다."며 "나에게 미래를 알려주려고 한다."고 설명했다. 그 가운데 한 명이 지도자격이었고, 여성은 자신의 선생님 혹은 수호천사(守護天使)인 것 같다고 했다.

피터가 갑자기 "오, 주여!"를 외쳤다. 맥 박사는 무슨 일이냐고 물었다. 피터는 "이 여성과 성 관계를 한다."면서 "함께 아기를 낳는다."고 말했다. 그는 "이런 사실을 알아내고 싶지 않았다. 너무 충격적이다."며 놀란 표정을 지었다.

이들 생명체들은 피터가 우주선으로 올라오는 길에 봤던 외계인, 혹은 하이브리드(=혼종·混種) 아기들이 피터 본인의 자식들이라고 알려줬다는 것이다. 피터는 "내 정자가 지금까지 이런 일에 사용됐다."며 "한 외계인 여성과 반복적으로 사랑을 나눴다."고 했다. 그는 "이 여성이 영혼적인 측면에서는 나의 실제 아내 같다."고 덧붙였다.

피터는 "성 관계를 했다는 것뿐만 아니라 아기를 낳았다는 건데, 이 여성이 인간인 것 같다는 느낌이 든다."고 했다. 이 여성의 난자와 자신의 정자를 수정해 우주선 안에서 아이들을 만드는 것 같다고 설명했다. 피터는 외계인들이 자신으로 하여금 이 여성을 인간이 하듯 사랑해주도록 만드는 것 같다고 했다. 외계인임에도 인간처럼 대해주라는 것 같았다는 것이다. 그는 맥 박사를 부르며, "지구에서의 내 삶, 내 아내는 어떻게 되는 거죠?"라고 물었다.

피터는 외계인의 하이브리드 아기 생산 방식을 설명하기 시작했다. 우선 1단계는 아기를 만드는 것이라고 한다. 2단계는 인간 부모 한 명, 외계인 부모 한 명으로 부모라는 쌍을 만드는 것이라고 했다. 그는 "두 사람 사이에 일종의 유대감을 형성시켜, 아이들이 지구인과 외계인 방식 모두를 경험하며 자랄 수 있게 한다."고 설명했다. 그는 "지구에 재앙이 다가오는 것에 앞서 이들 아기들을 만들어내, 이들이 지구에서 살아남을 수 있도록 하는 것이다."면서 "양귀비 씨를 지구 곳곳에 뿌리는 것과 같다."고 덧붙였다.

맥 박사는 피터가 떠올린 기억이 너무 특이해, 실제 겪은 일이라는 사실을 어느 정도 확신하느냐고 물었다. 피터는 "100% 사실이다."고 답했다. 피터는 아내처럼 느껴지는 (외계인) 여성이 하와이에 찾아온 사람이라고 생각한다는 것이었다. 적갈색의 머리카락을 하고 있었고, 특별히 예쁘거나 특별히 못생기지도 않았다고 한다. 정확한 형상은 제대로 기억이 나지 않는다고 했다.

그는 "내가 갖고 있는 가장 큰 걱정은 최면이 끝나고 집에 가는 것이다."면서, "제이미가 오늘 최면은 어땠느냐고 물으면 '음, 난 오늘 외계인 아내와 내 아이들을 만났어'라고 해야 하는 건지 모르겠다."고 고개를 저었다.

최면이 끝난 며칠 뒤, 피터가 맥 박사의 조수인 팸에게 연락을 했다. 이날 최면에서 떠올린 일을 제이미에게 말해줬는데, 그녀가 "난 다 괜찮다."고 말했다는 것이다.

재미있고 귀여운 아이들

피터에 대한 6차 최면 치료는 5차 치료로부터 4주 뒤인 2월11일에 진행됐다. 이날 최면 치료에는 납치 현상을 연구하는 심리 치료사인 허니케이가 동석했다. 피터는 최면에 들어가기에 앞서 지금까지의 최면을 통해 "피해자라는 생각에서 자발적인 참여자라는 점을 알게 됐다."고 했다. 즉, 외계인으로부터 강제적으로 정자를 채취당하는 등의 성적 학대를 당한 것이 아니라, 외계인들과의 합의 하에 이런 일을 했다는 것이었다.

피터가 최면 과정에서 처음으로 떠올린 기억은 테이블 위에 눕혀져 정자를 채취당하는 장면이었다. 피터는 지난 최면과 마찬가지로 벽을 통과해야 한다는 느낌이 들었다고 한다. 몸에 전율이 일어나고 있다고도 했다.

피터는 외계인이기도 하고 사람 같기도 한 자신의 여성 파트너가 말을 걸기 시작했다고 한다. 이 여성은 "나중에 다 알게 될 것이다."며 "이런 절차는 그렇게 중요하지 않다."고 말했다는 것이다. 피터는 "내가 원하는 기억 어디로든 갈 수 있다는 느낌이 든다."고 덧붙였다.

피터는 세 명의 생명체와 함께 복도를 지나 어떤 방으로 갔다. 이들은 피터에게 "너는 어렸을 때부터 이런 일을 하는 것에 동의했고, 지구에 가는 것도 네가 선택했다."고 알려주었다. "이들이 나를 처음 찾아왔을 때 나는 다른 아기들, 다른 생명체, 외계인들과 놀고 싶다고 했다고 한다."고 말했다.

피터는 "다른 외계인들이 나를 쳐다보는데 두려움은 없었고, 이들과 노는데 어떤 문제도 없었다."며 "이들이 내게 계속 이렇게 놀고 싶으냐고 물어 그렇다고 대답했다."는 것이다. 피터는 이때가 네 살 때였다며, 자신이 함께 논 아이들은 하이브리드(=혼종·混種) 아이들이었다고 설명했다.

맥 박사는 이 혼종 아이들이 어떻게 생겼냐고 물었다. 피터는 "머리가 크고 머리카락이 가늘며, 몸보다 머리가 더 컸다."고 대답했다. "우리랑 비슷한 피부를 갖고 있는데, 조금 더 거칠고 더 살색이다."며 "어린아이 지방(脂肪)이 아니라 나이 든 사람의 지방 같았다."고 했다. 그는 "팔이 더욱 약해보이고 배꼽이 무척 컸다."며 "재밌고 귀여운 아이들이었다."고 소개했다.

피터는 이후 세 명의 생명체가 하와이에 있는 자신을 찾아왔을 때도 이들을 따라올지 여부에 대한 결정권을 줬다고 한다. 그는 이들을 따라 복도를 지나갔는데, 이들이 복도 양쪽에 걸린 그림을 보여줬다고 했다. 피터는 유럽과 미국의 일부에 핵폭탄이 떨어져 완전히 파괴된 그림을 봤다. 그는 "많은 사람이 불에 탔고, 많은 사람들이 분노했다."며 "사람들의 형상이 바뀌게 됐다."고 돌이켰다.

그는 "이 여성과 내가 만든 수많은 아기들이 이런 변화를 이끌어냈다."면서 "지구의 인구가 새롭게 증식(增殖)됐다."고 말했다. 맥 박사가 왜 이러한 증식이 필요하냐고 물었다. 피터는 "지구의 파괴와 현재 일어나고 있는 일 때문이다."라고 답했다.

맥 박사는 무슨 일이 일어나는지 설명해보라고 했다. 피터는 "우주 전체에 있는 생명체들이 지구를 누가 차지하느냐를 두고 전투를 벌이고 있다."며 "내가 연관된 생명체들뿐만 아니라 다른 생명체들도 이에 참여하고 있다."고 말했다. 피터는 "이런 상황은 2000년 가까이 지속돼 왔는데, 지금에 와서 상황이 크게 바뀌게 됐다."고 했다.

그는 "생명체들이 우리를 도와 새로운 진화를 이뤄내고 있다."며 "모든 상황이 깨끗하게 씻길 것이다."고 장담했다. 그는 새로운 2000년이 다가올 것이라고 했다. 그는 자신이 새롭게 탄생하는 부족, 혹은 인종의 지도자가 될 것이라고 말했다. 지구 인구의 재증식을 원하기는 하지만, 기존 인류가 눈 깜빡할 사이에 파괴되는 것을 보면 마음이 불편하다고도 했다.

그는 "이런 상황을 막을 수는 없지만, 진화 과정을 통해 인류는 또 한 번의 기회를 얻게 될 것이다."면서 "혼종 부족들이 지구 곳곳에 정착하게 될 것이다."고 예측했다. 그는 이러한 고등(高等) 생명체, 즉 또 다른 세상에 대한 지식이 있는 종족들이 새로운 체계를 만들어나가게 될 것이라고 주장했다.

맥 박사는 기존 인류의 운명은 어떻게 되느냐고 물었다. 피터는 "많은 사람들이 지구에 남게 되겠지만, 전염병과 역병(疫病) 등으로 문명이 파괴될 것이다."며 "사회 전체가 무너져 내릴 것이다."고 단언했다. 맥 박사는 그렇다면 우리가 무엇을 해야 하느냐고 물었다. 피터는 "미래에 희망은 없다."며 "구명보트에서 가라앉는 선박을 지켜보는 것과 같은 느낌이다."고 묘사했다.

이렇게 6차 최면 치료는 종료됐고, 7차 최면 치료는 4월22일에 진행됐다. 그가 처음 떠올린 기억은 방 안에 외계인들과 아이들이 있고, 자신이 갓난아기나 태아 같은 느낌이 든다는 장면이었다. 그는 "내 몸은 외계인의 몸이었다."며 "머리가 크고 목은 아주 가늘다."고 했다.

"내 몸은 가늘었고 손가락은 길었다."며 "허리도 얇은데 모든 게 다 길고 가늘었다."고 덧붙였다. 그는 이 장면이 지구에 오기 전의 일인 것 같다고 말했다. 그는 "나는 지구에 무언가 목적을 갖고 방문한 것 같다."고 말했다.

피터는 그가 오랫동안 알아왔던 외계인 친구와 대화를 나누고 있었다고 했다. 그는 "작별 인사를 하고 있었는데, 이런 모습으로 만나는 것은 이번이 마지막이라는 아쉬움이 들었다."며 "그녀를 떠나기 싫다."고 했다. "그러나 나는 그녀를 돕기로 결정했기 때문에 떠나야만 했다."며 "지구에서 인간 남성의 모습으로 그녀에게 정자를 제공해야 하기 때문이다."고 설명했다.

그는 외계인의 입장이 된 것처럼 이야기를 하기 시작했다. 그는 "인간은 우리를 받아들여야 한다."며 "납치 경험자들은 외계인의 자아(自我)를 갖고 있다."고 했다. 그는 지구는 지금 만들어지고 있는 혼종 아기들을 비롯한 다른 생명체들을 받아들이는 곳이 될 것이라고 말했다. 이런 계획에 참여하고 있는 인간들이 시간이 지나 의식의 전환을 하게 된다면, 증오와 슬픔이 사라지게 될 것이라고 장담했다.

피터는 인간의 진화를 이야기하며 이들을 구원하는 역할을 하고 있다고 말했다. 그는 "우리 모두가 새로운 생명체로 바뀌게 될 수는 없고, 다음 단계에 속하지 못할 사람들이 있을 것이다."면서 "이런 변화는 아름다울 것이다."고 예상했다.

그는 다음 단계라 함은 베일에 가려졌던 곳에서 때가 돼 밖으로 나오게 되는 것이라고 했다. 그는 이런 장막을 걷어내면 세 부류의 집단이 남게 될 것이라고 말했다. 지금의 인간, 인간과 외계인의 혼종, 그리고 외계인이라는 것이다. 그는 자신이 이러한 대변화의 1세대이고, 지금 커가고 있는 혼종 아기들이 2세대가 될 것이라고 내다봤다.

이렇게 피터에 대한 최면 치료는 종료됐다. 피터는 이날 떠올려낸 기억을 받아들이는데 어려움을 겪었다. 자신이 외계인이라는 생각은 미친 상상인 것 같다고 했다. 피터는 이런 상황이 혼란스럽다며 또 한 번 맥 박사에게 만나달라고 요청했다.

맥 박사와 피터는 5월19일에 다시 만났다. 피터는 맥 박사가 산파(産婆) 역할을 하는 것 같다고 했다. 매 최면마다 새롭게 변화하는 것을 느꼈다는 것이다. 그는 "나는 생명체들과 연결돼 있다."며 "신(神)이 누군가가 됐든 그와도 연결된 느낌을 받는다."고 털어놨다.

그는 "이들은 멸종 위기에 처한 종족들을 위해 우리가 하는 똑같은 일을 하고 있다."면서 "직접적으로 개입하지 않으며 이들을 돕는다."는 것이었다. 피터는 생명체(=외계인)들이 신과 같은 역할을 맡고 있고, 더 양질의 인류를 만들어내고 있다고 자신했다.

맥 박사는 피터의 사례가 의식과 인간의 진화라는 미스터리에 있어, 거의 한계에 가까운 이야기를 담고 있다고 분석했다. UFO 납치 현상에 대한 의문 중 일부에 대한 해답을 제시하지만, 더 많은 의문을 낳는다고 말했다. 피터가 말하는 이야기들은 존재론에 대한 의문을 낳기도 한다는 것이다.

맥 박사는 혼종 아기 생산 프로그램과 피터의 이중생활이 어떤 차원에서 진행되고 있는지 궁금하다고 했다. 피터나 다른 납치 경험자들은 이런 아기 생산 프로그램 관련 내용을 생생하게 떠올리고 있지만, 언제 어디에서 진행되고 있는지는 알 수 없다는 것이다.

맥 박사는 서방세계의 과학, 철학적 관점으로 보면 이런 이야기들은 넌센스에 불과할 것이라고 단정했다. 하지만 정신적으로 건강한 피터는 이를 생생하게 기억하고, 매우 구체적인 내용을 말하고 있다고 했다. 주장이 일관되기도 한데, 이런 일들을 그냥 무시할 수는 없다고 생각한다는 것이다.

제7장

"빛으로 소멸했다 인간의 몸으로 귀환할 수 있다"

설명 불가능한 미스터리의 세계

인간의 몸은 고통스럽다

카를로스는 1992년 7월, 존 맥 하버드 의대 정신과 과장에게 처음으로 편지를 썼다. 카를로스는 제임스 워드 박사라는 정신 심리학자와 여러 차례의 최면 치료를 진행했다. 최면 시간은 약 17시간에 달했고, 이 과정에서 많은 UFO 납치 경험을 떠올려 냈다. 맥 박사는 모두 6시간에 걸쳐 두 번의 최면 치료를 진행하게 된다.

카를로스의 특이한 점은 그가 '납치'가 아니라 '조우(遭遇·encounter)'라는 표현을 더 선호한다는 점이라고 한다. 맥 박사의 책『납치』는 최면 치료 과정에서 최면 대상자가 떠올린 내용을 바탕으로 맥 박사가 서술하는 형식이다. 다만 이번 사례의 경우는 맥 박사와 카를로스가 서로 잘못 이해한 부분은 해설을 붙이고, 애매한 내용은 구체적으로 덧칠을 하는 방식으로 서술됐다.

카를로스의 사례를 소개하기에 앞서 내가 그의 이야기를 정리한 형태를 알려주고자 한다. 카를로스의 사례는 제임스 워드 박사와의 최면치료에서 떠올린 방대한 UFO 및 외계인 관련 기억이 중구난방(衆口難防)으로 나열돼 있다. 이에 따라 나는 혼선을 피하기 위해 카를로스와 맥 박사가 두 차례의 최면 치료에서 나눈 이야기만을 중점적으로 다루려 한다.

카를로스는 펜실베이니아 서부 시골 마을에서 자랐다. 그의 가족은 가톨릭 신앙이 깊었다. 카를로스의 아버지는 그가 16세 때 숨졌다. 철로(鐵路)에서 근무하는 근로자였는데, 심장마비로 갑작스럽게 목숨을 잃었다. 담배를 오랫동안 피운 것이 하나의 원인인 것으로 지목됐다.

카를로스는 아버지의 죽음에 큰 충격을 받았다. 그의 충격이 컸던 이유 중 하나는, 어머니와 누나와 함께 검시관의 영안실에 가 아버지의 시체를 직접 봐야 했던 것이다. 이는 신원을 특정할 수 없었기 때문이었다. 카를로스는 "영안실에 한 번도 가본 적이 없었다."며 "아버지가 테이블 위에 누워 있는 것을 보고 어머니가 울부짖고 다가가 키스까지 하는 것을 본 뒤, 나는 바닥에 주저앉아 울어버렸다."고 했다.

카를로스는 미술과 관련된 학문을 오랫동안 공부하여 서너 개의 학위를 땄다. 미술 및 조각 관련 석사 학위, 미술 치료 관련 석사 학위, 그리고 비교예술학 박사 학위였다. 카를로스는 박사 학위를 이수했을 때인 26세에 수학 교사인 여성과 결혼했다.

카를로스는 어려서부터 알레르기 등의 호흡기 질환을 앓았다. 그는 한 살 무렵 폐렴을 앓았고, 간호사 중 한 명은 그의 부모에게 그가 임상적으로는 이미 숨진 것과 다를 바 없다고 말했다고 한다. 놀란 부모는 병원으로 달려갔고, 맥박은 아주 느리게 뛰고 있었다.

카를로스는 워드 박사와의 최면 치료 과정에서 "나로 생활하던 아이는 죽었던 것 같다. 나의 과거 모습이던 빛과 같은 생명체가 죽은 아기의 몸을 차지했는데, 몸 안으로 들어가는 것이 매우 고통스러웠다."고 말했다. 그는 "나는 몸을 갖는 것은 좋아하지만 여기(=지구)에 오기는 싫었다."고 했다.

카를로스는 "몸이라는 것에는 문제가 많다."며 "모든 일들에 반응을 해야 한다."고 했다. "커가는 것도 힘들고 나이가 드는 것도 힘들다."며 "몸을 갖고 있음에 따라 겪는 일들은 진정 평화롭지 않다."고 말했다.

카를로스는 최면 치료 과정에서 몸 안에 어떻게 들어가게 됐는지를 떠올려냈다. 그는 "몸 안으로 미끄러져 가는 것 같았는데, 양말과 신발을 신는 것과 비슷했다."며 "고통스러웠고, 이런 기분이 좋지는 않았다."고 돌이켰다.

맥 박사는 그렇게 싫었다면 왜 이 아이의 몸에 들어갔느냐고 물었다. 그는 "교사와 예술가로서의 책임감을 가져야 하며, 인간이 지구라는 정원을 파괴하는 등의 행위가 걱정되기 때문이다."고 대답했다.

이후 카를로스는 어려서부터 UFO와 같은 괴물체를 하늘에서 봤다는 기억, 빛을 타고 내려오는 천사와 같은 생명체를 봤다는 기억, 직접 하늘을 날아 생명체들과 함께 날아 우주선에 들어갔다는 내용들을 이야기했다. 이때부터 카를로스는 무언가 인간의 몸이 소멸돼 다시 빛으로 돌아가는 것 같다는 이야기를 많이 들려줬다.

맥 박사는 몸을 갖고 있는 생명체에서 빛으로 다시 돌아간다는 것이 무엇을 의미하느냐고 집요하게 물었다. 카를로스는 "우주의 에너지 속에서 에너지와 빛이 움직인다."며 "그런 동시에 이런 것들이 (존재하는) 공간이 없다는 것을 알 수 있다."고 설명했다. "물에서 수영을 하는 것과 비슷하다. 형체와 거리, 그리고 빛이 보이지만 본인의 몸을 볼 수는 없다."며 "그럼에도 몸은 물 안에 있는 것이다. 몸이라는 것을 뛰어넘어 생각하는 것과 비슷하다고 볼 수 있다."고 덧붙였다.

카를로스는 UFO 납치 경험 가운데 심신적(心身的)으로 불편한 일들이 많았지만, 가장 기분이 좋지 않은 것은 자신의 자식들이 비슷한 일들을 겪는다는 점이라고 했다. 자식들이 어렸을 때 이들을 지켜주고 싶었으나, 그렇게 하지 못한 트라우마를 갖고 있다는 것이다. 그는 "내 몸은 마비됐고, 내 품 안에 있는 아이들을 이들이 데려갔다."며, 딸이 어렸을 때 우주선 안에 들어가 있는 모습을 봤다고도 했다. 그는 "내 딸이 이런저런 기기(器機)를 자꾸 만지려고 하는데, 제발 멈추기를 바랐다."며 "그애가 뭘 잘못 만질까봐 두려웠다."고 한다.

카를로스의 UFO 납치 경험 중 가장 고차원적인 일은, 스코틀랜드 그리스도교의 중심으로 불리는 아이오나섬 지역에서 발생했다. 1970년 11월, 한 영국 성공회 신부가 30대의 카를로스를 스코틀랜드 에딘버러로 초청했다. 이 신부가 여러 교회에서 진행하고 있는 미술 전시회에 초청한 것이었다.

이 신부는 한 주 뒤 아이오나를 방문할 계획이라며 카를로스에게 같이 가자고 했다. 카를로스는 이전까지만 해도 아이오나에 대해 아는 것이 별로 없었다고 한다. 수도원이 많은 지역 정도라고만 알고 있었다는 것이다.

카를로스는 아이오나로 떠나기 얼마 전 한 중년의 여성을 만났다. 그녀는 영국에서 작가로 활동하는 인물로, 아이오나 등 스코틀랜드의 전설과 관련된 여러 책을 쓴 사람이었다. 이 작가는 카를로스에게 아이오나섬에 가게 되면 '바다표범들의 만(灣)'을 방문해 찬송가를 불러보라고 권했다. 그렇게 하면 바이킹의 공격으로 숨진 성직자들의 영혼이 들어가 있는 바다표범들과 소통할 수 있을 것이라고 했다.

카를로스는 실제로 이 해변으로 가서 반신반의(半信半疑)하는 마음으로 「그레고리오 성가(聖歌)」를 그리스어와 라틴어로 불렀다고 한다. 그러자 바다표범 한 마리가 해안가 인근으로 오더니, 걸어가는 카를로스를 약 1km 따라왔다는 것이다. 다시 왔던 길로 돌아가는데도 계속 따라왔다고 했다. 카를로스는 "매우 아름다운 경험이었다."고 당시를 떠올렸다.

'빛의 폭포'

카를로스는 1990년 4월, 약 20년 만에 다시 아이오나를 방문했다. 이 섬은 595년경 성(聖) 콜룸바가 정착한 곳으로 알려져 있는데, 그가 쓴 찬송가와 시(詩)를 연구하기 위한 목적이었다. 카를로스는 처음에는 이틀만 아이오나에 머물려 했으나, 자동차에 문제가 생겨 열흘간 이곳에서 지내게 됐다.

카를로스는 첫째 날 그의 머릿속 의식이 이끄는 대로 걸었다. 20년 전에 왔을 때 가보지 않은 곳이었지만, 그냥 이 방향으로 향하면 동굴을 발견할 수 있을 것 같다는 확신이 들었다고 한다. 이날 조류(潮流)는 거셌고, 쉽게 동굴을 찾지는 못했다. 결국 그는 "(동굴이 있다고) 그냥 상상한 건가?"라는 생각과 함께 동굴 탐험을 포기하고, 숙소로 돌아왔다.

그는 하루 이틀 뒤 이 지역을 다시 방문했는데, 이날 조류는 잔잔했다. 카를로스는 바위 옆 절벽 쪽을 걷다가 동굴을 발견했다. 그가 머릿속으로 상상하던 동굴과 같은 모습이었다고 한다. 그는 자신이 직접 머릿속에서 그렸던 장면을 보게 돼 기뻤다고 했다.

부활절 주일(主日)인 4월15일 일요일. 아이오나에 온 지 사나흘 된 카를로스는 성 콜룸바만(灣) 쪽으로 걸어가 보기로 했다. 바다표범 지역으로부터 걸어서 약 서너 시간 떨어진 곳이었다. 자녀들에게 선물할 초록색 조약돌을 구하기 위해서였다고 한다.

카를로스는 정오쯤부터 걷기 시작했다. 너무 어두워지기 전에 이 지역에 도착, 주변을 둘러보고 다시 되돌아오고 싶었기 때문이다. 카를로스는 섬에서 가장 높은 지역 같은 곳에 올라가 절벽을 향해 소변을 봤다고 했다. 그런 뒤 다시 걸으려고 하니 갑자기 어지러워지고 제대로 걷는 게 어려워졌다고 한다.

카를로스는 모든 게 새로워 보였고, 아이오나섬에 있다는 것은 알았지만 자신의 위치가 어디인지 잘 모르게 됐다고 했다. 무언가 길이 보여 걷기 시작했는데, 가고자 하는 방향 반대인 것을 알아챘다고 한다. 밑으로 내려가려 했으나 다시 올라가려 했다는 것이다.

이렇게 두세 시간 정도가 흐른 것 같다고 했다. 어두워지기 전에 콜룸바만을 방문했다가 다시 숙소로 돌아가는 게 어려워졌다는 생각이 들었다. 그렇게 그는 다시 왔던 길을 되돌아가게 됐다는 것이다.

카를로스는 돌아가는 길에 물 위에 있는 구름으로부터 내려오는 길다란 복숭아색 불빛을 봤다고 한다. 그는 어떠한 기적이 일어나는 하나의 장면 같았다고 했다. 이 불빛이 물에 닿자 복숭아색의 엷은 안개가 둥글게 퍼지기 시작했다는 것이다. 이 둥근 안개의 안과 밖에서 수천 개의 불빛이 튀기 시작하는 것을 봤다고 한다. 카를로스는 이러한 장면을 '빛의 폭포', '빛의 터널' 등으로 묘사했다.

카를로스는 자신이 카메라를 가지고 있다는 사실을 깨닫고 최대한 불빛을 많이 담을 수 있게 사진을 찍었다. 맥 박사는 이런 사진을 직접 확인했다. 작은 불빛 모양의 막대기를 볼 수 있었다고 한다. 카를로스는 이 사진을 그의 대학 물리학과 동료들에게 보여줬다.

이들은 처음에는 태양에 반사된 빛이라고 여겼으나 불빛의 모양, 활처럼 휜 모양, 빛이 쏘아진 곳에서 발생하는 '스파크' 현상을 본 뒤 태양과 관계가 없다는 판단을 내렸다고 한다. 카를로스는 당시의 시간을 고려하면 태양이 조금 더 북서쪽에 위치했어야 한다고도 했다.

카를로스는 사진 관련 수업도 가르치는데, 이는 태양이 아니라는 확신이 들었다고 한다. '빛의 폭포'라는 것이다. 그의 대학에서 활동하는 보다 경험이 많은 물리학자 두 명이 이 사진을 분석해보기도 했다고 한다. 이들은 성 콜룸바도 이런 불빛을 본 적이 있었다며 흥분했다는 것이다.

사진을 찍은 뒤 불빛이 카를로스 쪽으로 왔고, 그는 땅으로 주저앉았다고 했다. 물 위에 있던 불빛과 같은 것인지는 모르겠으나, 똑같이 복숭아 색을 하고 있었다고 한다. 그가 정신을 차렸을 때는 이미 해가 지고 어두워졌을 때였다. 불빛은 사라졌고 태양도 사라졌다고 했다.

그는 어둠 속을 지나 숙소로 돌아왔다. 카를로스는 이상하게도 이 당시의 기억을 모두 잊고 지냈다고 한다. 그는 당시 여행에서 찍은 사진

필름을 4개월 후에 현상을 했는데, 이상한 불빛을 봤다는 것을 그제야 떠올리게 됐다는 것이다.

맥 박사는 카를로스가 최면 과정에서 보다 자세한 기억을 떠올려냈다고 말했다. 카를로스는 소변을 본 뒤 의식 세계에 무언가 변화가 발생했고, 레이저 빛이 나오는 터널을 지나 하늘에 있는 우주선 밑으로 올라갔다고 했다. 우주선에서 '작고 다정한 생명체' 하나를 만났는데, 길 안내를 해줬다고 한다.

카를로스는 여러 형태의 외계인 생명체를 봤다고 했다. 길 안내를 해줬던 생명체와 같이 키가 작고 불빛을 내는 생명체가 있었다고 한다. 카를로스는 "이들의 얼굴은 하얗고 원형이었으며, 머리카락은 없었다. 대머리 같았다."고 회상했다. 그는 "이들의 눈은 밝았고 파란 형광색 같았다."고 했다.

맥 박사는 대다수의 납치 경험자들은 외계인들의 눈을 검정색으로 이야기하지만, 카를로스는 다르게 묘사하고 있다고 부연(敷衍)했다. 카를로스가 이를 나중에 읽고 덧붙인 것 같은데, 그는 이들의 눈 색깔은 계속해 바뀐다고 했다.

카를로스는 이들의 눈이 매우 컸으며, 고글을 낀 것 같았다고 말했다. 그는 "이들은 특히 어두울 때 고글을 끼고 있는 것 같은데, 그냥 맨살을 내가 착각하는 것인지 아니면 헬멧이나 고글을 끼고 있는 모습인지 잘 모르겠다."고 했다.

맥 박사가 눈을 더 묘사해보라고 시켰다. 카를로스는 "눈알이 투명한데 사람들이 이를 어두울 때 보면 검정색으로 보인다."며 "홍채는 크고 둥근데 고양이 눈 같다."고 답했다. 홍채가 갈색과 빨간색인데, 좁아졌다 벌어졌다 초점이 계속 바뀌었다는 것이다.

맥 박사는 카를로스의 묘사 중 다른 납치 경험자들과 다른 점이 있다고 지적했다. 카를로스는 상당수가 중성(中性) 같았다는 것이다. 물론 카를로스는 이 모든 프로그램을 통제하는 인물로 보이는 여성 같은 생명체가 있다고는 했다. 카를로스는 그녀가 회색이고, 그녀 주변에는 색이 바뀌는 옅은 안개 같은 게 보인다고 설명했다.

장미색, 핑크색, 오렌지색이 계속 반짝였다고 했다. 카를로스는 이 여성이 말랐고, 다른 생명체들과 비슷하지만 키가 조금 더 컸다고 말했다. 다른 생명체들과 비슷한 눈을 가졌고, 눈과 입은 거의 보이지 않았다는 것이다.

카를로스는 우주선을 묘사하기 시작했다. 천장은 휘어있었고, 이 사이를 지나가는 길이 있었다고 했다. '원형홀'이라고 불린 한 방은 매우 컸다고 한다. 옆쪽에는 창문 혹은 스크린 같은 것이 보였다고 했다. 이 창문들은 금속과 크리스털, 유리, 거울 등이 다 섞인 것 같았다고 기억했다.

카를로스는 발코니가 하나 있고, 난간이 세워져 있었다고 했다. 가장 아래쪽에는 노란색 책상들이 있었는데, 각종 기기와 조종 패널이 설치돼 있었다는 것이다. 작은 생명체들이 분주하게 움직이고 있었다고 했다.

카를로스는 아이오나섬에서 겪은 UFO 납치 현상 때 신체적으로 고통스러웠다고 털어놨다. 공포와 어지러움 증세도 있었다고 했다. 가장 불편했던 것은 커다란 로봇 같이 생긴 생명체였다고 한다. 파충류나 곤충 같은 얼굴을 갖고 있었고, 몸도 곤충처럼 움직였다고 했다.

"다른 작은 생명체들이나 키가 큰 생명체를 마주하는 것에는 아무런 문제가 없고, 이들은 사랑스러웠다."면서도 "이 못생긴 애들은 무서웠다."는 것이다. 이 파충류 같은 생명체들을 부른 것은 여성 생명체였다고 한다. 무언가 임무를 주기 위해서라고 했다. 카를로스는 "그녀는 의사이자 철학자, 정신 상담의(醫) 같은 존재였다."며 "이는 수술과 비슷한데, 단순한 신체적인 검사만이 포함되는 것이 아니다."고 부연했다.

그는 "이 과정은 신경을 엄청나게 고통스럽게 만든다."며 "무언가를 자르거나 해서 그런 것이 아니다. 이는 아프지 않다."고 말했다. 그는 "무슨 일이 일어날지 모르겠다는 생각이 나를 가장 두렵게 만든다."고 했다. 그는 "과거에도 비슷한 일이 있었다는 느낌은 있지만, 과거의 기억을 잊어버리기 때문이다."고 하면서, "이 로봇 같이 생긴 애들이 다가오는 모습이 너무 흉측하다."고 덧붙였다. 카를로스는 이 로봇들이 다가오는 것이 두렵다고 계속 소리쳤다.

맥 박사는 이 로봇에 대한 공포심이 카를로스를 어지럽게 만들었다며, 최면을 중단하기로 했다. 최면에서 깨어 나온 카를로스는, 또 한 번의 최면을 통해 어떤 일이 있었는지 제대로 떠올려보고 싶다고 했다.

"몸이 부어올라 팽창한 뒤 부서지면, 빛으로 변해 자유를 얻는다."

카를로스는 2차 최면 치료 과정에서 복숭아 색깔의 빛이 폭포처럼 쏟아지는 사진을 찍던 장면을 기억해냈다. 그는 뒷걸음질을 치며 더 많은 장면을 한 컷에 담으려 했다고 한다. 그러다 이 빛이 자신의 몸을 향해 다가왔고, 따가운 느낌이 들더니 주저앉게 됐다는 것이다. 피터는 "빛으로부터 눈을 보호하려 손으로 가리고 있었는데, 이 복숭아 빛 아지랑이가 내 옆에 나타나더니 우주선 쪽으로 나를 올라가게 했다."고 설명했다. 그는 "나체였던 것 같으나 언제 옷을 벗었는지 모르겠다."고 말했다.

그는 이 불빛을 타고 올라가자 구름 속에 있는 우주선의 끝이 보였다고 했다. 그는 "우주선 하단부를 통해 다시 들어갔고, 대여섯 명의 작고 하얀 생명체들이 보였다."며 "이들은 형광색 아지랑이 주변에 서 있었고, 나에게 무언가를 가르쳐주려는 것 같았다."고 돌이켰다.

맥 박사는 카를로스가 아이오나섬에서 겪은 일 가운데 두 가지 주목할 것이 있다고 이야기했다. 하나는 카를로스에게 불빛이 쏘아진 뒤 그가 우주선으로 올라가게 된 것이라고 했다. 다른 하나는 우주선에서 그가 본 크리스털 형태의 기기(器機)들이라면서, 이것을 통해 카를로스가 인생의 여러 장면을 보게 된 것 같다고 단정했다.

카를로스는 불빛이 자신에게 쏘아졌을 때 무언가 성적(性的) 흥분을 느꼈고, 자신의 몸이 여러 겹으로 나눠지는 것 같았다고 한다. 아지랑이 같은 안개 속에서 팽창했다 수축했다를 반복했다는 것이다. 그는 "내 몸이 투명하게 해체되거나 소멸되는 것 같았다."면서 "몸이 해체돼 (우주선으로) 올라가게 된다."고 설명했다. 그는 "나는 투명인 것처럼 느껴지고 한 생명체의 모습에서 다른 생명체의 모습으로 바뀌는 과정인데, 그래도 핵심적인 부분은 남겨진 채 이동하게 된다."고 말했다.

카를로스는 큰 방 안으로 들어갔고, 여러 생명체가 분주하게 움직였다. 카를로스는 이들이 자신의 존재에 대해 모르는 것 같았다고 했다. 그는 한 생명체에 이끌려 좁은 복도를 지나 다른 장소로 이동했다고 한다.

카를로스는 이후 테이블 위에 눕혀졌다고 했다. 지난 최면에서 떠올린 여성 생명체가 영적(靈的)인 의사와 같이 다가왔다고 한다. 이번에도 파충류의 얼굴과 곤충의 몸을 한 로봇 같은 생명체들을 데리고 왔다는 것이다. 카를로스는 또 한 차례의 수술을 진행하려 하는 것 같다고 했다. 카를로스는 이 과정에서 사용된 크리스털 기기들을 설명하기 시작했다.

《금속 물체 같기도 한데 유리 같기도 하다. 그리고 빛이 나오고 있다. 크리스털로 만들어진 사각형 튜브인데 양 옆이 깎여있어 팔각형처럼 보이기도 했다. 끝부분은 피라미드 계단처럼 생겼다. 레이저 빛을 몸을 향해 쏜다. 이를 맞으면 고통스러운데 바늘 같다는 느낌이 든다.》

카를로스는 지금 떠오르는 기억들이 성인이 된 후 아이오나섬에서 겪은 게 아니라, 어렸을 때 겪은 일인 것 같다는 이야기를 했다. 맥 박사는 이 당시 카를로스가 겪은 여러 납치 경험의 기억들이 복합적으로 떠오르는 것일 수 있다고 설명했다. 이후 카를로스는 빛이라는 개념에 대해 이야기하기 시작했다.

《우선 빛이라는 것은 몸 안에 있다. 빛은 계속해서 몸 안에 있는 근육과 조직세포, 장기, 피, 신경 등으로 퍼져나가고 피부가 녹아내리게 된다. 그렇게 된 뒤 새로운 살을 만들어 이를 바꾸기도 한다. 몸이 꽉 조여지는 것 같고 덩치가 불어나는 것 같은 느낌이 든다. 빛이 퍼져나가게 되면 몸이 부서져버리고 자유를 찾게 된다. 그렇게 되면 원하는 곳으로 갈 수 있게 된다.》

카를로스는 자신의 몸이 빛으로 변화하는 과정은 무언가를 창조하며, 자신을 바꾸며 우주선을 남들로부터 보이지 않게 하는 과정이라고 했다. 그는 "빛으로 바뀔 때 엄청난 고통이 발생한다."며 "몸이 딱딱하게 부어오르고 그런 뒤 부서져버린다."고 덧붙였다. 그는 몸이 팽창했다가 부서져버리면 빛이 된다고 했다. 그는 빛이 되고 나면 "더할 나위 없이 행복하다는 느낌이 든다."는 것이다.

카를로스는 맥 박사와의 2차 최면 치료 과정에서 외계인으로부터 항문 검사를 받은 적이 있다고 털어놨다. 그는 "이들은 내 몸이 괜찮은지 확인해본다."며 "장기나 근육 등을 검사해 다 괜찮은지 확인한다."고 했다. "문제가 생기면 치료 절차를 밟는다."는 것이다. "장밋빛 불빛으로 몸을 검사하는데 빛의 색깔마다 검사하는 것이 다르다."면서 "빛을 몸 안에 쏘게 되는데, 엄청난 열이 느껴지고 무언가를 치료하는 것 같다. 동맥을 청소해주는 것 같다."고 묘사했다.

카를로스는 워드 박사와의 첫 번째 최면 치료 과정에서 외계 생명체들이 헬멧 같은 것을 착용해 다른 물체들을 바라보는 것 같다고 했다. 그는 "이들은 헬멧을 통해 특정 질병의 진행 상황과 산화(酸化) 현상, 체온과 내부 장기들을 검사한다."고 설명했다. 그는 직접 헬멧을 써봤다고도 했다.

그는 "로봇이나 외계인의 관점에서 보게 되는 것 같고, 내가 보는 것들이 기록되는 것 같았다."며 인간들은 이런 물체를 쓰고 있는 생명체들의 눈을 보면 이상해 보이기 때문에 겁을 먹는 것이라고 단정했다. 눈이 여러 개가 있는 것 같고, 검게 보이는 것을 무섭게 생각한다는 것이다.

카를로스는 로봇의 헬멧을 쓰면 다른 생명체들의 특이 사항들이 보인다고 말했다. 컴퓨터가 작동하는 방식과 비슷하다는 것이다. 그는 자신 역시 공부를 하고 있다고 했다.

맥 박사가 무엇을 공부하고 있느냐고 물었다. 카를로스는 "인간을 연구하고 있다."며 "이런 말을 하기까지 50년을 기다려왔다. 지구에 있는 컴퓨터나 TV와 같은 기계들이 작동하는 방식과 이런 헬멧의 작동 방식은 비슷하다."고 대답했다.

"생명체들의 체온을 파악할 수 있고 밤에도 잘 보인다."고 했다. 그는 "생명체들 안에 무엇이 있는지 볼 수 있는데, 빛을 몸 안에 쏴 내부를 관찰할 수 있다."고 덧붙였다. 이런 과정을 통해 생명체들을 치유한다는 것이다. 자신이 갖고 있던 암(癌) 역시 이런 과정을 통해 치유됐다고 말했다.

맥 박사는 카를로스의 이야기를 그의 책 거의 마지막 부분에 담았다. 13명의 사례 중 12번째의 사례인데, 사실상 가장 고차원적인 사례다. 맥 박사는 물론 인간의 시공간 개념으로 이런 사례를 이해할 수 없다는 전제를 깔았지만, 이를 상당히 흥미로운 이야기로 본 것 같다.

맥 박사는 사례 소개 뒤 붙인 해설에서, 내가 독자로서 느낀 것과 비슷한 느낌을 받았다는 점을 설명했다. 맥 박사는 "최면 상황에서 이런 복잡한 상황에 대해 카를로스가 최면 과정에서 떠올린 이야기들이 항상 논리 정연하지는 않았다."고 소개했다.

카를로스의 경우는 여러 장면들이 계속 동시다발적으로 떠올라, 무언가를 이야기하다 다른 이야기로 넘어가곤 했다는 것이다. 특정 기억에 대해 한두 단어 정도를 이야기하다 갑자기 다른 이야기로 넘어가버리곤 했다고 한다. 그럼에도 맥 박사는 카를로스의 사례가 설명이 불가능한 미스터리의 세계를 보여준다고 말했다.

제8장

25년 만에 떠오른 기억

외계인과 인간을 잇는 거미줄 같은 실(絲)

토끼와의 소통

아서라는 남성은 1993년 1월, 맥 박사에게 연락을 해 9세 때 UFO를 본 적이 있다고 했다. 아서는 38세의 남성으로 성공한 사업가였다. 미국 서부와 동부에 자신의 집이 있으며, 환경 운동가로도 활동하고 있었다.

맥 박사는 "나는 이 사례에 대한 조사가 이제 막 시작된 단계임에도 이를 책의 마지막 사례로 소개하기로 했다."며 "인간의 미래에 대한 긍정적인 요소가 있기 때문이다."고 말했다. 실제로 맥 박사는 책을 쓸 당시 아서와는 한 차례의 사전 인터뷰, 한 차례의 최면 치료, 몇 차례의 전화통화만 했었을 뿐이었다.

아서는 미(美) 동부에 거주하는 보수적인 가톨릭 부자(富者) 가족의 6남매 중 다섯째였다. 아버지는 성공한 변호사였고, 어머니는 부동산 재벌이었다. 아서는 자신의 형제들이 너무 귀하게 커 버릇이 없다고 했다. 하녀 등 가정부들이 집안일을 도맡아 했다고 한다. 아서의 가족은 100년 넘게 관리해온 대저택에서 살았다는 것이다.

아서는 어렸을 때부터 자연을 좋아했고, 특히 토끼에 관심이 많았다고 한다. 아서는 전(前) 부인과 토끼를 길렀던 이야기를 맥 박사에게 한 적이 있다. 아서는 기르던 토끼가 바닥에 얼굴을 갖다 댈 수 있도록 하는 훈련을 시켰다고 했다.

인간이라는 존재를 두려워하지 않게끔 하고 머리를 긁어줘야 한다는 것이다. 아서는 토끼의 귀 뒤에 근육이 있는데, 토끼들은 이곳에 손이 닿지 않는다며 이 부분을 만져줘야 한다고 했다. 계속 만져주다 보면 토끼가 좋아해 말을 듣는다는 것이었다.

아서는 맥 박사에게 토끼와의 교감 과정을 외계인과의 교감 과정과 비교해 설명하기도 했다. 아서는 "이들과는 텔레파시로 소통을 하는데, 이를 이뤄내기 위해서는 두려움을 떨쳐내야 한다."며 "두려움은 모든 것을 막고 소통을 할 수 없게 만든다."고 말했다. 또한 "부정적인 생각이나 분노 같은 감정을 갖고 있으면 이들(=외계인)이 소통을 하지 않으려 한다."며 "이들은 이런 문제 때문에 인간과 소통하는 데 어려움을 겪는다."고 덧붙였다.

아서의 재산은 1000만 달러 이상이라고 한다. 그는 여러 회사를 보유하고 있는데, 회사별로 다른 자선사업을 운영했다. 환경 운동과 노숙자 지원 사업 등이었다. 아서의 이런 자선 활동은 지역 신문에도 소개된 적이 있다.

아서는 아내와 이혼하기는 했지만, 여전히 가장 친한 친구로 지낸다고 했다. 이 여성은 시골 농장에 살고 싶었으나, 아서는 시골에 살 수 없어 이혼하게 됐다고 한다. 아서에게는 앨리스라는 이름의 여자 친구가 있다고 했다. 아서는 남녀 관계를 떠나 이 여성과도 친하게 지낸다고 밝혔다.

아서는 어렸을 때 몇 시간 정도의 기억이 사라지는 일들을 여러 차례 경험했다고 한다. 아서의 가족은 100만 평 이상의 땅을 갖고 있는 지역 영주(領主)였다. 아서는 가족이 소유한 땅을 속속들이 꿰뚫고 있었음에도, 집을 찾아오는 길이 평소보다 몇 시간 더 오래 걸리거나 다른 곳으로 걸어간 적이 있다고 했다. 그가 여섯 살, 혹은 일곱 살일 무렵에는 집 뒤에 있는 나무 위로 불빛이 보인 적이 있었다고 한다. 두 개의 하얀 불빛이 어떤 물체로부터 나오고 있었다고 했다.

아서가 겪은 가장 핵심적인 UFO 납치 현상은 1964년 여름, 그가 아홉 살 때 일어났다. 아서는 최면이 아닌 맨정신 상태에서도 이날 일어난 일을 상당 부분 기억하고 있었다. 그는 이날 시내에서 영화를 본 뒤 어머니 차를 타고 누나와 남동생 등과 함께 집으로 돌아오고 있었다고 한다. 아서는 부모가 어려서부터 코미디 영화가 아니면 영화관에 데려가지 않았기 때문에 코미디 영화를 봤던 것 같다고 했다.

돌아오는 어두운 시골길에서 아서의 가족은 하늘 위에서 낮게 비행하는 물체 하나를 봤다. 어머니는 "저 비행기는 심각하게 낮게 날고 있다."면서, 걱정되는 목소리로 "비행기가 아니다."고 말했다는 것이다. 어머니는 아이들이 차 안에서 몸을 숙이도록 했다. 아서는 무슨 이유에서인지 자신은 걱정되는 것이 아니라 흥분되는 느낌이 들었다고 했다.

아서는 뒷좌석에 앉아 있었는데, 이 비행 물체가 약 30m 상공에 떠 있는 것 같았다고 한다. 그는 "너무 여러 가지 색을 내뿜고 있어서 무슨 색이었다고 말하기가 어렵다."며, 불빛이 어머니 쪽과 자신 쪽 창문으로 들어오기 시작했다고 설명했다.

아서는 빛이 이렇게 밝게 쏘아지는데도 그림자가 발생하지 않아 이상했다고 한다. 아서는 "불빛은 이 비행 물체로부터 나오고 있었고, 내가 본 가장 엄청난 불빛이었다."며 "완전히 깨끗한 하얀색이었다."고 덧붙였다. 아서는 비행 물체에서는 "크리스마스 트리처럼 여러 빛이 나오고 있는데, 전구(電球)는 보이지 않았다."며 "빨간색, 하얀색, 핑크빛 보라색이 보였다."고 했다.

다른 가족은 모두 겁먹은 상태였지만, 아서만은 이런 상황을 즐기고 있었다고 한다. 그는 이후 이 물체와 무언가 소통을 하게 됐다고 했다. 그는 "이런 생각들이 나에게 주입(注入)됐다는 게 가장 정확한 묘사일 것이다."고 말했다. 그는 "더 많은 것들을 알게 될 것이다. 겁먹지 말고 이에 순응하면 더 많은 것들을 알게 될 것이다."는 메시지를 전달받았다고 한다.

그는 생명체들을 본 기억은 없다면서도, 이들이 작고 재미난 천사(天使)들이었던 것 같다고 했다. 아서는 이들이 한 번에 받아들일 수 없을 정도로 많은 정보들을 전달하려 했다는 것이다. "한 번에 물을 왕창 쏟아 부어 다른 쪽으로 물이 넘쳐나는 것 같았다."고 그때의 상황을 돌이켰다.

아서는 자동차가 얼마나 오랫동안 갓길에 멈춰져 있었는지는 기억이 나지 않는다고 했다. 영화관에서 집까지는 약 20분 정도 걸린다고 한다. 집에 돌아와 보니 할머니가 약속 시간보다 두 시간이나 늦게 왔다고 화를 냈다면서, 대략 1시간쯤 시간이 지나간 모양이라고 했다.

아서는 기억이 나지는 않지만, 영화관에서 오는 날에는 보통 아이스크림을 하나씩 사먹고 돌아오곤 했다고 당시를 떠올렸다. 어머니를 비롯하여 자동차에 타고 있던 모든 사람들은 이 날의 일을 다른 가족에게도 말하지 않았다. 아서는 "우리 가족은 시시콜콜한 것 하나까지도 다 이야기를 하는데, 이 날 일만은 특이하게도 그렇게 하지 않았다."고 했다.

아서의 가족이 이 날의 일에 대해 처음 이야기를 하게 된 건 25년 뒤인 1989년 여름이었다. 이때 아서의 가족은 대규모 모임을 가졌다. 친인척들을 초청해 대저택 100주년을 기념했다. 이날 아서의 누나인 캐런이 그에게 다가와 "영화관에서 돌아오던 날의 기억이 나느냐?"고 물었다고 한다. 아서는 처음에는 아무런 기억도 나지 않았다고 했다.

누나가 "엄마는 기억할까?"라고 물어봤으나, 아서는 이에 대해서도 잘 모르겠다고 대답했다. 캐런은 그런 뒤 자신이 기억하는 이야기들을 조금씩 말하기 시작했는데, 아서는 머릿속에 갑자기 방아쇠 같은 게 눌러지듯 기억이 떠오르게 됐다고 한다. 캐런은 이 날 엄청난 빛과 천사들을 봤다고 했다는 것이다.

맥 박사의 조수인 팸은 캐런과 전화 통화를 하고 이 날의 기억에 대해 이야기했다. 캐런은 아서와 비슷한 기억을 갖고 있지만, 빛의 색깔은 파란색을 띤 하얀색으로 다르게 기억하고 있었다. 캐런은 빛이 너무 밝아 차 안이 한밤중에도 훤했다고 말했다. 캐런은 아서와는 달리 어머니가 이 날의 이야기를 꺼내지 않은 것을 대수롭지 않게 생각했다. 캐런은 "어머니는 이해하지 못하는 일이 생기면 이에 대해서는 말 자체를 하지 않는다."고 했다.

아서는 1990년 봄, 형 두 명과 누나 캐런, 남동생, 그리고 어머니와 함께 저녁식사를 하며 1964년 겪은 일에 대한 이야기를 나눴다고 한다. 어머니는 시가 담배 모양의 비행 물체가 보였고, 여러 불빛이 나오고 있었다고 당시를 떠올렸다.

어머니는 두려웠고, 아이들에게 좌석 밑에 웅크려 앉으라고 한 기억이 난다고 했다. 아서의 남동생도 비슷한 기억을 하고 있었다. 형 두 명은 이날의 기억이 나지 않는다고 했는데, 아서는 이들이 이날 영화관에 같이 안 갔을 가능성도 있다는 것이다.

연(鳶)의 실처럼 가느다란 실

아서에 대한 맥 박사의 최면 치료는 3월25일에 진행됐다. 맥 박사는 아홉 살 당시에 겪었던 일들을 떠올려보라고 했다. 아서는 이날 봤던 영화가 「약소국 그랜트 펜윅 이야기(=생쥐의 포효)」이었다고 기억했다. 팝콘 같은 불량 식품을 많이 먹었던 기억이 난다고 했다.

자동차로 돌아오는데 어머니가 긴장된 목소리로 "비행기가 너무 낮게 날고 있다. 비행기가 아닌 것 같다."고 말하는 것이 기억난다고 했다. 아서는 이 비행 물체에서 나오는 빛이 'T'자 모양으로 움직였고, 빨간색과 초록색, 노란색 불빛이 보였다고 한다.

아서는 맨정신인 상황에서는 비행 물체에 대한 기억을 떠올려내지 못했으나, 최면 상황에서는 보다 구체적인 내용을 떠올려냈다. 아서는 비행 물체에 무언가 출입구 같은 것이 있었으며, 반짝 빛나는 금속 물체로 만들어진 것 같았다고 했다. 그는 "불빛이 자동차를 가득 채웠는데 물에 잠긴 것 같은 느낌이 들었다."고 말했다.

아서는 이후 차에서 위로 떠올라가는 것 같은 느낌이 들었다고 한다. 그는 "내 몸의 모든 세포가 위로 올라가고, 몸은 원래 위치에 남아있는 것 같았다."며, 분리되기 시작했다는 것이다. 그는 차 안에 있는 어머니와 형이 보였다고 했다. 당시 자동차는 오픈카가 아니었는데, 아서는 차 지붕을 뚫고 보이는 것처럼 묘사했다.

아서는 이후 이들로부터 메시지를 전달받았다고 한다. 해치고 싶지 않으니 겁먹지 말라는 이야기였다고 했다. 이들은 "우리 사이에는 거미줄처럼 실(絲)이 연결돼 있는데, 이는 매우 약하다고 말해줬다."며 "겁을 먹으면 실이 끊어지니 겁먹지 말라고 했다."는 것이다. 맥 박사는 이 실이라는 것이 실제로 있는 것인지, 아니면 은유적인 것인지를 물어봤다. 아서는 "실제로 빛처럼 생긴 실이 보인다."고 답했다.

아서는 여섯 명 정도의 작고 빛나는 생명체들이 모여 있는 것이 보였다고 했다. 아서는 "이들은 배아(胚芽)처럼 보이는데, 빛을 내뿜고 있었고 반(半)투명이었다."며 "머리는 크고 몸은 작았다. 팔과 손가락은 아주 가늘었고, 손가락이 다섯 개가 아니었던 것 같다."고 설명했다.

"다리도 가늘었고 입과 코는 작았으며, 아기들처럼 머리카락은 없었다."고 했다. 그는 "이들의 눈은 검정색이고 우리들 눈보다 더 둥글다."며 "이들은 서로 사이가 아주 가까운 것 같았다. 토끼들처럼 서로 만지고 껴안고 있다."고 말했다.

맥 박사는 아서에게 어떻게 하늘에 올라가 있느냐고 물었다. 아서는 연(鳶)의 실처럼 가느다란 실에 묶여 있었다고 대답했다. 이 생명체들이 실을 당겨 아서를 방 안으로 끌어올리고 있었다는 것이다.

아서는 거꾸로 놓인 얕은 접시 모양의 우주선으로 들어갔다고 한다. 우주선 안에서 이들 생명체들을 볼 수 있었다고 했다. 아래에서부터 봤던 것으로 여겼으나, 아래에서 보인 것은 실을 통해 본 것이었다고 덧붙였다. 맥 박사는 이 부분에 대한 설명이 잘 이해가 되지 않았지만, 우선 그냥 넘어가기로 했다고 한다.

아서는 우주선 안으로 정확히 어떻게 들어가게 된 것인지는 기억나지 않는다고 했다. 문 같은 장치들은 없었다고 한다. 아서는 우주선 안에서 엄청나게 큰 방으로 들어가게 됐는데, 보스턴의 야구장인 펜웨이 파크 크기의 방이었다고 했다. 생명체들은 아서의 몸을 토끼를 만지듯 조심스럽게 만지기 시작했다. 아서는 기분이 좋았다고 한다.

아서는 이들이 이런 과정을 통해 긴장을 풀게 한 뒤, 보다 중요한 일을 하려 하는 것 같다고 했다. 조금 더 어두운 색깔의 생명체들이 다가오더니, 아서에게 삶이란 무엇인가에 대해 가르치기 시작했다고 한다. 엄청난 홍수가 지구를 덮쳐 모든 생명체들이 죽게 될 것이라고 말해줬다는 것이다.

맥 박사는 이들이 왜 이런 이야기를 해줬냐고 물었다. 아서는 "이들이 우리를 도와주고 싶으며 이런 일이 일어나는 것을 원하지 않기 때문인데, 모순적인 것 같다."고 대답했다. 아서는 이러한 일을 막기 위해서는 두려움을 떨치고, 모든 사람들과 다정하게 지내야만 한다고 했다.

아서는 두 종류의 생명체에 대한 추가적인 설명을 했다. 우선 어두운 색깔의 생명체들은 작은 수도승 같았고, 가운 같은 것을 입고 머리를 가리고 있었다고 한다. 이들은 비즈니스적이었으며, 같이 놀고자 하는 마음이 없는 것처럼 보였다고 했다.

아서는 이들이 자신의 귀 뒤에 차가운 고무 물체를 갖다 대고 눌렀다고 한다. 또 다른 쪽에서는 아까 묘사한 재미난 생명체들이 놀고 있는 것이 보였다고 했다. 이들 역시 아서에게 인간이 너무 파괴적이며, 고등(高等) 지능에 대한 이해도가 없다고 말했다는 것이다.

아서는 어두운 생명체들과 상대하는 것이 더욱 어려웠다고 한다. 수십 억 가지의 이야기들을 한 번에 뇌 속으로 쏟아 부었다고 했다. '삶과 지구를 갖고 장난치지 말라', '당신들은 바보들이다' 등의 이야기를 했다는 것이다.

맥 박사는 이런 이야기들이 어떻게 전달됐느냐고 물었다. 아서는 오른쪽 귀 뒤쪽으로 전달돼 들어왔다고 대답했다. 아서는 물론 실제로 아프게 하는 것은 아니지만, 예를 들자면 이들이 멱살을 잡고 뺨을 때리며 이렇게 이렇게 해야 한다고 말해주는 느낌이었다고 설명했다.

이들은 아서에게 "모든 사람들에게 이를 전달하고 교육자들을 교육시켜야 한다."고 가르쳤다고 한다. 아서는 어두운 생명체들은 너무 많은 것을 한 번에 이야기하는데, 이를 머릿속에서 정리하는 데는 시간이 오래 걸린다고 했다. 그렇기 때문에 작은 생명체들로 하여금 조금씩 이야기를 정리해주도록 한다는 것이다.

아서는 이렇게 교육 시간이 끝났다고 했다. 목 뒤에 무언가를 누른 것 이외에 다른 절차나 행동은 없었다고 한다. 아서는 짙은 색의 생명체들이 더 똑똑하고 많은 정보들을 갖고 있었으며, 작은 생명체들은 더 간단하고 친절했다고 덧붙였다.

맥 박사는 아서에게 어떻게 다시 땅으로 돌아오게 됐는지 기억나느냐고 물었다. 아서는 기억이 나지 않는다면서도, 돌아왔을 때 어머니는 여전히 웅크리고 있었다고 대답했다.

이렇게 최면 치료 과정이 끝이 났다. 맥 박사는 오늘 떠오른 일들을 어떻게 받아들이느냐고 물었다. 아서는 "매우 혼란스럽다."고 답했다. 그는 "본능적으로는 (떠올린 내용을) 믿지만, 논리적으로는 믿을 수가 없다."고 했다.

맥 박사는 아서의 사례가 정신의학 측면에서 흥미로운 사례라고 지적했다. 그는 어렸을 때 자라며 어떠한 트라우마를 겪은 적도 없었다고 했다. 정신적으로 문제가 있었던 적도 없었다고 한다. 그와 이야기를 나눠보면 매우 안정적이고 균형적이며, 창의력이 뛰어나다는 것이다.

맥 박사는 "아서의 이야기는 다른 많은 납치 경험 사례와 마찬가지로 복잡한 질문을 남긴다."고 했다. 서방세계의 관점에서 볼 때, 우리가 사는 현실 세계와 머릿속에 있는 생각이라는 것은 두 개의 다른 차원이라고 했다.

그러나 아서의 경우는 생각, 혹은 의식과 현실 세계를 분리할 수 없다는 점을 보여준다는 것이다. 아서의 경우는 앞서 소개한 에드라는 남성의 경우와 마찬가지로, 25년간 이 날의 기억을 잊고 살다 새롭게 떠올려낸 사례라고 설명했다. 맥 박사는 아서의 사례가 많은 의문과 미스터리를 남긴다고 덧붙였다.

맥 박사의 죽음과 납치 현상에 대한 학문적 논쟁

제1장

UFO 이해에는 코페르니쿠스적 대전환이 필요

꿈에서나 생각하던 새로운 현실

베일에 싸인 세상 밖을 보기 위한 방법

지금까지 UFO에 납치됐다는 13명의 이야기를 소개했다. 외계인과의 성(性) 관계, 정자 추출, 난자 추출, 혼종(混種) 아기 출산, 전생(前生)과 사후(死後) 세계, 여러 차례 죽었다 다시 태어난다는 이야기, 빛으로 소멸됐다 다시 인간의 몸으로 돌아온다는 이야기들이다.

존 맥 하버드 의대 정신과 과장은 그가 쓴 책 『납치』의 마지막 장에서 그동안 나온 이야기들을 정리했다. 마지막 장은 티베트의 영적 스승으로 알려진 소걀 린포체가 쓴 『삶과 죽음을 바라보는 티베트의 지혜』에 소개된 티베트식 '우물 안 개구리' 이야기로 시작된다.

《티베트 사람들은 평생을 눅눅한 우물에서 지냈던 나이 든 개구리의 이야기를 하고는 한다. 어느 날 바다에서 생활하던 개구리 한 마리가 그를 찾아왔다. 우물에 살던 개구리가 이렇게 물었다.

"너는 어디에서 왔니?"

그는 "광활한 바다에서 왔다."고 답했다.

"네가 왔다는 바다는 얼마나 크니?"라고 물었다.

"엄청나게 크다."

"내가 사는 우물의 한 4분의 1쯤 되는 거니?"

"더 크다."

"더 크다고? 그러면 한 절반 정도 되는 건가?"

"아니, 그것보다 더 크다."

"음... 그러면 이 우물 정도로 크다는 건가?"

"비교조차 되지 않는다."

"말도 안 되는 이야기네. 내가 직접 확인해봐야겠어."

이 둘은 함께 떠나보기로 했다. 우물에 살던 개구리는 바다를 보고 너무나 큰 충격에 빠졌고, 그의 머리는 산산조각이 나버렸다.》

맥 박사는 처음 UFO 납치 현상이라는 것을 접했을 때 호기심이 생겼고, 무언가 특이한 일들이 일어나고 있다는 느낌을 받았다고 했다. 하지만 이러한 미스터리와 불확실성을 감당하기에는 의식의 세계가 열려야 한다는 것을 이해하지는 못했다고 한다. 자신이 자라온 세상의 세계관으로는 이를 근본적으로 이해하기 어려울 것이라는 사실을 처음에는 알지 못했다는 것이다.

맥 박사는 100여 명의 납치 경험자들을 만난 뒤, 이 책에 소개하기로 한 13명은 모두 자신들만의 특별한 이야기를 하고 있다고 했다. 경험자들의 각기 다른 성격과 경험이 이들의 이야기에 담겨 있었다고 한다. 또한 이들의 이야기들을 면밀히 조사하다 보면 일종의 비슷한 양상이 나타난다는 것을 알 수 있다고도 했다. 맥 박사는 자신을 비판하는 사람들을 의식한 듯 다음과 같은 설명을 덧붙였다.

《누군가는 나의 의식이 이러한 증언의 일관성을 만들어낸 것이고, 내 머릿속에 있는 생각에 맞춰 정보들을 해석하고 구성해나갔다고 주장할 수도 있다. 이런 비판과 관련해 내가 할 수 있는 말은, 나 역시도 처음에는 다른 회의론자들과 마찬가지로 납치 현상을 믿을 수 없다고 생각했다는 사실이다.

내가 이 책에 많은 사례들을 구체적으로 소개한 이유는, 충분한 스토리를 제공해 독자들로 하여금 납치 현상에 대한 각자의 판단을 내릴 수 있는 기회를 주기 위해서였다. 나는 내가 선정한 사례들이 '일반적'이라고는 말할 수가 없는데, 이는 '일반적'이라는 것이 무슨 뜻인지 모르기 때문이다.

또한 '일반적'이라고 부를 수 있는 사례들이 있기나 한지도 모르겠다. 하지만 나는 내가 소개한 사례들이 납치 현상의 여러 범위를 묘사할 수 있었다고 믿는다.》

맥 박사가 여기에서 해명하고자 하는 내용은 자신의 연구에 대한 특정 비판을 의미하는 것으로 보인다. 맥 박사가 소개한 13명의 사례에서 가장 자주 등장하는 이야기는 지구 종말이 다가오고 있다는 것이다. 인간의 파괴적인 행동으로 인류가 종말적인 상황을 맞을 수밖에 없다는 내용이다.

이를 막기 위해서는 핵폭탄, 환경오염, 전쟁 등을 멈춰야 한다는 내용인데, 맥 박사는 UFO 납치 현상에 빠지기 전부터 이런 문제에 관심을 많이 갖고 있었다. 그로 인해 맥 박사가 자신이 원하는 방향으로 경험자들의 증언을 유도해나갔다는 비판이 있었다. 맥 박사의 설명이다.

《UFO 납치 현상 중에는 우리가 알고 있는 물리학의 법칙과 상반되는 것들이 있다. 이런 현상 중 일부는 앞으로 과학이 진보함에 따라 우리가 어느 정도 이해하게 될 수도 있다. 하지만 의식을 통해 시간과 공간을 넘나들 수 있다는 이야기는 새로운 패러다임을 필요로 한다.

나는 뉴턴과 아인슈타인이 정립한 현실의 체계만을 사실이라고 생각하는 독자들이, 내 책을 봤다고 해서 영향을 받지는 않을 것이라고 본다. 하지만 새로운 현실이 있을 수 있다는 점에 생각이 깨어있는 사람들에게는 새로운 시각을 제공할 것이라 믿는다. 우리가 꿈에서나 생각하던 힘과 지능을 갖고 있는 새로운 현실이 있을 수 있다는 것이다.》

맥 박사는 이후 자신의 조사 방법을 또 한 번 소개한다. 그는 정신의학 및 심리학이라는 학문은 인간이 경험한 이야기와 의식 구조를 파악하는 데 도움이 된다고 했다. 하지만 서방세계의 관점에서 보면 환자, 혹은 치료를 의뢰한 사람이 문제가 있는 사람으로 인식하는 경향이 크다고 했다. 선입견을 갖고 대하는 문제가 있다는 뜻으로 풀이된다.

또한 서방세계의 정신의학은 실체가 있는 경험 혹은 상식적인 이야기에만 집중하고, 느낌이나 감각은 무시해버리는 경향이 있다고 했다. 이런 접근 방식으로는 현실 세계에서 발생하는 제한적인 이야기들만을 알아낼 수밖에 없다는 한계가 있다는 것이다.

베일에 싸인 세상 밖을 보기 위해서는 새로운 차원의 의식 체계가 필요하다고 했다. 맥 박사는 이런 이유에서 자신은 경험자들과 함께 이들이 떠올려내는 경험을 만들어나갔다고 한다. 맥 박사가 이들 스스로 경험을 떠올려내는 것을 돕고, 새로운 기억에서 나온 정보의 퍼즐을 맞춰

나갔다는 것이다.

그는 "이런 방식을 비판하는 사람들이 있다. 내가 말하는 '함께 만들어간다는 것'은 내가 경험자들의 생각에 내 의견을 주입시킨다는 것도 아니고, 이들이 말하는 것을 내가 곧이곧대로 다 믿는다는 뜻이 아니다."라고 강조했다.

맥 박사는 서방세계의 관점에서는 이런 경험자들의 증언이 최면 치료사에 의해 조작되거나 변형됐다는 말이 나올 수 있다고 지적했다. 최면이라는 것이 실제로 존재하는 일들을 떠올려내는 것인지에 대한 의문이 나올 수도 있다는 것이다. 맥 박사는 이런 질문보다 더 중요한 질문은, 이런 (자신의) 조사 방식을 통해 나온 납치 경험자들의 증언에 일관성이 있었는지, 경험자들이 이에 상응하는 감정을 보였는지 여부라고 설명했다.

맥 박사는 과학적 측면에서 봤을 때, 우선 UFO라는 비행 물체에 대한 설명이 되지 않는다고 말했다. 우주선이 어떻게 지구에 오게 됐는지, 어떤 동력(動力) 장치를 사용하는지, 엄청난 거리를 말도 안 되는 사이에 어떻게 비행할 수 있는지 등에 대한 의문이 있다는 것이다. 이런 의문은 현대 물리학으로는 해소하기 어려운 문제라고 했다.

이에 납치 현상이 추가됐는데, UFO 현상이라는 미스터리에 새로운 의문을 던진 것이라고 한다. 외계인들이 인간을 들고 날아서 벽과 창문, 천장을 관통하는 게 어떻게 가능할까? 빛에 몸을 맡기고 이동할 수 있다는 주장은 어떻게 믿어야 할까?

소위 유령처럼 움직인다는 것인데, 이와 관련해 인간은 어떤 지식도 갖고 있지 않다고 말했다. 또한 책의 초반부에서 언급했듯 이를 학문적으로 분석한 연구 결과물은 없으며, 따라서 이런 현상은 여전히 미스터리로 남아있다는 사실상의 결론을 내렸다.

맥 박사는 이 사례들이 인간에게 던지는 정치적, 철학적, 과학적 의미를 차례로 소개한 뒤 결론으로 넘어간다. 그는 "이 이야기를 끝내려고 하는 가운데 우리의 의식과 인식을 전환하기 위해서는 무엇이 필요한지에 대해 계속 의문이 든다."고 했다. 지구와 인간이 우주 세계의 중심이 아니라는 것을 밝혀낸 코페르니쿠스적 혁명보다 더욱 큰 변화가 이뤄져야 하는 것으로 보인다는 것이다.

UFO 납치 현상은 인간이 우주에서 가장 지능이 높은 생명체가 아니라는 사실을 보여준다고 했다. 특정 분야에 있어서는 우리보다 더욱 뛰어난 지능을 갖고 있는 생명체들이 존재하고 있다는 점을 의미한다는 것이다. 맥 박사의 설명은 이랬다.

《가끔 나는 이런 질문을 받는다. UFO와 납치 현상이 진짜라면 우주선이 왜 더 명확한 모습으로 나타나지 않느냐는 것이다. '그렇다면 왜 백악관 앞에 착륙하지 않느냐'는 식의 질문이다. 납치 현상을 진지하게 받아들이는 사람들이 이런 질문을 받으면 가장 많이 하는 대답은, 외계인들은 지금보다 더욱 직접적으로 자신들을 보여주려고 하지 않기 때문이라는 것이다. 정부 지도자들이 공포에 빠져 외계인을 공격할 수도 있으며, 모든 인간들이 겁을 먹을 수도 있기 때문이라는 것이다.

나는 이보다 더 나은 답변이 있을 것이라고 믿는다. 이 책에 소개된 생명체들의 지능은 이런 방식으로 일을 하지 않는다는 것 같다는 점이다. 이들은 더욱 세밀하다. 이들의 방식은 (인간을) 초대하고, 이(기억)를 다시 떠올리게 하며, 우리의 문화에 스며들도록 하는 것이다. 우리의 의식을 깨우치는 것이다.

이들의 지능은 현재 진행되고 있는 일들에 대한 충분한 증거를 남겨 놓지만 실증적, 논리적 방식으로 이해하기에는 부족한 수준의 증거만 남긴다. 우리가 믿도록 교육받아온 우주와는 다른 현실이 있다는 사실을 받아들이는 것은 우리의 몫이다.》

맥 박사의 책은 다음과 같은 문단으로 끝난다.

《외계인들이 납치 경험자들에게 어떻게 접촉했는지에 대해서 우리는 알지 못한다. 우리는 이들의 목적과 방식을 제대로 이해하지 못한다. 하지만 '이들'이 형체를 가지고 '우리'에게 찾아왔다는 것은 명확해 보인다.

어떤 이는 외계인들이 시간 여행 기술을 터득해 미래에서 왔을 수 있다고 한다. 외계인들은 이런 주장이 사실일 수도 있는 것처럼 소통을 하기도 한다. 우리는 모를 뿐이다. 납치 현상이라는 것은 아직 우리에게 완전히 도달하지 않은 것이 확실하다. 이는 우리가 택할 미래의 대안(代案)을 보여준다. 하지만 선택은 우리에게 달렸다.》

맥 박사의 결론은 당초 기대했던 것보다는 애매하다. '내가 왜 이를 믿게 됐는가'라는 식으로 전개될 것을 예상했지만, '열린 결말'로 끝이 났다. 납치 경험자들의 주장이 거짓이라는 과학적·임상적 증거는 없다, 납치 경험자들의 주장이 사실이라는 완벽한 증거는 없으나 인간의 과학으로 설명할 수 없는 새로운 차원의 현실이 존재할 가능성을 배제할 수는 없다는 것이다.

이는 미국 국방부의 최근 UFO 보고서의 결론과도 비슷하다. 미국 정부는 UFO라는 물체가 존재하는 것은 확실하나 어디에서 어떻게 왔고, 누가 만들었는지에 대해서는 모른다는 결론을 내린 바 있다.

제2장

청문회장에 불려간 존 맥 박사

납치 증거가 어디에 있는가?

인간의 기억은 신뢰할 수 없다

랄프 블루멘탈이라는 기자가 2021년에 쓴 존 맥 하버드 의대 정신과 과장의 전기(傳記) 『빌리버(Believer)』라는 책이 있다. 블루멘탈 기자는 2004년에 숨진 존 맥 박사의 가족, 동료, 친구 등을 취재해 그의 삶을 재구성했다. 이 책에는 하버드 의대라는 최고 권위의 기관에서 UFO를 연구한 맥 박사가 겪은 어려움이 소개돼 있다.

맥 박사는 1994년 저서 『납치』를 출간한 뒤 여러 곳으로부터 공격을 받았다. 제임스 글레익 전직 [뉴욕타임스] 과학 전문 기자 및 에디터는 「뉴 리퍼블릭」이라는 매체를 통해 맥 박사의 연구를 비판했다.

그는 UFO 납치 현상이라는 것이 "1960년대부터 미국에서 이어져 온 저속한 열광 현상이다."고 비판했다. 그는 이를 프로레슬링과도 비교했다. 다 거짓임에도 불구하고 일부 사람들은 이를 실제로 믿는 경우가 있고, 거짓임을 알면서도 재미있기 때문에 그냥 즐기는 사람들이 있다는 것이다. 그는 「의사의 계획(Doctor's Plot)」이라는 제목의 기사에서 맥 박사는 이 둘 모두인 것 같다고 했다.

글레익 기자는 맥 박사에게는 하버드라는 권위가 있기 때문에 일반적인 UFO 마니아와는 다르다고 지적했다. 그는 맥 박사에게 의도적으로 접근해 그를 속였다고 주장한 한 여성의 이야기를 소개하며, 최면 치료라는 것은 최면 치료사와 최면에 응한 사람들이 함께 짠 음모라고 주장했다.

글레익은 "인간의 기억이라는 것은 신뢰할 수 없다."고 말했다. "5분 전의 기억조차도 믿을 수 없으며, 수십 년 전의 기억은 더욱 믿을 수 없다."고 단정했다. 그는 "기억이라는 것은 희미해지고 왜곡되며 재구성되기도 하는데, 이들이 희망하는 바와 꿈꾸는 바에 따라 만들어지기도 한다."는 것이다. 즉, 납치 경험자들이 기억을 떠올려낸 것을 곧이곧대로 사실로 받아들일 수는 없다는 주장이었다.

맥 박사는 글레익과 같은 비평가들에 대한 반박을 하기 위해 동료들과 함께 대응에 나섰다. 그는 케임브리지 병원 심의위원회에 UFO 납치를 경험했다는 사람들에 대한 정신 감정 및 성격 분석 실험을 진행하고 싶다는 건의서를 보냈다. 이들이 주장하는 내용들이 정신적인 문제와 연관이 있는지 조사하겠다는 것이었다. 맥 박사의 연구소에 UFO 납치를 경험했다고 보고한 40명과, 대중에서 무작위로 선정한 40명의 정신 상태를 비교해보는 연구를 추진해보도록 하자는 것이었다.

맥 박사에 대한 대중의 비판은 계속 이어졌다. 납치 경험자들이 상상 속에서 떠올린 이야기들을 맥 박사가 믿고 있다는 식의 비판이었다.

맥과 함께 이런 연구를 하던 동료들은 보다 적극적인 대응에 나설 것을 맥 박사에게 요구했다. 맥 박사는 이들을 항상 진정시켰다고 한다. 그는 "어렸을 때 들은 이야기가 있는데, 파리를 잡기 위해서는 야구 방망이가 필요한 게 아니라 효과적인 파리채가 필요하다는 이야기다."라고 말했다는 것이다.

맥 박사가 마음먹고 대응에 나서기로 했을 때는 이미 조금 늦은 상황이었다. 하버드 의대로부터 공식 편지를 받게 된 것이다. 하버드 의대는 맥 박사의 연구 방식과 치료비 청구 방식 등을 조사하기 위해, 학교 차원의 위원회를 구성한다고 했다. 하버드 의대의 직원으로서 임상 치료와 연구를 진행하는 데 있어 윤리와 법에 어긋나는 행위를 했는지 파악한다는 것이었다.

해당 위원회는 하버드 의대 공중의학 명예교수이자 얼마 전까지 [뉴잉글랜드 저널오브메디슨] 편집장을 지낸 아놀드 렐만과 앨런 브랜트 병리학사(史) 교수, 마일스 쇼어 정신과 교수 등으로 구성됐다.

맥 박사는 특정 구성원에 대한 반대 의견을 낼 수 있다는 이야기를 들었지만, 아무 말도 하지 않기로 했다. 괜히 문제를 일으켰다가 불이익을 받을 수 있다는 판단에서였다.

맥 박사는 위원장을 맡게 될 렐만 박사와 껄끄러운 사이였다. 약 10년 전 맥 박사와 일부 동료 의사들이 핵전쟁에 대한 위험성을 알리는 운동을 벌여왔는데, 이런 행동이 렐만 박사의 심기를 거슬렸다. 의사가 사회 및 정치 현안에 의견을 표출하는 것은 옳지 않다는 게 렐만의 생각이었다.

렐만은 그런 내용을 글로 쓰기도 했다. 맥 박사는 이에 대해서 "의사들은 이런 정책이 대중의 건강에 중대한 위험이 된다고 생각하는데, 그런데도 이런 의견을 낼 수 없느냐?"고 반박했다. "이런 위험성을 알도록 하는 것이 의사의 의무 아니냐?"는 항의도 했다.

맥 박사는 [뉴잉글랜드 저널오브메디슨]에 이런 내용의 글을 기고하고 싶다고 했으나, 당시 부편집장이 게재를 거부했다고 한다. 맥 박사는 내용을 일부 완화해 다시 글을 보냈지만, 그가 보낸 글은 처음 보내진 봉투 그대로 반송됐다는 것이다. 누구도 읽지 않은 것 같았다고 한다.

일주일 뒤 하버드 교내신문인 [하버드 크림슨]이 「의대의 존 맥은 사악한 외계인들을 믿는다」는 제목의 기사를 내보냈다. 이 기사는 맥이 외계인의 존재를 믿고 있다면서, 그것을 믿는 증거로는 "사람들이 침대에서 거꾸로 일어나는 현상이다."고 보도했다. 맥 박사는 어떻게 대응을 해야 할지 곤란해 했다. 그는 "나는 어느 정도의 사실을 말하는 것이지만 이를 증명할 수는 없다."는 의견을 냈다.

맥 박사는 1994년 7월, 그에 대한 조사를 실시하는 위원회 회의에 참석했다. 그는 이를 일반적인 동료 간의 모임이라고 생각하고 접근했으나, 이런 접근 방식이 실수였다는 것을 나중에 깨닫게 됐다고 한다.

위원들은 고압적이었다. 이들은 "당신의 믿음이나 의견 같은 것은 우리나 대학과는 아무런 상관이 없다."며 "대학 직원이 무엇을 믿고 어떤 생각을 하며, 어떤 주제에 대해 쓰는지는 관심이 없다."고 했다. 렐만 위원장은 그러나 이런 방식으로 의료 행위를 하는 것은 별개의 문제라고 지적했다.

위원회는 우선 맥 박사가 치료 행위를 한 것인지, 아니면 연구를 한 것인지가 이 사안의 핵심이라고 했다. 이에 따른 윤리적인 문제가 있을 수 있다는 것이었다. 맥 박사는 임상 치료사의 입장에서 납치 경험자들을 만났다고 증언했다. 또한 이런 입장을 보여주기 위해, 납치 경험자들과 일반인들을 대상으로 하는 정신 감정 및 성격 분석 실험을 할 예정이었다고 해명했다.

맥 박사는 그의 환자들과 함께 (기억을) 추적해나가는 과정을 밟았다고 말했다. 위원회 소속의 마일스 쇼어 교수가 "환자와 합동 조사를 했다는 것이냐?"고 물었다. 맥 박사는 그렇다고 볼 수 있다고 대답했다. 그러나 이런 행위의 주요 목적은 이들의 안녕(安寧)을 위한 것이었음을 강조했다.

렐만 위원장은 이 책으로 얼마의 수익을 얻을 것으로 예상하느냐고 물었다. 맥 박사는 6만 달러 이하일 것이라고 대답했다. 다음해까지는 수익을 얻지도 못할 것이라고 했다. 렐만 위원장은 맥 박사에게 납치 경험자들에게 치료비를 청구했느냐고 물었다.

맥 박사는 이들을 정신병 환자라고 보지는 않았지만 이들은 상당한 스트레스를 받고 있었고, 이들을 치료할 수 있을 것으로 생각했다고 말했다. 그런 다음 일부 납치 경험자들은 보험이 있어 보험회사에 치료비를 청구했으며, 이를 통해 받은 비용은 자신이 운영하는 납치 경험자 지원단체로 바로 넘어갔다고 밝혔다.

렐만 위원장은 맥 박사에게 "이들이 환자가 아니라면서 왜 성폭행 피해자 등처럼 대했느냐?"고 물었다. 맥은 "충분히 일리가 있는 지적이다."면서 한 발 물러섰다. 렐만은 납치 경험자들이 하는 이야기가 꿈에서 떠올린 이야기거나, 자면서 일어난 일은 아니었다고 생각하느냐고 물었다.

맥은 일부 사례의 경우는 여러 목격자가 있고, 어떤 경우에는 사람이 낮 시간에 운전을 할 때 일어난 경우도 있다고 대답했다. 맥 박사는 이들이 약물이나 알코올에 취해있었을 가능성은 어떻게 보느냐는 질문을 받았다. 그는 이들의 과거 병력(病歷)을 확인했고, 그럴 가능성은 없다고 봤다고 답했다.

앨런 브란트 교수는 성폭행 피해자와 납치 경험자들을 다룰 때의 차이점, 혹은 공통점이 있는지 물었다. 맥 박사는 둘 사이에는 차이가 있다고 설명했다. 성폭행이나 전쟁을 겪은 피해자들의 트라우마가 훨씬 더 고통스러우며, 납치 경험자들의 트라우마는 그 정도 수준은 아니라고 대답했다.

렐만 위원장이 핵심적인 질문을 던졌다. 이들의 이야기를 아무런 편견 없이 객관적으로 그냥 들어준 것인지, 아니면 이들과 동조하며 미스터리를 함께 파헤쳐나간 것인지를 물었다. 맥은 "둘 다인 것 같다."며 "(환자들에게) '외계인들이 당신을 납치하고 있다'는 식의 표현은 사용하지 않지만, '이런 경험을 하는 많은 사람들이 있는데 정신의학적으로 이를 설명할 방법이 없다'는 말은 한다."고 답했다.

렐만은 책을 읽어보면 맥 박사가 이들 납치 경험자들을 통해 외계인 세상의 이야기를 이해하려 했다는 점을 알 수 있다고 말했다. 그는 "당신은 어느 시점에서는 이들을 돕고 치료하려 했던 것이 맞지만, 동시에 외계인들이 우리에게 어떤 메시지를 전하려는 건지를 이해해보려 하기도 했다."고 지적했다. 맥 박사는 진지한 표정을 지으면서 "그렇다."고 긍정했다. 그는 "조금 많이 나간 것일 수도 있지만 너무 일관된 패턴의 이야기들을 접했고, 이들이 어떤 이야기를 하는지 다른 사람들에게 보여주고 싶었다."고 설명했다.

렐만은 사라진 태아(胎兒) 등에 대한 어떤 증거도 보여주지 못하지 않았느냐고 압박했다. 맥 박사는 "실체가 있는 증거는 없다."고 인정했다. 렐만이 "증거가 하나도 없지 않느냐?"고 소리쳤다. 맥은 일관적인 경험이 나타나고 있다는 증거가 있다고 항변했다. 그는 이런 일들은 또 다른 현실에서 일어나고 있다고 했다.

맥 박사는 이 시점에서 자신이 불리한 상황에 처했다는 것을 감지했다. 맥은 "우리가 사는 현실의 세상에서는 어떤 증거도 나오지 않을 것이다."며 "반복해서 말하지만 실체가 있는 증거라는 것은 나올 수가 없다."고 강조했다. 렐만이 또 다시 물었다. "그래서 증거는 어디 있어?"라고….

맥은 흉터 같은 것이 있다고 말하면서도 자신의 주장이 모호하다는 점을 인정했다. 사지 마비 환자의 손목에 상처가 생겼는데, 자해(自害)로 만들 수는 없는 상처였다고 설명했다. 맥은 "우리가 사는 세상에서 이런 증거들을 계속 찾아나가야 한다고 본다."면서도 "우리가 이를 찾을 수 있다고는 생각하지 않는다."고 덧붙였다. 렐만이 맥의 말을 끊었다. "현대 과학으로는 평생 증명할 수 없다는 이야기로군!"

맥은 과학자들이 UFO의 비행 현상에 대한 미스터리를 풀려고 하지 않느냐고 되물었다. 렐만이 다시 말을 끊었다. "아니 존, 미안하지만 이 일은 UFO의 비행과는 다른 일이지 않느냐?" 렐만은 "당신의 환자들은 이들의 몸에 무언가가 집어넣어졌고 나중에 (외계인들이) 아기를 빼냈다고 하는데, 이는 물리학이나 천문학의 문제가 아니다."면서 "당신의 환자들이 한 이야기들은 검증이 될 수 있는 이야기들인데, 당신은 이제

와서 검증이 중요하지 않다고 말하는 것 같다."고 비판했다.

맥 박사는 검증은 중요하다고 동의했다. 렐만은 "그렇다면 왜 그렇게 하지 않느냐?"고 따졌다. 맥은 자신이 피부과 의사나 산부인과 의사가 아니기 때문이라고 대답했다. 정신과 의사로서 자신이 할 수 있는 최선은 이런 이야기들을 들어주고 "나는 이에 대한 설명을 할 수 없으니 다른 사람들이 이를 알아보도록 하자는 것이었다."고 말했다.

렐만은 이 모든 일들이 완전히 정신적 현상일 수 있느냐고 물었다. 함축된 표현이라 정확한 의도는 모르겠지만, 맥락상 납치 경험자들이 그냥 정신 질환을 앓고 있는 것 아니냐고 묻는 것으로 보였다. 맥은 "그럴 수도 있지만 이들에게 임상적으로 무언가 일어난 것 같다."고 답했다. 렐만은 "그럴 가능성(=정신 질환)을 배제하지는 않는다는 건가?"라고 되물었다. 맥은 "배제할 수는 없다."고 대답했다.

갈릴레오나 다윈의 발견과 비슷하다?

맥 박사의 조카인 데이비드 잉바르 역시 하버드 출신의 의사였다. 그는 맥 박사가 변호사 없이 하버드 의대의 심의위원회에 출석한 이야기를 듣고 깜짝 놀랐다. 그는 삼촌에게 "아직도 모르겠어요? 삼촌을 함정에 빠뜨리려는 거잖아요!"라고 말했다.

맥 박사는 자신이 혼자서 위원회에 출석했던 것이 이렇게 큰 문제가 될지 모르고 있었다. 그는 보스턴에서 가장 유명한 로펌 중 하나인 힐 앤발로우의 파트너 변호사 칼 세이퍼스에게 연락을 했다. 세이퍼스는 하버드대학 건축대학원에서 교수로 활동하고 있었고, 맥 가족의 법률 상담을 해온 인물이었다.

맥 박사는 세이퍼스에게 자신의 UFO 납치 연구에 대한 자세한 내용을 담은 메모를 전달해 현재 진행 중인 상황을 설명했다. 세이퍼스는 렐만 위원장 등과 만난 뒤 맥 박사에게 위원회에 협조하는 것이 좋겠다는 의견을 전했다.

맥 박사는 얼마 후 또 한 차례 위원회에 불려갔다. 렐만 위원장 등은 납치 현상을 설명하는 과정에서 왜 더 전통적인 정신의학 개념에 초점을 두지 않았느냐고 압박했다. 맥 박사는 이를 설명할 수 있는 기존의 개념이 거의 없어 보였다고 했다. 렐만은 "당신이 틀렸으면 어떻게 할 건가?"라고 물었다.

하버드의 심의위원회는 보스턴 베스 이스라엘 병원에서 활동하는 정신과 교수인 프레드 프랜켈 박사를 인터뷰했다. 프랜켈 박사는 9월, 셰일라라는 납치 경험자를 맥 박사와 함께 만난 적이 있었다. 셰일라는 "괴 생명체가 전동 면도기 같은 걸 들고 다가와 자궁 쪽을 비볐다."는 주장을 한 '납치' 경험자였다. 프랜켈은 맥 박사의 최면 방식에 문제가 있다고 밝혔다. 맥 박사가 최면 과정에서 환자들로 하여금 자신의 의견에 맞는 이야기를 말하도록 유도했다는 것이었다.

위원회는 셰일라라는 여성이 맥 박사를 만나기 전에 접촉한 정신과 의사를 인터뷰하기도 했다. 맥 박사는 이것 역시 자신에게 불리하다고 생각했다. 왜냐하면 셰일라라는 여성은 이 의사를 신뢰하지 못해 그를 떠나 맥 박사를 찾아온 것이기 때문이었다. 셰일라를 치료했던 또 다른 정신과 의사인 윌리엄 워터맨은 맥 박사에게 우호적이었다. 그는 맥 박사와의 최면 치료 과정을 통해 셰일라의 상황이 크게 개선됐다고 위원회에 증언했다.

위원회는 하버드 의대 정신과의 총괄을 맡고 있던 말카 노트먼 역시 인터뷰했다. 노트먼은 과거 언론에서 맥 박사를 공격할 때 그를 옹호해 줬던 인물이었다. 노트먼은 맥 박사와 환자 사이의 관계나 그가 받은 연구 지원비가 부적절하지 않다고 생각한다고 말했다.

노트먼은 "맥이 환자들을 믿어줌에 따라 이들을 제대로 돕지 못하는 것일 수는 있지만, 그가 망상 증세를 보이는 인물은 아니다."라고 했다. 노트먼은 납치 경험자 세 명을 맥 박사와 함께 만나본 적이 있었다. 노트먼은 "이들은 진지한 사람들이었고, 외계에서 온 생명체가 찾아왔다는 경험을 했다고 말하는 사람들이다."면서 "이들이 망상 환자이거나 이런 이야기들이 망상이라는 어떠한 증거도 보지 못했다."고 단언했다.

하버드 의대 정신과 통합 부서 총괄인 조셉 코일 박사는 UFO 납치 연구와 관련해 어떠한 문제도 없다고 밝혔다. 그는 "정신의학이라는 것은 특이한 일들을 연구하는 것이다."고 말했다. 그는 "다만 맥 박사의 연구 방식이 우려가 되기는 한다."고 덧붙였다.

맥 박사가 두 개의 가능성만을 머릿속에 그려두고 있는 것 같다는 뜻이었다. 이런 주장을 하는 사람이 미쳤거나, 혹은 실제로 외계인을 봤다는 두 개의 가능성이다. 코일 박사는 이 둘 이외에 다른 가능성은 없었을까 하는 생각이 든다고 했다.

7월 말, 하버드 심의위원회는 셰일라를 비롯한 납치 경험자들을 직접 인터뷰하기 시작했다. 이들 중에는 성공한 비즈니스맨이자 맥 박사의 책 맨 마지막에 소개된 아서라는 남성도 포함됐다. 아서는 이 위원회의 조사 방식에 불만을 갖기는 했으나, 측은하게 생각했다고 한다. 그는 훗날 맥 박사에게 "내가 렐만 위원장 자리에 앉아있었다면 나도 이를 믿지 않았을 것 같다."고 털어놨다.

위원회는 맥 박사의 조수인 팸 케이시를 불러 조사하기도 했다. 팸은 거의 모든 최면 치료에 동석했다. 그는 납치 경험자들이 최면 과정에서 보이는 반응, 즉 경련이나 몸의 움직임, 감정 등을 메모하는 역할을 맡았다. 팸은 "이런 경험이 실제로 일어난 일인지에 대한 질문에 대해 오랫동안 고민해왔지만, 이들을 돕는 데 있어 이에 대한 해답이 필요하지 않다는 것을 깨닫게 됐다."고 말했다.

위원회는 맥 박사를 불러 계속 취조했다. 납치 경험자들에게 이런 연구를 하고 있다는 점을 사전에 고지했는지, 이들이 이에 동의한다는 서약서를 썼는지 등을 캐물었다. 맥 박사의 연구를 지원해준 인물 중 한 명은 록펠러 가문의 손자 로렌스 록펠러였다. 그도 UFO에 관심이 많았다. 위원회는 록펠러로부터 얼마의 기부금을 받았는지를 물었다. 또한 연구 진행 상황을 하버드 의대의 다른 직원에게 보고했는지도 따졌다.

위원회는 맥 박사의 요구에 따라 또 다른 하버드 정신과 의사인 조지 베일런트 교수를 인터뷰했다. 맥 박사는 그를 "이 법정에 있는 나의 유일한 친구이다."고 소개했다. 베일런트 교수는 해당 위원회를 1400년대 후반부터 1600년대까지 유지됐던 영국의 특별재판소 '성실청(星室廳)'에 비유했다. 이 재판소는 고문과 불공평한 심의를 하는 법원으로 악명이 높았다.

베일런트는 맥 박사는 도덕적으로 훌륭한 사람이며, 하버드 케임브리지 병원을 재건시키는 등 중요한 일을 해왔다고 증언했다. 베일런트는

"(1500년대 독일의 종교개혁자) 마르틴 루터의 문제가 진지하게 다뤄져야 했던 것처럼, 맥의 문제도 진지하게 다뤄져야 한다."고 주장했다.

이 무렵 캘리포니아 산타바바라대학에서 미술 교수로 활동하던 맥의 친구 로널드 로버트슨 교수는, 맥이 처한 상황을 접하고 그를 도울 인물을 추천해줬다. 그가 추천한 인물은 대니얼 시한이라는 변호사였다. 하버드대학 학부를 졸업하고 하버드 법대를 나온 인물로, 하버드 신학대학에서도 활동했다. 이 변호사는 레이건 행정부의 이란-콘트라 스캔들로 알려진 비밀 무기 거래 문제를 폭로하고, 백인 우월주의 단체인 KKK단에 대한 소송을 진행하며 이름을 날렸다.

로버트슨은 시한 변호사를 저녁 자리로 초청해 UFO에 대해 아는 것이 있느냐고 물었다. 시한은 조금은 알고 있지만 이를 떠벌리고 다니지는 않는다고 대답했다. 1977년 바티칸 천문대가 여러 천문학자들과 함께 외계 생명체에 대한 연구를 한 적이 있었다고 한다. 시한은 이에 참여하며 미 의회 도서관에서 이와 관련한 비밀 자료들을 열람할 수 있었는데, 미국 공군이 비밀리에 운영하던 「프로젝트 블루북」에 대한 자료도 볼 수 있었다고 했다.

시한은 당시 사진을 여러 장 봤는데, 공군 장교들이 추락한 것으로 보이는 UFO를 조사하는 모습의 사진이었다고 한다. 이런 사진에는 처음 보는 상형문자들이 보였다는 것이다. 시한 변호사 역시 UFO에 대해 어느 정도 지식을 가진 사람이었다.

로버트슨은 시한에게 맥 박사의 연구에 대해 설명한 뒤, 이 사건을 검토해주겠느냐고 물었다. 시한은 "물론이다."며 고개를 끄덕였다. 맥 박사는 며칠 뒤 시한과 처음으로 전화통화를 했다. 시한은 동부를 방문할 일정이 있다며 하버드대학이 있는 보스턴으로 찾아가겠다고 말했다.

맥은 앞서 언급했듯 세이퍼스라는 변호사가 있었으나 불안했다. 세이퍼스는 맥 박사에게 자신은 하버드대학을 대변하지 않는다고 했지만, 그가 여전히 하버드 건축대학원 소속인 것이 마음에 걸렸다. 이해관계가 충돌할 가능성이 있다고 본 것이다.

시한은 맥 박사와 만나 이야기를 들은 뒤 분노했다. 특히 세이퍼스 변호사가 맥 박사에게 위원회에 협조하라고 한 것에 흥분했다. 시한은 맥 박사에게 "당신은 생각하는 것보다 법적으로 훨씬 더 위험한 상황에 빠져 있다."며 도와주겠다고 말했다.

시한은 그의 하버드 법대 시절 은사(恩師)인 로렌스 트라이브 헌법학 명예교수에게 연락을 했다. 그는 포터 스튜어트 대법관 밑에서 근무했으며, 수많은 조교들이 그를 거쳤다. 그 가운데 한 명이 훗날 대통령이 된 젊은 법대생 버락 오바마였다.

트라이브 교수는 시한 변호사에게 보스턴에서 활동하는 인권 관련 변호사인 하비 실버게이트와 손을 잡으라고 권했다. 실버게이트는 학계에서 발생한 여러 사건을 담당한 경험이 있다는 것이다. 시한은 실버게이트에게 연락했으나 그는 현재 진행 중인 사건이 많다며 동료인 에릭 맥리시 변호사를 연결해주겠다고 했다.

에릭 맥리시는 당시 보스턴 대주교구 신부들로부터 성적 학대를 당했다는 남성과 여성을 변호해 이름을 알린 인물이었다. 맥리시는 영국에서 기숙사학교를 다닐 때 학대를 당한 경험이 있었다. 그는 약 3년 전 로드아일랜드에서 활동하는 사설탐정을 만난 적이 있었는데, 그는 그를 포함한 8명의 아이들이 1960년대 제임스 포터 신부로부터 성추행을 당했다고 폭로했다.

1992년 당시 맥리시는 포터 신부로부터 성적 학대를 당했다는 70명의 남성과 여성을 변호하기 시작했다. 1993년 12월, 포터는 28명의 피해자들을 학대했다는 혐의에 대해 유죄를 인정했다. 피해자 중 가장 어린 아이는 11세였다. 포터 신부는 약 20년형을 선고받았다.

맥리시는 당시 보스턴 일간지 [보스턴글로브]의 '스포트라이트' 기사에 소개되기도 했다. 이런 내용을 바탕으로 만들어진 영화「스포트라이트」(2015년 作)는 2016년 오스카 최우수작품상과 각본상을 수상했다.

한편 시한 변호사는 20쪽짜리의 변론 계획서를 준비해 맥 박사에게 전달했다. 시한은 맥 박사 사건의 특별한 점은 "하버드대학의 행정부가 이러한 역사적인 논쟁을 이어가는 데 있어 맥 박사가 변론을 하지 못하도록 입을 막게 하려는 점이다."고 지적했다.

시한은 "나는 외계에서 온 지능을 가진 생명체를 만났다는 이야기들이 인류의 역사에서 가장 중요한 사건일 수 있다고 생각한다."고 말했다. 시한은 맥 박사의 발견을 갈릴레오와 다윈의 발견과 비교하기도 했다. 뉴턴과 데카르트가 만들어낸 과학, 물질주의적 패러다임에 도전하고 있다는 것이었다.

시한은 맥 박사가 부활과 사후(死後) 세계, 외계인과의 혼종(混種)이라는 영적(靈的)인 세계의 문제도 다루고 있다고 했다. 그는 맥 박사에게 "당신이 하는 일을 변호하는 것은 변호사로서 쉽지 않은 일이다."면서 "당신이 이들과 소통하고 연구하며 무엇을 실제로 믿게 됐는지 정확히 알 필요가 있다."고 설명했다. 또한 맥 박사가 만난 납치 경험자들이 어떤 메시지를 외계 생명체로부터 접했는지 다 알아야 한다고 덧붙였다.

시한은 맥 박사에게 이 사건을 변호하기 위해서는 심도 있게 법률 해석을 하고 전술(戰術)을 마련해야 한다며, 맥리시 변호사를 선임할 것을 추천했다. 비용으로는 선임료 2500달러, 그리고 시간당 225달러를 지불하는 게 좋을 것이라고 알려주었다.

시한은 자신의 경우 로렌스 록펠러 등 외부 기부자들을 통해 변호사 비용을 받을 수 있도록 하겠다고 했다. 시한은 우선 위원회가 현재 준비하고 있는 보고서 작성을 중단해줄 것을 요청해야 한다고 말했다. 새로운 변호인단이 선임됐으니 다시 진행돼야 한다는 전술이었다.

시한의 계획 중 하나는 하버드대학이 이런 위원회 절차를 비밀리에 진행하고 있다는 사실을 외부에 폭로하는 것이었다. 이를 통해 하버드에 대한 민사, 형사 소송을 제기할 수 있다고 압박하는 것이었다. 물론 시한과 맥 박사는 이런 내용이 대중에 공개되는 것이 바람직하지는 않다는 데 동의했으나, 이를 위원회에 대한 압박 카드로 사용하는 방안을 검토했다.

9월14일, 존 맥 박사는 두 명의 변호사와 함께 렐만 위원장 앞에 섰다. 렐만이 세이퍼스 변호사는 어떻게 됐느냐고 물었다. 맥 박사는 제3자의 의견을 듣고 싶었다고 대답했다. 이 자리에서 맥리시 변호사는 위원회의 절차가 불공정하다고 비판했다.

렐만 위원장은 해당 위원회는 법적 절차가 진행되는 장소가 아니며, 이를 위한 특정 규정이나 정해진 절차가 없다고 받아쳤다. 맥의 변호인들은 렐만 위원장에게 UFO라는 현실이 해당 위원회의 핵심 주제냐고 압박했다. 렐만은 "물론 이 문제도 관계가 있다."고 시인하더니, 실수를 했다고 판단했는지 해당 발언을 철회하겠다고 했다.

부연 설명이 없어 정확한 상황을 파악하는 것은 어렵다. 하지만 변호사들은 위원회가 납치 현상만을 문제 삼는 것인지, 아니면 경험자들이 목격했다고 하는 UFO조차도 문제를 삼는 것인지를 물어본 것으로 보인다. 달리 말해 UFO라는 어느 정도의 신빙성이 있는 주장마저도 문제를 삼는 것은, 위원회가 맥 박사의 연구를 편파적인 시각에서 접근하고 있다는 점을 입증하는 변호인들의 전략으로 여겨졌다.

시한 변호사는 앞으로의 위원회에서 미국 정부가 역사적으로 UFO 문제에 대해 보여준 이중성을 다뤄보자고 했다. 그런 뒤 외계 생명체의 존재 가능성에 대한 증거를 토론하자고 제안했다. 위원회의 한 위원은 이런 제안에 반대한다며, 위원회를 "서커스로 만들 수는 없다."고 고개를 저었다. 시한은 맥 박사를 부르며 "존, 나가자!"라고 말했다. 시한은 "위원회가 준비되면 다시 회의를 소집하게 될 것이다."고 알려줬다.

제3장

하버드대학, 사실상의 무죄 선고

가톨릭교회의 엉터리 재판이 떠올라

완전히 벗겨지지 않은 혐의

하버드 의대의 심의위원회는 1994년 7월부터 총 27회의 회의를 열고, 존 맥 박사와 13명의 증인을 불러 조사했다. 이들 중에는 납치 경험자와 납치 경험자의 가족들도 포함됐다. 존 맥 박사가 최면 치료 과정에서 녹음한 테이프 약 30시간 분량을 검토하기도 했다.

맥이 쓴 『납치』라는 책과 다른 논문을 검토하고, 각종 학회에서 한 발언들도 조사했다. 위원회는 12월 중순, 30쪽 분량의 조사 결과 보고서 초안을 작성해 하버드 의대 학장 등에게 보냈고, 맥과 그의 변호인들에게도 전달했다.

하버드대학 법률 자문을 맡은 앤 테일러는 맥 박사에게 보고서 초안이 그렇게 부정적이지만은 않다고 설명했다. 곧바로 어떠한 조치나 권고를 내리지는 않기로 했기 때문이다. 테일러는 "맥 박사의 행동을 공식적으로 문제 삼도록 하는 위원회에 회부하거나, 의대 정신과의 종신직 지위에 대한 변경 조치를 취하지는 않을 것으로 보인다."고 맥 박사에게 전했다. 그러나 이는 맥 박사의 혐의가 완전히 벗겨진 것을 뜻하지는 않으며, 학장들 선에서 제재 조치가 여전히 이뤄질 수는 있다는 점을 암시했다.

위원회는 맥 박사가 앞서 제안한 납치 경험자와 일반인들에 대한 정신 감정 및 성격 분석 실험을 환영한다고 했다. 그러나 맥 박사가 만났던 납치 경험자들이 환자들인지, 아니면 연구 대상자들인지에 대해서는 여전히 불확실하다고 말했다. 위원회는 맥 박사가 이들을 대하는 과정에 있어 이들이 실제로 외계인들에게 납치됐다는 사실을 인정하도록 압박을 가한 것으로 보인다고 덧붙였다.

위원회는 "최면 치료 과정을 녹음한 테이프들을 들어봤는데, 그 어디에서도 맥 박사가 이런 현상을 다른 의학적 방식으로 설명하기 위해 노력했다는 점을 찾을 수 없었다."고 지적했다. 또한 "맥 박사는 이들이 말하는 이야기들을 실제 경험을 바탕으로 한 정확한 기억이라고 받아들였고, 단순한 정신적 현상이라고는 생각하지 않았다."며 "이들이 겪는 감정적 증세가 납치 경험에 따른 트라우마에 의한 반응이라고 믿었다."고 단정했다.

위원회의 보고서는 맥 박사가 실체가 있는 증거를 통해 이런 주장을 뒷받침하지 않았다는 점을 비판했다. UFO가 착륙한 자리가 그을려졌다든지, 피부에 어떤 상처가 남았다든지, 임신에 어려움을 겪었다든지 등에 대한 실체적인 증거가 뒷받침되지 않았다는 것이다.

위원회는 맥 박사가 자신의 연구 내용을 동료들에게 보내 평가를 받는 절차를 밟지 않았으며, 재정적인 부문에 대한 질문에 대해서도 구체적으로 답하지 않았다고 비판했다. 위원회는 "맥 박사의 임상 방식이 정신의학의 기본에 맞지 않는다."며, 그가 제시한 증거들은 "과학적이지도 않고 학문적이지도 않다."고 주장했다.

하버드대학의 각 학장들은 위원회에 맥 박사의 납치 연구가 하버드의 기준에 충족했느냐고 물었다. 위원회는 그렇지 않다고 답했다. 위원회는 "존 맥 박사는 복잡하고 논란이 있는 현상을 다루는 데 있어 하버드 정신과 교수라면 보여줬어야 할 기준에 부합하지 못했다."고 설명했다. 또한 "하버드 의대는 그를 제대로 관리 감독하지 못했다는 책임이 있다."고 지적하기고 했다.

위원회의 보고서는 처벌 수위에 대해서는 언급하지 않은 채 맥 박사의 연구에 대한 비판만 계속 이어갔다. 이런 이중성은 맥 박사와 변호인들을 분노하게 만들었다. 시한 변호사는 맥 박사의 접근 방식을 지지해줄 증인을 찾아 나섰다.

그는 또 다른 변호인인 맥리시 변호사가 끝까지 싸우는 대신 무언가 합의를 이뤄내려 할까 걱정했다. 시한 변호사는 하버드 측과 타협해야 할 사안은 하나도 없으며, 지금이야말로 맥 박사가 밝혀낸 UFO 납치의 현실을 증명할 적기(適期)로 봤다.

엎친 데 덮친 격으로 이 무렵 렐만 위원장은 매사추세츠주 의사등록위원회에서도 근무하게 됐다. 이 기관은 의사들에 대한 면허 문제를 관리하는 곳이었다. 렐만 위원장이 맥 박사의 사건을 수사하는 검사(檢事)이자 판사 역할까지 맡게 된 것이다.

1995년 1월, 존 맥 박사는 변호인단에 위원회의 조사를 반박하는 50

쪽 분량의 글을 보냈다. 위원회의 보고서 초안보다 두 배 가까이 되는 분량이었다. 맥 박사는 위원회의 실력과 독립성에 의문을 제기하며, 자신의 도덕적 가치가 훼손됐다고 주장했다. 맥 박사는 자신이 진행하기로 한 추가 실험에 대해서만 긍정적이지 나머지는 모두 부정적이고, 자신을 공격하는 내용이라고 비판했다.

그는 "반복적으로 편향된 모습을 보인다는 것이 명백하다."고 지적했다. 렐만 위원장이 UFO 목격담에 대해 갖고 있는 경멸적 시각과, 이런 현상은 모두 거짓이라는 사람의 책을 증거 자료로 뒷받침하는 것은 공평하지 않다고 덧붙였다.

'스모킹 건(smoking gun)'의 부재(不在)

맥 박사는 치료와 연구 사이에 이해가 충돌되는 것 역시 없다고 강조했다. 정신의학이라는 학문 자체가 임상적 인터뷰를 통해 치료와 조사를 진행하는 것이라고 했다. 그는 납치 경험자들이 우리가 살고 있는 지구에서 말 그대로 사라졌다고 주장한 적이 없다고 설명했다.

맥 박사는 몇 명의 환자들의 경우 보험회사에 치료비를 청구한 것이 사실이라고 인정했다. 자신이 운영하는 납치 경험자 지원 단체를 위해 사용하기 위한 목적이었다고 밝혔다. 그는 변호사로부터 모든 환자들에게 치료비를 청구하지 않을 계획이면, 모두 다 치료비를 청구하지 않는 것이 옳다는 조언을 들은 후부터는 치료비를 더 이상 청구하지 않았다고 말했다.

그는 환자들이 납치 경험을 인정하도록 하기 위해 지속적인 압박을 가한 적이 없다고 부인했다. 또한 그가 지난 30년 이상 몸담아온 정신의학이라는 학문으로 이런 현상을 설명할 다른 방법이 없었다고도 했다.

맥 박사는 납치 경험자들의 이야기가 실제 일어난 일이라는 주장은 한 적이 없으며, 이런 내용들에 대해 쉬운 설명을 내릴 수 없다는 취지의 연구였다고 덧붙였다. 맥 박사는 이런 연구를 한 것이 납치 현상에 대한 세계적인 관심이 모아진 것과 관계가 없다고 했다. 세계적인 관심이 생기기 전부터 이런 현상을 경험했다는 주장이 나왔다는 것이었다.

맥 박사는 이런 과정을 설명하며 어린 아이들의 증언을 소개했다. 어린 아이들이 당시 유행하는 문화의 영향을 받아 이런 생각을 지어낼 수 있느냐는 것이었다. 그는 납치 경험자들과 기억을 함께 찾아 나선 것은 맞지만, 자신의 의견을 이들에게 주입시킨 적은 없다고 부인했다. 맥 박사는 이런 경험자들의 이야기를 수백 시간 이상 듣기 전까지는 어떤 믿음도 갖고 있지 않았다고 강조했다.

맥 박사는 납치 현상의 실체적 증거에 대해 집중하지 못한 이유가 있었다고도 했다. 쉽게 말해 '스모킹 건'이 없었다는 것이었다. 그는 피부질환이나 유산(流産) 문제에 있어 전문 지식을 갖고 있지 않다고 밝혔다. 이런 현상에는 렐만 위원장이나 세상이 요구하는 실체적 증거가 있을 수 없다고 했다. 그는 위원회가 UFO 목격 사례마저도 모두 신화(神話) 같은 이야기로 치부했는데, 이는 이들이 갖고 있는 선입견을 보여준다고 지적했다.

맥 박사는 외계인이 납치 경험자를 치료해줬다고 하는 사례를 소개하는 과정에서 '증거'라는 단어를 쓴 것은, 자신의 실수가 맞다고 인정했다. 이런 표현을 사용한 것이 이 전체 책에서 가장 약점 잡히기 쉬운 부분이었으며, '증거'라는 표현 대신 '이런 일이 있었다는 보고가 있다'는 식으로 쓰는 게 맞았다고 후회했다.

시한 변호사는 맥 박사가 무언가 잘못했다는 인상을 준다며 이런 대응 방식에 반대했다. 시한 변호사는 훗날 "맥 박사는 이상할 정도로 겸손한 사람이었다."며 "(납치 경험자들을 연구하는 데 있어) 어떻게 하면 다른 방식으로 접근할 수 있을까를 항상 고민하던 사람이다."고 평가했다.

시한은 그의 성격은 존중하지만, 위원회 앞에서 이런 반응을 보이면 위험해질 수 있다고 주의를 주었다. 시한은 맥 박사에게 "(잘못했다고) 인정하지 말라."며 "위원회는 객관적이지 않고, 트럭을 몰고 당신 위를 밟고 지나갈 것이다."고 경고했다고 한다.

맥 박사는 위원회의 지적 사항 중 동료들의 평가를 받지 않았다는 것에 대해서도 반박했다. 그는 1992년 8월, 납치 연구 결과를 정리해 [노에틱 과학리뷰 저널]에 게재했었다고 한다. 또한 미국 [정신건강 의학회지]에도 관련 논문을 제출했으나, 이들이 수정을 요구했다는 것이다.

렐만 위원장이 편집장으로 있던 [뉴잉글랜드 저널오브메디슨]에도 글을 보냈으나 게재되지 않았다고 했다. 맥 박사는 "이에 따라 책을 통해 더 많은 대중에게 이를 알리기로 했다."고 밝혔다.

맥 박사는 위원회가 문제 삼던 재정 문제에 대해서도 어느 정도 해명을 했다. 위원회는 록펠러 가문의 손자인 로렌스 록펠러 같은 인물의 이름을 회계 기록에서 확인했다. 록펠러가 맥 박사가 운영하는 연구 재단에 익명으로 25만 달러를 기부하고 싶다고 한 기록이 있었다. 맥 박사는 "이들이 나에 대한 재정 지원을 문제 삼으며 나의 진실성에 의문을 제기하려고 한다."고 고개를 저었다.

맥 박사는 시한 변호사의 조언에 따라 더 많은 증인을 위원회로 부르기로 했다. 증인들을 불러내면 이런 비밀 보고서의 존재가 이들에게도 공개돼야 할 테니 하나의 압박 카드로 쓸 수 있다는 것이었다. 하버드 대학의 법률 자문을 맡은 앤 테일러는, 이 보고서가 외부인에게 공개될 수 없다고 말했다. 그는 맥 박사가 재정 관련 문제에 솔직하게 답변하는 것을 거부하더라도 상관없다고 했다.

테일러는 그런 뒤 일종의 협박 아닌 협박을 했다. 그는 "지금 상황에서는 정직하고 공개적으로 조사에 응하는 것이 도움이 될 것이라고 생각한다."며 "다른 기관으로부터 추가 조사를 받을 위험을 피하고 싶다면 말이다."라고 윽박질렀다. 또 다른 변호사인 맥리시는 이와 관련, "위원회는 맥과 그를 지지하는 사람들에 대한 마녀사냥을 하고 있다."고 공격했다.

맥리시 변호사는 외부 정신과 의사 한 명을 선임하자고 제안했다. 맥 박사가 환자들에게 한 치료가 이들에게 해를 끼친 것이 아니라는 것을 증명하기 위해서라고 밝혔다. 맥리시는 그가 현재 시급으로 270달러를 받고 있는데, 이 사건에 대한 법리 해석이 복잡해 추가 인원을 투입시켜야 한다고 했다. 맥리시는 맥 박사에게 "변호사 비용이 꽤 많이 나올 거다."고 미리 경고해줬다.

시한 변호사의 경우는 위원회가 작성한 보고서 초안에 계속 불만이 많았다. 그는 이를 엉터리 보고서라고 칭하며, 말도 안 되는 주장들을 하고 있다고 비난했다. 그 역시 위원회의 조사를 '마녀사냥'에 비유했다. 그는 제대로 변론을 하기 위해서는 시간이 더 필요하다는 점을 위원회에 통보하자고 했다. 그러면서 이 위원회가 비밀리에 이런 조사를 벌이고 있는 것을 폭로하는 방안을 압박 카드로 사용하자고 제안했다.

시한은 자신이 일반적인 형사소송 변호사와는 다른 사람이라면서, "잘못을 하지 않았으면 잘못을 하지 않았다고 말하면 되는 문제이다." 고 말했다. 그는 맥 박사가 "내가 잘못한 것은 인정하지만…"이라는 식의 접근 방식을 취해서는 안 된다고 말렸다. 또 다른 정신과 의사와 목격자를 불러 이들로 하여금 "외계인과 UFO, 외계인 납치 현상은 실제로 일어나고 있는 일이며, 당신(=맥)이 옳았고 용기 있는 행동이었다."고 말하도록 해야 한다는 것이었다.

시한은 법적 싸움은 이렇게 해야 한다는 것을 이란-콘트라 사건을 다루며 배웠다고 밝혔다. 그는 "소크라테스, 갈릴레오, 예수 등도 이런 방식을 택했다."고 말했다. 이는 사건을 위원회 내부에서 진행되도록 하는 것이 아니라, 공개적으로 맥 박사의 지지 여론을 만들어내야 한다는 뜻이었다. 이렇게 맥 박사의 사건은 외부로 유출되게 됐다.

시한 변호사는 2월9일, 맥 박사 편에 서서 증언해줄 증인을 찾는 과정에서 맥 박사의 지지자들에게 팩스를 한 통 보냈다. 그는 "하버드대학이 비밀리에 '특별 임직원 위원회'를 열고 외계 지능과 미확인 비행물체, 외계인에 납치됐다는 사람들이 겪은 현상을 연구한 존 맥 박사를 조사하고 있다."고 알려주었다.

시한 변호사는 "해당 위원회는 용인되는 모든 법적 기준과 학문의 자유를 심각하게 침해하고 있다."면서, 위원회의 보고서 초안에 담긴 내용을 일부 인용하기도 했다. 그는 이들에게 맥의 편에 서서 증언해줄 것을 요청한다고 당부했다.

맥 박사는 시한 변호사가 이런 편지를 보냈다는 사실을 5일 후에 알게 됐다. 그는 충격에 빠졌고, 머릿속에 드는 생각은 '오, 주여'뿐이었다.

이 소식은 빠르게 확산됐다. 공동UFO연구센터라는 곳에서 활동하는 데니스 윌리엄 호크도 이런 편지를 받았다. 그는 새크라멘토에서 활동하는 수학자로, UFO 현상을 연구하고 있었다. 그는 하버드대학의 조사 방식에 분노했고, 이 글을 인터넷에 올렸다. 그는 「비밀 위원회가 존 맥 박사를 퇴출시키려고 하고 있다」는 제목으로 글을 썼다.

《나는 이 문제의 중대성을 인지하고 이에 대한 의견을 밝히고자 한다. 학문적 권위가 있는 모든 이들이 여기에 적혀 있는 대니얼 시한 변호사의 주소와 전화번호로 연락해 어떤 도움을 줄 수 있는지 물어봐주기를 바란다. 이런 엉터리 재판(kangaroo court)이 진행 중인데, 지금(=하버드)처럼 근시안적인 가톨릭교회가 갈릴레오를 탄압하던 일이 머릿속에 떠오른다. 침묵하는 사람들은 학문의 자유에 대한 이런 엉터리 조치에 동조(同調)하는 사람들일 것이다.》

파급 효과는 대단했다. 캐나다 밴쿠버에 사는 사람 등 여러 명이 인터넷에서 이런 글을 봤다며 맥 박사 사무실로 연락을 해왔다. 맥 박사는 사태의 심각성을 인지한 뒤 맥리시 변호사에게, 자신은 이런 일이 일어날지 사전에 알지 못했다고 해명했다.

맥 박사는 시한에게 여러 차례 전화를 걸었으나 연결이 되지 않자 팩스를 보냈다. "나를 위해 지난 6개월간 해준 모든 일들을 진심으로 감사하게 생각한다."며 "그러나 당신을 지금 즉시 변호인단에서 해임해야만 한다는 결정을 내렸다."고 통고했다. 맥 박사는 자신을 조사하는 하버드 위원회에도 불만을 갖고 있었지만, 이런 문제는 학교 내부적으로 조용히 처리돼야 한다는 입장 역시 완강했다.

'다모클레스의 칼(Sword of Damocles)'

하버드대학의 법률 자문을 맡은 앤 테일러는 시한 변호사의 편지에 크게 분노했다. 위원회의 판단을 오도(誤導)한다고 비판했다. 시한 변호사가 이런 내용을 대중에 공개할 것을 맥 박사가 사전에 알았음에도 이에 대한 조치를 취하지 않았을 것이라고 추정했다.

맥리시 변호사는 맥 박사가 이에 대해 전혀 몰랐다고 부인했다. 이런 편지가 외부로 공개될 것을 몰랐기 때문에 아무런 조치도 취하지 않은 것이었다고 해명했다. 맥 박사는 나중에서야 시한 변호사의 전략을 이해하게 됐다고 한다.

당시 맥 박사와 맥리시 변호사는 이 문제가 밖으로 퍼지는 것을 막아 내부적으로 조용히 처리하고 싶었다는 것이다. 그러나 결국 시한 변호사가 외부에 알린 편지로 언론의 집중적인 관심을 받게 된 것은 분명했다. 언론들은 하버드가 맥 박사의 학문의 자유를 침해하고 마녀사냥을 하고 있다는 식으로 보도했는데, 이 역시 자신에게 결과적으로는 도움이 됐다고 한다.

맥 박사와 맥리시 변호사는 위원회에 모두 80쪽 분량의 반론서를 제출했다. 위원회가 적법한 절차를 따르지 않고 있다는 내용이었다. 맥리시 변호사는 위원회가 맥 박사의 학문의 자유를 침해하고 있으며, 하버드대학이 유지해온 도덕성에 먹칠을 하고 있다고 비판했다.

맥리시 변호사는 맥 박사가 다른 사람들을 돕기 위해 열정을 다해 일해 온 사람이라면서, "환자들을 고통받게 하는 것은 (맥 박사가 아니라) 위원회와 위원회의 조사 방식이다."고 비난했다.

맥 박사를 옹호하는 전문가들도 속속 참여했다. 하버드 커뮤니티 보건 프로그램에서 행동의학 관련 전문가로 활동하는 로베르타 콜라산티는, 맥 박사가 납치 경험자들을 인터뷰하는 과정에 열 번 이상 동석한 적이 있었다고 말했다. 그는 맥 박사가 이들로 하여금 납치라는 현실을 인정하도록 압박하는 것을 한 번도 본 적이 없다고 증언했다.

펜실베이니아주립대 의대에서 활동하는 인문학 교사이자 생체 의학 윤리 담당 전문가인 대너 클라우서는 위원회에, 맥 박사의 연구에 조작이나 왜곡은 없다고 말했다. 그는 "맥 박사의 방식은 외부에 공개돼 모두가 다 볼 수 있도록 돼 있다."고 소개했다. "맥 박사의 연구 결과가 틀렸을 수도 있지만, 과학과 의학이라는 학문과 관련해서는 우리가 모르는 것들이 많다."며 "의학이라는 것은 어찌됐든 고통을 치유해주는 것이다."고 주장했다.

그는 "의학이라는 것은 순수과학과는 달리 특정 접근 방식이 (결과론적으로) 성공적이었다면, 이 과정에 대해 세부적인 것까지 조사할 필요가 없는 학문이다."며 "맥 박사가 환자들에게 해를 끼친 게 있느냐?"고 되물었다. 그러면서 오히려 환자들은 상황이 개선됐고, 맥 박사는 이들이 적절한 도움을 받는 것을 방해하지 않았다고 덧붙였다.

납치 경험자들의 상당수는 다른 정신과 의사들과 만나보기도 했지만 도움이 되지 않았다고 밝혔다. 클라우서 교수는 "맥의 환자들은 그의 치료 방식에 동의했고, 그와 자유롭게 이야기를 나누고 반복적으로 그를 찾아왔다."고 말했다.

하버드 의대 정신과 의사인 조지 베일런트 교수는 닐 루덴스타인 하버드대학 총장에게 해당 위원회의 조사를 비밀에 부치는 것이 아니라,

공개적인 토론이 이어질 수 있도록 해달라고 부탁했다. 존 맥 박사가 일종의 초자연적인 문제를 건드린 것이 잘못이라면 잘못일 수도 있지만, 의학적으로 잘못된 시술을 한 것은 아니라고 강조했다.

그는 "이 위원회의 조사는 하버드대학에도 위험하다."며 "이 싸움의 승자는 아무도 없게 될 것이다."고 단정했다. 그는 "하버드대학이 임직원이 갖고 있는 믿음에 대한 판단을 내리는, 교회 같은 역할을 맡아서는 안 된다."고 지적했다.

하버드 교내신문인 [하버드 크림슨]은 4월 중순, 시한 변호사가 외부에 퍼뜨린 편지와 함께 현재 진행되고 있는 일들을 보도했다. 대학 측은 신문의 논평 요청에 응하지 않았다. 맥리시 변호사는 위원회가 이런 내용을 고의적으로 교내신문에 제공한 것으로 여겼다.

그해 5월 [뉴욕타임스]는 「하버드대학이 외계인들에 대해 쓴 교수에 대한 조사를 진행하고 있다」는 제목의 긴 기사를 게재했다. 윌리엄 호난이라는 기자가 쓴 기사였는데, 그는 이후 [뉴욕타임스] 문화부장을 지낸 인물이다. 그는 "맥 박사가 본 사례들은 부적절한 치료 과정에서 나온 환영(幻影)일 가능성이 있다."고 했다. 그는 "맥 박사에 따르면 외계인들이 정자와 난자를 채취하고 강제로 성 관계를 맺도록 한다."는 내용을 기사에 담으며, 조롱하는 듯한 모습을 보였다.

위원회는 11개월간의 조사를 마친 뒤인 1995년 6월 초, 41쪽짜리의 최종 보고서를 발표했다. 위원회는 최종 보고서에서 "맥이 그의 (연구) 대상, 혹은 환자를 동정심을 갖고 도와주려 했다는 사실을 인정한다."고 했다. 그러나 "그의 연구는 환자들이 경험한 이야기와 이들이 암시하는 내용에 더 집중한 것으로 보인다."며 "정신 질환이나 다른 정신적

요소에 따른 상황일 가능성을 고려하지 않았다."고 지적했다.

또한 "맥 박사는 그의 연구 대상, 혹은 환자들에게 이들이 경험했다고 하는 내용이 심리적 현상이 아니라 실제로 일어난 현실이었던 것으로 받아들이도록 영향력을 행사했다."며 "감정 불안 등 치료할 수 있는 문제들을 방치함에 따라 환자들을 위험에 노출되게 했다."고 주장했다. 보고서는 맥 박사가 외계인이 인간의 몸에 심었다는 특수 물체, 원인 미상(未詳)의 상처, 임신 관련 문제 등 실체가 있는 증거를 제시하지 못했다고도 지적했다.

이 보고서는 UFO 목격 사례에 대해서도 증거가 없다는 결론을 내렸다. 이를 음모론으로 치부하는 한 학자의 책을 인용, "대다수의 UFO 목격 사례는 사기극이거나 판단 오류인 것으로 증명됐다."고 했다. 보고서는 "맥은 동료들에게 연구 결과를 전달하며 의견을 요구하는 절차를 밟지 않았다."는 점도 비판했다.

맥 박사가 변론을 통해, 각종 학회지에 글을 게재하고 싶었으나 글이 실리지 않았다는 주장은 무시해버렸다. 위원회는 맥 박사의 연구 방식이 하버드 의대의 기준에 부합하지 못했으며, 하버드 의대와 정신과 역시 그의 연구를 제대로 관리 감독하지 못한 책임이 있다는 결론을 내렸다.

맥 박사와 맥리시 변호사는 콜라산티 등 맥에게 우호적이었던 사람들의 의견이 하나도 반영되지 않은 것에 반발했다. 케임브리지 병원 정신과에서 맥 박사의 지도를 받았던 레지던트들과 인턴들도 렐만 위원장에게 편지를 써, 위원회의 조사가 부당하다는 의견을 전달했다. 이들은 위원회에 출석해 증언을 하고 싶다고 밝혔다.

하버드 법대의 저명한 법학자인 앨런 더쇼비츠도 맥 박사를 옹호하는 글을 썼다. 그는 "특정 교수의 이념에 대해 공식적인 조사를 한다는 것은 학문의 자유를 침해하는 행위다."고 단정했다. 그는 "전통적이지 않은 분야에 대한 연구를 하는 교수들이 앞으로도 있을 텐데, 이들이 자신의 이념을 변호하기 위해서는 변호사를 고용해야 한다는 걱정 때문에 이런 연구를 하지 않을 가능성이 있다."고 우려했다.

더쇼비츠는 하버드대학이 맥 박사에게 어떠한 조치도 내리지 못할 것이라는 사실을 안다고 단언했다. 또한 맥 박사도 계속해서 관련 분야 연구를 계속할 수 있게 될 것이라고 전망했다. 그러나 위원회의 이와 같은 조사 방식에는 문제가 있다고 했다. 그는 "'다모클레스의 칼'이 주류에서 벗어난, 특히 정치적으로 민감한 부분에 대한 연구를 하는 교수들의 머리 위에 달려 있는 것과 같다."고 빗댔다.

(注 : 기원전 4세기 고대 그리스 디오니시우스 왕은 신하 다모클레스가 왕의 권력과 부富를 부러워하자, 그에게 왕좌에 앉아볼 것을 제안했다. 다모클레스가 왕좌에 앉아 천장을 바라보니 말총에 매달린 칼이 자신의 머리를 겨냥하고 있는 모습이 보였다. 이는 겉으로는 호화롭게 보이지만, 언제 떨어질지 모르는 검 밑에서 늘 긴장하고 있는 것이 권력자임을 보여주는 이야기로 자주 쓰인다.)

위원회의 조사가 진행된 지 1년 반이 흐른 1995년 7월 말, 대니얼 토스테슨 하버드 의대 학장이 맥 박사를 자신의 사무실로 불러 열흘 전 작성된 편지를 건네줬다.

《존, 당신이 고통스러운 경험을 했다는 사람들을 연구하고 이들의 감정 불안을 치료하는 것을 내가 막으려고 하는 것이 아니라는 점을 알고 있기를 바랍니다. 또한 비전통적인 병리학을 바탕으로 한 하나의 신드롬의 개념을 세워나갈 권리가 당신에게 없다고 하려는 것이 아닙니다. 하지만 우리 임직원들의 상징과 같은 임상 치료와 임상 조사 행위에 대한 높은 기준을, 당신이 열정에 사로잡혀 위반하게 되는 일이 생길까 우려됩니다.

임직원으로서 자유로운 조사를 할 권리와 환자 및 연구 대상의 권리를 분류하는 것이 항상 쉬운 일만은 아닙니다. 우리는 하버드 의대 임직원의 대표로서 이 두 사안 모두를 보호해야 할 의무가 있습니다. 당신이 이를 도와주기를 바랍니다.》

토스테슨 학장은 맥 박사와 이 편지의 한 문단 한 문단을 같이 읽어 나갔다. 토스테슨 학장이 맥 박사의 열정 부분을 언급하는 과정에서 맥은 "맞다, 새로운 사실을 발견하는 데 따른 흥분으로 종종 주의력을 잃었다."고 털어놨다. 이날 이 자리에 함께 했던 제임스 아델스타인 하버드대학 총괄 학장은 맥에게 "지금까지 일어난 일들이 당신에게 기분 좋은 일이 아니었다는 것은 알지만, 이제 우리 모두 다 조금 더 편안한 상황이 됐다고 생각한다."고 위로했다. 맥 박사는 토스테슨 학장에게 "당신도 고통스러웠다는 것을 잘 압니다."고 말한 뒤 방을 나섰다.

하버드대학은 보도자료를 통해 맥 박사에게 하버드 의대의 높은 기준을 위반하지 않도록 경고를 줬다고 밝혔다. 그러면서 "어떤 방해도 받지 않으며 그가 원하는 생각들에 대한 연구를 할 수 있는 자유의 학문을 보장하도록 하겠다."고 약속했다.

이로써 하버드대학에서는 사실상의 '무죄(無罪)'를 선고받았지만, 맥 박사는 외부로부터 계속해 공격을 받게 된다.

제4장

불의의 사고로 숨진 존 맥 박사

"누가 물어본다면 내가 미치지 않았다고 말해주세요."

마조히스트와 같은 납치 경험자

1996년 [심리학 저널(Psychological Inquiry)]에 또 한 차례 맥 박사를 공격하는 글이 실렸다. 심리학자인 레오나르드 뉴먼 일리노이대학 교수와 케이스웨스턴리서브 대학의 로이 바우마이스터 교수가 쓴 글로, UFO 납치 현상은 외계인과 관련이 없다는 내용이었다. 이들은 외계인에게 납치를 당했다는 사람들이 정신적으로 문제가 있거나 거짓말쟁이라고 생각하지는 않는다고 밝혔다. 하지만 이들의 주장을 사실로 받아들일 수는 없다고 주장했다.

이들은 "우리는 이를 현실에서 발생하는 일로 받아들이지 않으며 왜곡된 기억, 혹은 개인이 갖고 있는 판타지에 의한 현상으로 본다."고 말했다. 이들은 납치 경험자들이 겪는 현상이 일종의 마조히즘과 연관돼 있다는 가설(假說)을 내놨다. 마조히즘이란 이성(異性)으로부터 정신적, 혹은 육체적 학대를 받는 데서 성적 쾌감을 느끼는 변태적 성욕을 뜻한다.

이들은 이런 가설을 뒷받침하는 첫 번째 이유로, 납치 경험자들이 떠올려낸 이야기들 대부분이 혼자 생각해낸 것이 아니라 누군가의 도움을 받은 것이라는 점을 꼽았다. 맥 박사와 같은 전문가의 도움을 받아 이야기를 만들어 갔다는 것이다. 이들은 납치 경험자들이 비슷한 경험을 했다는 사람들, 이런 일들이 실제로 발생할 수 있다는 사람들과 가깝게 지냈다는 점도 언급했다. 비슷한 생각을 하는 사람들끼리만 가깝게 지내다보니 이를 더욱 현실로 받아들이게 됐다는 의미로 해석됐다.

이 심리학자들은 '납치를 경험했다는 사람들이 왜 사실이 아닌 끔찍한 이야기를 떠올리려고 했을까?'라는 질문에 대해서도 연구했다. 이들은 납치 경험자들은 공통적으로 어딘가에 묶여 수치스러운 일을 당했고, 종종 고통을 받았다고 단정했다.

뉴먼과 바우마이스터 교수는 이런 경험자들과 마조히즘 성향을 갖고 있는 사람들 사이에는 공통점이 있다고 했다. 두 부류 모두 서방세계에 거주하는 백인이 많고, 사회 및 경제적으로 상류층에 속한다는 것이었다. 수도꼭지 같은 것에 의해 정자를 채취당했다는 이야기, 금속 물체로 고환을 감쌌다는 주장이 나오는데, 이는 마조히즘 성향의 사람들이 하는 이야기와 비슷하다고 설명했다.

이런 성향의 사람들은 평상시의 생활에서 갑자기 일탈을 해 고통과 쾌락을 느끼는데, 이를 경험한 뒤 다시 평상시로 돌아오게 된다는 것이다. 평상시로 돌아와서는 자신이 무언가 엄청난 경험을 했던 것과 같은 느낌을 받는다고 했다.

맥 박사는 자신이 운영하는 연구실 동료들과 함께 이에 대한 반박 형태의 글을 썼다. 그 글의 제목은 「UFO 납치 현상에 대한 더욱 인색한 설명」이었다. 맥 박사를 비롯한 저자들은 뉴먼과 바우마이스터 교수가 이런 현상에 대한 진지한 연구를 한 것에 감사하다면서도, 그들이 납치 경험자들을 실제로 만나보지 않았다는 데 문제가 있다고 지적했다.

또한 문화적인 편견이 깔린 글이라고 비판했다. 이들은 납치 경험자의 이야기가 최면을 통해 조작됐다고 할 수 없다는 점을 전제했다. 사람들이 깨어있을 때 발생한 경우가 많기 때문에 수면 마비, 혹은 가위눌림 현상으로 단순히 무시할 수 없다는 것이다.

맥 박사 등은 이런 현상이 서방세계의 문화적 현상이 아니라고도 봤다. 브라질을 비롯한 세계 곳곳에서 비슷한 현상이 보고되고 있다고 했다. 뉴먼과 바우마이스터 교수가 주장하는 것과는 달리, 납치 경험자들은 일반 사람보다 판타지에 빠질 가능성이 더 높은 사람들이 아니었다는 반론을 폈다. 이들 교수들의 주장처럼 자기만족을 위해 이런 이야기를 떠올려내는 것이 아니라, 이를 떠올려내면서 매우 괴로워했다는 것이다.

그들은 납치 경험자들을 마조히즘과 연관시키는 것은 옳지 않다고 주장했다. 마조히즘이라는 것은 어느 정도 제한된 고통과 수치심을 느끼며, 몸을 움직일 수 없는 과정에서 발생하는 성적 쾌락을 의미한다고 했다. 하지만 납치 경험자들이 겪은 것은 이 정도 수준이 아니라는 것이다. 이들은 겁에 질렸었고, 이런 경험을 통해 쾌락을 느끼지도 않았다고 했다. 특히 성적인 쾌락은 느끼지 않았다고 반박했다.

맥 박사는 하버드 심의위원회의 조사가 끝난 4년 뒤인 1999년 4월, 위원회의 권고에 따라 동료 교수들을 불러 납치 현상을 토론하는 모임을 가졌다. 이틀간 진행된 세미나는 하버드 신학대학원에서 열렸고, 여러 정신과 의사들과 심리학자, 철학자, 그리고 납치 경험자들이 참석했다.

이날 세미나에서도 납치 현상을 이야기할 때마다 나오는 이야기들이 주제가 됐다. 납치 경험을 할 당시 이들의 몸이 실제 다른 곳으로 옮겨졌는가라는 질문이었다. 만약 다른 곳으로 옮겨졌다면, 이들이 사라지고 돌아오는 과정을 왜 아무도 보지 못했느냐는 질문이 이어졌다. 이에 대한 실체를 조사하기 위해서는 어떤 방식을 택해야 하는지, 납치 경험자들이 정신적인 문제가 없는지도 이런 세미나에 등장하는 단골 질문이었다.

맥 박사는 우선 납치 경험자들에게 정신적 문제는 없다고 단언했다. 200명 이상을 만나본 결과, 정신병원에서 치료를 받을 정도로 문제가 있는 사람은 세 명에 불과했다는 것이다. 그는 이런 정신병을 앓은 사람들의 경우에도 납치 경험이 영향을 끼쳤을 수는 있지만, 질병의 원인은 아니라고 설명했다.

이날 세미나에 참석했던 전문가들은 자신들의 전문 분야에 맞춰 추가 연구를 진행해보겠다고 말했다. 감정 불안 증세를 전문적으로 다루는 한 정신과 의사는, 납치 경험자들이 이런 기억을 떠올리며 보이는 몸의 반응을 조사해보겠다고 약속했다. 한 물리학자는 인간의 몸이 벽을 관통할 수 있는지, 빛에 몸을 맡긴 채 이동할 수 있는지 연구해볼 필요가 있다고 말했다.

하버드 신학대학원에서 열린 세미나에 참석한 사람들은 납치 현상을 이해하기 위해서는 추가적인 연구가 필요하다는 결론을 내렸다. 납치 현상을 논의하는 여느 때와 마찬가지로 해답보다 질문이 더 많아진 회의였다. 맥 박사는 이번 세미나에서 나온 이야기들의 녹취록을 정리해 렐만 위원장에게 전달했다.

렐만 위원장은 녹취록을 받은 6개월 뒤 답장을 했다. 그는 회의에 제한적인 분야의 사람들만 참석한 것이 실망스럽다고 했다. 납치 경험자들을 세미나에 참석하게 해 논의를 우습게 만들었다고도 비난했다. 그는 맥 박사가 납치 현상에 대한 논쟁의 핵심을 자꾸 벗어나고 있다고 내몰았다.

렐만 위원장이 이야기하는 핵심이란 '납치라는 것이 물리적으로 일어난 것인지, 아니면 뇌 속에서 발생한 단순한 정신적 현상인지 여부'였다. 렐만은 맥 박사의 연구 방식에 여전히 문제가 있다는 의견을 전달하며, 1999년 양자역학 관련 연구로 노벨 물리학상을 공동으로 수상한 네덜란드의 물리학자 헤라르트 엇호프트가 쓴 글 하나를 동봉했다. 엇호프트는 「물리학과 초자연적 현상」이라는 글에서 외계인에 의한 납치는 물리적으로 발생하는 일이 아니며, 정신적인 세계에서 일어난 일이라고 주장했다.

맥 박사는 이 편지를 받은 7개월 뒤에 답장을 보냈다. 그는 신학대학원에서 열린 세미나는 우선 납치 현상의 실체를 보여줄 과학적 증거를 찾아내기 위한 목적에서 열린 것이 아니라고 밝혔다. 그는 증거라는 것은 이미 존재하지만, 이를 통해 해당 현상을 완전하게 입증하지는 못할 뿐이라고 주장했다. 맥 박사는 세미나의 목적은 이런 현상을 검토하고, 앞으로 어떤 방식으로 연구를 해나가야 하는지를 알아보기 위해서였다고 덧붙였다.

맥 박사와 렐만 위원장의 가장 큰 시각 차이는 '현실'이라는 것이 무엇인지에 있었다. 렐만은 물질적으로 증명이 되지 않는 현상은 그냥 단순한 심리적 현상일 뿐이라는 입장이었다.

존 맥 박사(존 맥 연구소 제공).

프린스턴 신학대학원에서 석사 학위를 받은 제프 레디거 정신과 의사 겸 신학자는, 납치 현상이라는 것은 렐만의 주장처럼 이분법으로 판단할 간단한 문제가 아니라고 지적했다. 그는 하버드 의대 소속인 매사추세츠주 미들보로에 위치한 맥클린 성인 정신과 병원의 과장을 지내게 되는 인물이다. 그는 렐만이 지나치게 단순화한 방식으로 접근하고 있다고 봤다. 레디거는 객관적 현실이라고 하는 것이 꼭 만질 수 있는 것이어야만 하지는 않는다고 강조했다.

맥 박사가 개최한 세미나에 참석했던 툴레인대학 마이클 지머맨 심리학자는, 우주가 여러 차원으로 구성됐다는 개념으로 들여다보면 모든 초자연적인 현상을 설명할 수 있게 된다고 설명했다. 세미나에 참석했던 하버드 천체물리학자 루돌프 실드는, 한 납치 경험자가 외계인이 사는 행성 주위를 비행했었다는 이야기에 관심을 가졌다.

이 경험자는 쌍성(雙星), 즉 두 개 이상의 별들이 서로의 인력에 의해 일정한 주기로 공전하고 있는 모습을 봤다고 주장했다. 실드는 이런 현상은 일반인이 연구하거나 추측, 혹은 만들어낼 수 없는 수준의 이야기이며, 극소수의 과학자들만 알고 있는 사실이라고 밝혔다.

"가능하다고 한 것이 아니라 사실이라고 했을 뿐이다."

맥은 이후 일반적인 납치 현상이 아닌 보다 철학적인 질문에 빠지게 됐다. 그는 1994년 출간된 『납치』의 후속편이라고 할 수 있는 『우주로 가는 여권(旅券) : 인간의 변화와 외계인과의 조우(遭遇)』라는 책을 1999년에 냈다.

맥 박사는 이 책에서 "나는 납치 현상이라는 것이 실제 몸에서 물리적으로 일어나고 있는 현상을 반영한다고만은 보지 않는다."고 했다. 그는 외계인 납치 현상에 있어 더 이상 물질적인 현실은 중요하지 않다는 입장으로 바뀌었다. 그는 이보다 중요한 것은, 이런 현상이 납치 경험자들과 인류에 끼치게 될 영향이라고 주장했다.

맥 박사는 이 책에서 외계인 납치 현상이라는 것은 인간의 의식에 정면으로 맞서는 가장 미스터리한 사건 중 하나라고 말했다. 그는 이를 죽음 직전까지 갔던 상황, 유체이탈(遺體離脫), 곡물 밭에 나타나는 원인 불명의 원형 무늬(注 : Crop Circles=일부는 이를 외계인이 만든 것이라 주장한다) 등과 같은 미스터리라고 설명했다.

그는 이 책에서 19세기 말부터 20세기 초에 활동하던 영국인 물리학자 윌리엄 크룩스의 이야기를 소개했다. 그는 음극선(陰極線)이라는 것의 원리를 발견한 과학자이다. 크룩스는 당시 유럽에서 영매(靈媒)와 관련된 일을 하고 있는 대니얼 던글라스 홈이라는 인물의 주장이 거짓이라는 것을 증명하기 위해, 그를 찾아가게 됐다.

크룩스는 홈이 공중부양을 하고, 아코디언을 만지지 않고 연주하는 것을 보게 됐다. 크룩스는 그의 주장이 사실이 아닌 것을 밝히려 그를 찾았다가 그를 믿는 사람이 됐다. 사람들은 크룩스에게 그가 본 것은 사실일 수가 없다고 지적했다. 크룩스는 이런 말이 떠오른다며 이들에게 다음과 같이 이야기했다. “나는 한 번도 이것이 가능하다고 말한 적이 없다. 내가 말한 것은 이것이 사실이었다는 점이다.”

맥은 UFO 납치 관련 두 번째 책에서는 빛을 통한 이동, 그리고 외계인과 인간의 혼종(混種), 지구 종말론이라는 문제를 더욱 깊이 다뤘다. 맥 박사는 이 책의 결말에서도 첫 번째 책인『납치』와 같은 질문을 던졌다. 이 모든 것이 실제로 일어난 일일까? 하지만 그는 이것이 이 문제에 있어 가장 중요한 질문은 아니라고 고개를 저었다. 가장 중요한 질문은 “납치 경험자들이 겪은 현상이, 다른 차원의 현실이 있다는 점을 시사하는 지의 여부이다.”고 잘라 말했다.

맥 박사는 그의 납치 관련 두 번째 책에 대해서도 엄청난 반발이 일어날 것으로 예상했으나, 아무 일도 일어나지 않았다. 그는 한 친구에게 다음과 같은 글을 썼다. “언론은 지난번처럼 나를 공격하지는 않는데, 침묵의 벽을 세워놓은 것 같다.” 맥 박사의 연구는 점점 더 다른 차원의 이야기로 흘러가게 됐다. 이에 따라 주류 언론과 학계의 관심으로부터 점차 멀어지게 되는 것으로 보인다.

맥 박사의 UFO 연구에서 든든한 후원자였던 록펠러 가문의 후손 로렌스 록펠러는 2004년 7월11일, 94세의 나이로 생을 마감했다. 그는

1990년대 중반부터 UFO 현상을 연구하는 단체들에 재정적 지원을 해줬고, 정부 관계자들과도 만나 UFO 현상을 알리려 애썼다. 록펠러는 빌 클린턴 대통령과 영부인 힐러리 클린턴과 만나 현재 진행되고 있는 UFO 연구들을 소개하기도 했다.

록펠러가 지인들에게 전한 말에 따르면, 클린턴 내외는 UFO와 관련해 별다른 반응을 내놓지 않았다. 다만 힐러리 클린턴은 남편 빌 클린턴이 자리를 비웠을 때 록펠러에게 다가와, 이 문제를 다시는 대통령 앞에서 언급하지 말라고 당부했다고 한다.

이 무렵 맥 박사가 운영하던 「심리학 및 사회 변화 센터」라는 단체는 재정적으로 어려워지기 시작했다. 맥 박사는 이 센터를 통해 UFO 관련 연구를 진행해왔다. 그의 동료들은 기부금을 더 받기 위해 이 센터의 이름을 「존 맥 연구소」로 바꾸자고 제안했다.

맥 박사는 동료들에게 "원래 누군가의 이름을 딴 연구소는 그가 죽은 뒤에 이름을 붙이는 게 일반적이지 않느냐?"고 물었다고 한다. 그는 "아직은 건강하지만 몸이 약해지고 있는 게 분명한 것 같다."고도 했다. 그는 그 무렵 양쪽 눈의 백내장 수술을 받은 상황이었다. 전립선염을 앓고 있던 그는 약초상(藥草商)으로부터 야자나무 열매와 쐐기풀 뿌리 등을 처방받아 복용하고 있었다.

맥 박사의 평판과 위상은 크게 추락한 상황이었다. 그는 2004년 당시, 조지 W. 부시 대통령의 재선(再選)을 막기 위한 풀뿌리 운동에도 참여했다. 그는 이라크 전쟁을 심각한 문제로 받아들였고, 어떻게 해서든 부시 대통령의 재선을 막아야 한다고 말했다.

그는 뉴햄프셔주 맨체스터에서 열리는 존 케리 후보 지지 모임에 참석하기도 했다. 그는 동료들과 함께 20곳의 가정을 직접 방문해 존 케리를 지지해달라고 호소했다. 그는 이런 풀뿌리 운동의 중요성을 담은 글을 써 진보 성향의 투표 독려 홈페이지인 「아메리카 보트」에 보냈다. 자신의 이름을 실명(實名)으로 써도 된다고 알려줬다. 그러나 이 홈페이지 관리자 측이 "매사추세츠주의 한 자원봉사자로 소개하는 것이 더 나을 것 같다."고 알려왔다. 논란의 소지가 있는 맥 박사의 정체를 알아챈 것이었다.

맥 박사는 이를 듣고 웃음을 보였다고 한다. 자신에 대한 사람들의 평가가 나빠졌다는 사실을 본인 스스로도 알고 있었다. 그는 주변 사람들에게 "내가 죽은 사람들과 이야기를 나누고 있다는 말까지 했으면 (홈페이지 관계자들은) 어떤 생각을 했을까?"라고 물었다고 한다. 맥 박사의 가까운 동료들도 그와 거리를 두기 시작했다. 맥 박사와 엮여 커리어에 불이익이 생기는 것을 우려했던 것이다. 주변 사람들은 맥 박사를 '아, 납치 얘기하는 사람'이라는 수식어로 부르곤 했다.

2004년 9월의 마지막 주말, 맥 박사는 영국 옥스퍼드에 있는 세인트 존대학에서 열리는 T. E. 로렌스 기념행사에 초청받게 됐다. 맥 박사는 1970년대에 로렌스의 인생을 심리학 측면에서 재조명한 전기(傳記)를 써 퓰리처상을 받았었다. 이날 행사는 영국인 역사가이자 로렌스에 대한 책을 쓴 제레미 윌슨 등이 주최했다.

윌슨은 하버드대학이 출장비를 지원해주지 않으면 자신이 이를 대주겠다고 제안했다. 맥의 이혼한 부인인 샐리가 모아둔 마일리지 포인트를 사용해 비행기 표를 마련해줬다고 한다. 정확히는 모르겠지만 맥 박사는 말년에 어느 정도 재정적 어려움을 겪은 것 같았다.

맥 박사는 처음 초청을 받았을 때 참석해야 할지를 고민했다. 책을 쓴 지 30년이 넘었고, 구체적인 내용들을 이미 많이 잊어버렸기 때문이다. 윌슨은 이번 행사는 학술적인 것이 아니라 로렌스를 좋아하는 사람들이 모이는 캐주얼한 행사라며 맥을 안심시켰다.

맥 박사는 9월 마지막 주 목요일 런던에 도착했다. 그는 영국에서 활동했던 유명한 사후 세계 연구가인 몬타그 킨의 미망인인 베로니카 킨을 만났다. 맥 박사는 몬타그와 가깝게 지내며 이런 문제들을 함께 고민하곤 했었다. 몬타그는 그해 1월 심장마비로 숨을 거뒀다. 향년 78세.

이날 세미나는 성공적이었다. 맥은 로렌스 지지자들의 큰 환호를 받았다. 맥 박사는 자신의 아버지가 버몬트주에서 교통사고로 숨진 이야기를 하며, 이를 1935년 오토바이 사고로 숨진 로렌스와 연결시키기도 했다.

맥 박사는 세미나가 끝난 뒤 킨과 함께 세포 생물학자이자 초(超) 심리학자인 루퍼트 셸드레이크를 만나 점심을 먹었다. 셸드레이크는 맥 박사와 비슷한 점이 많았다. 그는 주류의 학문과는 거리가 먼 '형태 공명론(形態共鳴論)'이라는 것을 연구한 사람이다. 이는 자연의 모든 것들은 선천적으로 서로 소통을 하게 된다는 이론이다. 예를 들어 애완견들은 주인이 밖에 나갔다가 집으로 돌아올 때, 그가 오고 있다는 사실을 알 수 있다는 것이었다. 셸드레이크 역시 동료 과학자들로부터 멸시와 비판을 받았다.

맥 박사는 셸드레이크와 헤어진 뒤 금융 컨설턴트들과 만나 저녁을 먹었다. 맥 박사가 운영하는 연구소에 들어오는 기부금을 늘릴 수 있는 방법을 논의하기 위해서였다. 그는 모임을 마친 뒤 지하철을 타고 킨의 집으로 향했다. 그는 밤 11시20분쯤 지하철역에서 나왔다. 킨이 역에 도착해 전화를 하면 데리러 오겠다고 했으나, 맥 박사는 15분 정도의 거리니 그냥 혼자 걸어가기로 했다.

그는 롱랜드 드라이브 선상에 있는 사거리 쪽에서 서쪽 방향으로 걸어갔다. 그는 길을 절반 정도 건너고 있었다. 맥 박사는 미국에서 살던 본능에 따라 오른쪽만을 주시했다. 영국은 미국과 달리 자동차가 좌측에서 달리고, 서쪽 방향으로 향하는 길에서 오는 자동차는 왼쪽에서 온다.

이때 그는 50세 컴퓨터 엔지니어인 레이몬드 체코브스키가 운전하는 차에 치이는 사고를 당했다. 그는 어두운 밤길에 사람이 건너는 것을 발견하고 브레이크를 밟았으나 이미 늦었다. 경찰은 운전자에게서 술 냄새를 맡고 음주 측정을 했다. 알코올 농도는 0.05이었다. 영국의 음주운전 기준은 0.04 이상이었다.

그는 이후 피 검사를 통한 혈중 알코올 농도 역시 측정했는데 0.097이었다. 기준인 0.08을 초과하는 수치였다. 사고 현장에 있던 목격자는 맥 박사가 "제발 저를 도와주세요."라고 말했다고 한다. 그는 구조대원의 발목을 손으로 붙잡은 채 의식을 잃어가기 시작했다.

의식을 잃은 맥 박사는 인근에 있는 바넷 병원으로 이송됐다. 그는 이송된 두 시간 뒤인 2004년 9월28일 새벽 12시20분에 사망 판정을 받았다. 왼쪽 정강이뼈, 척추, 갈비뼈 여러 개가 골절됐었다. 사고로 인해 폐를 크게 다쳤다. 그의 나이 74세였다.

경찰은 맥 박사의 호주머니에 있는 킨의 주소를 찾아내 새벽 2시 반, 그녀의 집을 찾아갔다. 맥 박사의 사고 소식은 보스턴에 있는 그의 지인들에게 빠르게 전달됐다. 존 맥 연구소는 홈페이지를 통해 곧 공식 발표를 할 것이라고 알렸다.

케임브리지 병원 정신과 총괄 과장인 제이 버크는 9월28일 정오 동료들에게 e메일을 보내 "어젯밤 존 맥이 비극적인 교통사고를 당해 숨졌다는 비보를 접수했다."고 알려주었다. 킨은 영안실에서 존 맥 박사의 시체를 확인했다. 킨은 맥이 "(죽는다는 것이) 이렇게 쉬운 일일지 전혀 몰랐다."고 말하는 것 같았다고 전했다.

킨은 맥이 숨진 이틀 뒤 교령회(交靈會= 산 사람들이 죽은 이의 혼령과 교류를 시도하는 모임)를 진행했다고 한다. 그는 블루멘탈 기자와의 인터뷰에서 "존이 나타나 죽음에 대해 설명했다."고 말했다. 맥이 "깃털 같은 것 하나가 내 몸을 만지는 것 같았는데, 아무런 느낌이 들지 않았다."며 "나는 떠날지, 아니면 남을지 선택할 수 있었다."고 하더라는 것이다. 맥은 "부서진 내 몸을 위에서 내려다보고 있었다. 나는 떠나기로 결심했고, 가보니 (킨의 남편인) 몬타그가 나를 기다리고 있었다."고 했다고 한다.

하버드 케임브리지 병원 내과 전문의인 빅터 구레비치는 맥과 어렸을 때부터 친했던 사람이다. 구레비치의 가족은 그가 초등학교 6학년 때 전쟁 난민 자격으로 영국에서 미국으로 이주했고, 이때부터 맥과 학교를 같이 다녔다. 구레비치는 맥이 로렌스에 대한 글을 쓰던 시절이 기억난다며 잘 되겠나 하는 의문이 들었다고 당시를 돌이켰다. 그러다 퓰리처상을 받았다는 소식을 듣고 깜짝 놀란 기억이 났다고 한다.

맥 박사가 납치와 같은 '미친 것'을 연구하다 하버드대학과 갈등이 생겼던 시절도 기억난다며, 맥을 오랫동안 봐온 자신으로서는 놀랍지 않았다고 했다. 구레비치는 "맥은 항상 무언가 흥미로운 일을 하던 사람이고, 이에 꽂히면 물불을 안 가린 사람이었다."면서 "지인 중 맥만큼 오랫동안 알아온 사람이 없는데, 나는 맥이 어떤 사람인지 아직도 잘 모르는 것 같다."고 덧붙였다.

킨과 로렌스 세미나를 주관했던 관계자들은 10월13일, 런던의 한 공동묘지에 모여 작은 장례식을 치렀다. 이날 장례식에는 영국 국방부 소속 직원인 닉 포프도 참석했다. 그는 UFO에 많은 관심을 갖고 있던 인물이었다.

미국에서의 장례 예배는 사고로부터 약 7주 뒤인 2004년 11월13일에 하버드대학 교회에서 진행됐다. 가족과 동료 100여 명이 참석했다. 이날 예배는 하버드 신학대학 교수이자 흑인 동성애자 목사인 피터 고메스가 담당했다. 고메스는 "이번 생(生)과 다음 생으로 가는 과정은 우리 누구도 알지 못하는 위대한 미스터리인데, 이제 존 맥은 모든 것을 알게 됐다."고 말했다.

에드 칸트지안은 맥 박사와 함께 하버드의 정신과 프로그램을 케임브리지 병원에 자리 잡도록 한 인물이었다. 그는 장례 예배 자리에서 자신은 맥 박사의 납치 이론에 대해서는 부정적이었다고 고백했다. 맥은 그럼에도 그에게 『우주로 가는 여권』이라는 책을 선물했다고 한다. 칸트지안은 맥이 그에게 마지막으로 남긴 말이 계속 머리에 맴돈다고 털어놨다. "누가 물어본다면 내가 미치지 않았다고 말해주세요."

납치 경험자인 카린 어스틴도 이날 단상에 올라 추모 인사말을 했다. 그녀는 눈물을 흘리며 "내가 가장 원하지 않는 자리에 서게 됐다."고 했다. 어스틴은 마지막까지 맥 박사와 가까이 지낸 사람 가운데 한 명이었다. 맥 박사가 런던을 떠날 때 공항에 데려다준 것도 그녀였고, 미국에 돌아오면 공항으로 마중나기로 약속했었다고 한다.

어스틴은 맥 박사가 납치를 경험한 자신에게 큰 도움을 줬다고 밝혔다. 자신을 믿어줬다고 한다. 그녀는 고맙다는 말을 한 번도 하지 못한 게 한이 된다고 말했다. 그녀는 단상을 내려오며 발을 헛디뎌 엎어질 뻔했다.

맥의 가족은 영국 법정에 체코브스키에 대한 선처를 부탁하는 탄원서를 제출했다. 사건 당시 상황을 보면 체코브스키가 의도적, 혹은 악의적으로 맥을 친 것이 아니라 단순한 사고였다는 것이다. 이들은 탄원서에서 "그가 이 사건으로 이미 겪었을 충격과 죄의식에 동정심을 느낀다."며 "더 많은 고통을 받지 않았으면 좋겠다."고 바랐다.

또한 "존 맥은 체코브스키 씨가 감옥에 가는 것을 원하지 않았을 것이다."며 "그가 감옥에 간다고 해서 우리의 슬픔이 줄어드는 것은 아니다."고 덧붙였다. 영국 법원은 체코브스키에 대해 15개월의 징역형과 면허정지 3년을 선고했다.

존 맥은 '믿는 자(者)'였다!

블루멘탈 기자는 자신의 책 『빌리버(Believer)』에서 "존 맥의 여정, 영웅적이지만 완벽하지 않은 모습, 그리고 인간으로서의 모습은 이렇게 끝나게 된다."고 썼다. 그러나 또 다른 현실이 존재한다면, 맥은 계속해 사람들과 함께 해왔다고 했다.

바바라 램이라는 여성은 캘리포니아에서 활동하는 정신 치료사 및 결혼 상담사다. 그녀는 맥 박사가 숨지기 얼마 전인 2004년 7월에 그를 초청해 크롭 서클, 즉 곡물 밭에 나타나는 원인 불명의 원형 무늬가 있는 장소들을 함께 둘러본 인물이다.

그녀는 맥 박사가 숨진 한 달 뒤인 2004년 10월, 샌디에이고에 사는 딸을 만나러 갔다. 램은 딸이 기르는 고양이에게 알레르기가 있었고, 밤이 되면 밖에 있는 테라스에서 시간을 보내곤 했다. 가을의 쌀쌀한 날씨였지만 밖에서 잠을 자려고 했다.

눈을 감고 잠에 들려고 하는데 갑자기 호흡이 곤란해졌다고 한다. 그녀는 눈을 감고 있었으나 테라스에 누군가 있는 것 같았고, 맥의 목소리가 들렸다고 한다. 램은 오랜 시절을 함께 보내왔기 때문에 목소리를 착각하는 것은 불가능하다고 했다.

램은 맥 박사가 "바바라, 걱정하지 마, 다 괜찮아질 거야. 이 또한 다 지나갈 거야."라고 이야기해주는 소리를 들었다는 것이다. 램은 무언가 불빛으로 된 공이 가슴 속으로 들어와 온기를 주는 것 같았다고 돌이켰다. 그녀는 다시 숨을 쉴 수 있었고, 바로 잠이 들었다고 한다.

다음날 저녁, 션 랜달이라는 여성은 애리조나주 피닉스에서 열리는 크롭 서클 관련 세미나에 참석한 뒤 꿈을 꾸게 됐다. 랜달은 맥이 청중 속에서 나오더니 그녀에게 다가와 "이리 와, 같이 앉아서 얘기 좀 하자."고 권하더라는 것이다. 그 다음 떠올린 장면은 연회가 열리는 식당에서 맥과 같은 테이블에 앉아 있는 모습이었다. 션이 "당신이 죽었다는 거는 알고 있죠?"라고 물었다. 맥은 "당연하지!"라고 대답했다고 한다.

션은 맥이 그가 자주 입던 반팔 셔츠를 입고 있었고, 자신은 소매가 없는 블라우스를 입고 있었다고 했다. 둘의 팔이 닿자 그의 몸으로부터 엄청난 열기가 뿜어져 나오는 것을 느낄 수 있었다고 한다. 션이 맥에게 화상을 입을 것 같다고 하자 맥은 "오, 그렇다면 내가 진짜인 걸 알 수 있겠네!"라더니 "바바라는 어떻게 지내?"라고 물었다는 것이다.

션은 지갑에 넣고 다니던 바바라의 사진이 있는 것을 기억하고 맥에게 보여주려 했다. 그런데 바바라 램의 얼굴이 페인트로 덧칠을 한 것처럼 검정색으로 가려져 있었다고 한다. 맥이 션에게 "그녀를 잘 보살펴줘."라고 말했고, 그렇게 꿈은 끝났다고 했다.

션 랜달은 바바라 램에게 이런 사실을 바로 이야기해줬다. 램은 한 달 뒤 특이한 일을 또 한 차례 겪었다. 그는 금연을 하려는 한 여성 환자를 돕고 있었다. 최면 치료가 끝나는 과정에서 이 여성은 "이런 이야기를 하면 뭐라고 생각할지 모르겠는데, 여기 있는 누군가가 당신과 이야기를 하고 싶어 한다."고 말했다. 바바라 램은 이 여성 환자가 영매(靈媒)의 능력이 있는 것은 알지 못했는데, 이야기를 해보도록 하자고 했다. 그 환자가 "그의 이름은 존이다."고 알려줬다. 그녀는 존이 누구인지 전혀 모르는 것 같았다고 한다.

램은 맥과 함께 영국에 있는 크롭 서클 현장을 방문한 적이 있다. 두 사람은 파충류 같이 생긴 생명체에 관심을 갖고 있었다. 두 사람은 또 다른 UFO 연구가인 조 르웰스와 함께 2005년 3월 네바다주에서 열리는 제14차 연례 UFO 회의에 참석, 프레젠테이션을 할 계획이었다. 이날 발표의 주제로는 크롭 서클과 파충류 관련 생명체에 대한 이야기였다.

맥의 죽음으로 두 사람은 함께 발표를 할 수 없게 됐다. 램은 여성 환자를 통해 맥에게 질문을 던지기 시작했다. 램은 "조와 내가 강연하기를 원하나요?"라고 물었다. "물론이죠."라는 답이 돌아왔다. 맥은 램에게 자신이 작성해놓은 노트를 참고하라고 권했다.

자신의 집에 있는 카린 어스틴에게 전화를 걸어 노트가 있는 위치를 알려주라고 했다. 노트는 거실과 부엌 사이의 골방 책장에 있다고 말해줬다. 책장 중간에 봉투가 하나 있을 건데, 동그라미로 끈이 묶여 있다고 설명했다. 봉투는 책장에서 조금 튀어나와 있을 것이라고 덧붙였다.

램은 어스틴에게 전화를 걸어 맥(?)이 알려준 이야기를 전했다. 어스틴은 바로 노트를 찾아낼 수 있었다. 설명한 위치에 그대로 있었다. 램은 3월에 열리는 세미나에 참석해 맥 박사가 적어놓은 노트를 그대로 읽어나갔다고 한다.

블루멘탈 기자는 맥에 대한 책을 마무리하며 이렇게 썼다. "나는 처음 이를 시작했을 때보다는 조금은 더 만족할 만한 설명에 가까워졌다." 그러면서도 "'결국 나는 이해를 하지 못하겠다'는 말을 누군가가 남겼는데, 그와 같은 생각이다."고 했다.

블루멘탈 기자는 2004년 당시 [뉴욕타임스]의 텍사스 휴스턴 지국에서 지국장으로 근무했었다고 한다. 그때 맥 박사가 쓴 『우주로 가는 여권』이라는 책을 중고서점에서 샀고, 그때부터 맥 박사에 대한 이야기를 한 번 정리해보고 싶다는 생각이 들었다고 했다.

처음에는 그가 이미 얼마나 유명한지, 혹은 얼마나 악명이 높은지 몰랐다고 한다. 그러다 그가 사고로 사망했다는 소식을 접했다는 것이다. 블루멘탈은 "오랫동안 탐사보도 기자로 활동해온 나는 그냥 결론을 내버리는 것의 위험성을 잘 알고 있었고, 열린 마음을 유지해야 한다는 것의 중요성을 잘 알고 있었다."고 했다. 그는 맥 박사의 가족에게 연락을 했고, 아무런 조건 없이 비밀로 유지해 온 치료 기록 등 자료들을 받을 수 있었다고 밝혔다.

블루멘탈은 맥 박사가 싫어하는 질문은 "UFO와 외계인을 믿나요?" 라는 것이라고 했다. 유치한, 혹은 저차원적인 질문이라는 것이다. 블루멘탈은 맥이 설명했듯 불가능한 일들이 어느 정도의 현실에서 실제로 발생하고 있다는 사실은 부인할 수 없다고 말했다.

맥 박사는 프로이트, 혹은 프로이트의 스승인 장 마르탱 샤르코가 한 말로 알려진 명언(名言)을 자주 인용했다고 한다.

"이론이라는 것은 훌륭하지만 그렇다고 해서 새로운 것들이 나타나는 것을 막을 수는 없다."

소설가인 필립 딕은 "현실이라는 것은 네가 믿지 않는다고 해서 사라지지는 것이 아니다."는 말을 남기기도 했다. 블루멘탈 기자는 우리가 가져야 하는 질문은 "이런 것들이 무엇이고, 이를 통해 어떤 교훈을 얻어야 하는가?"라고 했다. 그는 "정답이라는 것이 있을 수도 있고, 평생 안 나타날 수도 있다."고 덧붙였다.

블루멘탈 기자의 책 제목은 『빌리버』, 즉 믿는 사람이다. 블루멘탈은 "맥이 이 책의 제목을 봤으면 불만을 가졌을 수도 있다."며 "그는 사람들이 자신을 칭하는 빌리버였던 적이 한 번도 없다고 이야기해왔고, 강력한 증거를 바탕으로 한 추적의 여정을 한 사람이라고 주장했다."고 소개했다.

블루멘탈은 "그러나 나는 그가 믿었다고 생각한다."고 했다. 그는 "맥은 지상의 정의(正義), 인간이라는 영혼의 열정, 그리고 무한하고 인자한 외계의 지능을 믿은 사람이다."라고 단언했다. 또한 "그는 어느 누구도 이해하지 못하는 존재라는 개념의 가장 큰 비밀을 탐험하기 위해,

위험을 감수하고 울타리 밖으로 나오는 그의 행동을 믿은 사람이다."고 힘주어 말했다. 블루멘탈은 "존 맥은 (이런 현상을) 사람들에게 제시하고 긴 여정과 모험을 했으며, 인류를 위해 이 이야기를 전달한 사람이었다."고 회고했다. 그는 "이것이 영웅들이 하는 일이고, 인간이 하는 일이다."며 이야기를 매듭지었다.

제5장

존 맥 박사의 비공개 정신감정 결과

"납치 경험자를 정신이상자로 볼 근거는 없다."

납치 현상에 대한 정신·심리학적 분석

존 맥 박사가 생전(生前)에 UFO 납치 사건을 연구하기 위해 만든 비영리재단인 「존 맥 연구소」라는 기관이 있다. 과거에는 실제로 납치 경험자들을 다뤘다면, 현재의 이 연구소는 존 맥 박사의 연구를 정리한 일종의 기록물보관소(Archive) 형식의 단체다.

이 연구소에서 기록 보관 담당자(Archivist)로 근무하고 있는 윌리엄 부셰 씨에게 연락해 이야기를 나눴다. 그는 1990년대 말부터 맥 박사와 함께 일을 하기 시작했고, 그의 말년(末年)을 지근거리에서 지켜봤다. 맥 박사가 떠나고도 그의 연구소에서 계속 근무해왔다.

그와 대화를 하던 중 흥미로운 이야기를 들었다. 맥 박사가 생전에 발표하고 싶었던 논문 두 편이 있었으나, 결국에는 발표하지 못했다는 것이다.

그 중 하나는 여러 명이 있는 상황에서 누군가가 납치되고, 이런 현상을 같은 자리에 있던 사람들이 목격했는지를 다룬 연구였다. 맥 박사는 한 명의 납치 경험자가 여러 명의 지인(知人)과 함께 있던 자리에서 납치를 당했고, 함께 있던 사람들이 처음 몇 분간 이 사람이 납치되는 것 같은 현상을 목격한 사례를 찾아냈다. 목격자들은 처음 몇 분만을 기억할 뿐, 곧 기억을 잃어버렸다고 한다. 맥 박사가 이들에 대한 연구 결과를 발표하지 못한 이유는, 너무나 많은 개인정보가 포함돼야 했기 때문이라고 했다.

또 하나의 논문은 과연 납치 경험자가 일반인과 비교해 정신적으로 불안정한지를 연구한 결과다. 맥 박사는 하버드대학의 심의위원회에서 납치 연구에 대한 위법성을 조사받은 적이 있다. 위원회는 맥 박사가 납치 경험자들의 이야기만을 듣고 이런 주장을 한다며, 보다 객관적인 자료가 포함돼야 한다고 지적했다. 맥 박사는 이에 따라 납치 경험자 40명과 일반인 40명을 대상으로 정신감정 비교를 해보려는 연구를 하겠다고 나섰다. 그러나 이 연구의 세부 결과는 어디에도 공개된 적이 없었다.

윌리엄 부셰 씨는 맥 박사가 이런 연구를 1990년대에 마쳤지만, 어떤 학회지도 해당 논문을 실어주지 않았다고 했다. 그는 이 논문은 공개된 적이 없다면서 나에게 이를 전달해줬다. 그는 개인적인 정보, 즉 '술을 얼마나 자주 마시나', '성폭행을 당한 적이 있나', '마약을 하나', '종교는 무엇인가' 등에 대한 내용이 많기 때문에 이를 제외한 연구 결과만 주겠다고 말했다.

맥 박사가 이 두 개의 논문을 공개했다면 어떻게 됐을까 하는 생각이 든다. 이 두 문제는 맥 박사의 연구, 나아가 납치 경험자들의 신뢰도를 이야기할 때 가장 중요하게 다뤄지는 문제다. 예컨대, '납치를 당했는데 왜 아무도 이를 보지 못했나?', '제대로 검사를 안 해서 그렇지 정확한 감정을 받아보면 어딘가 정신적으로 이상한 사람들 아니었겠는가?'라는 것은 항상 나오는 질문이다. 맥 박사는 이에 대한 반박을 제시하지 못하고 결국 세상을 뜬 것이다.

부셰는 "맥 박사는 이 논문이 학회지에 실리지 않아 매우 실망했다."고 말했다. "한 학회지는 분량이 너무 기니 줄여달라고 했다. 그래서 맥 박사는 한 명을 고용해 분량을 줄여 다시 제출했으나, 결국 그가 숨질 때까지 공개되지 않았다."는 것이다. 부셰는 "맥 박사는 이를 슬프게 생각했다."고 말했다.

공개되지 않았던 정신감정 결과를 소개하기에 앞서 결론부터 말하자면, 납치 경험자들은 일반인보다 심각한 정신 이상 증세를 보이지 않았다. 부셰 씨는 나와의 인터뷰에서 "일반인들과 비교해 약간의 차이점이 발견됐지만 의학적 문제는 아무것도, 아무것도 나오지 않았다."며 "두 가지 부문에서 약간의 차이가 있었던 것으로 확인됐다."고 밝혔다.

그는 그 중 하나는 "흡인(吸引·absorption) 현상인데, 이는 또 다른 의식 세계로 빠지게 된다는 것을 의미한다."고 설명했다. 영한사전에서는 '흡인', 혹은 '흡수'라는 일반적인 표현 말고는 의학적인 정확한 표현을 찾을 수 없었다. 영어 사전의 뜻을 보면 이는 상상 속의 이미지에 빠지게 되는 현상을 의미한다.

부셰는 "또 다른 하나의 특징은 '의식 분열(dissociation)'이었다."며 "이는 본인이 겪은 트라우마로부터 자신을 분리하는 성향이다."고 덧붙였다. 그는 폭행을 당하거나 성적 학대를 당한 뒤 이런 일이 일어났다는 사실을 잊어버리려는 성향을 뜻한다고 부연 설명했다. 그는 "납치를 경험한 사람들이 이런 성향을 보이는 경우가 있었는데, 이는 납치 경험에 따른 성격의 변화였을 가능성이 있다."고 봤다. 원래 이런 성향의 사람이 납치를 경험했다고 주장하는 것이 아니라, 납치를 경험했기 때문에 발생한 현상일 수 있다는 것이다.

해당 논문의 제목은 「외계인 납치 경험자와 통제 집단 사이의 정신연구」이다. 존 맥 박사를 비롯, 그와 함께 근무하던 연구진 4명이 함께 공저자로 이름을 올렸다. 이들 연구진은 납치를 여러 차례에 걸쳐 경험했다는 사람 40명을 일반인 40명과 비교했다. 이들의 성격 장애, 의식분열, 판타지에 대한 취약성, 피(被) 최면성, 아동기(期) 성적 학대 여부 등을 조사했다.

이들 연구진은 본론에 들어가기에 앞서 과거 진행됐던 납치 경험자들에 대한 다른 학자들의 연구 결과를 소개했다. 납치 경험자들을 두고 망상 증세를 보이는 사람들이라고 생각하는 경향이 가장 큰데, 우선 이는 과거 진행된 연구에서도 사실이 아닌 것으로 확인됐다고 한다.

맥 박사 팀은 논문에서 이번 실험이 어떻게 진행됐는지에 대한 자세한 소개를 했다. 우선 납치 경험자들과 일반인에 대한 정신감정은 면허를 소지한 정신과 의사 2명이 진행했다. 납치 경험자라는 대상에 속하기 위해서는 다음과 같은 요건을 충족해야 한다고 했다.

《① 본인의 의지와는 반대로 누군가에게 납치를 당했으며, 이들을 데려간 주체는 기술적으로 뛰어나나 인간이 아닌 생명체였던 것으로 보인다고 믿는 사람.

② 익숙하지 않은 환경에서 신체, 혹은 정신적 검사 절차를 밟았다고

믿는 사람.

③ 당시 사건의 기억을 떠올리며 나타낸 행동을 면허를 소지한 의사가 분석했을 경우.》

논문에 따르면 42명의 납치 경험자가 참여했으나, 2명은 치료가 필요한 것으로 확인돼 실험에서 배제됐다. 이들 40명의 연령, 성별, 학력에 맞춰 비슷한 일반인 통제 집단이 모집됐다. 일반인 40명은 실험에 앞서 이들 역시 외계인 납치와 비슷한 특이 경험을 한 적이 없는지 조사를 받았다.

맥 박사 팀은 이들 80명에 대해 텔레겐 몰입 척도(TAS), 해리 경험 척도(DES) 등 총 9개의 정신 및 심리 관련 조사를 실시했다. 이를 통해 총 58개의 변수를 특정했으며, 이를 크게 6개의 항목으로 나눈 비교 자료를 제시했다.

첫 번째 항목은 피(被)암시성(suggestibility)과 피(被)최면성(hypnotizability)이었다. 피암시성이라는 것은 누군가로부터 어떤 것을 봤을 것이라는 암시를 받으면 그것을 본 것으로 기억하는 성향을 뜻한다. 해당 조사 결과 납치 경험자와 통제 집단 사이에는 큰 차이가 없었다. 피암시성의 경우 납치 경험자의 평균값은 4.10이었고, 통제 집단의 평균값은 5.38이었다. 표준 편차는 각각 2.53과 2.73이었는데, 이를 토대로 계산해본 결과 큰 차이가 없다는 결론이 나왔다. 피최면성의 경우에도 마찬가지였다.

두 번째 항목은 판타지에 대한 취약성이었으나 이에 대해서도 별다른 차이가 나타나지 않았다. 세 번째는 성적 학대 경험의 기억이라는 항목이었는데, 이 경우 오히려 통제 집단에서 더 높은 수치가 나왔다.

네 번째는 의식 분열과, 망상 등의 항목이었다. 이 항목에서는 납치 경험자와 통제 집단 사이에 유의미한 차이가 나타났다. 맥 박사 팀이 논문에서 쓴 내용을 요약한다.

《실험 집단(=납치 경험자)이 통제 집단보다 기억상실증 증세가 심하다는 결과가 나오지는 않았다. 실험 집단은 통제 집단보다 특정 기억에 빠지거나 비현실적인 성향을 보이는 경우가 더 잦았다. 하지만 이들은 해리성 정체감 장애(注: 한 사람이 둘 이상의 인격을 갖고 있는 정신질환)를 겪는 사람들의 수준은 아니었다.》

다섯 번째 항목은 기본적인 정신 건강 상태였다. 분노 장애, 우울증, 적개심, 대인(對人) 민감성, 강박, 공포불안, 정신질환 등의 증상을 조사했는데, 납치 경험자와 일반인 사이에 유의미한 차이는 나타나지 않았다.

여섯 번째 항목은 스트레스였다. 납치 경험자와 통제 집단 사이에 비교적 큰 차이가 났다. 밤에 잠들기가 무섭다는 항목의 경우 납치 경험자의 평균값은 0.525, 일반인은 0.125였다. 해가 떠 있을 때 더 안전하다고 느낀다는 항목의 수치는 각각 0.875와 0.335로 납치 경험자가 더 높았다. 약간의 진동만 있어도 잠에서 깬다는 사람의 수치는 1.175와 0.694로 납치 경험자가 높았다.

납치 경험자들의 경우 본인의 안전을 위해 문과 창문의 잠금 상태를 자주 확인하는 경향을 보였고, 소리가 나거나 그림자에 더 쉽게 놀라는 경향을 보였다. 감시당하고 있는 것 같다는 사람의 비율도 납치 경험자가 더 높았다. 맥 박사 팀은 논문에서 앞서 소개된 다섯 번째 항목에서 진행된 간이 정신 진단검사(SCL-90R)의 결과만을 놓고 보면, 납치 경험자들이 일반인들보다 더 두려움이 많은 것은 아니라고 했다.

맥 박사 팀은 논문의 결론 부분에서 다음과 같이 설명했다.

《두 집단 사이에 발생한 통계학적 유의미한 차이를 두고 분석해보면, 실험 집단(=납치 경험자)이 보다 기이한(eccentric) 경향이 있다는 것을 알 수 있다. 특정 이미지에 더욱 깊게 빠지고 비현실적인 경험을 하는 경우가 더 잦았다. 또한 밤 시간에 더 많은 스트레스를 받았다. (반면) 실험 집단은 통제 집단과 비교해 남에 의존하는 성향이나 자멸적인 성향이 적었다. 덜 폭력적이며 더 긍정적인 성격을 가졌다.》

이들 연구진은 이어 기존의 정신 심리학 감정 문항들이 갖고 있는 문제점이 이번 실험을 통해 확인됐다고 밝혔다.

《문화적 차이가 정신 감정 방식에 영향을 끼칠 가능성이 있다. '기이한 인식', '환각' 등의 항목을 면밀히 검토해보면 "내 주변이 바뀌고 있고 내가 이상한 곳에 있는 것 같은 느낌이 든다."는 식의 문항이 있다. 실험 집단이 통제 집단보다 이에 동의한 경우가 많았다. 일상생활에서 이런 경험을 하는 것은 흔하지 않다. 그렇기 때문에 해당 문항을 만든 사람들은 이런 질문으로 "누군가가 상상하는 이야기를 믿고 있다."고 추측해볼 수 있다는 판단을 내렸을 것이다.

하지만 다른 사람들이 알지 못하는 현상을 경험한 개인을 조사할 때 이런 문항은 적합하지 않다. 이들은 사실을 말하고 있는데 기이한 이야기, 불가능한 이야기, 나아가서는 환각을 보고 있다는 식으로 받아들일 수 있다(태평양 섬에 살던 사람들이 처음으로 엄청나게 큰 유럽의 선박이 수평선에서 나타나는 것을 봤다고 생각해보라). 그렇기 때문에 이런 항목은 현실과 상상을 분류하는 적절한 잣대가 될 수 없다.》

이들은 논문을 다음과 같이 마무리한다.

《임상 치료사들은 외계인에 납치를 당했다는 주장을 그냥 무시해버리는 것이 아니라, 다른 방식으로 제정신인지 다른 이상이 있는지를 확인하는 것이 환자들에게 도움이 될 것이다. 만약 환자의 증언을 듣고 의사가 감정적으로 저항을 느끼거나 불편해한다면, 해당 의사가 더 적합한 의사에게 소개해주는 것이 환자와 의사 모두에게 좋을 것이다.》

영국 심리학자의 정신감정 결과

지금까지 존 맥 하버드 의대 정신과 과장이 생전(生前)에 실시했으나 공개되지 않은 연구 결과를 소개했다. 납치 경험자 40명과 일반인 40명을 대상으로 각종 정신, 심리 검사를 시행해 납치 경험자들이 정신적으로 더 불안정한 사람인지를 파악한 연구였다. 연구 결과 일부 항목에 있어 유의미한 차이가 있었으나, 그렇다고 해도 이들을 정신 이상자로 분류할 정도의 차이는 나타나지 않았다.

존 맥 연구소라는 기관에서 기록 보관 담당자로 근무하고 있는 윌리엄 부셰 씨는 내게 또 하나의 논문을 보내줬다. 영국의 심리학자인 크리스토퍼 프렌치 골드스미스 런던대학 교수가 2005년에 비슷한 조사를 실시한 내용의 논문이었다.

부셰 씨는 "외계인과 외계인에 의한 납치 현상을 믿지 않았던 회의론자 프렌치 교수가 비슷한 실험을 진행했는데, (맥 박사의 연구와) 똑같은 결과가 나왔다."고 알려줬다. 그는 "(프렌치 교수가 진행한 실험에서도) 납치 경험자들은 평범한 사람들이고 약간의 성격적 차이가 있을 뿐이라는 결과가 나왔다."고 말했다.

프렌치 교수는 그가 쓴 논문에서 20세기에 들어 외계인에게 납치되는 특이한 경험을 했다고 주장하는 사람들이 크게 늘었다고 밝혔다. 정확한 수치를 파악하기는 어렵지만, 단순한 비율로 계산을 해보면 세계적으로 최소 몇 만 명 이상이 이런 경험을 한 것 같다고 했다.

프렌치 교수는 맥 박사와는 달리 이런 경험을 했다는 사람들을 믿지 않는 입장에서 조사를 실시했다. 그는 우선 과거 발표된 여러 학자들의 논문을 소개했다. 납치 경험자들이 일반인보다 더 초(超) 자연적인 현상을 믿는 경향이 있고, 거짓 기억을 수용하는 경향이 있으며, 가위 눌림 등의 현상을 착각하는 것일 수 있다는 내용의 연구들이었다.

그는 이런 연구들은 영국이 아닌 지역에서 진행됐기 때문에, 영국인의 결과가 어떻게 나오는지 확인하는 것이 이번 연구의 목적이라고 설명했다. 그의 연구는 모두 4개 분야로 나뉜다고 했다. 첫 번째는 실험 참가자들에게 질문지를 준 뒤 심리 상황을 파악하는 방식으로 진행됐다. 또 하나는 이들이 거짓 기억을 얼마나 쉽게 사실로 받아들이는지에 대한 실험을 했다. 지능(知能), 예지력(叡智力), 염력(念力) 등을 조사하는 컴퓨터 방식의 실험을 진행했다. 마지막으로는 납치 경험자들과 일반인들에 대한 장시간의 인터뷰 과정을 거쳤다고 한다.

이번 실험을 위해 납치 경험자와 일반인 19명이 각각 모집됐다. 남성 8명, 여성 11명으로 비율을 똑같이 맞췄다. 일반인들은 납치를 경험하거나 외계 생명체를 만난 적이 없는 사람이어야 했다. 납치 경험자들의 평균 연령은 45세(23세~72세)였다. 일반인들, 즉 통제 집단의 평균 연령은 45.5세(21세~74세)였다. 이들은 신문과 라디오 방송, 인터넷 사이트를 통해 모집했다. 참여자에게는 교통비가 지불됐으며, 참가비로 10 파운드(=약 1만 원)가 제공됐다.

프렌치 교수는 영국인에 대한 조사 결과가 다른 국가에서 진행됐던 과거 연구와 비슷했다고 밝혔다. 초자연적인 경험을 했다고 믿는 사람들의 비율이 납치 경험자일수록 높았다는 것이다. 납치 경험자의 평균값은 28.26으로, 통제 집단의 9.42보다 크게 높았다.

평범하지 않은 경험을 했다고 생각하는 사람들의 비율 역시 납치 경험자(평균값 17.88)가 통제 집단(평균값 3.65)보다 높았다. 다만 초자연적인 상황에 대한 공포심을 조사한 결과와, 마약 및 알코올 의존도 성향의 경우는 두 집단이 큰 차이를 보이지 않았다.

프렌치 교수는 두 집단에 대한 지능 및 예지력에 대한 조사를 실시했다. 납치 경험자들이 일반인보다 초자연적인 현상을 경험했다고 믿는 비율이 높았는데, 실제로 무언가 다른 것을 볼 수 있는 능력이 있는지를 파악해보려는 목적이었다.

이들은 컴퓨터 프로그램을 통해 약 50개의 문제에 답해야 했다. 컴퓨터가 앞서 선택한 모양을 찾아내는 실험(=지능)과, 컴퓨터가 앞으로 어떤 모양을 선택할지 알아맞히는 조사(=예지력)를 진행했다. 이 결과 두 집단은 모두 비슷한 수준의 점수를 나타냈다.

즉, 납치 경험자가 일반인들보다 무언가 다른 것을 미리 내다보거나 더 많은 것을 볼 수 있는 능력을 가진 사람은 아니라는 뜻으로 들린다. 다른 한편으로 보면, 납치 경험자들이 지능적으로 떨어지는 사람들이 아니라는 점도 유추해볼 수 있다.

프렌치 교수는 두 집단을 대상으로 환각(幻覺)에 빠질 확률을 조사했다. 검사 결과 납치 경험자들의 평균값은 4.16으로, 통제 집단의 2.26보다 높은 수준을 보였다. 프렌치 교수는 "이 결과는 환각이 외계인 납치 경험에 영향을 끼쳤을 가능성을 보여준다."고 설명했다.

다음으로는 '흡인(吸引·absorption)', 즉 상상 속의 이미지에 빠져버리는 경향을 조사했다. 조사 결과 납치 경험자들의 평균값은 20.42로, 통제 집단의 12.89보다 높았다. 프렌치 교수는 "납치 경험자들이 일반인 통제 집단보다 현실에서 일어나고 있는 일과 상상 속의 일을 헷갈려할 가능성이 더 높다는 것을 보여준다."고 단정했다.

의식 분열(dissociation) 조사 결과에서도 납치 경험자들이 더욱 취약한 것으로 나타났다. 이는 본인이 겪은 트라우마로부터 자신을 분리하는 성향을 뜻한다. 납치 경험자의 평균값은 56.05, 일반인의 평균값은 45.47이었다. 납치 경험자들이 일반인보다 더욱 판타지에 빠지기 쉽다는 결과도 나왔다.

이러한 분석을 바탕으로 하면, 납치 경험자들이 거짓 기억을 사실로 받아들일 확률이 높다는 결론으로 이어진다고 프렌치 교수는 주장했다. 그는 이런 주장을 뒷받침하기 위해 과거 한 연구진이 발표한 논문 결과를 소개했다. 그가 인용한 논문은 실험 집단을 세 부류로 나눠 실험을 진행한 것이었다.

한 집단은 외계인에 납치를 당했다고 믿으나, 당시의 의식이 없었다는 집단이었다. 다른 집단은 납치를 당했고, 당시 의식을 갖고 있었다는 집단이었다. 마지막 한 집단은 납치된 적이 없다고 보는 사람들이었다. 이들에게는 여러 연관 단어를 보여주는 실험이 진행됐다.

예를 들어, '실' '핀' '수놓다' 등의 단어를 보여준 뒤 자신이 본 단어들이 무엇인지 확인하는 실험이었다. 이는 실제로 나오지 않은 특정 단어를 떠올리도록 미끼를 던지는 방식이었다. 이 경우 미끼가 되는 단어는 '바늘'이었다. 이런 연구 결과, 납치 경험자들이 일반인보다 '바늘'을 떠올리는 경우가 더욱 많았다고 한다.

프렌치 교수는 영국인 실험자를 대상으로 한 비슷한 실험 결과의 경우는 두 집단 사이에 유의미한 차이가 없었다고 말했다. 프렌치 교수는 "리스트에 있는 단어에 대한 기억력을 바탕으로 특정 사건에 대한 거짓 기억을 사실로 받아들인다는 조사 방식은 적합하지 않은 것일 수 있다."고 지적했다.

프렌치 교수가 다음으로 조사한 항목은 수면마비(睡眠痲痹), 즉 가위 눌림에 대한 취약성이었다. 이는 수면과 깨어난 상태의 중간에 일어나는 현상으로, 일정 부분의 의식이 존재하지만 몸을 움직이거나 반응을 할 수 없는 상황을 뜻한다. 프렌치 교수는 이에 대한 최종 분석 결과는 정리되지 않았다고 하면서도, 납치 경험자들 사이에서 수면 마비를 경험한 비율이 높았다고 설명했다. 프렌치 교수는 이런 조사 결과를 소개한 뒤 다음과 같은 결론을 내렸다.

《납치 경험자들이 초자연적인 경험에 대한 믿음, 환각에 대한 취약성, 상상에 빠지게 되는 경향, 의식 분열 경향, 판타지에 대한 취약성, 수면 마비 가능성 부문에서 비경험자들과 다른 심리적 상태를 갖고 있다는 것이 확인됐다. 오감(五感)을 뛰어넘는 또 다른 감각이나 거짓된 기억을 수용하는 것에 있어서는 두 집단 사이에 차이가 없었다. 하지만 다른 방식으로 검사가 진행됐다면 이에 대한 결과 역시도 달랐을 수 있다.

우리의 실험 결과는 납치 경험자들이 현실의 세상과 이들의 정신적 세상(=상상, 판타지, 꿈 등) 사이에서 일어나는 일들을 받아들이는 데 있어서, 문제가 있는 것일 수 있다는 과거 연구 결과들과 일치한다. 환각과 거짓 기억에 대한 현대 이론은, 사람들이 현실을 받아들이는 것에 문제를 갖고 있다는 점을 시사하는 경우가 많다.

하지만 이런 결과들이 나왔다고 해서 이런 설명 방식이 옳다는 뜻은 아니다. 이를 위해서는 두 개의 다른 설명 방식이 우선 배제돼야 할 필요가 있다. 하나는 납치 현상이라는 것이 실제로 존재한다고 한다면, 이런 초자연적인 현상을 받아들일 수 있을 정도로 경험자의 심리적 상태가 깨어 있어야 한다는 점이다. 또 다른 하나는 납치 경험자들의 심리적 상태가 이들의 경험에 따른 것일 수 있다는 점이다. 이런 가능성을 설명하기 위해서는 추가적인 조사가 필요한 것으로 보인다.》

프렌치 교수는 납치 경험자와 비경험자 집단 사이에 유의미한 심리적 차이가 있는 것은 사실이라고 했다. 다만 이런 결과는 두 가지의 가능성을 배제해야만 실험 결과로서의 의미를 갖는다고 단언했다. 배제해야 한다는 두 가지의 가능성에 대해 조금 복잡하게 표현을 해놨는데, 이를 일상생활에서의 표현으로 바꿔보면 이해하기가 더 쉽다.

하나는 납치를 경험하기 위해서는 이 사람의 심리적 상태가 일반인과 다른 수준으로 더욱 열려 있어야 한다는 뜻이다. 다른 하나는 납치 경험자들이 일반인들과 심리적 차이를 보이는 이유는, 이들이 납치를 경험했기 때문에 발생한 일일 수 있다는 것이다. 프렌치 교수 역시 맥 박사와 마찬가지로 납치 경험자들이 초자연적인 현상에 빠지게 되는 심리적 경향이 높다고 했지만, 정신적으로 문제가 있다는 결론을 내놓지는 못했다.

제6장

"외계인에 의한 납치 현상은 착각이다"

'정신 이상자'가 아닌 '거짓 기억'의 혼동

초(超)자연적(paranormal) 현상이란 무엇인가?

앞서 영국의 심리학자인 크리스토퍼 프렌치 골드스미스 런던대학 교수가 2005년에 실시한 연구 결과를 소개했다. 일반인 19명과 납치 경험자 19명을 대상으로 여러 정신 및 심리 검사를 진행해본 결과, 납치 경험자들이 정신적으로 더 이상하다는 결과는 나오지 않았지만 심리적인 차이가 있다는 결과가 나왔다는 내용의 논문이다.

프렌치 교수는 납치 경험자들의 초(超)자연적 경험에 대한 믿음, 환각(幻覺)에 대한 취약성 등이 일반인보다 높다고 했다. 그는 이에 따라 외계인에 의해 납치를 당했다는 생각을 갖게 된 것일 수 있다고 분석했다.

프렌치 교수는 UFO 납치 현상의 회의론자로 분류할 수 있다. 그의 주장을 이해해보기 위해, 그가 영국 이스트런던대학에서 심리학 강사로 활동하는 애나 스톤 씨와 2013년에 공저(共著)한 책 『이상(異常) 심리학(Anomalistic Psychology)』을 읽어봤다. 이 책의 부제(副題)는 「초자연적 믿음과 경험에 대한 탐구(Exploring Paranormal Belief & Experience)」이다.

이 책은 초자연적인 현상으로 분류되는 여러 현상에 대한 저자들의 분석을 담은 형식으로 구성됐다. 다만, 스토리텔링 기법으로 엮인 책이 아니라 각 주제별 논문 형식이기 때문에, 한 번 읽는 것으로는 쉽게 이해가 되지 않았다. 공부를 하듯 여러 차례 밑줄을 그어가며 읽어야 비로소 저자의 결론을 파악할 수 있었다.

외계인에 의한 납치 현상에 대한 프렌치 교수의 분석을 소개하기에 앞서, 이 책에서 사용되는 용어에 대한 개념을 우선 짚어보려 한다. 그는 먼저 다른 학자들을 인용해 심리학(心理學)이란 무엇인지에 대한 정의(定義)를 내렸다.

심리학이란 '사람으로 하여금 어떤 방식으로 생각하고 행동하도록 하는 내부적 과정을 이해하기 위해, 인간 내면에 있는 증거와 행동적 증거를 사용하는 과학'이라고 한다. 쉽게 말해 사람마다 다른 특성, 즉 연령과 성별, 문화적 배경, 성격 등을 갖고 있는데, 이를 통해 이들의 생각과 행동을 분석한다는 뜻이라고 한다.

그렇다면 이상(異常) 심리학이란 무엇일까? 프렌치 교수는 '초자연적인 경험과 믿음을 심리학적인 관점에서 설명하도록 하는 학문'이라고 규정했다. 다른 과학적 방식으로는 쉽게 설명되지 않는 현상을 심리학적으로 접근해 설명하겠다는 취지다. 프렌치 교수는 이상 심리학에 해당되는 사례 하나를 그의 책에서 소개했다. 프렌치 교수가 말하는 이상 심리학 현상이란 무엇인지에 대한 독자들의 이해를 돕기 위해, 이를 일부 발췌 요약한다.

《다음날 오전 시험을 봐야 하는 당신은 저녁부터 잠에 들기 위해 누웠으나 잠이 들지 않고 있다. 창문을 통해 길거리에서 나는 소리가 들리고 있고, 자려고 할 때마다 이 때문에 깨어난다. 시험은 오전 10시에 시작되는데, 잘 수 있는 시간이 몇 시간 남지 않았다는 생각이 계속해서 머릿속에 든다. 시험 준비를 충분히 하지 못해 시험 전에 복습을 해야 한다는 생각도 계속 든다. 시험을 제대로 준비하기에는 시간이 부족하다는 생각이 든다. 이날 낮에 커피를 마신 것에 대한 후회가 들고 있다.

몇 시간을 뒤척거리다 마침내 잠이 드는 것 같은 기분이 든다. 그런데 무언가 잘못됐다는 생각이 든다. 누군가 발밑 쪽에 있는 그림자에서 지켜보고 있다는 느낌이 든다. 몸 속에 두려움이 쌓이며 혼자가 아니라는 것을 깨닫게 된다. 들리는 소리에 집중하자 집 밖 찻길에서 나는 소리가 들리고, 누군가가 숨을 쉬고 있는 소리가 들린다. 눈을 떠보려고 안간힘을 쓰자 심장이 크게 요동치는 것 같다.

누군가가 그림자 속에 숨어 있다는 것이 명백하게 느껴진다. 무엇인지는 모르겠지만 본능적으로 악마와 같은 것이라는 생각이 든다. 그림자를 쳐다보자 무섭게 생긴 늙은 할머니와 같은 형상이 보인다. 더 무서운 것은 이 여성이 빨간 눈을 밝히며 당신을 쳐다보고 있다는 점이다. 이 여성이 당신이 누워 있는 곳으로 천천히 다가온다. 도망가고 싶지만 몸을 움직일 수가 없다. 소리를 지르고 싶지만 목소리가 밖으로 나오지 않는다.

괴물 같은 생명체가 침대 위로 올라와 당신의 얼굴을 바라본다. 그녀의 온기가 느껴지고 악취가 나는 입 냄새마저도 맡을 수 있다. 그녀의 옷깃이 당신의 살에 닿는 느낌, 기름진 머리카락이 얼굴을 때리는 것이 느껴진다. 그녀는 차가운 손으로 당신의 목을 감싸더니 조르기 시작한다. 무거운 몸이 당신의 몸을 짓누르고 있고 공포에 휩싸이게 된다.

그녀로부터 도망칠 수 없으며 결국 죽게 되고 말 것이라는 생각이 든다. 그럼에도 마지막 발버둥이라고 생각하며 팔을 움직여보려고 한다. 움직일 수 없었을 것 같은 팔이 몇 cm 정도 조금 움직였다. 그러다 갑자기 이런 주술(呪術)에서 풀려나게 됐다.

이 할머니는 사라졌고 당신은 다시 움직일 수 있게 됐다. 몸은 떨리고 있고 땀으로 흠뻑 젖었다. 침대 옆 전등의 불을 켜고 아침이 밝아올 때까지 켜놓는다. 다시 잠에 들기가 너무 무섭다. 다음 날 시험에서는 최상의 실력을 보여주지 못했다.》

프렌치 교수는 이와 같은 몇 가지 가상의 사례를 소개하며, 이를 외계인 납치 현상 및 이상 심리학 현상과 연관을 지었다. 이런 사례를 경험하고 나서 초자연적인 현상이 실제로 발생한 것으로 믿는 사람들이 많다는 점을 보여주기 위한 목적이라고 했다. 그는 실제로 수면 상태에서 이런 경험을 한 사람들이 이를 외계인에 의한 납치, 혹은 임사체험(臨死體驗)을 한 것이라고 느끼는 경우가 많다고 밝혔다.

프렌치 교수는 본론에 들어가기에 앞서 '초자연적(paranormal)'이라는 용어의 정의(定義)도 정확히 내려야 한다고 말했다. 대다수의 사람들은 이런 표현을 '해괴하거나 엄청난' 상황을 겪었을 때 사용하는 경향이 많은데, 이 역시 틀린 것만은 아니라는 것이다. 학계에서 권위를 인정받는 정의로는 '특정 현상에서 일어난 한 가지 혹은 한 가지 이상의 일이 현존하는 과학적 관점에 따라 물리적으로 설명할 수 있는 수준을 뛰어넘는 것'이 있다고 한다.

그는 외계인에 의한 납치 사례의 경우는 이런 정의에 부합하지 않는다고 단언했다. 외계인 납치가 실제로 일어나고 있다면 외계인은 도대체 어떤 기술로 지구에 오는 것이고, 어떤 방식으로 납치를 하느냐는 질문이 생길 수 있다는 것이다. 하지만 인간의 기술보다 더 고등(高等)의 지능을 가진 생명체가 있다고 한다면, 이는 과학적으로 설명이 가능하다고 봤다. 그는 그럼에도 언론을 비롯한 대중들이 과학적으로 논란이 있는 모든 현상을 '초자연적'이라고 잘못 표현하는 경우가 많다고 지적했다.

프렌치 교수는 이 '초자연적'이라는 표현은 전통적인 종교적 관점과도 충돌하게 된다고 말했다. 초자연적이라는 현상을 과학으로 설명이 불가능한 현상이라고 정의를 한다면, 종교 개념 중에도 이런 현상이 많이 나타난다는 것이다. 세상에는 여러 종교가 있는데, 죽은 사람이 환생하는 내용을 믿는 사람이 있다고 했다. 그는 기독교를 우선 예로 들면서 예수가 물을 와인으로 바꾸는 기적, 모세가 홍해를 가르는 기적 등은 인간의 과학적 지식으로는 설명할 수 없다고 말했다.

프렌치 교수는 이와 같이 '초자연적' 현상으로 분류하는 것에 대한 여러 어려움이 있다고 밝혔다. 그는 이런 문제점을 설명하며 초자연적이라는 단어에 대한 정의가 더욱 명확히 이뤄져야 한다는 입장을 시사하는 것 같았다. 그럼에도 그는 "이상 심리학자들은 언론과 마찬가지로 덜 깐깐한 잣대로 초자연적 현상을 규정한다."고 했다. '해괴하거나 엄청난' 일이 있으면 이를 초자연적이라고 부르는 언론과 비슷한 입장을 취한다는 것이다.

그는 과학이라는 학문은 특정 용어에 대한 정의가 매우 중요한데, 이상 심리학은 조금 다르다고 말했다. 단순한 문제인 것 같지만 여러 차원에서 초자연적 현상이 발생하는 경우가 있다는 것이다. 또한 초자연적인 현상이라고 불리는 사건들을 설명하기 위해서는 저마다 다른 설명 방식이 필요할 때가 많고, 서로 다른 이유로 발생하는 경향이 크다고 지적했다. 어떨 때는 이런 요소들이 복합적으로 나타날 때가 있다고 한다.

미국인 370만 명이 외계인에 납치당했다는 통계

프렌치 교수는 이른바 'UFO 학자'로 분류되는 사람들이 제시하는 납치 현상에 대한 연구 결과의 문제점도 지적했다. 그가 가장 먼저 문제를 제기한 연구 결과는 370만 명 이상의 미국인들이 납치를 경험했을 가능성이 있다는 추산치(推算値)였다. 이는 버드 홉킨스라는 UFO 납치 연구자가 다른 학자들과 함께 실시한 조사를 바탕으로 나온 수치다. 홉킨스는 존 맥 하버드 의대 정신과 과장에게 UFO 납치 현상을 소개해준 인물로, '납치 경험자의 아버지'라는 평가를 받기도 했다.

홉킨스 등은 1992년 실시한 설문조사를 바탕으로 미국인 중 약 370만 명이 납치됐을 수 있다는 수치를 발표했다. 프렌치 교수가 우선 문제를 삼은 홉킨스의 연구 방식은 '납치를 당한 적이 있느냐?'고 단도직입적으로 묻는 식의 설문조사가 진행되지 않았다는 점이었다. 홉킨스는 납치를 경험한 사람이 이에 대한 기억을 갖고 있을 확률은 적기 때문에, 이런 질문이 적합하지 않다고 판단했다.

홉킨스는 이에 따라 납치 경험자들이 납치에 대한 기억은 아니더라도 무언가 특이한 경험을 했다는 기억을 갖고 있을 수는 있다고 가정

(假定)했다. 홉킨스는 5947명을 대상으로 설문조사를 진행했고, 다음과 같은 경험을 한 적이 있는지 물었다. 괄호 안에 있는 수치는 이런 경험이 있다고 응답한 사람들의 비율이다.

《* 몸이 마비된 상황에서 잠에서 깼고, 방 안에 이상한 사람이나 다른 무언가가 있다는 느낌을 받았다(18%).

* 한 시간 이상 동안의 기억을 잃었다. 어디에서 무엇을, 왜 하고 있었는지에 대한 기억이 나지 않는다(13%).

* 어떻게, 왜인지는 모르겠으나 하늘 위를 실제로 날고 있다는 기분이 든 적이 있다(10%).

* 방 안에 특이한 불빛이 나오고 있는 것을 봤고, 이 불빛이 어디에서 어떻게 오고 있는 것인지 모르겠다고 생각한 적이 있다(8%).

* 몸에 의문의 상처가 생겼고, 당사자나 다른 누구도 이 상처가 어디에서 어떻게 생겼는지 모르는 일이 있었다(8%).》

홉킨스를 비롯한 연구진은 앞서 소개한 5개의 질문 중 4개 이상에 '그렇다'고 답변했다면 납치를 당했을 가능성이 높다고 판단했다. 그는 이들이 납치를 당했으나 이에 대한 기억이 지워진 것이라고 생각했다. 5947명 중 199명이 4개 이상의 현상을 경험한 적이 있다고 답했다. 비율로 보면 약 2%인데, 홉킨스는 이를 미국인 전체 인구로 비교하여 370만 명이라는 추산치를 제시했다.

프렌치 교수는 이런 주장은 여러 이유에서 신빙성이 떨어진다고 지적했다. 우선 해당 질문 내용과 외계인 납치 현상 사이에 정확한 연관성이 있다는 점을 증명하지 못했다고 했다. 또한 외계인 납치 현상의 여러 주장을 들어보면, 앞서 소개된 질문과 다른 방식으로 납치를 당했다고 하는 사람이 많다는 것이다.

프렌치 교수는 만약 370만 명의 미국인이 1992년 연구 당시 기준으로 납치를 당했고, 첫 번째로 보고된 납치 경험 사례가 지금 알려진 것처럼 1961년이라고 가정한다면, 매일 340명의 미국인이 외계인에 의해 납치를 당한 것이 된다고 설명했다. 그는 "이렇게 많은 사람들이 아무도 모르게 매일 납치를 당했다는 것인데, 이는 믿기 어렵다."고 단언했다.

그는 홉킨스 등의 연구를 대중에 알린 언론 역시 잘못이 있다고 비판했다. 당시 언론 보도는 '약 370만 명의 미국인들이 외계인에 의해 납치를 당했다고 믿는다.'는 식으로 보도됐는데, 이는 사실과 다르다고 했다. '외계인에 의해 납치를 당했다고 믿느냐?'는 문항 자체가 설문조사에 없었다는 것이다.

프렌치 교수는 그럼에도 심리학자들이 납치 현상을 완전히 무시해서는 안 된다고 강조했다. 370만 명이라는 수치는 잘못된 것일 수 있으나, 실제로 납치를 당했다고 생각하는 사람들이 수천 명 정도 되는 것은 사실이기 때문이라는 것이다. 이들은 구체적인 경험담을 털어놓고 있고, 존 맥 박사와 같은 권위 있는 학자들이 이들의 증언을 신뢰하기 때문이라고 했다.

외계 생명체의 존재 가능성

프렌치 교수는 외계 생명체의 존재 가능성에 대한 검증이 필요하다고 말했다. 그는 납치 경험자들의 증언에 자주 나오는 세 가지 이야기에 대한 검증을 했다. 첫 번째는 외계인들이 인간에 몸에 어떤 작은 장치를 심어놓았다는 이야기다. 다른 하나는 어디에서 발생한 것인지 모르는 상처가 납치의 증거라는 것이고, 마지막 하나는 외계 생명체가 인간과 교배를 하고 있다는 주장이었다.

납치 경험자들 중 일부는 외계인이 자신의 몸에 작은 장치를 심어놨는데, 정확한 이유는 모르겠다고 말한다. 생각을 통제하려는 목적인 것 같기도 하고, 야생동물의 위치를 추적하기 위해 인간이 심는 장치처럼 이들의 위치를 파악하기 위한 추적 장치라고 주장하는 사람도 있다.

프렌치 교수는 "외계 생명체가 심어놨다는 장치를 발견했다면 외계인 가설을 입증할 중요한 증거가 됐을 것이고, 인간의 기술로 이런 장치를 만들 수 없다는 사실까지 발견됐다면 회의론자들로서도 이를 부정(否定)하기 어려웠을 것이다."면서도 "하지만 이런 증거는 발견되지 않았다."고 밝혔다.

장치가 심어졌다고 주장하는 사람은 많지만, 이를 과학적으로 검증받기 위해 공개적으로 나선 사람은 소수에 불과하다고 한다. 프렌치 교수는 이를 연구한 학자들의 논문을 인용, 이들의 몸에서 발견된 물체들은 모두 지구에서 만들어진 것으로 설명할 수 있었다고 설명했다. 인간이 매일 같이 만지는 솜과 같은 물질이 피부 속에 들어가 있던 것으로 밝혀진 경우가 많다는 것이다.

프렌치 교수는 두 번째 주장인 의문의 상처도 쉽게 설명이 될 수 있다고 말했다. 그는 "대다수의 사람이 찾으려고 열심히 노력을 해보면 자신의 몸에 있는 기억이 나지 않는 상처 하나쯤은 발견할 수 있을 것이다."고 했다. 그러면서 "이런 상처가 어떻게 생겼는지 기억이 나지 않는다고 해서 이것이 외계인에 납치돼 받은 신체검사에 의한 상처라고 볼 수는 없다."고 덧붙였다. 그는 납치를 경험했다고 거짓말을 하는 사람들 중에는 자신의 몸에 일부러 상처를 내는 사람들도 있다고 주장했다.

그는 홉킨스와 같은 일부 UFO 학자들은 외계인들이 인간을 납치하는 주된 목적이 교배를 해 혼종(混種) 아기를 생산하는 것이라고 주장한다고 했다. 납치를 경험했다는 여성 중에는 성 관계를 하지 않았는데 임신을 했고, 유산(流産)이나 낙태를 한 적이 없음에도 더 이상 임신한 상태가 아니게 됐다고 주장하는 사람들이 있다는 것이다.

즉, 여러 차례에 걸쳐 외계인이 납치해 아기를 만들고, 아기를 꺼낸 뒤 기억을 삭제해버린다는 주장이라고 했다. 프렌치 교수는 "이런 주장을 하는 사람들이 수십 명에 달하지만, 의학적으로 이런 현상이 증명된 사례는 한 건도 없다."고 밝혔다. 그는 이렇게 세 가지 사안에 대한 설명을 마친 뒤, "외계인에 의해 납치됐다는 주장을 뒷받침할 어떤 증거도 없다고 볼 수 있다."고 단정했다.

프렌치 교수는 여러 학자들이 외계인 납치 현상을 주장하는 사람들을 정신질환의 일종으로 분류해왔다고 설명했다. 많은 사람들은 이런 주장을 하는 사람들을 가리켜 '미친 사람'이라고 불렀다고 한다. 그는 이와 관련한 여러 연구가 진행됐으나, 이를 뒷받침할 결과는 나오지 않았다고 했다.

그는 1990년에 의사들로 구성된 연구진이 실시한 실험 결과를 소개했다. UFO와 관련된 경험을 했다고 주장하는 225명을 대상으로 '미네소타 다면적 인성검사'를 진행한 연구였다. 이들이 상당 수준의 정신질환을 겪고 있다는 증거를 찾을 수 없다는 결과가 나왔다.

1993년에 한 연구진이 두 부류의 UFO 경험자들을 대상으로 연구를 실시했다. 한 집단은 외계인과 소통을 했다는 등 보다 심각한 경험을 한 사람들이었고, 다른 집단은 하늘에서 알 수 없는 불빛을 봤다는 정도의 미미한 경험을 한 사람들이었다. 이들 둘 사이에도 정신적 차이는 발견되지 않았다.

프렌치 교수는 "외계인과 접촉했다는 사람들이 일반인으로 구성된 통제 집단보다 정신적으로 더 문제가 있다는 증거는 나오지 않았다."면서도 "하지만 일반인들과는 다른 특정 성향을 보이는 것은 확인됐다."고 덧붙였다. 그는 이들 납치 경험자들이 일반인에 비해 외상 후 스트레스를 겪는 사람들이 많다는 점을 예로 들었다. 어렸을 때 겪은 트라우마가 스트레스 요인으로 작용한다는 연구 결과가 있다는 것이다.

또한 일반인들에 비해 수면이 불규칙적이며, 외롭고 행복하지 않다는 생각을 가진 비율이 높다고 말했다. 1994년 발표된 한 논문에 따르면, 실험에 참여한 납치 경험자 중 57%가 자살을 시도한 적이 있었다. 프렌치 교수가 인용한 이 실험에 참여한 총 인원은 소개되지 않았다. 프렌치 교수는 자신이 2000년대 중반에 실시한 연구 결과를 인용하며, 19명의 납치 경험자들이 일반인보다 환각에 빠지는 경향이 컸다고 설명했다.

프렌치 교수는 이런 현상은 납치 경험자들이 모든 이야기를 지어내고 있다는 식으로 쉽게 설명할 수 있을지도 모른다고 했다. 대중의 관심을 받기 위해서나, 책이나 영화에 등장해 돈을 벌기 위해 이런 거짓말을 할 수도 있다는 것이다. 프렌치 교수는 납치 경험자들이 각종 UFO 관련 방송 프로그램에 출연하며 대중의 인기를 받게 된 것은 사실이라고 했다.

그는 "그러나 대다수의 납치 경험자들은 진지하게 증언을 하고 있고, 대중의 관심을 받고 싶지 않아 한다."고 밝혔다. 또한 "사람들이 자신을 '미친 사람'이라고 생각할 것을 잘 알고 있기 때문에 이런 이야기를 쉽게 털어놓지 않으려고 한다."고도 했다.

프렌치 교수는 납치 경험자들의 말을 사람들이 믿게 되는 이유 가운데 하나는 이들이 실제 일어난 일처럼 이야기하고 있고, 외계인과 만났을 당시 느낀 공포심을 상세하게 떠올려내기 때문이라고 주장했다. 프렌치 교수는 "많은 UFO 학자들은 납치 경험자들이 사실을 말하고 있거나 연기를 하고 있거나 둘 중에 하나인데, 연기를 하고 있다면 오스카상을 받을 만하다고 말한다."고 소개했다.

프렌치 교수는 '납치 경험자는 정신이상자다', '다른 목적을 갖고 거짓말을 하고 있다'와 같은 단순한 주장에는 신빙성이 없다고 단언한 뒤, 그렇다면 진짜 이유는 무엇인지에 대해 하나씩 짚어나갔다.

그는 우선 외상 후 스트레스 장애를 겪고 있는 사람들의 경우는, 과거의 기억을 떠올려낼 때 일반인보다 감정적으로 불안한 모습을 나타낸다는 연구 결과가 있다고 밝혔다. 특히 연구실과 같은 환경에서 이런 기억을 떠올려낼 때 더욱 그러한 성향을 보인다고 했다. 이 연구는 실험 대상자의 심장 박동과 근전도(筋電圖) 신호 검사를 토대로 진행됐다.

존 맥 하버드 의대 정신과 과장은 이들이 당시의 경험을 떠올리며 두려움과 공포를 나타내는 것은, 실제로 외계인 납치와 같은 경험을 한 것으로 봤다. 프렌치 교수는 그러나 납치를 경험했기 때문에 불안정한 상황을 보이는 것일 수도 있지만, 거짓말을 하고 있기 때문에 불안정한 것일 수도 있다고 지적했다.

최면 효과에 의문을 제기하는 심리학자

프렌치 교수는 이런 연구 결과들을 소개한 뒤, 납치 경험자들이 특히 최면 치료 과정에서 '거짓 기억'을 떠올려내는 심리학적 이유를 설명했다. 그는 우선 존 맥 박사는 최면을 통해 과거 잊고 살았던 기억을 떠올려낸다고 주장하지만, 이는 사실과 다를 수 있다고 했다. 맥 박사의 주장을 많은 사람들이 믿는 경우가 있는데, 이는 최면에 대한 오해 때문이라는 것이다.

그는 이런 오해를 불러일으키는 데 가장 큰 영향을 끼친 것으로 영화나 소설을 꼽았다. 영화나 소설책을 보면 최면을 통해 기억을 떠올려내는 장면들이 많이 나온다. 사건 현장에 있던 목격자가 당시 일어난 상황을 제대로 기억하지 못하고 있다가, 최면에 빠지면 구체적인 기억을 떠올려낸다는 식의 영화 장면이 많다.

어떤 경우에는 평상시라면 집중하지 않았을 장면에 대한 기억도 살려낸다. 예를 들어 어떤 사건 현장에서 도망가는 차량의 번호판에 적힌 알파벳과 숫자가 정확하게 기억나는 식이다.

프렌치 교수는 "최면이라는 것은 잊고 있던 기억을 떠올려내는 여러 방법 중의 하나일 뿐이다."며 "최면에 빠진 사람이 실제로 일어난 것으로 믿고 싶은 것을 떠올려내도록 하는 위험성을 갖고 있다."고 지적했다. 그는 "그렇기 때문에 어떤 사람이 최면 과정에서 떠올려낸 기억이 법정에서 정식 증거로 채택되지 않는다."고 했다.

프렌치 교수는 사람들은 누군가가 아주 어렸을 때의 기억을 최면을 통해 떠올려낸 사례들을 보며, 최면의 효과에 신빙성이 있다고 믿는다고도 말했다. 평범한 사람이라면 5세 때의 생일 파티 기억이 구체적으로 나지 않지만, 최면에 들어가면 이를 떠올려낼 수 있다는 주장들이 있다는 것이다.

당시 기억만을 떠올려내는 것이 아니라, 당시의 본인으로 빙의(憑依)돼 어릴 때 느낀 감정을 이야기하고 어린이처럼 말하기도 한다고 했다. 최면을 잘 모르는 사람들이 이런 상황, 즉 당시의 감정에 몰입된 모습을 보면 이를 실제 기억이라고 착각할 수 있다는 것이다. 이는 납치 경험자가 납치 당시 상황을 묘사하며 보여주는 공포심의 경우도 마찬가지라고 했다.

프렌치 교수는 "하지만 최면에 빠진 사람들이 실제 어린이들이 하는 것처럼 행동하지 않는다는 연구 결과가 있다."면서, "이들은 '실제 어린이들이라면 어떻게 행동했을까'라는 점을 성인의 관점에서 생각한 뒤, 이와 같이 행동하는 것이다."고 설명했다. 관련 연구 결과에 따르면 성인이 어린이라면 했을 법하다고 생각해 말한 표현이나 단어들이, 실제 어린이가 사용하는 것과는 차이가 난다고 한다.

프렌치 교수는 일부 최면 치료사들은 최면 치료를 통해 머릿속에 있는 기억보다 더 정확한 기억을 떠올려낼 수 있으며, 태어나기 전의 이야기도 기억해낼 수 있다고 주장한다고 했다. 예를 들어 어머니의 뱃속에 있을 때나 전생(前生)의 기억을 떠올려낼 수 있다는 것이다. 그는 "연구 결과들에 의하면 이는 거짓 기억이다."고 단정했다.

그는 전생의 기억을 떠올려냈다는 사람들을 대상으로 진행한 연구들을 소개했다. 그는 이런 경험을 했다는 사람들의 개별 사례에 대한 연구와, 여러 실험을 통한 방식으로 거짓임이 증명됐다고 밝혔다. 우선 특정 인물이 떠올려낸 전생의 기억을 검토해보면, 구체성이 떨어지고 이미 역사적인 사실로 알려진 이야기들에 바탕을 두는 경향이 있다는 것이다.

그는 "전생에 대한 기억을 떠올려낸 사람들이나 외계인에 의한 납치를 경험했다고 하는 사람들이, 의도적으로 없는 이야기를 만들어낼 가능성이 물론 존재한다."고 했다. 또한 "다른 곳에서 접한 정보들이 취합돼 하나의 이야기가 된 것일 수 있다."고 덧붙였다.

그는 "그러나 이를 무조건 의도적인 사기극이라고 볼 수만은 없다."면서 "최면 과정에서는 여러 기억 속에 있는 정보들이 계속 떠오르게 되기 때문이다."고 말했다. 그는 사람들이 최면 과정에서 머릿속 곳곳에 저장돼 있는 각종 정보들을 취합해 하나의 일처럼 만들 수 있는데, 실제로 이 기억이 어떻게 생긴 것인지에 대해서는 모르는 상황이 발생하는 것이라고 설명했다.

그는 이런 현상을 심리학에서는 '잠복(潛伏) 기억 현상(cryptomnesia)'이라고 부른다고 소개했다. 누구한테 들은 이야기인지 자신이 직접 경험한 것인지를 완전히 잊어버린 상황에서, 무언가 새롭고 독창적인 생각이 떠올랐다거나 혹은 자신이 겪은 일처럼 받아들이는 현상을 뜻하는 표현이라고 한다.

그는 과거 발표된 연구 논문들을 인용하며, 최면을 당하는 사람들이 이들이 원하는 이야기를 떠올려내는 것이 가능하다고 설명했다. 그가 인용한 한 논문은 두 집단을 대상으로 최면을 실시한 결과를 담고 있다. 한 집단은 최면에 들어가기에 앞서 전생의 삶에서는 지금의 삶과는 다른 성별 및 인종으로 살았을 수도 있고, 지금과는 전혀 다른 극단적인 환경에서 살았을 수 있다는 이야기를 전해 들었다. 다른 집단에게는 어떤 정보도 사전에 주입하지 않았다. 실험 결과 먼저 언급된 집단일수록 미리 전해들은 이야기를 반영하는 기억을 떠올려내는 경향이 컸다.

프렌치 교수가 소개한 또 다른 실험 역시, 두 집단을 나눠 최면을 통해 전생의 기억을 떠올려내도록 한 실험이었다. 한 집단에게는 전생에 살던 아이들이 학대를 당하는 경우가 많았다는 이야기를 들려줬고, 다른 집단에게는 어떤 이야기도 해주지 않았다. 예상대로 이런 이야기를 먼저 접한 집단일수록 전생에 자신이 학대를 당했다고 말하는 비율이 높았다.

프렌치 교수는 "이는 납치 경험자들이 떠올려낸 기억과도 비슷할 것이다."며 "이들이 머릿속에 갖고 있는 기대감이 떠올린 기억으로 반영될 수 있다."고 했다. 그는 이들이 미리 문화적으로 배운 외계인 납치에 대한 내용이나, 최면을 건 사람들의 영향에 의해 왜곡된 기억을 현실에서 일어난 일로 생각할 수 있다고 말했다.

프렌치 교수는 전생이 됐든 외계인 납치가 됐든, 이런 특이한 기억을 떠올려내는 사람들에게는 두 가지의 요소가 작용한다고 지적했다. 우선 하나는 이들이 이런 현상을 이미 사실로 믿고 있는지가 중요하다고 한다. 다른 하나는 이런 현상이 과학적으로 가능할 수 있다고 여기도록 누군가에 의해 영향을 받은 것이라고 했다.

프렌치 교수는 납치 경험자들은 이들이 떠올린 기억이 실제로 일어난 일에 대한 기억으로 믿는다고 단정했다. 이들은 이미 자신들이 외계인에 의한 납치 피해자라는 의심을 하고 있던 사람들이라는 것이다. 그렇게 생각하지 않았다면, 애초에 최면 치료를 받아 이런 기억을 떠올려 보려 하지도 않았을 것이라고 했다.

그는 1980년대에 활동하던 UFO 학자인 캘리포니아주립대학 영문학 교수인 앨빈 로슨이 실시한 연구 결과를 소개했다. 로슨 교수는 UFO에 대한 지식이 별로 없고, 외계인에 납치됐다고 생각해본 적이 없는 실험 참가자 8명을 모집했다. 그는 이들에게 최면을 걸어 외계인에 의해 납치를 당하면 어떨지 상상해서 말해보도록 했다.

그러고는 실제로 납치를 경험했다고 하는 사람들이 떠올린 기억과 비교해봤다. 비교 결과 '가짜 납치 경험자들' 역시 구체적인 내용을 이야기했으며, 비슷한 주장을 하고 있는 것으로 확인됐다.

로슨 교수의 연구에 대해 반박하는 연구도 진행된 적이 있었다. 이들 연구진들은 가짜 경험자 집단과 실제 경험자 집단이 하는 이야기에 비슷한 점이 있는 것은 사실이지만, 가짜 경험자들의 경우 이야기의 일관성이 부족하다고 했다. 따라서 납치 경험자들이 실제로 일어난 경험을 떠올려내는 것이 사실일 수도 있다는 결과였다.

프렌치 교수는 이런 반박 연구의 신뢰도에도 의문을 제기했다. 로슨 교수가 모집한 가짜 경험자 집단은 UFO에 대해 전혀 지식이 없는 사람들이었다. 하지만 UFO에 의해 납치를 당했다고 주장하는 사람들은, 최면에 들어가기에 앞서 납치 현상에 대한 여러 정보를 미리 숙지했을 수 있다고 했다. 최면 이전에 이미 여러 UFO 납치 이야기를 머릿속에 넣어놨으므로, 더욱 일관성 있는 이야기를 할 수 있다는 것이다.

프렌치 교수는 이와 같은 여러 연구 결과를 소개한 뒤, 또 하나의 의문이 남는다고 했다. "여러 연구 결과 납치 경험자들이 최면 과정을 통해 거짓 기억을 떠올려냈을 가능성이 높은 것으로 보인다."며 "하지만 이들이 왜 애초에 납치 피해자라는 생각을 갖게 됐는지가 의문이다."고 덧붙였다.

프렌치 교수는 이런 추론을 내놨다. 그는 우선 납치 경험자들이 맨 정신에서는 납치 상황을 제대로 기억하지 못한다고 했다. 그렇기 때문에 이들이 자신들에게 일어났다고 여기는 특이한 현상이, 외계인 납치 현상일 것으로 생각하는 것이 가장 쉬운 설명일 수 있다는 것이다.

프렌치 교수는 납치 경험자들로 분류되기 위해서는 UFO를 몇 차례 목격하고, 의문의 상처나 임신 증세와 같은 신체적 변화가 있어야 한다고 지적했다. 쉽게 설명하면, UFO를 목격하고 의문의 상처나 임신 증상을 보인 사람의 경우에는 이에 대한 원인이 납치 현상에 있다고 생각할 가능성이 높다는 것이 프렌치 교수의 주장이었다.

그는 납치 현상을 이해하기 위한 마지막 가설(假說)로는 수면 마비 현상, 즉 가위눌림 현상을 제시했다. 수면 마비는 흔히 가위눌림 현상으로도 알려져 있다. 잠이 드는 상황이나 일어나는 상황에서 발생하는 현상이다. 여러 연구 결과에 따르면, 세계 인구의 25%에서 40%가 평생 한 번은 이런 현상을 경험하는 것으로 알려졌다. 사람의 성향에 따라 한 번 이상을 경험하는 경우도 있고, 주기적으로 이를 겪는 사람도 있다고 한다.

수면 마비에 빠지면 몇 초 동안 몸이 마비된 것 같은 느낌을 받게 된다. 극소수 사람의 경우는 다른 사람보다 더욱 괴로운 시간을 보내기도 한다. 누군가가 침실에 있는 것으로 보이기도 한다. 특정 장면을 보게 되고, 어떤 소리가 들리기도 한다. 방 안에 이상한 불빛이 보이거나 누군가의 그림자가 움직이는 것을 보기도 한다.

어떤 사람들은 징그럽게 생긴 생명체 하나가 자신을 내려다보고 있었다고 보고하기도 했다. 누군가가 자신의 몸을 움직이려고 하는 느낌이 들었다는 사람도 있고, 무언가가 가슴 부위를 짓누르는 느낌을 받았다는 사람도 있다. 이 과정에서 숨을 쉬는 것이 어려웠다고 하는 이야기도 있다.

프렌치 교수는 수면 마비 현상은 과학적으로 설명할 수 있는 문제라고 단언했다. 외계인 납치와 같은 특이 현상으로 연결시킬 필요가 없다는 것이다. 그는 "대다수의 사람들은 매일 밤 수면 마비에 빠지게 될 위험성을 안고 지내고 있지만, 이런 상황을 제대로 인지하지 못하고 있을 뿐이다."고 했다.

그는 수면 과정에는 여러 단계가 있는데, 이는 뇌의 혈류 움직임과 심장 박동 수 등으로 구분된다고 설명했다. 그 중 안구가 빠르게 움직이는 과정을 흔히 '렘수면(REM睡眠)'이라고 칭하며, 사람들이 생생한 꿈을 꾸는 것은 이 단계에서 일어난다고 했다. 렘수면 단계에서는 신체의 근육이 실제로 마비된다는 것이다.

프렌치 교수는 "사람들은 꿈을 꾸고 있다는 것에 대한 의식만 있기 때문에 몸이 마비됐다는 점은 느끼지 못한다."고 했다. 그러나 이런 수면 주기가 약간 뒤틀릴 수 있다고 한다. 렘수면 단계에 빠져 있음에도 깨어있을 때와 같은 의식을 가지는 경우가 생긴다는 것이다.

현실의 의식과 꿈 속의 의식이 공존하게 되는 현상이라고 했다. 침대에 누워 꿈을 꾸고 있지만, 방 안에서 어떤 일이 일어나고 있는지도 알 수 있는 상황이라고 한다. 그는 외계인 납치 현상을 경험한 사람들이 일반인보다 수면 마비를 경험한 경우가 많았다고 했다.

납치 현상에서 자주 언급되는 일 가운데 하나는, 어느 정도 시간에 대한 기억이 나지 않는다는 것이다. 예를 들면 오후 1시부터 1시30분 사이에 어떤 일이 일어났는지 기억이 나지 않는데, 이미 시간이 그렇게 지났다고 믿는 사람들이 있다. 프렌치 교수는 이런 현상 역시 외계인 납치와는 관계가 없다고 말했다. 그는 이런 현상은 단순하게 설명할 수 있다고 했다. 우선 시간을 착각했을 가능성을 지적했다. 평소 다니던 길을 지나가는데, 평소보다 시간이 더 걸린 것을 두고 시간이 사라졌다고 믿을 수 있다는 것이다.

프렌치 교수는 사람들이 과거의 일을 얼마나 구체적으로 기억할 수 있는지에 대해 과대평가하는 경우가 많다고 지적했다. 그는 지난주의 어느 하루에 어떤 일을 했는지 기억해보라고 했다. 1분 간격으로 어떤 일이 일어났는지 떠올려내기는 어렵다고 덧붙였다.

프렌치 교수는 외계인 납치 현상에 대한 원인을 파악하기 위해서는, 지금까지 논의된 여러 요소들이 검토돼야 한다고 강조했다. 하나의 정답으로 모든 납치 경험 사례들을 설명할 수는 없다는 것이다. 그러나 그는 "대다수의 사례들은 거짓 기억에 기반을 뒀을 가능성이 있다."며 "특이한 경험을 한 것을 어떻게 이해해야 할까 고민하는 과정에서 (거짓 기억이) 생기는 것이다."고 했다. 프렌치 교수의 결론을 요약하면 다음과 같다.

《납치 경험자들 중 대다수는 거짓 기억을 착각하는 것으로 보인다. 이들은 최면 치료 과정에서 이런 기억들을 떠올려냈다. 최면과 이들이 떠올려낸 기억이 연관성이 있다는 점을 의미한다. 납치 경험자들은 일반인과 비교해 여러 성격적 차이가 있는 것으로 보인다. 우리는 이들이 정신 이상 증세를 보이고 있는지도 파악해봤으나, 일반인보다 심각한

정신질환을 갖고 있다는 증거는 나오지 않았다.》

프렌치 교수의 책을 읽어보면, 기존 학계의 이론으로 납치 현상을 이해하려 한다는 점을 느낄 수 있다. 그는 19명의 납치 경험자와 19명의 일반인을 대상으로 성격 및 정신 관련 검사를 진행한 적이 있다. 납치 경험자들을 정신 이상자로 볼 수 있는 증거는 나오지 않았으나, 이들이 최면과 판타지에 빠질 가능성이 높은 것으로 나왔다고 했다. 그러나 이 연구를 제외하고 그가 납치 경험자들을 심층적으로 연구했다는 사실은 책에서 찾아볼 수 없었다.

존 맥 박사는 납치 현상을 부정(否定)하는 학자들을 향해 "실제로 외계인 납치 경험자들을 만나 연구해보지 않은 사람의 연구는 신경 쓰지 않는다."는 투로 이야기한 적이 있다. 이들을 직접 만나 오랜 시간 대화를 나눠본 사람과, 여러 이론으로 각종 현상의 이유를 설명하는 방식을 택하는 학자 사이에는 시각 차이가 있을 수밖에 없다는 것이다.

프렌치 교수는 그의 여러 가설(假說)을 뒷받침하기 위해 여러 학자들이 진행한 연구 결과를 소개했다. 그의 가설은 여러 가지가 있으나 거짓 기억을 떠올렸을 가능성, 수면 마비에서 겪은 현상을 착각할 가능성 등으로 요약할 수 있다. 그가 연구 결과를 토대로 설정한 논리는 다음과 같다.

① 납치 경험자들은 판타지에 빠지기 쉬운 성향을 갖고 있다. ② 이런 성향의 사람일수록 일어나지 않은 일을 실제로 일어난 것으로 받아들일 가능성이 높다. ③ 납치 경험자는 수면 마비를 일반인보다 더 자주 경험하는데, 이 과정에서 특이한 현상을 보는 것은 흔한 일이다. ④ 외계인에 의한 납치를 경험했다는 사람은, 그 바람에 거짓 기억을

착각하는 것일 수 있다.

이는 얼핏 보면 맞는 말 같지만, 반대로 접근하면 '외계인 납치 경험은 거짓 기억이다'는 결론으로 이어지지는 않는다. '착각했을 가능성이 있다'와 '외계인 납치 현상은 착각이다'는 의미가 다를 것이다.

나는 이를 이해하기 위해 납치 경험자와 직접 이야기를 나눠봤다. 그리고 이들을 오랫동안 만나온 관계자들 이야기도 들어봤다. 실제 경험자와 납치 문제 전문가들은 '납치 경험자가 정신 질환자인 것은 아니지만, 이들은 단순하게 착각을 하고 있다'는 의견을 어떻게 생각할까?

6부

UFO

UFO 납치 경험자 인터뷰

제1장

"이들은 내게 하이브리드 아기 한 명을 보여줬다"

갑자기 사라진 기억과 의문의 상처

인터뷰 | 앨런 스타인필드(Alan Steinfeld)

1956년생인 앨런 스타인필드 씨는 미국 뉴욕에 거주하고 있다. 그는 1987년 당시 외계인에 납치된 적이 있다는 인물이다. 약 30년간 UFO 문제를 연구했으며, 「새로운 현실」이라는 TV 프로그램을 수십 년 진행해왔다. 현재는 개인 유튜브 채널을 운영하고 있다. 2021년에는 본인의 이야기와 함께 여러 UFO 전문가들의 글을 엮은 책 『접촉(Making Contact)』을 출간했다.

납치를 경험했다는 사람과 진행한 첫 번째 인터뷰였다. 그의 머릿속에는 엄청나게 많은 생각이 들어있었던 것 같았다. 질문에 답을 하다가 주제가 계속 바뀌곤 했다. 횡설수설이라기보다는 여러 기억들이 계속 떠오르는 모양이었다.

그는 여러 UFO 전문가들과 마찬가지로 인간의 의식(意識)이라는 개념을 연구해왔다. 의식이라는 개념은 납치 현상 경험자들 사이에서 특히 자주 언급된다. UFO 납치 현상이라는 것은, 우리가 살고 있는 시공간(時空間)을 뛰어넘은 현실에서 발생했을 수밖에 없다는 생각 때문인 것 같다.

앨런 스타인필드 씨(왼쪽)와 존 맥 박사.
(스타인필드 제공)

그의 이야기를 듣다 보면 여러 납치 사례와 한 가지 다른 점이 있다. 납치 경험은 거짓말이라고 부정(否定)하는 사람들의 논리 가운데 하나는, 왜 아무도 누군가가 납치되는 것을 봤다는 목격자가 없느냐는 것이다. 그는 당시 차에서 함께 잠들었던 여자 친구와 같은 시간의 기억을 잊었다고 한다. 눈을 떠보니 둘 다 잠들었던 자세 그대로 누워있었다는 것이다.

– 외계인에 납치됐을 당시의 이야기가 듣고 싶다.

"나는 여자 친구와 함께 서부에서 동부 쪽으로 자동차를 타고 여행을 하고 있었다. (오레곤주에서 동부로 가던 중 네브라스카주에서 잠깐 머물렀는데) 차에서 잠이 들었고, 잠든 기억이 사라지는 일이 발생했다. 갑자기 기절을 한 것 같았는데, 무언가 시간이 얼어버린 것 같다는 느낌이 들었다.

다음날 아침에 눈을 떴을 때 기분이 매우 이상했다. 잠들 때와 같은 자세 그대로 누워있었다. 현실의 시간에서 다른 곳으로 이동했다가 다시 돌아온 느낌이었다. 내 무릎 뒤쪽에 4개의 점이 사각형 모양으로 그려져 있는 것을 발견했다. 이날 밤 일어난 일에 대한 기억이 지워진 것 같았다.

나는 당시의 상황을 떠올리기 위해 최면 치료사를 찾아갔다. 모든 기억이 떠올려지지는 않았으나, 내가 타고 있는 차에서 몸이 붕 떠서 날아가게 되는 모습을 봤다. 그리고는 생명체들을 보게 됐는데, 일반적으로 묘사되는 외계인의 모습을 하고 있지는 않았다. 머리와 눈이 매우 컸던 것으로 기억한다.

내가 떠올린 기억은 이 정도였다. 나는 이런 경험을 하고 난 뒤 각종 세미나에 참석하여, 이런 생명체를 실제로 봤다고 말해왔다. 인간과는 다른 생명체이며 지능을 갖고 있던 것으로 여겨진다."

– 4개의 점이 생겼다는 뜻인가? 상처는 언제 없어졌나?

"상처는 멍이 낫듯 한 달 정도 후 자연스럽게 없어졌다. 그런데 무릎 뒤쪽에 어떻게 멍이 날 수 있나?"

– 제정신이 맞는 표현인지는 모르겠지만, 제정신이 아닌 주장을 하고 있다는 소리를 많이 들었을 것 같다.

"이런 현상을 믿지 않는 사람들은 저마다 하고 싶은 이야기들을 하곤 한다. 하지만 경험을 직접 해보지 않은 이상 이들이 알 수 있는 방법은 없다. 이런 경험은 더 큰 현실이 존재한다는 사실을 인지(認知)하게 만든다. 이런 현상을 믿지 않는 사람들은 현재 일어나고 있는 현실을 부정하려는 사람들이다. 현실이라는 것을 어린이 같은 시각에서 보고 있는 사람들이다."

– 납치 당시의 상황을 조금 더 듣고 싶다.

"1987년 7월에 일어난 일이다. 처음에는 기억을 거의 못하고 있다가 최면 치료를 받으며 기억을 떠올려냈다. 무언가 몸에 진동이 울리는 것 같았다. 이들 생명체들의 작동 방식이 매우 충격적이었다. 내 머리를 통제해버렸다. 우리가 잠에 들게 만들어 우리의 생각을 통제했다. 나는 이들을 부정적으로 보지는 않는다. 악(惡)한 생명체들이 아닌 것 같다.

나는 이들이 우리의 DNA 등 유전자 정보를 채취하려고 한 것 같다. 우리의 DNA를 높게 평가하는 듯하다. 인간들에게는 여러 방식으로 작동하는 의식이라는 것이 있고, 독립적인 판단을 내릴 수 있다. 이런 일들이 중국 등 세계 곳곳에서 발생하고 있다. 한국에서도 이를 경험한 사람들이 있을 것이라고 생각한다."

– 당신과 같은 사람들이 제정신일 수는 있지만, 거짓말을 하고 있거나 왜곡된 기억을 떠올리고 있다는 주장이 많은 것 같다.

"내가 겪은 일을 말로 설명하는 것은 어렵다. 우리가 사는 시간대와 다른 공간에서 일어난 일 같다. 내가 이런 이야기를 지어냈다고 주장하는 사람들이 있을 것이다. 나와 비슷한 경험을 한 사람들이 수십만 명이다. 우리와 같은 사람들이 세계 곳곳에 있는데, 우리 모두가 이를 지어내고 있다고 보나? 사람들이 우리의 이야기를 믿도록 하려면 어떻게 해야 한다고 생각하나?

지금 당신하고 이야기를 나누고 있지만, 당신 역시 정신적으로 문제가 없는 것 같다. 당신이 지금 내게 말을 지어내고 있을 수는 있지만, 나라면 당신을 믿을 것 같다. 이 사람들은 정직한 사람들이고, 대중의 관심을 받고 싶어서 이런 이야기를 하는 사람들이 아니다. 나는 당신에게 내가 겪은 이야기들을 있는 그대로 말해주고 있다."

– 당신이 거짓말을 하고 있는 것은 아니겠지만, 이를 곧이곧대로 믿는 것도 사

실 어려운 것 같다.

"미국의 소설가 마크 트웨인이 한 말이 있다. '진실은 소설보다 더 기묘하다. 왜냐하면 소설은 일어날 가능성이 있는 일을 그려야 하지만, 진실은 그럴 필요가 없기 때문이다.' 나는 이 말이 나의 상황을 대변해준다고 믿는다."

《UFO 납치 경험자 및 학자들과 인터뷰를 하다보면, 이들이 하는 이야기를 듣고 깜짝 깜짝 놀라 혼자 생각에 빠지게 되는 경우가 많다. "UFO를 믿느냐는 질문은 하늘에 구름이 있다고 믿느냐는 질문과 같은 격이다."와 같은 경우다. 이들은 사람들이 자신을 믿어주지 않는다는 이유에서인지 자신들만의 논리를 탄탄하게 만들려고 노력한 사람들로 보였다.》

– 외계 생명체를 만난 느낌은 어땠는지 궁금하다.

"생명체들은 매우 특이했다. 현실이 무언가 뒤틀린 것 같았다. 술에 취하면 모든 사물이 뒤집어진 것처럼 보일 때가 있지 않나? 이처럼 무언가 의식에 변화가 생긴 상황에 빠진 것 같았다. 나는 이들이 우리의 시공간에 있는 생명체들이 아니라고 본다. 다른 차원의 의식이라는 표현 말고는 어떻게 설명할 방법을 모르겠다."

– 1987년에 일어난 일인데 당시 상황을 자세히 기억하는 모양이다.

"어제 일어난 일처럼 또렷하게 기억난다. 이런 형태의 트라우마를 겪은 기억은 평생 생생하게 남는 것 같다. 뉴욕에 사는 사람들이 2001년 9월11일에 세계무역센터에서 발생한 일을 잊을 수 있겠나? 이날 어떤 옷을 입고 있었고, 무엇을 하고 있었는지를 자세히 다 기억한다.

나는 이런 경험을 하게 되면 당시의 시간과 기억이 얼어붙은 것처럼 머릿속에 멈춰있다고 여긴다. 결혼식 날이나 부모님이 돌아가셨을 때가 어제 있었던 일처럼 기억나는 것과 마찬가지다."

– 이 논쟁의 핵심은 납치 경험자들의 기억이라는 증거밖에 없다는 점인 듯하다. 회의론자들은 다른 증거는 어떤 것도 없다며 납치 경험자들을 정신 이상자로 모는 경향이 많은데….

"술을 너무 많이 마신 게 아니냐, 혹은 악몽(惡夢)을 꾼 게 아니냐는 말들을 많이 듣는다. 누군가의 주장이 사실이 아니라고 주장하는 것은 쉬운 일이다. 당신은 한국에서 왔다고 했는데, 내가 만약 한국이라는 나라에 대해 전혀 알지 못한다고 가정해보자. 나는 당신이 한국에서 왔다는 것은 불가능한 일이고, 당신이 거짓말을 하고 있다고 여길 것이다.

UFO 관련 현상을 사실이 아니라고 보는 이들은, 우리들의 이야기를 머릿속에 집어넣지 못하는 사람들이다. 이들의 믿음 체계가 편협하기 때문이다. 누군가가 경험했다고 하는 이야기를 내가 무슨 자격이 있다고 사실이 아니라고 할 수 있겠는가? 물론 UFO 현상이 사실이 아니라고 하는 사람들 가운데 논리가 있는 사람들도 있다. (납치 등을 경험했다고 하는 사람들 중에는) 미친 사람도 많고, 이야기를 지어낸 사람들도 많다.

하지만 나는 이를 경험했다는 사람들 수백 명을 만나봤다. 모두 비슷한 경험을 한 사람들인데, 나는 이들이 미치지 않았다고 본다. 나는 회의론자들이야말로 우리들이 경험했다는 내용을 자신들의 생각에 맞게끔 바꾸도록 만들려는 사람 같다. 이들이야말로 부정돼야 한다고 생각한다."

– 너무 엄청난 주장이기 때문에 믿을 수 없다는 것 아니겠는가?

"17세기의 영국인 철학자 존 로크가 남긴 유명한 이야기가 있다.(注: 로크는 관념은 모든 경험에서 유래한다는 경험론이라는 이론을 남긴 사람이다.) 유럽에서 온 사람이 태국의 왕을 만나, 자신이 살던 나라는 물이 아주 차가워지기 때문에 코끼리가 얼어붙은 물가를 건널 수도 있다는 말을 한 적이 있다.

당시 태국의 왕은 그가 여태까지 들은 이야기 중 가장 정신 나간 이야기라고 생각했다. 회의론자들은 무슨 이유에서 우리의 이야기를 부정하려고 하는 걸까? 이들의 믿음 체계로는 이를 이해할 수 없기 때문인가?

미국 정부는 최근 보고서를 통해 UFO가 실제로 존재한다는 결론을 내렸다. 중국이나 러시아 등 지구에서 만든 기술이 아니라고 했는데, 그렇다면 이를 조종하는 사람은 누구라는 뜻인가? 100년 전에 살던 사람에게, 나에게는 핸드폰이라는 게 있어서 언제 어디서든 누구와 전화 통화를 할 수 있다고 말해주면 이들이 믿을까? 믿음이라는 문제는 사람 개개인의 세계관과 연결돼 있다. 나는 사람들에게 내가 겪은 일을 사실 그대로 이야기해주는 것이 나의 임무라고 믿는다."

– 만났다는 외계인들에 대해 더 듣고 싶다.

"친절했고 나쁜 애들 같지 않았다. 이들이 내 마음을 열어 더 큰 현실을 볼 수 있도록 한 것 같다. 의식을 깨우쳐줬다. 물론 나쁜 생명체들도 있을 것이다. 하이브리드, 혼종(混種) 아기를 만들기 위해 우리의 유전자를 채취해간 것 같다. (납치를 경험한 후로부터) 1년 후 꿈을 꾼 적이 있는데, 생명체들이 내 손에 무언가를 갖다 대는 내용이었다. 내 유전자를 가지고 무언가를 하려고 하는 것 같은데 이상한 기분이었다.

나는 이들이 우리의 유전자를 계속 찾아나서는 것 같다. 미친 소리처럼 들릴 수 있겠으나, 이들이 우리를 도와주고 있는 것 같다. 우리는 지난 몇 십 년 사이 엄청난 기술의 진보를 이뤄냈다. 인간이 직접 해낸 것일 수도 있으나, 우리보다 고등(高等)의 생명체로부터 도움을 받았을 수도 있다고 본다."

– 외계인들이 하이브리드 아기를 만들고 있다고 생각하는 이유는 뭔가?

"이들은 내게 작은 아기 한 명을 보여줬다. 꿈을 꾸고 있는 것 같은 상황이었기 때문에 이를 증명할 수는 없지만, 하이브리드 아기를 봤다. 내 정자를 채취해갔던 것 같은 느낌이 들었다. 이날 사건으로 내 인생은 완전히 바뀌게 됐다. UFO 문제에 대한 해답을 찾기 위해 지난 30년을 보냈다. 집에 있는 UFO 관련 책만 500권이 넘는다. 나는 이 문제가 우리 시대의 가장 큰 미스터리라고 본다. 어느 누구도 이에 대한 답을 갖고 있지 않다."

– 존 맥 하버드 의대 정신과 과장의 연구에 대해서는 어떻게 생각하나?

"나는 그가 진정한 선구자였다고 믿는다. 그는 정신과 의사의 입장에서 납치 경험자들이 미친 사람들이 아니라고 진단했다. 그는 이들이 실제로 일어난 이야기를 하고 있고, 이들의 말을 존중해줘야 한다고 했다. 나는 그가 우리 시대에 있었던 가장 위대한 구원자 가운데 한 명이었다고 생각한다. 나는 그가 납치 문제에 있어 패러다임을 바꾼 인물이라고 본다."

– 맥 박사가 납치 경험자들에게 이상한 약물을 투여하거나 하는 방식으로 헛것을 떠올려내게 했다는 주장도 있다.

"그런 주장을 하는 사람들은 실제 어떤 일들이 일어나고 있는지 전혀 알지 못하는 사람들인 것 같다. 존은 열린 마음을 갖고 납치 경험자들을 만났다. 그는 두 개의 선택이 있다고 했다. 하나는 이들을 미친 사람이라고 여기는 것이고, 다른 하나는 실제로 일어난 일일 수 있으니 진지하게 이야기를 들어보자는 것이었다고 한다. 그는 내게 어떤 약도 주지 않았다. 그는 편안한 분위기에서 최면 치료를 진행했을 뿐이다. 사람들에게 약을 주던 사람이 아니었다."

– 존 맥 박사와 개인적인 친분이 있나?

"1994년인가 1995년에 친구들 모임 같은 곳에서 그를 만난 적이 있다. 똑똑하고 좋은 사람이었다. 그와 저녁을 함께 먹었는데, 나는 그가 무언가 더 큰 해답을 탐구하고 있다는 느낌을 받았다. 외계인이 있고 없고 정도의 문제가 아닌 것 같았다. 인간의 정신, 인간의 의식을 통해 이 시공간에 들어오고 있는 다른 생명체를 볼 수 있느냐는 문제라고 본다."

– UFO 현상을 다루다보면 영어 단어 '빌리브(Believe)'가 항상 거론된다. 이 단어를 어떻게 생각하나?

"나는 믿음은 아무 것도 아니라고 여긴다. 믿음은 추측이자 가설(假說)에 불과하다. 반면에 무언가를 '안다(know)'는 것은 다른 개념이다. UFO나 외계인에 대해 이야기할 때, 이를 믿느냐가 아니라 이런 현실이 일어났다는 것을 아느냐의 차이다. 지금 우리가 전화로 통화하고 있다고 믿느냐와, 통화를 하고 있다는 것을 아는 것에는 차이가 있다.

나는 믿음이라는 단어는 취약한 표현이고 아무런 의미가 없다고 생각한다. 예를 들자면 나는 많은 것을 믿을 수 있다. 이들이 사실인지 아닌지와는 관계가 없다. 그렇지만 나는 무엇을 알까? 내가 경험한 것을 아는 거다. 믿느냐가 아니라 이들을 봤다는 사실을 안다는 것이다. 믿음이 중요한 것이 아니라, 무엇이 현실인지가 중요한 것이다. 이는 종교가 아니다. 외계인의 존재를 맹목적으로 믿자는 것이 아니다. 과학적 방법을 통해 이것이 사실인지 탐구해보자는 것이다."

— 미국 정부가 2021년 6월에 발표한 UFO 보고서 내용과도 어느 정도 연관성이 있는 이야기를 한 것 같다. 보고서는 이런 현상이 존재하는 것은 사실이지만, 어디에서 어떻게 왔는지는 모르겠으니 이를 연구하겠다는 결론을 내렸다.

"계속 언급하지만 이는 믿음의 문제가 아니다. 미국 정부가 공개적으로 UFO는 존재한다고 밝혔다. 우리의 지식으로는 설명이 되지 않는다고 했다. 우주에 떠다니는 잔해물이나 별똥별 같은 것이 아니라는 이야기다. 군인들이 이런 현상을 하늘에서 실제로 목격했다고 한다. 믿음의 문제가 아니라 실제로 벌어지고 있는 현실의 문제다."

그는 인터뷰가 끝난 뒤 내게 그가 쓴 책의 일부분을 보내줬다. 그는 1985년, 즉 납치를 경험하기 2년 전 어느 날 이상한 꿈을 꾼 뒤 이를 일기장에 적었다. 당시에는 그냥 이상한 꿈을 꿨다고 여겼으나, 납치를 경험하고 UFO를 연구하다 보니 꿈이 무엇을 의미하는지 알 것 같다고 했다. 납치 경험을 1987년에 한 번만 한 것이 아니라, 여러 차례에 걸쳐 겪은 것으로 여겨진다고도 썼다.

《나는 유람선에 있었다. 사람들이 춤을 추는 쇼를 보고 있었다. 금발머리의 여성도 나와 함께 관람하고 있었는데, 그녀의 얼굴이 계속 바뀌었다. 모두 세 번 정도 바뀌었는데, 매번 다른 여성의 모습을 하고 있었다. 우리 둘은 점점 더 친밀한 사이가 됐다. 이후 나는 대학 기숙사 같은 곳으로 가게 됐다. 이 여성은 내게 그녀의 아기를 봐달라고 했다.

이 아기는 대략 한 살쯤 됐고, 여느 아이들처럼 귀엽게 생겼다. 나는 아기와 함께 차를 타고 가기 시작했다. 유람선의 출구로 나가고 있었다. 그런 뒤 다시 배로 돌아와 아기 엄마에게 돌려줬다. 아기가 내게 말을 하기 시작했는데, 차를 태워줘서 고맙다고 했다. 무언가 나와 연결돼 있다는 느낌을 받았다.》

스타인필드는 1987년 납치를 함께 경험했던 당시의 여자 친구 제인과 30여년 만에 다시 연락을 하게 됐다고 한다. 그가 제인에게 "우리가 오레곤주를 떠났던 그날 밤의 일을 기억해?"라고 묻자 제인이 "응, 우리가 얼어붙은 날이잖아?"라고 대답했다는 것이다.

제인은 당시 상황이 발생한 얼마 후 최면 치료사를 만나 이날의 기억을 떠올려봤다고 한다. 제인은 최면 치료 과정에서 어떤 전기 장치가 그녀의 발목에서 스타인필드의 무릎 뒤쪽으로 연결돼 있던 것을 봤다고 했다.

제2장

"외계 생명체로부터 우주의 섭리를 배웠다"

"엄마 뱃속에서의 기억이 난다."

인터뷰 | 수잔 매너위치(Susan Manewich)

수잔 매너위치 씨(본인 제공).

수잔 매너위치 씨는 새로운 에너지 자원의 중요성을 알리는 비영리재단인 「뉴에너지 무브먼트」의 회장이다. 대체 에너지 자원 개발 문제만이 아니라 인간의 의식(意識), 감정 등을 연구하는 활동을 해왔다. 성공적인 커리어 우먼으로, 각종 국제 컨퍼런스에 연사로 초청되는 인물이다.

이 여성은 5세 때부터 반복적으로 외계인에 의해 납치되는 현상을 경험했다고 한다. 인터뷰 과정에서 그녀는 '납치'라는 표현에는 동의하지 않는다고 했다. 자신은 이들에 의해 강제적으로 끌려간 '피해자'가 아니라는 것이다. 그는 자신을 '접촉자

(contactee)', 혹은 '경험자(experiencer)'라고 표현했다.

그와의 인터뷰는 2021년 10월1일에 진행됐다. 인터뷰 섭외 과정에서 약간의 지연이 발생했다. 연락처를 받아 인터뷰 요청을 했으나 답을 듣지 못했다. 첫 접촉 후 약 한 달 뒤에서야 인터뷰가 진행됐는데, 이야기를 나눠보니 그 이유를 어느 정도 알게 됐다.

그녀는 여행을 하던 중이라 답장이 늦었다고 말한 뒤, 오랫동안 알고 지내온 사람이 아닌 이상 인터뷰를 하지 않는 편이라고 했다. 그가 대표하는 회사가 진행하는 일이 아닌 '납치 경험'이라는 개인적인 주제로 진행되는 인터뷰이기 때문에 더욱 고민했을 것 같다는 생각이 들었다.

– UFO (납치) 현상을 처음 경험했을 당시의 이야기가 궁금하다.

"우선 이런 현상을 한 번만 겪은 것이 아니라 평생 동안 계속해서, 지금도 이를 경험하고 있다. 처음 실질적으로 접촉했던 경험은 다섯 살 때 일어났다. 언니와 방에 함께 있었는데 우주선이 하나 보였다. 언니는 우주선을 본 것까지는 기억나지만, 다른 것들은 기억하지 못하는 모양이다.

집 뒷마당 쪽 가까이에 있었다. 집 뒤에는 단풍나무가 하나 있었는데, 우주선이 나무 위에 있는 것 같았다. 우주선과 생명체를 실제로 본 것은 이때가 처음이었으나 놀랍지 않았다. 평생 이들을 기다려왔던 것 같은 느낌을 갖고 있었다."

– 당시 어느 지역에 살고 있었나?

"매사추세츠 서부 지역에 살고 있었다."

– 생명체를 봤다고 했는데 어떤 생명체였나?

"우주선을 봤을 때 나는 침대에 누워있었다. 우주선을 보고난 뒤 생명체들도 보게 됐는데, 무언가 에너지의 모습을 하고 있었다. 이들의 형태는 조금씩 실체가 있는 형체로 바뀌게 됐다. 내 말이 이해가 되는지 모르겠다."

– 에너지 형태라는 것이 무슨 뜻인지 잘 모르겠다. 홀로그램 같은 모습을 말하는 것인가?

"그런 게 아니다. 생물발광(生物發光·bioluminescence)이라는 표현을 아는지 모르겠지만 그와 같았다(注 : 이는 반딧불이 같은 생물체가 스스로 빛을 만들어 내는 현상을 뜻한다). 빛을 뿜어내고 있었다. 이들 생명체들은 몸이 빛으로 만들어진 것 같았다. 이들은 내게 다가오는 과정에서 조금씩 형체가 있는 몸으로 바뀌게 됐다. 에너지의 모습에서 형체를 갖추게 된 것이다.

이들이 손을 뻗더니 내게 텔레파시로 손을 똑같이 뻗으라고 했다. 나는 손을 뻗었고, 이들이 내 손을 살포시 잡았다. 오른손 검지와 엄지 사이를 꾹 잡았다."

– 이 상황이 몇 시쯤 일어났던 것으로 기억하나?

"2시에서 2시30분 사이에 일어났던 것 같다. 한밤중이었고, 새벽이었던 기억이 난다."

– 생명체들이 손가락을 만지고 나서는 무엇을 했나?

"이들은 나와 눈을 마주보며 손을 만졌다. 이 생명체들의 눈이 나를 똑바로 쳐다보고 있는 것을 알 수 있었다. 내 눈 속을 훤히 들여다보는 것 같았다. 이후 텔레파시로 소통하기 시작했다.

무언가 내 몸을 만지는 것이 느껴졌고 '완전한 사랑'이라는 감정을 느꼈다. 당시 나는 사랑이라는 감정이 무엇인지 잘 모를 때였는데, 이들로부터 사랑을 느낀 것 같았다. 따뜻한 어머니와 아버지로부터 사랑을 받으며 자랐지만, 이 생명체로부터 받는 사랑이라는 느낌은 훨씬 더 강력했다. 당시의 기억이 항상 떠오르고 이런 경험을 했다는 것은 축복이었다는 생각이 든다."

– 존 맥 하버드 의대 정신과 과장이 다룬 납치 경험자들의 사례를 읽어보면 비슷한 이야기들이 나온다. 이런 생명체들을 오랫동안 기다려왔고 이들로부터 사랑이라는 감정을 느꼈다는 것인데, 당신의 이야기도 비슷한 것 같다.

"어렸을 때 이들이 항상 나를 찾아오기를 기다렸다. 그리고 이들을 만나게 되자 어색하지도 않았고, 뭔가 알고 지낸 것처럼 여겨졌다. 가족 같은 기분이었다. 나는 내가 어떻게 어머니의 자궁 속으로 들어가게 됐는지도 기억한다. 이런 기억들을 종합해보면, 내가 이들 생명체와 무언가 연결돼 있다는 생각이 든다. 태어나기 전부터 이들 생명체들을 알았고, 이들의 에너지를 느낀 것 같다."

– 어머니의 자궁 속으로 들어갔다고 했는데, 태어나기 전의 과정에 대한 기억이 있다는 뜻인가?

"나 역시도 에너지의 모습을 하고 있었다. 정확하게 별 같은 모습이었다고 할 수는 없으나 별과 비슷했다. 내가 있던 곳으로부터 에너지가 분리되면서 인간의 모습으로 바뀌게 됐다. 당시 매우 행복하고 즐거웠던 기억이 있다. 떠나게 된다는 것, 그리고 어디론가 가게 된다는 것에 매우 흥분됐다. 무언가 대단한 일이 일어날 것만 같은 기분이었다.

설명하기 어려운데 이 과정에서 금색 빛의 생명체들을 본 기억이 있다. 이들은 불균형 상태의 균형을 맞추는 것 같았다. 내가 태어나기 전에 본 것은 이런 장면들이다. 그런 다음 나는 웜홀 같은 것을 타고 우주를 가로질러 아래로 내려오게 됐다.(注: 웜홀은 블랙홀과 화이트홀을 연결하는 우주의 시간과 공간 사이의 구멍으로, 이를 통해 먼 거리를 가로질러 이동할 수 있다는 가설에 나오는 표현이다.)

태양계에 접근하고, 이 행성(=지구)으로 오는 과정에서 무언가 빽빽한 밀도를 느꼈다. 빛의 속도보다 더 빠르게 이동하다가 갑자기 속도가 확 줄어드는 기분이었다."

— 이런 기억을 최면 상태에서 떠올려낸 게 아니라 맨정신에서도 갖고 있었나?

"최면 과정에서 떠올린 게 아니라 이런 기억을 다 하고 있다. 긴 여정이었다. 한 생명체는 내가 앞으로 해야 하는 일에 대한 설명을 했다. 다음으로 기억나는 것은 내가 부모님 침실 구석에 에너지로 만들어진 공(球)처럼 놓여있었던 것이다. 에너지의 모습을 하고서 부모님을 지켜볼 수 있었다.

그 다음의 기억은 내가 어머니 뱃속에 들어가 있는 장면인데, 임신 7개월쯤 됐던 것 같다. 나는 5남매의 막내로 태어났다. 어머니 뱃속에 있을 때 오빠 세 명과 언니가 떠드는 것들을 다 들을 수 있었다. 나는 이때 내가 '인간의 몸을 하고 지구로 돌아왔구나'라는 생각이 들게 됐다. 나는 '하, 또 지구에 왔구나'라며 아쉬워했던 기억이 있다.

웃긴 이야기인데 내가 어디로 가게 될지 전혀 몰랐다. 그러다 지구에서 겪었던 어려웠던 일들이 떠오르게 됐다. 사람들이 다른 사람들을 안 좋게 대하고, 자멸적 행동에 나서고 있다는 것을 알고 있었다."

— 생명체들이 당신이 해야 하는 임무를 설명했다고 했는데 무슨 임무였나?

"우주를 여행하는 과정에서 두 가지의 이야기를 들었던 기억이 난다. 하나는 사람들이 이 행성에서 살아가는 과정을 이해하는 것이라고 했다. 인간이라는 종(種)이 지금 이 시간에 이 행성에서 어떻게 생활하고 있는지를 이해하는 것이었다. 또 하나는 '신(神)', 혹은 '원천(源泉·source)'과 계속 연결된 관계로 지내라는 것이었다."

– 태어날 당시의 상황도 기억나나?

"그때의 기억은 없다. 자궁 속에 있던 기억 다음으로 있는 장면은 몇 년이 흐른 뒤였다."

– 다섯 살 때 생명체들과 만난 뒤에도 계속 이들과 접촉하게 됐나?

"자주 이들과 만났다. 5~7세쯤 됐던 것 같은데, 집 근처에 있는 진흙에서 놀며 시간을 보내곤 할 때다. 나는 흙을 가지고 노는 것을 매우 좋아했다. 우주선이 항상 근처에 있다는 느낌이 있다. 꼭 우주선을 보지 않아도 말이다. 느낌으로 알 수 있는 건데 몸에서 강한 진동이 일어나게 된다. 무언가 의식(意識)이 바뀌는 느낌이다.

이 단계에 들어가게 되면 기분이 매우 좋아진다. 실제로 '붕' 떠있는 것은 아닌데 떠있다는 기분이 든다. 이런 상황에서 하늘을 쳐다보면 우주선이 보이게 되고, 이들을 만나고 싶지 않다고 생각할 때도 있었다. 진흙하고 놀며 시간을 보내는 게 더 좋았기 때문이다.

이들을 피해 도망간 적도 있었다. 그러다 결국엔 이들을 따라가야 하는 시기도 있었다. 이들은 내게 일종의 실험을 하기도 했다. 무섭거나 징그럽지는 않았다. 내 중추신경을 검사하며 다른 사람과 공감하는 나의 역량을 확인한 것 같다."

– 다섯 살 때 처음 만났고, 이때 중추신경 같은 곳에 대한 검사를 받았다는 뜻인가?

"다섯 살 때부터 아홉 살 때까지 너무 자주 비슷한 경험을 했기 때문에, 정확히 몇 살 때라고 말하기가 어렵다.”

– 정확히 어떤 검사를 했다는 것인지가 궁금하다.

“집 근처에 떠있는 우주선 안에 있었던 기억이 난다. 모든 일들이 매우 빠르게 진행됐다. 이들은 이런 측면에서는 매우 효율적이었던 것 같다. 이들은 내가 있는 시공간(時空間)에 오랫동안 머물 수 없는 것 같았다. 그렇기 때문에 모든 일들을 아주 빠르고 효율적으로 처리했던 모양이다.

한 생명체가 내 옆에 있었고, 무언가 불편한 것처럼 보였다. 이들은 나를 쳐다보며 내가 이런 불편함에 공감할 수 있는지를 지켜봤다. 실험이라고 하기는 그렇고, 나의 중추신경이 작동하는 방식을 측정하는 것 같았다. 여러 감정을 어떻게 받아들이는지 등을 분석하는 모양이었다.”

– 인간의 감정을 연구하기 위한 목적이었다고 여기나?

“그것은 아닌 듯하다. 이들은 이미 인간을 이해하는 것 같았다. 나와 같은 사람이 수천 명, 혹은 수만 명이 있는지 확실하게는 모르겠지만, 우리 모두 이런 임무를 수행하고 있다. 나는 내가 ‘현장 요원’이라는 표현을 우스갯소리로 자주 한다. 이 행성으로 와 이 육체를 통해 많은 것을 보고 느낀다. 이런 내용들이 우주의 원천으로 전달되는 것 같다. 이들 생명체들이 우리의 진화를 돕고 있다.”

– 그렇다면 이 생명체들을 성인이 되고 나서 본 적은 없나?

“계속해서 봤다. 그런데 생명체들의 모습이 바뀌었다. 21세쯤 2m가 훨씬 넘는 생명체들을 보기 시작했다. 침대 끝에 이들이 있었다. 내가 키가 작던 어렸을 무렵에는 생명체들의 키도 작았다. 내 체형에 맞게끔 바뀌는 것 같았다.

당시 키가 큰 두 생명체가 내 방에 들어온 적이 있었다. 이들은 내게 우주의 원리와 구조에 대해 교육을 하기 시작했다. 존 맥 박사와 함께 일을 하던 루디 실드 하버드대학 천체물리학자와 이를 논의한 적이 있다. 32세쯤 됐을 때 그에게 이들 생명체로부터 들은 이야기를 해줬다. 생명이라는 것이 어떻게 번식되고, 우주 사이에서 어떻게 서로 이동하게 되는지에 대한 교육을 받았다.

나는 수학이나 과학을 잘하지 못하던 학생이었다. 그런데 우주의 원리와 같은 정보들을 접하게 됐다. 나는 이 행성에서 일어나고 있는 일들, 나아가서는 우주에서 일어나는 일들을 이해하는 데 있어 큰 도움이 됐다고 생각한다."

– 전문적인 수학이나 과학 교육을 받지 못했음에도 우주가 어떻게 작동하는지 이해하게 됐다는 뜻인가?

"그렇다. 루디 실드 박사는 나와 같은 '접촉자'를 많이 만나서 들은 이야기를 그의 천체물리학적 지식에 적용해봤다."

– 당신과 같은 접촉자들이 말하는 우주의 이야기를 실드 박사가 사실이라고 증명해줬나?

"그가 그렇게 생각하게 될 때까지는 오랜 세월이 걸렸다. 나는 그에게 생명체들이 내게 새로운 우주가 있다는 사실을 보여줬다고 말했다. 그는 이는 사실이 아니라며 다른 은하계일 것이라고 했다.

그는 10년가량 지나 새로운 우주가 있다는 것에 동의한다고 했다. 내 말이 사실이라고 해줬다. 생명체들은 내게 (우주의) 탄생 과정과 생명이 태어나는 과정을 보여줬다. 새로운 우주가 만들어지는 과정을 짐작해 볼 수 있다."

– 이런 말을 주변사람들에게 하게 된 건 언제부터인가? '믿을 수 없다'는 반응이 많았을 것 같은데….

"나랑 우주선을 같이 본 언니가 나보다 열 살 많았다. 언니랑 이런 이야기를 자주 했었다. 나는 오빠들이랑 언니에게 어머니 자궁 속에 있었던 기억이 난다는 이야기도 많이 했다. 내가 이런 이야기를 하면 부모님이나 언니 오빠들이 모두 웃었다. 나보고 조금 이상하다고 하며 웃곤 했는데, 그래도 나는 계속 그런 이야기를 했다.

부모님은 항상 내게 밝고 행복한 어린이라고 말해줬다. 다른 누구보다 행복한 어린이라고 이야기했다. 나는 그냥 이렇게 태어난 것 같다. 항상 웃고 행복했다. 나이가 들기 시작하면서 내 경험에 대해 조금씩 더 말하기 시작했다. 19세 때 (외계인에 의한 납치 문제 전문가인) 버드 홉킨스를 만났다. 그가 내게 존 맥 박사를 소개해줬다."

– 존 맥 박사와 개인적인 친분이 있었나?

"맥 박사와 직접적으로 일한 것은 아니다. 그를 돕던 사람들과 함께 일했다. 나는 대학에서 심리학을 전공했는데, 이런 학사 학위를 받은 것을 보고 버드 홉킨스가 내게 존 맥 박사를 소개했다. 존 맥 박사가 외계생명체에 대한 연구 프로그램을 막 시작했을 때였다.

홉킨스는 내가 경험자이기도 하니까 맥 박사의 연구에 도움이 될 것이라고 했다. 그렇게 나는 맥 박사가 활동하는 보스턴 쪽으로 이사를 갔다. 그곳에서 1~2년 정도 일했던 것 같다. 내가 이들 연구를 돕는 것이 아니라, 이들이 나에 대한 연구를 하는 것을 돕는 일이었다.

당시 나는 수줍음을 많이 탔고 조용한 성격이었다. 21세 때였던 것 같은데, 지금과는 많이 달랐다. 당시 이 연구소에서 활동하던 사람들은 다들 나이가 나보다 많았고, 박사 학위를 가진 사람들이 흔했다. 그렇기 때문에 나는 그냥 내 경험을 이야기해주며 이들의 연구를 지켜보는 입장이었던 모양이다."

– 경험자이기도 하면서 연구에 참여한 사람이기도 했다는 뜻인가?

"그렇다고 볼 수 있다. 다른 경험자들과 내가 달랐던 점은 트라우마가 없다는 사실이었다. 많은 사람들이 (납치 경험으로 인한) 트라우마를 겪었다. 나는 의식을 가진 상황에서 이들과 접촉했고, 그냥 이렇게 태어났다고 여기는 사람이었다. 이런 생명체들을 만나는 것을 두려워한 적이 한 번도 없었다. 다른 사람들은 치료를 받기도 하고 했지만, 나는 이들과 달랐다."

– 맥 박사의 연구를 비판하는 사람들 중에는 그가 환자들에게 약물을 투여해 환각을 보게 했다는 주장을 하는 사람들도 있다. 그런 일이 있었나?

"그런 주장은 처음 들어본다. 개인적으로 나는 그런 일을 겪지 않았다. 물론 나는 맨정신에 기억을 다 했기 때문에 최면이나 다른 치료를 받을 필요가 없었다. 다른 사람들하고는 상황이 아주 달랐다. 하지만 그런 일이 있었다는 이야기는 들은 적이 없다."

– 맥 박사가 세상에 공개하지 못하고 숨진 논문이 하나 있다. 일반인 40명과 납치 경험자 40명을 대상으로 정신 감정을 한 결과인데, 이 두 집단 사이에 별다른 차이가 없다는 점이 확인됐다. 영국의 한 심리학자는 이런 결과에는 동의하지만, 납치 경험자들이 거짓 기억을 떠올려내는 것일 수 있다고 했다. 거짓말쟁이나 정신 이상자는 아니지만 기억이 왜곡됐을 수 있다는 주장이다.

"누군가가 거짓말을 한다거나 거짓 기억을 떠올려내는 것이라면, 이런 기억이나 주장이 평생을 따라다니지는 않을 것이다. 내가 만난 접촉자들 중에는 이런 문제에 더 이상 관심을 갖지 않는 사람들도 있고, 인생의 방향이 크게 바뀐 사람들도 있다. 이들은 납치 현상을 경험하고 난 뒤부터 무언가 새롭게 진화를 하게 된 사람들이다. 우리와 같은 많은 사람들은 인류가 이런 변화를 이뤄내는 것을 돕는 일을 맡고 있다."

– UFO 현상을 논의하다 보면 믿음이라는 뜻의 영어 단어 '빌리브(Believe)'가 항상 논란이 되는 것 같다. 당신은 무엇을 믿나?

"나는 다른 사람들의 경험을 그냥 들여다볼 뿐이다. 우리는 다른 의식의 체계를 갖고 이 행성을 찾아와 태어난 사람들이다. 어떤 사람은 무언가를 알기 때문에 믿고, 어떤 사람은 이들이 희망하는 일들을 믿는다. 나는 내가 경험한 것만을 알고 있을 뿐이다. 나는 내가 경험을 했기 때문에 무슨 일이 일어난 것인지를 알고 있고, 여전히 비슷한 경험을 하고 있다. 내 인생의 일부인 것이다.

내가 이 세상에서 없어지는 날까지 계속 이런 경험을 하게 될 것이다. 누군가가 경험했다고 하는 일에 대해 제3자가 판단할 권리는 없다. 누가 감히 다른 사람들이 경험했다고 하는 어떤 일은 사실이고, 어떤 일은 거짓이라고 할 수 있나? 나는 다른 사람을 위해 내 인생을 사는 것이 아니다. 내 정신과 영혼이 이끄는 대로 나는 그냥 살면 된다."

– 2021년 6월25일에 발표된 미국 정부의 UFO 보고서를 본 소감은 어땠나? 납치 문제 등 외계인의 존재 가능성에 대한 언급은 전혀 없었는데….

"과거 미국의 우주비행사인 에드거 미첼(1930~2016)과 개인적으로 이야기를 하며, 미국 정부가 UFO와 납치 현상을 잘 알고 있다는 사실을 알게 됐다. 이들은 외계 생명체와 인간이 접촉하고 있다는 사실을 알고 있음에도 이런 내용은 공개하지 않고 있다. 이는 실망스럽다.

미국 원주민들의 경우엔 별에서 온 조상(祖上)이 있다는 이야기들을 많이 한다. 이렇듯 외계 생명체와의 접촉 이야기는 많이 나온다. 나는 미국 정부가 매우 소극적인 방식으로 접근하고 있다고 본다. UFO 현상을 실체가 있다고 인정한 것은 긍정적이지만, 여전히 조심스럽게 이를 다루고 있다."

– UFO 현상, 나아가 납치 현상이라는 것의 사실 여부에 대한 논쟁이 특정 결론으로 끝날 수 있다고 보나?

"끝나야 한다고 생각한다. 진지한 철학적 논의가 이뤄져야 한다. 나와 같은 경험을 한 사람들이 수천 명에 달한다. 이런 현상을 겪었다는 사람들의 역사는 매우 길다. 이는 하나의 역사와 문화다. 서방세계의 과학과 논점에서 벗어난 방식의 접근이 필요하다. 역사라는 것은 흔치 않은 일이 흔하게 발생한다는 것 아닌가?

루디 실드 박사는 우주에 있는 수많은 별들의 수를 고려했을 때, 다른 생명체가 존재하지 않을 가능성은 통계적으로 불가능하다고 했다. 내 딸은 해양학(海洋學)을 공부하고 있는데, 세계에 있는 13%의 바다에 무엇이 살고 있는지 모르고 있다는 이야기를 내게 해줬다. 이 지구에도 우리가 알지 못하는 생명체가 더 있을 수 있다는 것이다.(注 : 2018년 한 연구진은 전 세계 바다의 13%가 여전히 '야생(野生)'으로 분류된다고 밝혔다. 사람이나 선박의 손이 닿지 않은 곳이라 우리가 알지 못하는 물고기 종류가 존재할 수 있다고 한다.)"

제3장

"그는 외계 생명체가 신(神)이 아니었을까를 고민했다"

"믿음은 증거가 나오고 가져도 된다."

인터뷰 | 윌리엄 부셰(William Bueche)

윌리엄 부셰 씨(본인 제공).

존 맥 박사가 생전(生前)에 UFO 납치 사건을 연구하기 위해 만든 비영리재단인 「존 맥 연구소」라는 기관이 있다. 이 연구소는 존 맥 박사의 연구를 정리한 일종의 기록물 보관소(Archive) 형식의 단체다. 이 연구소에서 기록 보관 담당자(Archivist)로 근무하고 있는 윌리엄 부셰 씨에게 연락을 해 이야기를 나눴다. 그는 1990년대 말부터 맥 박사와 함께 일하기 시작했고, 그의 말년(末年)을 지근거리에서 지켜봤다. 2004년 9월 27일 「존 맥 연구소」에는 다음과 같은 공지문이 올라왔었다.

《우리는 존 맥 박사가 영국 런던에서 숨졌다는 것이 사실이라는 점을

깊은 슬픔과 함께 확인한다.》

이 글을 쓴 사람이 부셰 씨였다. 그는 당시 공보담당관으로 활동했다. 그는 존 맥 박사의 손으로 쓴 원고나, 최면 치료 시간에 녹음된 파일을 컴퓨터 문서 파일로 만드는 일을 하다 정식 직원이 됐다고 한다. 맥 박사는 컴퓨터 사용법을 잘 몰랐고, 그가 쓴 메모나 원고가 있을 때마다 이를 직원들에게 전달했다는 것이다.

부셰 씨는 맥 박사에게 "컴퓨터를 사용하는 방법을 배웠으면 저 같은 사람이 필요 없지 않았겠어요?"라고 농담을 하기도 했다고 한다. 그는 "맥 박사가 구식(舊式)인 사람이었던 것을 나는 기쁘게 생각했다."며 "그가 손으로 쓴 원고를 가지고 오면 내가 이를 타이핑하고, 그가 계속 수정을 해나가던 일이 그때의 일 중 가장 좋았던 기억이다."고 했다.

맥 박사의 말년을 함께하고, 맥 박사 사후(死後)에도 연구소를 지키며 납치 경험자와 UFO라는 연구를 계속해온 부셰 씨. 그와 2021년 8월24일 몇 시간에 걸친 인터뷰를 진행했다.

— 우선 간단한 자기 소개와 「존 맥 연구소」가 현재 진행하고 있는 일들을 소개해 달라.

"나는 현재 「존 맥 연구소」에서 기록 보관 담당자로 근무하고 있다. 이 연구소는 1990년대부터 존 맥 박사가 외계인들을 만났다는 사람들을 연구한 기록들을 정리하는 단체다. 지난 몇 년간은 별다른 프로젝트를 진행하지 않으며 조용히 지내왔다. 그러다 최근 UFO와 관련한 새로운 소식이 나오고 진전이 이뤄져, 다시 외계인을 만났다는 사람들에 대한 연구를 진행하고 있다."

– 맥 박사와는 어떻게 함께 일을 하게 됐나?

"맥 박사는 1990년대에 사람들을 인터뷰하고 이를 카세트테이프에 녹음했다. 지금처럼 인공지능 기술을 통해 자동적으로 녹취를 풀 수 있는 기술이 없었다. 사람들이 직접 녹음 파일을 듣고 녹취를 정리했는데, 나도 녹취를 푸는 직원으로 고용됐다. 카세트를 받으면 이를 타자로 쳐서 맥 박사에게 전달하는 일을 했다. 1998년 말부터 그와 함께 일을 시작했고, 그때부터 이 문제를 연구하게 되었다."

– 맥 박사와 꽤 오래 일을 함께 하고 그를 가까이에서 관찰할 수 있었던 것으로 안다. 블루멘탈 기자의 책 등을 보면 맥 박사는 1990년대 중후반에 들어 점점 주류로부터 멀어지게 되는 것 같다. 맥 박사는 1999년 『우주로 가는 여권』이라는 책을 낼 당시 "사람들이 이를 반겨주는데 이번에는 이를 침묵하는 방식으로 반기고 있다."는 말을 하기도 했다. 맥 박사가 외롭다거나 실망하는 모습이었나?

"그가 외로웠다고는 여기지 않지만 외톨이처럼 된 것은 맞는 듯하다. 하버드에 있는 동료와 친구들은 외계인 납치 현상을 연구하고 있는 맥 박사에게 어떤 말을 해줘야 할지 잘 몰랐다. 사람들은 그를 걱정하는 것 같았다."

– 맥 박사의 감정은 어땠나? 이들에게 화가 났었나? 아니면 새로운 주제를 연구하고 있기 때문에 어쩔 수 없이 이런 비판이 있을 수밖에 없다고 생각했나?

"어떤 측면에서 보면 맥 박사가 이런 회의론을 맞닥뜨리게 된 것이 나쁜 일만은 아니었다고 본다. 그는 그때까지의 커리어 내내 여러 표창과 상을 받고 존경을 받아왔다. 그가 쌓아온 명성으로 연구 결과를 뒷받침할 수 없는 첫 번째 사례가 (납치 문제) 아니었나 싶다.

그는 자기 스스로를 증명해내야 하는 상황이 됐다. 겸손하게 사실을 증명해야 했다. 이런 현실을 조금 슬프게 여겼을 수는 있지만 화를 내지는 않았다. 그가 옛 친구들이나 동료들에 대해 화를 내는 것을 본 적이 없다. 그는 그냥 실망했을 뿐이라고 여긴다. 다른 사람들이 자신처럼 이 문제를 진지하게 생각하지 않는 것에 대해 실망한 것이다."

– 맥 박사의 연구를 비판하는 사람 중에는 그의 최면 치료를 문제 삼는 사람들이 많다. 어떤 최면 방식을 사용했는지, 치료에 동석한 맥 박사의 동료들은 이 문제에 대해 어떻게 생각했는지를 설명하지 않았다는 비판이다.

"나는 정신과 의사가 아닌데, 맥 박사가 썼던 글들만 놓고 판단해보자면 정신 의학계가 둘로 나뉘어져 있었던 것 같다. 트라우마나 고통스러운 일을 겪은 사람들을 어떻게 인터뷰하는가라는 주제에 대해 엇갈린 의견이 있었다.

(존 맥과 같은) 일부 의사들은 치료 대상자를 편안하고 안정된 상황에 들어가게 해야 자유로운 대화를 할 수 있다고 한다. 다른 사람들은 이들을 몽롱한 상황에 가도록 하면 안 된다고 주장한다. 이 과정에서 판타지를 떠올려낼 수 있기 때문이라는 것이다. 전문가들 사이에서도 의견이 이렇게 엇갈렸다.

존 맥은 사람들과 계속해서 대화를 나누는 것이 중요하다고 봤다. 그는 동료들을 인터뷰가 진행되는 자리에 부르기도 했다. 동료 의사들도 납치 경험자들의 이야기를 듣고 깜짝 놀랐고, 이들의 정신이 멀쩡하다는 것을 확인했다. 납치 경험자들은 정신 질환 증세를 보이지 않았고, 이들이 경험했다는 기억을 믿지 못하겠다는 눈치였다.

이들은 이런 기억들이 괴로워 도움을 요청했던 사람들이다. 시간이 지날수록 납치 경험이 반복적으로 발생하기도 하는데, 이를 단순히 무시할 수 없었던 사람들이다. 이들은 도움이 필요했지만 도움의 손길을 건넨 정신과 의사들은 몇 안됐다. 존은 이들을 도와주고 이들의 경험을 연구하려 했던 것이다."

– 맥 박사와 함께 납치를 연구하던 동료들의 의견은 어땠나? 이들 모두 맥 박사의 연구에 동의했나?

"맥 박사가 두 개의 커리어를 갖고 있었다는 점을 먼저 알려주고 싶다. 맥 박사는 하버드 의대 소속으로 케임브리지 병원에서 레지던트들을 가르쳤다. 그는 병원 인근에 비영리단체를 하나 따로 만들고 외계인에 의한 납치 현상을 연구했다.

이 연구는 하버드가 돈을 지원한 것이 아니라 로렌스 록펠러 등이 지원했다. 록펠러는 이 문제에 관심이 있는 미국인 가운데 돈이 가장 많은 사람의 한 명이었다. 이 연구소에서 일하는 모든 직원들은 맥 박사의 연구를 지지했다.

하지만 하버드 의대 학생들은 조금 달랐다. 몇 명은 큰 관심을 가졌지만 많은 학생들은 이런 연구가 맥 박사의 명성에 해를 끼칠 것이라고 걱정했다. 맥 박사가 이 문제에서 관심을 껐으면 좋겠다고 생각한 학생들이 많았다. 물론 이들 학생들이 나중에 정신과 의사가 돼서 납치 경험자들을 만날 확률은 적지 않았겠는가? 조현병 같은 다른 정신 질환들도 많을 테니까."

– 맥 박사의 최면 치료 과정을 담은 녹음테이프 내용이 궁금하다. 치료는 보통 몇 시간씩 진행됐나? 충격적인 내용이 많았을 것 같은데….

"평범한 내용들이 많았다. 한 번에 대략 한두 시간 정도씩 인터뷰를 했다. 그는 10여 년 동안 200명이 넘는 납치 경험자들을 인터뷰했다.

이들 중 50명 정도는 보스턴 근처에 살아 자주 만났지만 나머지는 그렇지 못했다. 가까운 곳에 사는 사람들은 한 달에 한두 번씩 맥 박사를 찾아와 이야기를 나누곤 했다.

맥은 납치 문제만을 다룬 것이 아니라 이들의 삶 전반을 다뤘다. 납치 경험을 한 느낌, 이 경험이 인생에 끼친 영향, 이들이 공포심을 어떻게 떨쳐내는지 등 다양한 이야기를 나눴다. 그는 정신과 의사이기 때문에 이들이 겪는 공포심을 치료해주려고 했다.

맥 박사의 의도는 납치 현상과 이 현상이 이들의 삶에 끼친 영향을 연구하는 데만 있었던 것이 아니다. 그는 이들이 공포를 떨쳐내고 더욱 편안한 삶을 살 수 있도록 만들어주고 싶어 했다. 많은 사람들의 상황이 실제로 개선됐다.

이들은 외계인들이 자신의 삶을 침범한 것을 인정하면서도 이들이 자신을 해칠 의도가 없다는 생각을 갖게 됐다. 외계인들이 벽이나 창문을 관통해 이동하는 것을 보면 두려울 수 있지만, 해치지 않는다는 믿음을 갖자 공포심이 사라지게 됐다는 것이다."

– 맥 박사가 환자들로 하여금 자신이 듣고 싶은 말을 하게 의도했다는 비판도 있다. 약물을 투여해 환각을 보게 했다는 등의 주장도 있다. 수많은 최면 치료 녹음파일을 들어본 사람으로서 이런 주장은 어떻게 생각하나?

"실제 녹음파일을 들어보면 이런 주장에 아무런 근거가 없다는 사실을 알 수 있을 것이다. 회의론자들은 납치 경험자들이 존 맥 박사를 만나기 전에는 외계인에 의한 납치 현상을 전혀 모르다가, 그와 대화를 나누고부터 이런 주장을 한다고 비판한다.

하지만 이 경험자들은 어떤 일을 겪었는지에 대해 일부를 의식 속에 기억하고 있다. 사람들은 납치 현상이 발생한 처음 몇 분간을 거의 항상 기억한다. 납치 현상을 한 번 겪은 것이 아니라 여러 차례 겪은 사람도 많기 때문에 더 잘 알고 있다.

맥 박사의 최면 치료 방식을 소개하자면, 그는 사람들에게 긴장을 풀고 편안하게 있으라고 말한다. 그는 '사회적 마스크'를 벗으라고 이들에게 권한다. 사람들은 남들 앞에서 자신의 정신이 또렷하다는 점, 즉 문제가 없는 사람이라는 점을 보여주기 위해 일종의 가면을 쓴다.

맥 박사는 남들이 무슨 생각을 하는지 신경 쓰지 말고 의자에 기대 그냥 떠오르는 기억을 이야기하도록 요구한다. 이 과정에서 납치 경험자들은 첫 몇 분만이 아닌 이후에 발생한 기억들을 떠올려낸다. 집에 있다가 외계인들이 생활하는 환경 같은 곳으로 옮겨지기도 하는데, 여기서 사람들의 기억에 문제가 발생한다. 우주선인지 뭔지 모르는 새로운 환경에 가 있게 되는 것이다.

이런 새로운 환경에 가서 발생한 기억들은 떠올려내기 어렵다. 1980년대의 경우는 외계인들이 인간을 납치한 뒤 기억을 지워준다는 이야기들을 많이 하고는 했다. 우리의 기억 체계라는 것 자체가 이런 일을 제대로 기억하지 못하도록 하는 특성이 있는 것일 수도 있다."

– 맥 박사의 책 『납치』에 소개된 13명의 사례를 보면, 지구에 '대재앙'이 닥칠 것이라는 종말론적인 시각이 많다. 비판론자들은 맥 박사가 자신이 원하는 이런 이야기를 한 사람들을 중심으로 책을 썼다고 주장한다. 다른 여러 사람들의 녹음파일을 들었을 텐데, 이런 주장을 하는 사람들이 실제로 많은지 궁금하다.

"우선 맥 박사가 한 명의 이야기를 갖고 이런 내용을 소개한 것이 아니라는 점을 알 필요가 있다. 여러 사람과 대화를 나눠본 결과 이런 공통점이 발견됐다는 것이다. 그는 13명의 사례만을 소개했지만 200명 가까이 인터뷰를 했다.

모든 사람들이 외계인들로부터 재앙이 닥친다는 메시지를 들었느냐고 내게 물었는데, 그렇다. 거의 대부분이 이런 이야기를 한다. 외계인들은 앞으로 지구에 생길 일을 대비해 개입하고 있다고들 했다. 인류를 구해야 한다는 메시지를 전하며 비상대책을 강구해야 한다고도 말했다. 납치 경험자들은 맥 박사에게만 이런 이야기를 한 것이 아니라, 버드 홉킨스나 데이비드 제이콥스 같은 다른 연구가들에게도 비슷한 이야기를 들려줬다."

– 잠깐 주제를 2021년 6월에 발표된 미국 정부의 UFO 보고서로 옮겨보도록 하겠다. UFO 학문에 큰 영향을 끼치는 사건이었다고 보나?

"정부가 어느 정도의 내용을 공개할 것이라는 기대감은 예전부터 있었다. 그러나 '이 모든 것들이 사실이다'는 식의 내용을 발표할 것으로 기대하지는 않았다. 물론 지난 수십 년간의 상황과 비교하면 중요한 진전이 이뤄진 것은 맞다. 보고서는 특정 방향의 결론으로 향하고 있다는 암시를 준다.

외계 생명체의 존재 가능성이라고 나는 생각한다. 블루멘탈 기자는 최근 한 언론 인터뷰에서 모든 정황이 외계 생명체가 존재한다는 방향으로 향하고 있지만, 증거가 없기 때문에 아무 것도 알지 못한다는 것이 보고서의 내용이라고 정리했다."

– 보고서의 핵심은 뭐라고 생각하나?

"아무래도 해군 조종사들이 찍은 UFO 영상일 것이다. 불가능한 각도와 속도로 비행하는 물체의 영상이 찍혔다. 내가 관심을 가진 것은

11건의 충돌 직전(near miss) 상황이 발생했다는 내용이 보고서에 담긴 것이다. 아마 전투기와 어떤 물체가 충돌하기 직전까지 갔던 상황을 뜻하는 것 같다.

그렇다면 이 11건에 대한 영상은 어디 있나? 왜 이를 공개하지 않나? 앞서 공개된 해군의 영상 두세 개는 멀리서 촬영됐고 화질이 뿌옇다. 그런데 충돌 직전까지 간 상황이 있다는 이야기 아닌가? 그렇다면 바로 옆에서 촬영한 영상이 있을 거 아닌가? 정부는 이를 공개해 전문가들이 연구를 할 수 있도록 해야 한다. 미국 정부 내에 이런 정보들을 가둬놓는다는 것이 말이 되지 않는다."

– 납치 경험자들은 이번 보고서 발표를 보고 어떤 기분이 들었을까?

"이들은 이런 뉴스에 관심도 없고 신경도 안 쓴다. 이들 중 대중 앞에 나온 사람들은 일종의 책임감을 갖고 나온 사람들이다. 이들이 (외계인으로부터) 배운 것을 알리는 일을 하려 한 것이다. 대다수의 사람들은 그냥 침묵하며 지낸다. 그렇게 지내는 것이 훨씬 편하기 때문이다.

최근 [워싱턴포스트]의 한 과학 전문 기자가 외계인 납치를 주장하는 사람들에게는 증거가 없다는 식의 글을 썼다. 우리보고 입을 다물라는 것이다. 납치 경험자들은 이렇게 무시를 당해왔다. 대중은 이들의 목소리를 들어주지 않았다.

이것이 대중만의 문제는 아닐 것이다. 전문가들, 학계, 정치권이 몇 년 전 [뉴욕타임스] 기사가 나오기 전까지 이 사람들을 무시하고 조롱했다(注 : 국방부의 비밀 UFO 부서를 폭로한 2017년 기사를 뜻하는 것으로 보임). 이들은 이제 와서 이 문제를 진지하게 다루려는 것 같다. 걱정되는 것은 우리가 너무 늦었으면 어떻게 하느냐는 점이다."

– 다시 납치 이야기를 해보겠다. 최근 한 기사를 봤는데, 자신들이 납치를 경험했다고 주장하는 사람들의 수가 급격하게 줄었다는 내용이었다. 이 기사는 이런 상황을 소개하며 납치 현상이라는 것 자체가 1990년대에 유행했던 하나의 트렌드였다는 점을 알 수 있다고 했다. 즉, 당시 유행하는 트렌드였기 때문에 너도나도 납치를 당했다고 주장하다 유행이 지나자 이런 주장이 사라졌다는 내용의 기사인데 어떻게 생각하나?

"나는 그 내용에 동의한다. 1999년이나 2000년 정도부터 현상이 변하기 시작했다. 1940년대부터 1990년대 사이에는 무섭게 생긴 실체가 있는 것들이 사람 앞에 나타났다. 작은 생명체 같은 애들이 누군가의 집으로 들어갔던 것이다.

그랬던 현상이 이제는 실제로 나타나는 것이 아니라 꿈 속에서 진행되는 것 같다. 누군가의 집에서 이상한 일들이 발생하는 것이 아니라, 텔레파시를 통해 접촉하는 것 같다. 존 맥 박사가 1990년대에 인터뷰했던 사람들은 다시는 외계인들을 보지 못할 것 같다고들 했다. 이들이 다시 돌아오지 않을 것이라는 말을 해줬다는 것이다. 임무가 끝났다는 뜻이다. 임무란 남성 납치 경험자 및 여성 납치 경험자를 통한 일종의 교배(交配)에 성공했고, 새로운 종(種)을 만들어냈다는 뜻으로 보였다."

– 잘 이해가 되지 않는다.

"그때로부터 20년이 흘렀고 해군이 촬영한 영상에 이상한 물체가 찍혔다. 이 물체에 있는 생명체가 외계인과 같은 종자의 생명체라고 한다면, 이는 꽤 놀라운 일 같다. 많은 사람들은 이 생명체들이 이미 떠났다고 여겼기 때문이다.

또한 나는 이를 사회적 유행, 혹은 현상이라고 보지 않는다. 이는 외계인의 현상이다. 외계인은 1940년대에 지구에 도착한 것으로 보인다. 제2차 세계대전 당시부터 목격담이 나왔다. 그렇게 70년 이상 진행돼 온 것이다. 이렇게 계속 이야기는 진화한다.

1950년대 목격담을 보면 외계인들은 미남미녀들이었다. 그리스 신(神)과 여신들처럼 매력적이게 생긴 것으로 묘사됐다. 그러다 1960년대에 들어 더 이상 인간의 모습을 하지 않고 있다는 이야기가 나왔다. 큰 검정색 눈을 가진 벌레 같이 생겼다는 것이다. 나는 사회 현상이 아닌 외계인의 현상이 바뀌고 있다고 보며, 이들을 알아가게 되는 것은 좋은 일이라고 믿는다."

– 영어 단어인 'Believe'에 대해 이야기를 나누고 싶다. UFO 관련 논쟁을 보다 보면 항상 이 단어가 논란의 중심에 있는 것 같다.

"이 단어는 누군가가 특정 사안에 대한 의심을 하지 않고, 이에 굴복해버린 뒤 모든 것을 받아들이는 것을 의미하는 듯하다. 나는 UFO의 문제는 믿고 안 믿고 할 것이 아니라고 본다. 만약 정부 당국자라고 한다면 외계인과 맞닥뜨렸을 때 어떤 결정을 내려야 할 것 아닌가? 그렇다면 지난 수십 년간 외계인들이 사람들에게 전한 이야기에 대해 알아야 하지 않나?

외교관이라는 직업은 그가 속한 나라의 문화를 배우는 일이다. 우리가 사람들에게 요구하는 것은 딱 이거 하나다. 이 문제에 대한 정보가 필요한 사람들이 납치 경험자들로부터 정보를 구하라는 것이다. 믿을 필요도 없다. 그냥 정보를 접한 다음 대비만 하면 된다. 이런 이야기를 진지하게 들어달라는 것이 우리의 바람이다.

믿음이라는 것은 증거가 확인되고 난 뒤에 가져도 된다. 수십 년간 외계인과 접촉하여 고통을 받는 많은 사람들 중에서도, 이런 일이 실제로 일어났는지 잘 모르겠다고 하는 사람들이 있다. 너무나 엄청난 일이기 때문이다. 나는 이런 현상이 외계인과 관련된 것이라고 믿는다.

존 맥은 '빌리버(believer)'라는 단어를 싫어했다. 블루멘탈 기자가 책 제목을 이걸로 단 것을 보고 재치 있다고 생각했다. 독자들로 하여금 이 책을 읽도록 만든 뒤, 그가 하고자 했던 이야기를 끝에 가서 하려 한 것이다. 신선한 방법이었다고 여긴다."

– 미국 정부가 납치 경험자들과 접촉한다든지, 아니면 단순히 이 문제를 연구한다든지 했다는 증거는 없나? 맥 박사에게 접촉한 적은 없었나?

"정부가 존 맥 박사에게 관심을 가진 적은 없었던 것 같다. 그는 이런 질문을 많이 받았다. 사람들은 정부가 모든 것을 알고 있다고 믿는 경향이 있는 듯하다. 사실 정부는 모르는 게 많다. 정부는 이 주제에 대해 연구를 한 적이 없고, 맥 박사에게 질문을 한 적도 없다. 그를 초청해 연구 결과를 소개하도록 하는 일도 없었다. 정부는 납치 경험자들도 만난 적이 없다. 그냥 관심이 없었던 모양이다."

– '믿는다'는 단어가 이상하지만 어떤 다른 단어를 쓸 수 있을지 모르겠다. 존 맥 박사는 무엇을 믿었다고 보나? 그리고 당신은 무엇을 믿나?

"나는 존 맥 박사의 기록 관리관으로서 그의 인터뷰와 여러 글들을 정리했다. 사람들은 존 맥이 외계인을 믿었다고 생각하는 것 같다. 그러나 그의 글을 읽어보면 그는 두 가지의 가능성을 제시했다. 하나의 가능성은 그가 인터뷰한 사람들이 말하는 다른 종자의 생명체를 봤다는 주장이 정확하다는 것이다.

맥 박사는 그러나 이것이 사실인지에 대해서는 의문이 있었다. 맥 박사는 신(神)과 접촉한 사람들을 목격하고 있는 게 아닌가 하는 고민도 했다. 더 나은 세상을 위해 이런 존재가 납치 경험자들과 접촉하지는 않았을까 하는 의문이었다.

사람들은 수천 년 전부터 누군가로부터 메시지를 전달받았다고 한다. 영적(靈的)인 존재로부터 메시지를 전달받았는데, 이를 종교적인 의미로 인식했다. 하늘의 천사(天使)이거나 악마(惡魔)라는 식으로 말이다. 우리들은 요즘 들어 이런 공상 과학과 같은 현상 뒤에는 외계인이 있다고 상상한다.

맥 박사는 이런 이유에서 공상 과학과 같은 이미지가 사실은 영적인 메시지가 아닌가라는 짐작을 한 것이다. 하지만 그는 이런 생각을 다른 사람들에게 주입시키며 이를 받아들이도록 강요하지 않았다. 여러 가능성이 있기 때문에 이는 그 가운데 하나일 뿐이라고 여긴 것이다.

나는 이 부분에 있어서는 맥 박사에 동의하지 않았다. 왜냐하면 사람들이 봤다고 하는 것은 영적인 현상이 아니라 실체가 있는 생명체였기 때문이다. 이들은 이들만의 기술을 보유하고 있었고, 종교적으로 보이지 않았다.

나는 이들이 접촉한 사람들을 영적인 존재로 취급하게 되면, 이들을 악마화하는 문제가 발생할 수 있다고 우려한다. 국방부에 있는 일부 직원들이 외계인을 악마로 인식해 이런 주제를 논의하지 말아야 한다는 의견이 나오고 있다는 소문이 있다. 국방부 직원들이 실제로 그런 것인지는 모르겠다. 하지만 이들은 동화(童話)와 같은 이야기에 초점을 맞춰 결정을 내리는 것이 아니라, 실제로 이를 목격한 사람들이 하는 이야기를 들어야 한다."

– 납치 경험자들의 주장을 부정적으로 보는 사람들의 논리는 크게 두 가지다. 납치를 당했다면 왜 누구도 이를 보지 못했느냐는 것이 하나다. 또 하나는 정신병을 가진 사람은 아니더라도, 일반인과 비교해 무언가 정신 혹은 감정적으로 불안한 사람들이 아닌가 하는 주장이다.

“회의론자들의 주장이 계속 바뀌고 있다는 점을 알 필요가 있다. 이들은 처음에는 외계인을 봤다는 사람들은 거짓말쟁이고, 대중의 인기를 원하는 사람들이라고 주장했다. 그러다 ‘그래, 거짓말쟁이는 아닐 수 있지만 정신병을 갖고 있을 수 있다’고 했다.

그렇게 또 10여 년이 흐르자 이제는 거짓말쟁이도 아니고 정신병자도 아니라고 말하기 시작했다. 이제는 이들이 환각을 본 것이라고 한다. 잠에서 막 깨어난 비몽사몽(非夢似夢) 같은 상황에서 이런 걸 봤다는 것이다. 사람들이 일어날 때나 잠에 빠지기 전, 맨정신과 수면 상태 사이사이에서 이런 환각이 나타날 수 있다는 것이다.

이들의 주장은 이제 이렇게 바뀌었다. ‘거짓말쟁이도 아니고 정신병자도 아니다. 하지만 이렇게 환각을 볼 수 있으니 자연스러운 현상이다. 그러니 관심을 가질 필요가 없다. 사람들은 언제라도 외계인을 볼 수 있는 것이다.’

이런 주장이 사실이 아니라는 것은 당신이나 나 모두 알지 않나? 만약 그랬다면 납치 경험 사례는 훨씬 더 자주 발생했을 것이다. 이들의 주장은 이렇게 계속해서 바뀌고 있다.”

– 존 맥 박사의 책을 읽으며 여러 고민에 빠졌었다. ‘정말 정신적으로 불안정한 것 같은데…’라는 의심이 드는 경험자 증언도 있었다. ‘이 정도의 이야기는 인간의 상상력을 뛰어넘는데 천재적인 이야기꾼이거나 정신병자, 아니면 진짜 경험한 사

람이 아닐까' 하는 생각도 들었다.

"그렇게 이야기를 지어내는 사람들이 실제로 있다. 정말 말도 안 되는 주장들이 많다. 신뢰할 수 없는 내용들이다. 납치 경험자의 이야기가 사실이 아니라고 믿는 사람들이 있는데, 이런 사람들이 납치 경험을 했다는 글들을 써내고 있다. 아무도 이를 사실이라고 여기지 않을 것이기 때문에 거짓말로 이야기를 만들어내도 문제가 생기지 않을 것이라고 단정하는 것이다.

그렇기 때문에 한 명의 이야기가 아닌 여러 명의 이야기를 듣고 공통점을 찾아내야 한다. 이 문제를 다룰 때는 항상 의심을 해야 한다. '나는 이런 현상에 대해 잘 알고 있다'고 말하는 사람들을 피해야 한다. 이들은 그냥 추측을 내놓거나 거짓말을 하는 경우가 많다."

– 납치 경험자들을 찾아 이야기를 듣고 싶은데 찾기가 쉽지 않다. 취재를 위한 조언을 해줬으면 좋겠다.

"(이들을 취재하는 것이) 어려워졌다. 과거 우리는 몇 명과 지속적으로 연락을 주고받아왔다. 맥 박사와 인터뷰한 사람 등 대중 앞에 나오는 것을 꺼리지 않는 용감한 사람들이었다. 언론에서 인터뷰 요청이 오면 이들에게 계속해서 연락을 해 인터뷰를 주선해줬다.

'어느 어느 기자가 인터뷰를 하고 싶다'는 식으로 이들에게 연락을 계속해왔는데, 어느 순간부터 죄책감을 느끼기 시작했다. 이 사람들은 지쳐있었다. 용기를 갖고 대중 앞에 서서 자신의 경험을 이야기했으나 사람들은 이들을 조롱거리로 삼았다."

그의 말을 듣고 나니 어느 정도 수긍이 됐다. 외계인 납치 사례에 관심을 갖게 되는 기자가 나타날 때마다 이들은 인터뷰 대상자를 찾아 나섰을 것이다. 지금의 나처럼…. 그러고는 수십 년간 이들이 들어온 똑같은 질문을 반복했을 것이다. 언제, 어디서, 무엇을, 어떻게….

대다수의 기사들이 그렇듯 일종의 중립성을 지키기 위해 이들의 주장이 사실이 아니라는 전문가의 의견도 담겼을 것이다. 납치 경험자들과, 20년 넘게 이 문제를 연구하고 있는 부셰 씨는 외로운 사람들 같았다.

제4장

"납치 경험자는 계속해서 나오며 이는 사라진 현상이 아니다"

실체가 없는 사랑의 감정은 어떻게 증명하나?

인터뷰 | 랄프 블루멘탈(Ralph Blumenthal)

나는 존 맥 박사의 전기(傳記)인 『빌리버(Believer)』를 쓴 랄프 블루멘탈 기자와 인터뷰를 하며 납치 현상에 대한 이야기를 오랫동안 나눴다. 50년 가까이 기자로 활동해온 그가 납치 현상을 진지하게 바라보게 된 이유가 궁금했다.

랄프 블루멘탈 기자(본인 제공).

– UFO를 공부하기 시작하며 여러 책들을 읽었다. 「프로젝트 블루북」에 참여한 하이넥 박사의 책, 당신과 함께 2017년 특종 기사를 쓴 레슬리 킨 기자가 쓴 각국 전투기 조종사 및 정부 관계자들이 목격하거나 경험한 UFO 사례들에 대한 책을 먼저 읽었다. 이런 내용만으로도 충격적이었다. 그러다 맥 박사가 쓴 13명의 납치 경험자들의 사례를

읽으니 차원이 다른 문제라는 생각이 들었다. 납치 문제를 처음 접했을 때 어떤 생각이 들었나?

"납치 문제라는 것에 대한 글을 쓰는 것은 매우 어렵다. UFO의 경우는 해군의 보고 사례, 영상 등 정부의 공식 자료가 잘 뒷받침되고 있다. 하지만 외계인에 의한 납치 문제는 그렇지 않다. 이를 겪었다는 사람의 증언이 대부분이다.

물론 어느 정도의 증거가 있기는 하다. 피부에 상처가 났다는 사례, UFO 관련 책이나 영상을 본 적이 없는 아이가 이런 이야기를 한다는 사례, 그리고 어느 소녀의 어머니가 아이가 한밤중에 사라졌다고 하는 사례가 있기도 하다. 이런 일을 겪은 뒤 납치 당시의 기억을 떠올려냈다는 것이다.

이런 증거들이 납치 경험을 했다고 주장하는 사람들의 증언을 어느 정도 검증할 수는 있겠지만, 신뢰할 수 있다고 단정하기는 여전히 매우 어렵다. 사실이라면 정말 말도 안 되게 엄청난 일이기 때문에 이런 말을 한다는 것 자체가 미친 소리처럼 들릴 수 있다."

– 납치 문제를 언급하게 되면 항상 나오는 논쟁인 것 같다.

"확실한 증거를 바탕으로 이런 주장을 뒷받침하기란 매우 어렵다. 하버드대학에서 내부적으로 이를 조사하기도 했다. 이런 주장을 뒷받침하기가 어려운 이유는 여러 정황을 취합하는 것밖에 할 수 있는 게 없기 때문이다. 한 가지 흥미로운 점은 이 사람들이 평범한 사람들이고, 정신질환을 갖고 있지 않으며, 유명해지려고 이런 주장을 하는 것이 아니라는 점이다.

또한 미국뿐만 아니라 세계의 다양한 곳에서 이런 사람들이 나타나고 있다. 이런 정황들을 종합해보면 무언가가 이들에게 실제로 일어났다는 결론으로 이어진다. '어떤 차원의 현실에서 일어났을까?'라는 질문은 여전히 미스터리이다. 하지만 나는 맥 박사가 이런 정황들을 종합하는 데 있어 훌륭한 일을 해냈다고 본다.

회의론자들은 납치 경험자들이 가위에 눌렸었거나 환각을 본 것이며, 대중의 관심을 원하는 사람들이라고 주장한다. 하지만 이들의 주장은 이 사례에 성립하지 않는다. 그렇기 때문에 이 문제는 여전히 미스터리이고, 이 미스터리를 해결할 수 있는 답변이 아직까지 나오지 않았다. 이들이 무슨 일을 겪은 것인지 다른 방법으로 설명할 수도 있겠지만, 이런 설명이 나온 적은 없다."

— 하버드대학에서 맥 박사에 대한 심의위원회를 열고, 그의 연구 과정의 문제점을 조사했다는 사실을 방금 짧게 언급했다. 맥 박사의 책을 읽고 난 뒤 이런 논쟁 과정을 읽으면, 맥이 어떤 입장이라는 것을 충분히 이해할 수 있다. 이런 현상을 실체가 있는 증거로 증명할 수는 없다는 주장이다. 반면 이 위원회를 이끌며 '과학적 증거 부족'이라는 문제를 제기한 렐만 위원장 역시 논리가 있는 것 같다. 이런 논쟁이 끝이 날 수 있을지 궁금하다.

"렐만 위원장은 진정한 유물론자(唯物論者)였다. 내가 책에서 썼듯 그는 이런 현상은 가능하지 않으며, 과학적으로 증명할 수도 없다고 했다. 만지거나 느낄 수도, 이를 분석할 수도 없으니 이는 존재하지 않는다는 입장이었다. 그는 이런 일이 실제로 발생할 가능성은 없다고 확신한 것으로 보인다.

반면에 맥은 이에 대한 설명을 하려고 했다. 과학으로는 설명되지 않는 부분이 있기는 하지만, 무언가가 또 다른 차원에서 발생할 수밖에 없다는 현실에 대해 눈을 닫아버려서는 안 된다고 했다. 우리는 이런 상황을 소위 '세계관의 충돌'이라고 한다.

렐만은 완벽한 유물론자이자 과학에 초점을 둔 사람이었다. 위원회에 있던 다른 사람들도 마찬가지였다. 이들은 맥에게 (납치가 아닌) 다른 가능성도 고려해야 한다고 말했다. 특정 사안에 대한 증거가 없으니 이런 일이 일어났을 가능성은 없다고 하는 사람들이 많지 않은가? 이와 비슷한 상황이다."

– 맥 박사가 찰리 로스라는 기자와 한 인터뷰를 봤는데, 이런 지적에 대한 반박을 한 것이 기억난다. 프로이트를 위시한 정신심리학자라는 학자들의 연구 방식은 항상 실체가 없는 현상을 놓고 연구하는 것이라는 반박이었다.

"그렇다. 그가 계속해서 노력한 것은 이들의 신뢰도를 검증한 것이다. 납치 경험을 했다고 주장하는 사람들이 어디서 들은 이야기가 아닌 자신만의 이야기를 하는지, 이에 따른 트라우마나 고통을 겪었는지 등을 파악했다. 정신과 의사라는 사람들이 하는 일이 이런 것이다.

과학적으로 증명을 할 수가 없는 문제들이다. 사랑은 뭐라고 생각하나? 누군가가 어떤 사람을 사랑한다고 말하는 상황을 가정해보자. 이를 어떻게 증명할 수 있나? 이 사람이 다른 사람이 아닌 그 사람을 사랑하는 이유는 뭐라고 설명할 것인가? 정신과 의사들은 이렇게 인간의 감정과 정신을 다루는 직업이다. 실체가 있는 증거라는 것이 항상 있을 수는 없다."

《여기서 나는 미리 적어놓은 질문지의 다음 질문을 찾는 게 아니라 '맞네요'라는 맞장구만 치고 있었다. 이런 게 우문현답(愚問賢答)인가 싶기도 하고, 이거 '말장난 아닌가?' 하는 기분도 들었다.》

– 당신은 책에서 맥 박사의 가족이 환자들의 기밀 치료 기록 등 많은 자료들을 제공해줬다고 했다. 맥 박사의 책에 소개된 13명의 납치 사례에 대한 더욱 구체적인 내용이 있는지, 혹은 알려지지 않은 내용이 있는지 궁금하다.

"자신이 진짜 납치를 당한 것인지 궁금해 했던 많은 사람들의 자료가 있었다. 맥 박사가 이들의 증언에 대해 정리해놓은 것들이 많았다. 맥 박사는 13명의 납치 경험자들에 대해 아주 구체적으로 잘 정리를 했다.

그는 이들의 신분이 노출되지 않도록 했지만, 이들 중 일부는 시간이 지나 대중 앞에 공개적으로 나온 경우도 있다. 그의 일기장과 여러 기록들을 봤고, 그의 과학적 접근 방식과 개인적인 생각들에 대해 알 수 있었다. 그의 전기(傳記)를 쓰는 입장에서 매우 좋은 자료들이었다."

– 맥 박사의 책에 소개된 13명의 사례를 보면 지구에 대재앙이 찾아온다는 경고를 하는 사람들이 많다. 그의 연구를 회의적으로 보는 사람들은 이를 근거로 맥 박사가 자신이 듣고 싶어 하는 이야기만을 뽑아낸 것이라는 비판을 한다. 13명 이외의 다른 사람들에 대한 자료도 봤다고 했는데, 이런 경고를 하는 사람들이 실제로 많았던 것인지 아니면 이런 이야기를 한 13명만 추려서 책에 담은 것인지 궁금하다.

"맥 박사는 이런 문제에 관심이 있었던 모양이다. 납치 경험자들은 외계인들로부터 메시지를 전달받았고, 인간들이 지구를 더 보살펴야 한다는 말을 들었다고 했다. 공해나 환경 파괴에 따른 재앙이 올 수 있다는 이야기들이었다. 납치 경험자들을 연구한 버드 홉킨스나 데이비드 제이콥스와 같은 사람들의 경우는 이와 같은 환경 관련 우려를 심도 있게 다루지 않았다. 그렇다는 뜻은 맥 박사가 이 문제에 개인적으로 관심이 있었다는 것을 의미하는 것 같다.

그가 의식적으로나 무의식적으로 이런 이야기를 하는 사람들에 집중한 모양이다. 이런 부분을 지적하는 사람들에게도 어느 정도 일리가 있다고 생각한다. 그런데 다른 한편으로는 맥이 만난 여러 사람들이 (외계인으로부터) 비슷한 메시지를 전달받은 것으로도 보인다. '어떻게, 왜, 그랬던 것일까?'라는 의문이 생긴다. 이 문제에 대한 논의는 끝이 없을 것 같다. 요약하자면 그냥 흥미로운 현상이라고 할 수 있다."

– 맥 박사에 대해 쓴 책 제목을 『빌리버(Believer)』로 달았다. 맥 박사는 생전(生前)에 이런 식으로 자신을 묘사하는 것에 반감을 느꼈던 것으로 안다. 왜 책 제목을 이렇게 달았는지 궁금하다.

"맥 박사는 자신이 '믿는 자(Believer)'가 아니라고 했다. 다른 것을 보지 못하고 하나의 관점에만 집착하는 사람이라고 생각하지 않았다. 그는 증거라는 길을 따라 가며 사실을 추적해나간 사람이다. 증거라는 것이 정황 증거일 때도 있고, 실체가 있는 증거일 때도 있었다. 사람들이 하는 말을 들어주고 이에 상응하는 실체가 있는 증거를 맞춰나간 것이다.

앞서 말했듯 그는 누군가가 자신을 빌리버라고 부르는 것을 좋아하지 않았다. 아무 이유 없이 무언가를 신봉한다는 이미지가 있기 때문이다. 예를 들어 '나는 신(神)을 믿는다'고 해보자. 신이 존재한다는 증거는 없지만 이를 믿는 것이다. 이와 똑같은 것이다.

누군가가 믿건 말건 존재한다는 사실이 바뀌는 것은 아니다. 나는 맥의 생각도 이와 같다고 믿는다. 그는 납치 경험자들의 증언을 뒷받침할 충분한 증거가 없었기 때문에 이를 완전히 신뢰할 수 없다고 생각한 사람이다. 그래서 빌리버라는 표현을 싫어했던 것 같다.

나는 내 책에서 이를 약간 돌려서 표현했다. 나는 맥 박사가 지상의 정의(正義)와 외계의 지능을 믿었고, 이를 탐험하는 노력을 해야 한다는 점을 믿었다고 했다. 내가 책 제목을 『빌리버』로 달자 맥 박사의 지인들은 나를 의심스럽게 여겼다. 내가 그를 얕보려고 쓴 것으로 알았다가, 나중에 내가 그를 빌리버라고 부른 이유를 알게 되자 생각들을 바꿨다.

나는 그가 인류의 용기와 영혼이라는 최고의 것들을 믿었던 사람이라고 한 것이다. 그는 인류가 갖고 있는 최고의 것들을 믿은 사람이다. 그는 어떤 사실 확인도 없이 정신 나간 이론을 맹신적으로 믿은 사람이 아니었다."

– 최근 한 기사를 봤는데 자신들이 납치를 경험했다고 주장하는 사람들의 수가 급격하게 줄었다는 내용이었다. 이 기사는 이런 상황을 소개하며, 납치 현상이라는 것 자체가 1990년대에 유행했던 하나의 트렌드였다는 점을 알 수 있다고 했다. 즉, 당시 유행하는 트렌드였기 때문에 너도나도 납치를 당했다고 주장하다 유행이 지나자 이런 주장이 사라졌다는 내용의 기사인데 어떻게 보나?

"사실이 아니다. 나는 최근에도 (납치 경험자) 여러 명과 연락을 주고받고 있다. 이 현상은 사라지지 않았다. 이들을 지원하는 단체들도 있고, 납치 경험자들끼리 모여 서로의 경험을 공유하고 있다. 존 맥과 같은 권위 있는 위치의 사람이 이를 이끌고 있지 않을 뿐이지 사라진 것이 아니다. 납치 경험자들은 계속해서 나오고 있다. 이와 관련한 정확한 통계는 없는 것 같은데, 나도 여러 명과 이야기를 나눴다. 사라졌다는 주장은 사실이 아니다."

– 다시 정부 보고서 이야기를 잠깐 하겠다. 맥 박사의 연구가 UFO라는 학문에 어떤 영향을 끼쳤다고 보는가? 2021년 정부 보고서 발표에 있어 어떤 역할을 한

것 같은가? 맥 박사는 UFO 학문에 어떤 유산을 남겼다고 생각하나?

"맥과 2021년 정부 보고서와는 아무런 관련이 없다고 본다. 하지만 조롱을 받을 수 있는 주제를 깊이 파보겠다는 그의 정신과 용기는 UFO를 연구하는 사람들에게 큰 영향을 끼쳤다고 믿는다. 논란이 되는 주제를 연구하는 것에 대한 일종의 기준을 그가 만들어냈다고 본다.

나는 그가 어느 정도의 실수도 했고, 때로는 너무 열정적이었다고 생각한다. 이 분야에 너무 깊게 빠져 때로는 충분한 의심을 하지 않았던 것 같기도 하다. 하지만 큰 그림으로 보면, 그는 하버드대학에서의 커리어에 어떤 도움도 되지 않는 이런 문제를 파헤친다는 용기를 보여줬다."

– 마지막 질문은 다시 믿음에 대한 것이다. 당신은 무엇을 믿나?

"나는 한 번에 한 걸음씩 나아가는 것이 중요하다고 믿는 사람이다. 동영상과 같은 증거를 보고 실명으로 이런 주장을 하는 사람들과 이야기를 나눈다. 나는 익명으로 하는 이야기들과는 거리를 둔다. 증명을 할 수 없기 때문이다. 증거가 뒷받침되지 않을 경우 [뉴욕타임스]에 관련 기사를 싣는 일은 없을 것이다.

하지만 이런 내용들을 나중에 쓰게 될 수도 있으니 차곡차곡 정리해 놓는다. 내가 공개적으로 보도를 하지 않는다는 것이지, 많은 일들을 그냥 무시하고 있다는 뜻이 아니다. 기자는 증거를 수집하고 이야기들을 들으며, 이에 대한 의심을 하는 사람을 가리킨다.

알아낸 것에 대해서 쓰고, 모르는 것은 무엇인지 쓰는 것이다. 증명할 수 없는 일이 나오면 무엇을 증명할 수 없는지 쓰면 된다. 이는 다른 모든 취재에도 해당되는 기본 원칙이다. 현재 취재할 수 있는 일들과 실명을 걸고 하는 증언에 집중하며, 익명의 소식통과 거리를 두는 것이다."

사실 나는 그에게 UFO를 믿는지, 나아가서는 납치 현상을 믿는지를 묻고 싶었다. 하지만 인터뷰 내내 이런 질문이 얼마나 멍청한 것인지에 대한 훈계(?)를 들어서인지 차마 묻지 못했다. 그는 내가 의도한 믿음에 대한 답변이 아닌, 그가 기자로서 갖고 있는 신조(信條)를 설명했다.

그는 그의 책 「에필로그」에서 '처음 이 문제를 연구할 때보다는 많은 것을 알게 됐지만, 결국 완전히 이해를 할 수는 없다는 생각이 든다.'고 썼다. 하나하나 자료를 모으고 사람들의 이야기를 들으며 지금까지 확인한 사실들에 대한 이야기를 썼지만, 완벽하게 증명해내지 못했다는 하나의 고백이었을 것이다.

그는 자신이 맥 박사의 전기(傳記)를 쓴 이유가 맥 박사나 납치 현상을 믿어서가 아니라, 이를 취재한 결과를 사실 그대로 독자들에게 보고한 것이라는 이야기를 내게 들려주려 했던 모양이다.

UFO는 물체다!

지은이 | 金永男
펴낸이 | 趙甲濟
펴낸곳 | 조갑제닷컴
초판 1쇄 | 2022년 10월31일

주소 | 서울 종로구 새문안로3길 36, 1423호
전화 | 02-722-9411~3
팩스 | 02-722-9414
이메일 | webmaster@chogabje.com
홈페이지 | chogabje.com

등록번호 | 2005년 12월2일(제300-2005-202호)
ISBN 979-11-85701-73-8

값 20,000원